ELEMENTOS
DE EUCLIDES.

LOS SEIS PRIMEROS LIBROS,

Y EL UNDECIMO, Y DUODECIMO

DE LOS ELEMENTOS

DE EUCLIDES

TRADUCIDOS DE NUEVO SOBRE LA VERSION LATINA DE FEDERICO COMANDINO CONFORME A LA FIEL, Y CORRECTISIMA EDICION DE ELLA PUBLICADA MODERNAMENTE

POR

ROBERTO SIMSON PROFESOR DE MATEMATICA EN LA UNIVERSIDAD DE GLASGOW:

É ILUSTRADOS

CON NOTAS CRITICAS Y GEOMETRICAS

DEL MISMO AUTOR.

Opus hoc illustre inter ea eminet, quæ ex Antiquitate ad nos pervenerunt, ita ut Providentiæ divinæ tribuendum sit, quod injuriâ temporum non exciderit. Wolfius *in Commentatione de præcipuis Scriptoribus Mathematicis.*

LOS ELEMENTOS DE EUCLIDES son una Obra tan excelente entre quantas nos han quedado de la Antigüedad, que su conservacion se debe atribuir á un especial beneficio de la Providencia.

MADRID. M.DCC.LXXIV.

Por D. JOACHIN IBARRA Impresor de Cámara de S. M.

Con las licencias necesarias.

Editorial MAXTOR
Fray Luis de León, 20
47002 Valladolid (España)
+34 983 090 110
pedidos@maxtor.es
www.maxtor.es

I.S.B.N. 978-84-9001-436-3
depósito legal: VA-262-2014

ADVERTENCIAS

SOBRE ESTA TRADUCCION.

DEsde que se dignó el Rey confiar la Inspeccion General de su Infantería al Excelentísimo Señor Conde de O-Reilly, es notorio el constante esmero, con que ha fomentado el estudio de la juventud, y las muchas ventajas que de esto han resultado; y para el logro de sus grandes ideas á beneficio del servicio, fue uno de sus principales cuidados la acertada eleccion de libros elementales; y reconociendo desde luego, que uno de los mas necesarios, y oportunos era una exâcta, y completa Geometría, y que ninguna obra de este género sería tan util para el intento, como una buena Traduccion Española de los mismos Elementos de Euclides hecha de nuevo sobre la mejor version latina de este Autor, que es la de Federico Comandino, conforme á la correctísima edicion de ella modernamente publicada en Inglaterra, revista, corregida, y anotada por Rober- I. Fin de esta Obra.

berto Simson célebre Profesor de Matemáticas en la Universidad de Glasgow, dispuso, que se trabajase esta Obra con el mayor cuidado, y diligencia.

II. Su utilidad.

Euclides es para los Matemáticos lo que Hipócrates para los Médicos; Príncipe de la Facultad, Maestro, modelo, y original de quantos le han succedido. Sus Obras, en especial la de los Elementos, siempre han sido apreciadas, estudiadas, y traducidas en todas lenguas, países, Naciones, y siglos; aun en el presente, en que parece, que la nueva Geometría de Descartes, la invencion de la Algebra, y su aplicacion á la Geometría, con otros descubrimientos importantes, que han ido succesivamente enriqueciendo, y perfeccionando estas Ciencias, haciendo casi mudar de semblante á la misma Geometría antigua, habian de disminuir el crédito, y concepto de universal utilidad, que lograba esta Obra, conserva aún entera su reputacion de la mas exácta, y acabada en su linea; y por consiguiente de la mas propia para la enseñan-

za:

za : siendo forzoso confesar , que en qualquiera Ciencia el estudio de los Autores originales , y primitivos es el mas á propósito para cimentarse bien en ella ; y tal vez bien considerado , si no la única senda , á lo menos la mas breve , segura , y recta para llegar á la perfeccion. Esto , que la experiencia acredita generalmente , tiene aun mas lugar en la Geometría. El orden , y riguroso método sintético de demostrar , que sigue Euclides , aunque á primera vista prolixo , y espinoso , es muy acomodado á la índole , y modo de proceder del entendimiento humano , y tiene las imponderables ventajas de rectificar el espíritu de los jóvenes , acostumbrarlos á discurrir con solidéz , y escrupulosa exâctitud , y fixar su atencion con la seria , y continua meditacion , que necesariamente pide la cadena de ideas , y Proposiciones , en que se funda ; de modo , que no solo los hace Geómetras , sino que insensiblemente los vá habituando á ser excelentes Lógicos ; requisito muy necesario , así para hacer progresos en las Ciencias , singular-

men-

mente en las exâctas, como para manejarse acertadamente en todos los negocios, y ocurrencias de la vida. Sus utilidades se hallarán bien probadas en las Notas con exemplos de los escollos, en que han dado muchos, aun de los mas ilustres modernos, por quererse desviar de él, baxo pretexto de seguir otro rumbo mas natural, facil, y corto; y tambien allí se encontrarán plenamente satisfechos los reparos, y objeciones, que contra él se alegan. Solo añadirémos aquí en su recomendacion lo que pensaba el gran Newton (1), quien sin embargo de que con su sublime genio era capaz de haber creado por sí solo la Geometría, se do-

(1) *Doluit ideo ipse vir summus Isaacus Newtonus, quod cum se studio Mathematico totum daret, ad Cartesii Geometriam, aliosque scriptores algebraicos statim progressus fuisset, antequam Elementa Euclidis eâ attentione expendisset, quam merentur; nec probavit, quod hodie Geometræ methodum syntheticam Veterum prorsus negligant, & in solis calculis algebraicis acquiescant; quemadmodum ex ore ipsius hausta refert Henricus Pemberton in Præfatione ad conspectum Philosophiæ Newtoni, quem patrio sermone edidit.* Wolfius. *Elementa Mathæseos universæ, tom.5. pag.194. in Commentatione de studio Mathematico rectè instituendo, cap.2.* §.101.

dolía mucho de no haberse radicado bien en su primera edad en los Elementos de Euclides, antes de pasar á las partes sublimes de la Matemática; y reprobaba, que los Geómetras modernos abandonasen el estudio, y uso del método sintético de los antiguos, contentándose con solo el cálculo algebráico. Despues de un testimonio tan honorífico, y de tanto peso, parece ocioso recordar el exemplo de Wolfio, que por consejo del insigne (1) Leibnitz se ciñó religiosamente al método de Euclides; ni el estrecho encargo, que hace el mismo Wolfio (2) á todos los Matemáticos de imponerse funda-

(1) *Præter nos alii etiam Mathematici agnoverunt reformatores Elementorum Euclidis non fuisse in ausu suo satis felices, sed Euclidis Elementis palmam adhuc meritò tribuendam esse. Memini hanc fuisse Leibnitzio sententiam, cum me inviseret, dum Elementis Geometriæ concinnandis operam darem, ipsique referrem, me multiplici modo tentasse, ut eo ordine Elementa Geometriæ digererem, quo usus est Bernardus Lamy, sed numquam hoc fieri potuisse, nisi quædam assumerem absque demonstratione quæ essent demonstranda, vel in demonstrando, ac definiendo admitterem confusè tantummodo percepta.* Wolfius *in Commentatione de præcipuis scriptis Mathematicis, cap.*3. §.8.

(2) *Firmum item ratumque manet, qui intellectus perficiendi gratia ad*

damentalmente con la mayor diligencia en esta Obra: y repetir, que los Ingleses, entre quienes la Matemática logra un cultivo tan superior, y universal, acaban de publicar el año de 1758 * para uso de una de las mas florecientes Universidades de aquel sabio Reyno, y á expensas del famosó Conde de Stanhope, la edicion, que nos ha servido de texto, y estimulado vivamente á publicar esta; en la firme persuasion de que no puede dexar de ser muy provechosa la de todos los Escritores clásicos antiguos.

A la verdad no faltaban traducciones Castellanas de Euclides; la de Rodrigo Zamorano publicada en Sevilla el año de 1579 es una de las mas anti-

ad Mathæsim accedit, ei demonstrationes Euclideas omni curâ, ac solicitudine expendendas esse. Idem Wolfius, *ibid.* §. 102.

* Ya antes el año de 1715 había publicado Juan Keil en Oxford una edicion de los Elementos de Euclides de la misma version de Comandino, con el fin de atraher á los Geómetras al estudio de dicha Obra; y en el Prólogo reprehende amargamente á los que censuran á Euclides, y disuaden á los jóvenes de su estudio. *Wolfio* en la Disertacion ya citada sobre los principales Escritos de Matemática.

tiguas: pero ademas de contener solo los seis Libros primeros, es de un estilo antiquado, y obscuro. Otras varias Obras posteriores de la misma clase ó adolecen de semejantes defectos, y por lo comun se hicieron todas sobre textos incorrectos, y alterados; ó mas bien son compendios, y rudimentos de Geometría arreglados al método del Geómetra Griego, que exâcta, y puntual version suya; de modo que en el dia son de cortísimo, ó ningun provecho: ademas que las Notas, el cotejo hecho por el editor Inglés del texto con todos los Códices, versiones, ediciones, y comentarios con el fin de enmendarlo, y restituirlo á su primera integridad, y pureza, constituyen su Obra tan distinta de las demas, como superior á ellas en perfeccion, y exâctitud. ¡Así pudiéramos lisongearnos del desempeño de nuestro trabajo, como estamos seguros del acierto de la eleccion!

Mas con todo esto no pretendemos negar, que en los Elementos haya muchas Proposiciones dificultosas, y de poquísimo uso en el dia; pero el

pri-

primer inconveniente lo vencerá la aplicacion, y la viva voz del Maestro; y el segundo es transcendental aun á las Obras modernas de cálculo, en las quales se halla mucho mayor número de Proposiciones aun menos útiles, y mas enredosas.

El artificio del Libro V es tan maravilloso, y la doctrina de las razones contenida en él tan importante, que se puede considerar como el alma de la Geometría: por eso, aunque bastantemente intrincado, y reputado por algunos inutil, hoy que por el cálculo se pueden demostrar sus Proposiciones con mucha mayor facilidad, de ningun modo pareció conveniente suprimirlo: además, que no sería justo mutilar la Obra. Véase el ventajoso juicio, que de este Libro hace Barrow en las Notas.

III. Reglas que se han tenido presentes para la traduccion.

Las circunstancias esenciales, que deben concurrir en la traduccion de esta especie de Obras, son suma exâctitud, fiel correspondencia con el original, claridad, y concision. La primera ley nunca admite disculpa, y nos hemos ceñido á observarla religiosamente : no hemos sido menos escrupulosos en la segunda ; pero á veces fue indispensable apartarse algo del contexto literal, especialmente en las enunciaciones de las Proposiciones de los Libros II, y V, ya abreviando, ya alargando, tal vez suprimiendo, ó substituyendo algunas voces, ó cláusulas, bien para facilitar la inteligencia, bien para evitar repeticiones molestas, que en latin no suenan mal, y sí en nuestra lengua ; ó porque los vocablos, y frases del Texto no se acomodaban al modo constante de hablar de los Geómetras Españoles : sin embargo estas licencias han sido muy raras, y por lo comun quando las tomamos se advierte en una Nota ; y si se ha creido especial fin, ó energía en la voz, ó frase del original, se conserva, añadiendo su explicacion, ó equivalencia de letra bastardilla. Quando se trata de mayor claridad, no nos hemos detenido en repetir ; sacrificando entonces á lo util lo agradable, que en esta clase de escritos no es sino accesorio.

Con-

Concluirémos con algunas definiciones, que parecen necesarias para la mejor inteligencia, y uso de esta Obra, y que no se hallan en el Texto; por ser las mas de ellas de voces, que allí no se usan, y nosotros empleamos por no apartarnos del uso corriente, ni explicar con rodeos lo que se puede con un solo vocablo.

Adviértase, que estas letras L. Q. D. H. puestas al fin de los Problemas significan: *Lo que debía hacerse.* Y estas L. Q. D. D. al fin de los Teoremas significan: *Lo que debía demostrarse.* Y estas otras N. T. *Nota del Traductor.*

LIBRO I.

ENTRE sus Definiciones se han de suplir las siguientes colocadas por el orden, en que se pondrán.

Despues de la DEF. IV.

I.

La linea recta tirada de un punto á otro se dice, que

que junta los dos puntos : y juntar dos puntos dados es tirar una recta del uno al otro.

Despues de la DEF. IX. antes de la Nota.

II.

Lados del ángulo son las lineas, que lo contienen.

III.

Vértice del ángulo es el punto de concurso de sus lados.

Despues de la Nota siguiente á la DEF. IX.

IV.

Angulos contiguos son los formados á una, y otra parte de una recta, que es su lado comun, y tienen los vértices en un mismo punto.

V.

Una recta se llama insistente, ó se dice, que insiste

te sobre otra, quando se termina en ella, hallándose ácia su parte superior.

Despues de la DEF. X.

VI.

Se dice *elevar* una perpendicular á una recta, quando se tira de un punto dado de ella; y *baxarla*, quando se tira de un punto dado fuera de ella.

Despues de la DEF. XVI.

VII.

Radio del círculo es la recta tirada del centro á qualquier punto de la circunferencia.

Despues de la DEF. XVII.

VIII.

Arco del círculo es una parte, ó porcion qualquiequiera de la circunferencia del círculo.

IX.

Cuerda, ó subtensa de un arco es la recta tirada de uno de los extremos del arco al otro extremo.

Despues de la DEF. XXIII.

X.

Las figuras multiláteras en general se llaman polígonos. El polígono de cinco lados se llama pentágono. El de seis hexâgono. Y el de quince pentadecágono, ó quindecágono.

Despues de la DEF. XXIX.

XI.

Base del triángulo es qualquiera de los lados, en que se concibe estribar: pero en el isósceles se entiende comunmente por base el lado desigual á los demás: y en el rectángulo el lado opuesto al ángulo recto.

Quan-

XII.

Quando á un lado se le llama base, se comprehenden los otros baxo el nombre general de lados.

XIII.

Angulo vertical, ó vértice de un triángulo es el ángulo opuesto á la base.

Despues de la DEF. XXXIV.

XIV.

Diagonal de un quadrilátero (que en latin se llama *diameter*, como el del círculo) es la recta tirada del vértice de qualquier ángulo del quadrilátero á su opuesto.

Despues de la DEF. última.

XV.

Paralelogramo es el quadrilátero, que tiene cada dos lados opuestos paralelos entre sí.

Des-

Despues de la PROP. XXV.

XVI.

Lado adyacente á dos ángulos es el lado comun á ellos: y ángulos adyacentes á una recta son los que la tienen por lado comun.

LIBRO II.

Despues de las DEFINICIONES.

XVII.

A Las partes de toda magnitud geométrica llamamos segmentos.

LIBRO III.

Despues de la DEF. X.

XVIII.

QUADRANTE del círculo es el sector de círculo, que es mitad del semicírculo.

LIBRO XI.

Despues de la DEF. XVII.

XIX.

HEMISFERIO es la mitad de la esfera.

PROLOGO

DE ROBERTO SIMSON.

Muchos, y distantísimos son los pareceres de los modernos acerca del verdadero Autor de los Elementos de Geometría, que corren baxo el nombre de Euclides. Pedro Ramos atribuye tanto las Proposiciones de ellos, como sus Demostraciones á Theon; algunos á este solo le dán las Demostraciones, dexando las Proposiciones á Euclides; y finalmente otros, entre quienes merecen el primer lugar los doctísimos Juan Butéo, y Enrique Savilio, defienden acérrimamente ser Euclides Autor de ambas cosas, siendo esta opinion seguida por la mayor parte de los posteriores Geómetras. Despues de alegar Savilio varios argumentos á favor de este su dictamen, de ellos infiere no haber hecho Theon otra cosa que interpolar, explicar, y adicionar á Euclides, y aun eso en poquísimos pasages: pero yo por medio de un continuo exâmen, y cotejo de las demostraciones, que al presente se hallan en Euclides, he reconocido, que Theon, ó quien quiera que fue el editor del Texto Griego que hoy tenemos, mudó, empeorándolas muchas mas cosas de las que creen los citados sabios con otros; ya añadiendo, ya quitando, ó mezclando cosas propias suyas, especialmente en los Libros V, y X, que alteró notablemente el editor: como quando substituye en vez de la legítima demostracion de la Proposicion XVIII del Libro V una mas breve, pero paralogística; y quando qui-

quita del mismo Libro entre otras cosas la excelente Definicion de la razon compuesta, que dió Euclides, ó Eudoxô, para poner en su lugar una absurda, qual es la V del Libro VI, de que ni Euclides, ni Arquímedes, ni Apolonio, ni ningun otro Geómetra anterior á Theon se valieron jamás. Esta Definicion, que suele por sí sola dar mucho que hacer á los principiantes, la hemos omitido en los siguientes Elementos, supliéndola con otra, conforme sin duda á la que había dado Euclides, y la colocamos entre las Definiciones del Libro V para facilitar la inteligencia de la razon compuesta. Además de este error ocurre entre las Definiciones del Libro XI otro, en la que dice así: "iguales, y semejantes figu»ras sólidas son las contenidas por planos semejantes igua»les en número, y magnitud;" pues esta Proposicion no es Definicion, sino Teorema, porque la igualdad de qualquiera figura se ha de demostrar, y no suponer; así dicha Proposicion debía demostrarse, aun quando fuese cierta; pero tampoco lo es, sino en el caso en que los ángulos sólidos de las figuras están contenidos por solos tres ángulos planos; pues en otros pueden dos figuras sólidas contenidas por planos semejantes iguales en número, y magnitud ser entre sí desiguales, como se demostrará claramente en las Notas añadidas al fin de esta Obra. Es igualmente falsa la suposicion, que se hace en la demostracion de la Proposicion XXVI del Libro XI, de que son entre sí iguales dos ángulos sólidos, quando están contenidos por dos ángulos iguales en número, y magnitud; no verificancándose esto siempre así, sino únicamente quando los ángulos sólidos están contenidos tan solo por tres ángulos planos: ni hasta entonces se ha trahido en los Elementos demostracion alguna de dicho caso, aunque muy necesaria. = De la Definicion X penden las Proposiciones XXV, y XXVIII del Libro XI; y de la Proposicion XXV, ó de la XXVI penden otras ocho; es á saber las Proposiciones XXVII, XXXI, XXXII, XXXIII, XXXIV, XXXVI, XXXVII, y XL del mismo Libro; y la XII del XII pende de la VIII del mismo; y la misma VIII, el Corolario de la XVII, y la Proposicion XVIII del Libro XII penden de la Definicion IX del Libro XI, que no es buena, porque puede haber figuras sólidas contenidas por planos semejantes, é iguales en número, que sean desemejantes entre sí; por conseqüencia todas las mencionadas Proposiciones estriban hasta entonces en un fundamento falso: otras muchas cosas hay que parece imposible sean de Euclides, y manifiestan suficientemente, que los Elementos de este Autor han sido viciados por algunos ignorantes de la Geometría; pues aunque estos yerros no sean tan crasos como los anteriormente especificados, con todo necesitan indispensablemente de correccion; y todos se advertirán puntualmente al fin de la Obra.

Por estas razones me ha parecido, que sería importantísimo, y al mismo tiempo muy grato á los eruditos, en particular á los aficionados á las demostraciones exâctas de Geometría, quitar á estos Libros, los principales de los Elementos de Euclides, unos lunares, que tan-

tanto los afeaban, restituyéndolos á su antigua correccion, en quanto alcanzasen mis talentos; sobre todo por ser el fundamento de una Ciencia tan util para muchas cosas, como necesaria para algunas facultades, y para casi todas las artes, así de la Paz, como de la Guerra; y con cuyo auxîlio se promueve la investigacion de la verdad, hasta donde lo permite la debilidad del espíritu humano. A esto hemos tirado, quitando las cosas falsas, y nada exâctas, que dieron por legítimos, y verdaderos escritos del mas diligente de los Geómetras sus ignorantes Editores, y restituyendo á Euclides lo que le robaron, ó cercenaron Theon, y otros; y ha permanecido muchos siglos sepultado en el olvido.

ELEMENTOS DE EUCLIDES.

LIBRO PRIMERO.

DEFINICIONES.

I.

PUNTO, ó signo es lo que no tiene partes, ó lo que no tiene magnitud.

II.

Linea es una longitud sin latitud.

III.

Los extremos de la linea son puntos.

IV.

Linea recta es la que se extiende igualmente entre sus puntos.

V.

Superficie es lo que solamente tiene longitud, y latitud.

VI.

Los extremos de la superficie son lineas.

VII.

Superficie plana es aquella, en la qual tomados dos puntos qualesquiera, la recta terminada por ellos se halla toda en la misma superficie.

VIII.

"Angulo plano es la inclinacion de dos lineas una á otra, que »se encuentran mutuamente en un plano, y no están directa- »mente."

An-

IX.

Angulo plano rectilineo es la inclinacion de dos rectas una á otra, que se encuentran, y no están directamente.

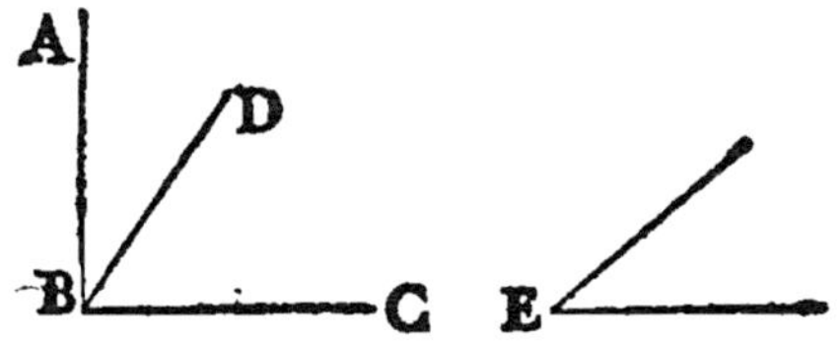

"NOTA. Quando muchos ángulos están en un punto B, se ex»presa cada uno de ellos con tres letras del alfabeto, colo»cando la que está en el vértice del ángulo, esto es en el punto, »en que mutuamente se encuentran las rectas que comprehenden »el ángulo, en medio de las demas, y estas son una de cada ex»tremo de las rectas. Así el ángulo comprehendido por las rectas »AB, CB, se señala con las letras ABC, ó CBA; y el con»tenido por las rectas DB, CB se expresa por DBC, ó CBD. »Pero si solo se halla un ángulo en el punto, podrá expre»sarse con sola la letra puesta en aquel punto, como el ángu»lo en E."

X.

Quando una linea recta insistiendo sobre otra forma los ángulos contiguos iguales entre sí, son rectos ambos, y la recta, que insiste, se llama perpendicular á la otra.

XI.

Angulo obtuso es el mayor que un recto.

XII.

Angulo agudo es el menor que un recto.

XIII.

"Término es el extremo de algo."

Fi-

XIV.

Figura es la que está contenida por alguno, ó algunos términos.

XV.

Círculo es una figura plana contenida por una sola linea llamada circunferencia, á la qual todas las rectas tiradas de un punto, que está dentro de la figura, son iguales entre sí.

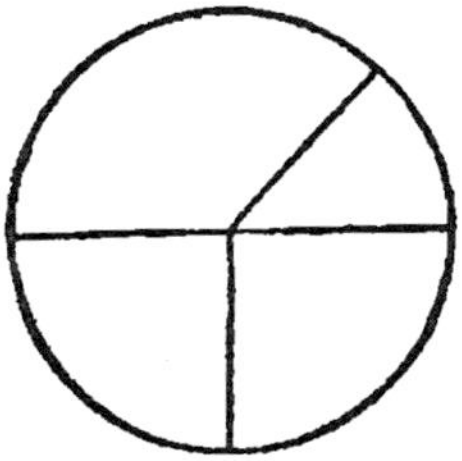

XVI.

Este punto se llama centro del círculo.

XVII.

Diámetro del círculo es una recta tirada por el centro, y de ambas partes terminada en la circunferencia.

XVIII.

Semicírculo es la figura contenida por el diámetro, y el arco del círculo cortado por este.

XIX.

"Segmento del círculo es la figura contenida por una recta, y por "un arco de círculo."

XX.

Figuras rectilineas son las contenidas por lineas rectas.

XXI.

Triláteras las contenidas por tres rectas.

XXII.

Quadriláteras las contenidas por quatro.

XXIII.

Multiláteras son las contenidas por mas de quatro rectas.

XXIV.

De las figuras triláteras, triángulo equilátero es el que tiene todos sus lados iguales.

Isós-

XXV.

Isósceles el que tiene solamente dos lados iguales.

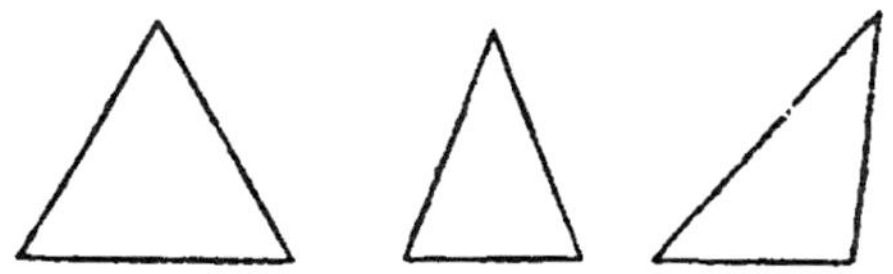

XXVI.

Escaleno el que tiene los tres lados desiguales.

XXVII.

Demas de esto entre las figuras triláteras, triángulo rectángulo es el que tiene un ángulo recto.

XXVIII.

Obtusángulo el que tiene un ángulo obtuso.

XXIX.

Acutángulo el que tiene los tres ángulos agudos.

XXX.

De las figuras quadriláteras, quadrado es la equilátera, y rectángula. (*Esto es, la que tiene todos los lados iguales, y todos los ángulos rectos.*)

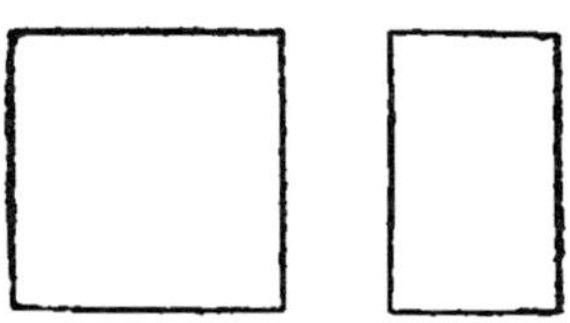

XXXI.

Quadrilongo es la que tiene los quatro ángulos rectos, pero no todos los lados iguales.

Rom-

XXXII.

Rombo es la que tiene todos los lados iguales, pero no los ángulos rectos.

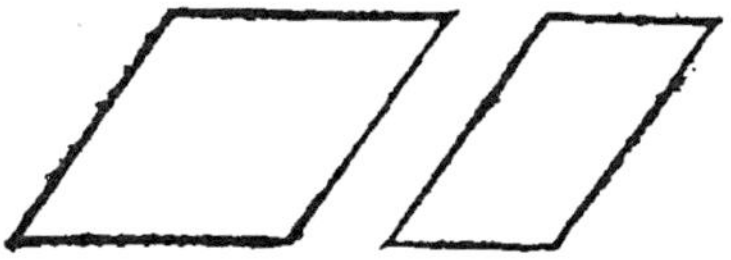

XXXIII.

Romboyde es la que tiene los lados opuestos iguales; pero sin ser equilátera, ni rectángula.

XXXIV.

Qualquiera otra figura quadrilátera fuera de estas se llama trapecio.

XXXV.

Paralelas, ó equidistantes son las rectas que estando en un mismo plano, prolongadas por ambas partes al infinito, jamás se encontrarán.

POSTULADOS.

I.

TIRAR una recta de qualquier punto á qualquier otro punto.

II.

Prolongar al infinito, y directamente una recta terminada.

III.

Con qualquier centro, é intervalo describir un círculo.

AXIOMAS.

I.

LAS cantidades iguales á una misma son iguales entre sí.

II.

Si á cantidades iguales se añaden cantidades iguales, los todos serán iguales.

Si

III.

Si de cantidades iguales se quitan cantidades iguales, los residuos serán iguales.

IV.

Si á cantidades desiguales se añaden cantidades iguales, los todos serán desiguales.

V.

Si de cantidades desiguales se quitan cantidades iguales, los residuos serán desiguales.

VI.

Las cantidades que son duplas de una misma, son iguales entre sí.

VII.

Las que son mitades de una misma, son iguales entre sí.

VIII.

Las cantidades que mutuamente se ajustan, son iguales entre sí.

IX.

El todo es mayor que su parte.

X.

Dos lineas rectas no encierran espacio.

XI.

Todos los ángulos rectos son iguales entre sí.

XII.

"Si una recta cayendo sobre otras dos forma los ángulos inter-
»nos á la misma parte menores que dos rectos; prolongadas
»concurrirán ácia aquella parte, donde hacen los ángulos me-
»nores que dos rectos. Véanse las notas á la Proposicion 29
»del Libro I."

PRO-

PROPOSICION I. PROBLEMA.

SOBRE una recta * dada terminada construir un triángulo equilátero.

Sea la recta dada terminada AB; y háyase de construir sobre ella un triángulo equilátero.

Con centro A, é intervalo AB descríbase un círculo [a] BCD; asimismo con centro B, é intervalo BA descríbase el círculo ACE; y desde el punto C, donde se cortan mutuamente las circunferencias de los círculos, tírense las rectas [b] CA, CB á los puntos A, B; y resultará el triángulo equilátero ABC.

a Postulado 3.

b Post. 1.

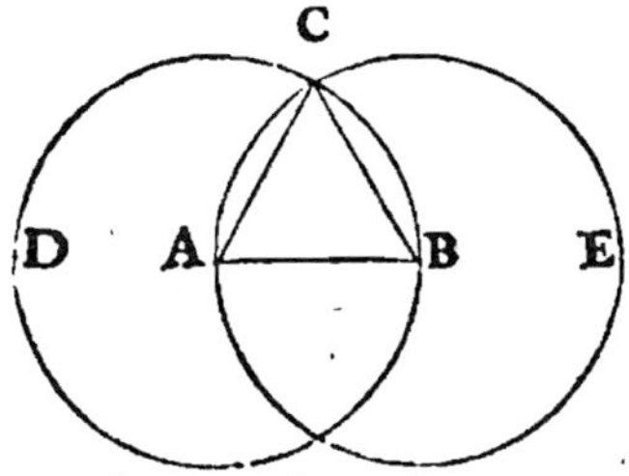

Porque siendo el punto A centro del círculo BCD, será igual [c] la recta AC á la AB: asimismo siendo el punto B centro del círculo CAE, será la recta BC igual á la recta BA: y yá está demostrado, que la recta CA es igual á la AB; luego ambas rectas CA, y CB son iguales á AB: es así que las cantidades iguales á una misma son iguales entre sí [d]: luego la recta CA es igual á la CB. Luego las tres rectas CA, AB, BC son iguales entre sí. Por consiguiente será ABC un triángulo equilátero, y estará construido sobre la recta dada terminada AB. Lo que debia hacerse.

c Definicion 15.

d Axîoma 1.

PROP. II. PROBL.

DE un punto dado tirar una recta igual á otra dada.

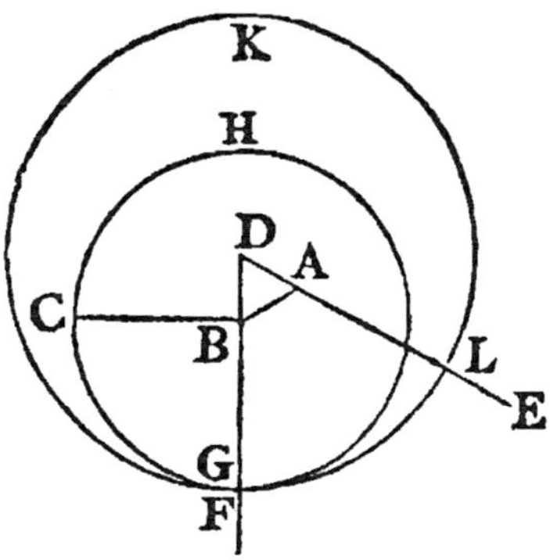

Sea el punto dado A, y la recta dada BC; y háyase de tirar desde dicho punto una recta igual á la BC.

Tírese desde el punto A al punto B la recta AB [a], y constrúyase sobre ella un triángulo equilátero DAB [b]: prolónguense DA, y DB [c]; y con centro B, é intervalo BC descríbase el círculo

a Post. 1.

b 1. I.

c Post. 2.

* N.T. Usamos promiscuamente de las voces *linea*, y *recta* para expresar la linea recta.

d Post.3. CGH [d]. Descríbase tambien con centro D, é intervalo DG el círculo GKL, y será AL la recta que se pide.

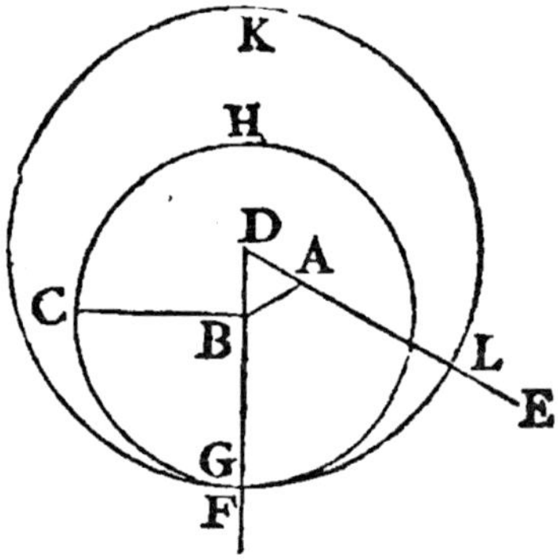

Porque siendo el punto B centro del círculo CGH, será la recta BC

e Def.15. igual á la BG [e]. Y siendo del mismo modo D centro del círculo GKL, será la recta DL igual á la DG, de las quales la parte DA es igual á la parte DB; luego la restante AL será igual á la restante

f Axi. 3. BG [f]: pero ya queda demostrado, que la BC es igual á la BG: luego una y otra AL, y BC son iguales á la recta BG: es así que las cantidades iguales á una misma son iguales entre sí: luego tambien la recta AL es igual á la BC. Por consiguiente se ha tirado del punto dado A la recta AL igual á la recta dada BC: L. Q. D.H.

PROP. III. PROBL.

DADAS dos rectas desiguales; cortar de la mayor una parte igual á la menor.

Sean las dos rectas desiguales: AB la mayor, y C la menor; y háyase de cortar de la AB una parte igual á C.

a 2. I. Tírese del punto A la recta AD [a] igual á la recta C; y con centro A, é intervalo AD descríbase un círculo

b Post.3. DEF [b], y será AE la parte que se pedia.

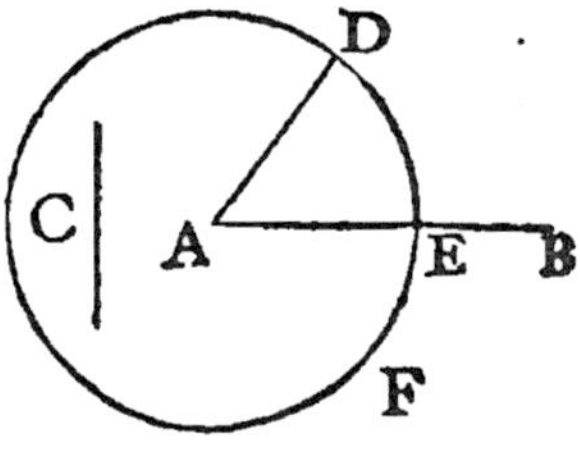

Porque siendo A centro del círculo DEF, será igual la recta AE á la AD: tambien la recta C es igual á la AD: luego las dos AE, y C son iguales á la AD; por lo qual la recta AE es igual á la C. Dadas pues las dos rectas desiguales AB, y C, se ha cortado de la mayor AB una parte igual á la menor C. L.Q.D.H.

PROP.

PROP. IV. TEOREMA.

SI dos triángulos tienen dos lados del uno respectivamente iguales á dos lados del otro, é iguales los ángulos contenidos por estos lados, tendrán las bases iguales: el un triángulo será igual al otro; y los demas ángulos opuestos á lados iguales serán tambien iguales.

Sean dos triángulos ABC, DEF, que tengan los dos lados AB, AC respectivamente iguales á los dos DE, DF; es á saber el lado AB igual al DE, y el AC al DF; y el ángulo BAC igual al EDF. Digo, que tambien la base BC será igual á la base EF, el triángulo ABC igual al triángulo DEF, é iguales los demás ángulos opuestos á lados iguales; esto es, que el ángulo ABC será igual al DEF, y el ACB al DFE.

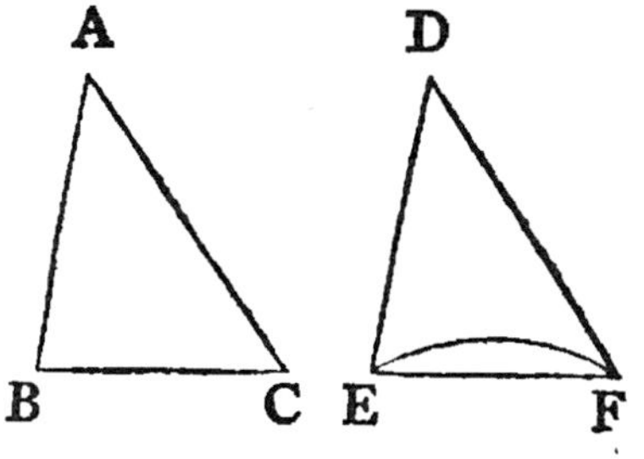

Porque sobrepuesto el triángulo ABC al DEF, y colocado el punto A sobre el D, y la recta AB sobre la DE, caerá tambien el punto B sobre el E, por ser la linea AB igual á la DE; y por consiguiente caerá del mismo modo la recta AC sobre la DF, pues el ángulo BAC es igual al EDF; por cuya razon el punto C caerá sobre el F, siendo la recta AC igual á la DF: ademas de esto el punto B coincide con el E: consiguientemente la base BC cae sobre la base EF; porque si cayendo el punto B sobre el E, y el C sobre el F, no cayera la base BC sobre la EF, dos rectas encerrarian espacio, lo qual es imposible [a]: por consequëncia todo el triángulo ABC se ajustará al triángulo DEF, y será igual á él; y los ángulos restantes se ajustarán á los restantes, siendo al mismo tiempo iguales á ellos: es á saber el ángulo ABC al DEF, y el ACB al DFE. Luego si dos triángulos tuvieren &c. Lo que debia demostrarse.

a Axi. 10.

PROP. V. TEOR.

LOS ángulos en la base del triángulo isósceles son iguales entre sí; y prolongados sus lados, serán tambien entre sí iguales los ángulos, que están debaxo de la base.

Sea isósceles el triángulo ABC, y tenga el lado AB igual al AC; y prolónguense AB, AC. Digo, que el ángulo ABC será igual al ACB, y el CBD al BCE.

Porque tómese qualquier punto F de la recta BD, y córtese de
a 3. I. la linea mayor AE la parte AG [a] igual á AF menor, y tírense las rectas FC, GB. Siendo pues la AF igual á la AG, y la AB á la AC, las dos rectas FA, AC son respectivamente iguales á las dos GA, AB, y contienen el ángulo comun FAG: por conseqüencia la base FC
b 4. I. será igual [b] á la base GB, el triángulo AFC igual al AGB, é iguales entre sí los ángulos ACF, ABG opuestos á los lados iguales AF, AG, como tambien los ángulos AFC, AGB opuestos á los lados AC, AB. Y por quanto la recta AF entera es igual á la AG, y su parte AB igual á la AC, será tambien la
c Axi. 3. BF restante igual á la CG restante [c]; pero ya está demostrado, que FC es igual á GB: luego las dos BF, FC son respectivamente iguales á las dos CG, GB, y el ángulo BFC igual al CGB, y la BC base comun á ambos. Será pues el triángulo BFC igual al CGB, y los demas ángulos opuestos á lados iguales, respectivamente iguales entre sí: luego el ángulo FBC es igual al GCB, y están debaxo de la base; y el ángulo BCF igual al CBG. Así estando ya demostrada la igualdad del ángulo ABG total al total ACF, de los quales la parte CBG es igual á la BCF, serán por consiguiente los ángulos ABC, ACB iguales entre sí; y están sobre la base del triángulo ABC. Por consiguiente los ángulos &c.L.Q.D.D.

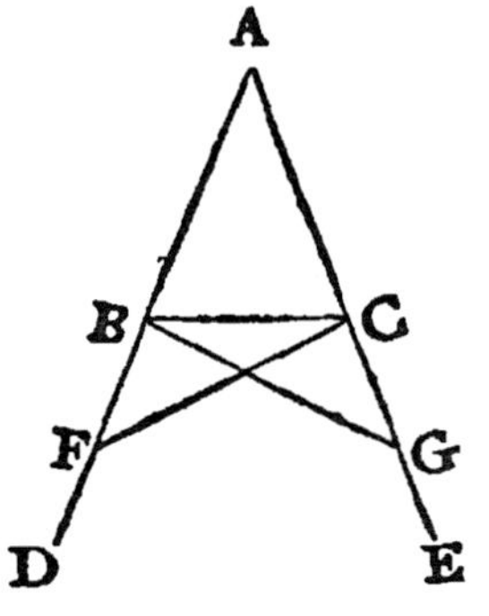

COROLARIO. Todo triángulo equilátero es tambien equiángulo.

PROP.

PROP. VI. TEOR.

SI dos ángulos de un triángulo fuesen entre sí iguales, tambien lo serán los lados opuestos á ellos.

Sea el triángulo ABC, que tenga el ángulo ABC igual al ACB. Digo, que tambien el lado AB será igual al lado AC.

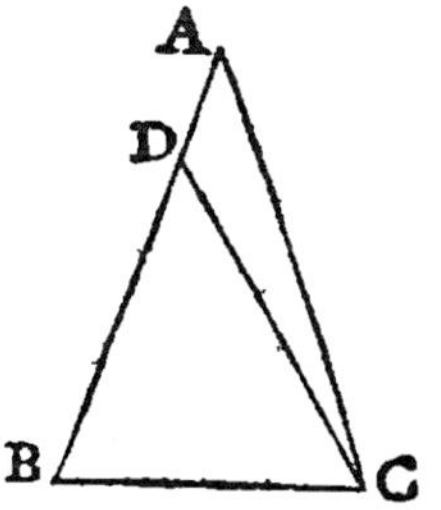

Porque si la recta AB no es igual á la AC, una de las dos será mayor. Séalo AB, y córtese de ella BD igual á la recta menor AC, y tírese DC: siendo DB igual á AC, y BC comun, las dos DB, BC serían iguales respectivamente á las dos AC, CB, y el ángulo DBC igual al ACB: luego la base DC sería igual á la base AB, y el triángulo DBC igual [a] al ACB, el menor al mayor; lo qual es absurdo: luego la recta AB no es desigual á la AC. Será pues igual. Por consiguiente si dos &c. L. Q. D. D. a 4. I.

Cor. Todo triángulo equiángulo es equilátero.

PROP. VII. TEOR.

SOBRE una misma base, y ácia una misma parte no se pueden construir dos triángulos, que tengan entre sí iguales cada dos lados, que salen de un extremo de ella.

Si se pudiesen construir, sean sobre la misma base AB, y ácia una misma parte los dos triángulos ACB, ADB, que tengan iguales entre sí los lados CA, DA, y los CB, DB.

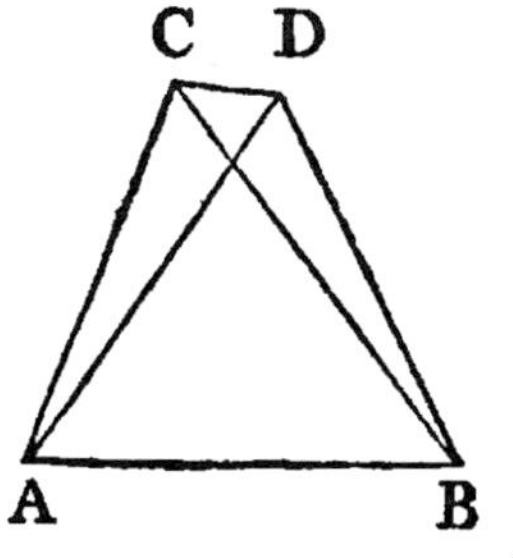

Tírese la recta CD: ó el vértice del un triángulo estaría dentro del otro triángulo, ó fuera de él. Supóngase primeramente, que esté fuera; entonces por quanto el lado AC es igual al AD, será tambien el ángulo ACD igual al ADC [a]: es así que el ACD es mayor que el BCD: luego el ADC es mayor que el BCD: por conseqüencia el ángulo BDC será mucho mayor que el BCD. Ademas siendo el lado CB igual al DB, sería tambien el ángulo BDC igual [b] al BCD; lo qual es imposible, pues queda demostrado ser mayor.

a 5. I.

b 5. I.

Pe-

Pero supóngase, que el vértice de uno de los dos triángulos, por exemplo el D, esté dentro del otro: prolónguense AC, AD hasta E, F; y en tal caso siendo el lado AC igual al AD, serán iguales entre sí los ángulos ECD, FDC debaxo de la base: es así que el ángulo ECD es mayor que el BCD, y por consiguiente el ángulo FDC mayor que el BCD: luego es mucho mayor el ángulo BDC que el BCD. A mas, como se ha supuesto el lado CB igual al DB, será el ángulo BDC igual al BCD: es así que esto es imposible, pues ya se ha demostrado ser el ángulo BDC mayor que el BCD: y el caso en que el vértice de un triángulo cae en uno de los lados del otro, no necesita de demostracion. Por consiguiente sobre &c. L. Q. D. D.

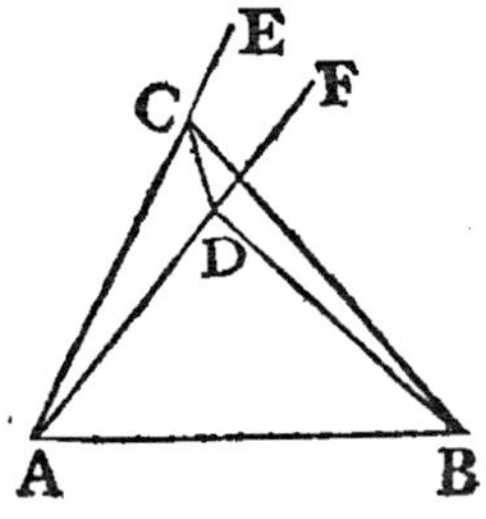

PROP. VIII. TEOR.

SI dos triángulos tienen los dos lados del uno respectivamente iguales á los dos lados del otro, y las dos bases iguales; tendrán tambien iguales los ángulos comprehendidos por los lados.

Sean dos triángulos ABC, DEF, que tengan el lado AB igual al DE, el AC igual al DF, y la base BC igual á la EF. Digo, que el ángulo BAC será tambien igual al EDF.

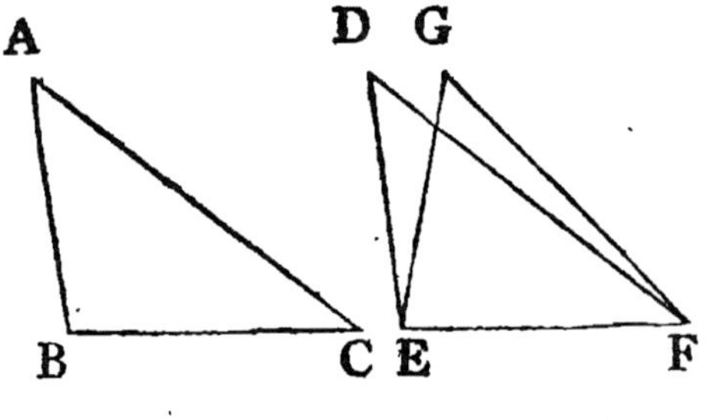

Porque sobrepuesto el triángulo ABC al DEF, el punto B al E, y la recta BC á la EF; caerá tambien el punto C sobre el F; porque la BC es igual á la EF; y por consiguiente caerán tambien las rectas BA, AC sobre las ED, DF; pues si cayendo la base BC sobre la base EF, los lados BA, AC no cayesen sobre los

los lados ED, DF, sino que estuviesen en otra situacion, como EG, GF, se formarian ya sobre una misma base EF, y ácia una misma parte dos triángulos EDF, EGF, que tendrian iguales entre sí cada dos lados, que salen de un extremo de ella: pero no se pueden construir [a]: luego cayendo la base BC sobre la EF, caerán los lados BA, AC sobre los ED, DF: luego se ajustarán; por lo qual el ángulo BAC caerásobre el EDF, y será igual á él. [b]. Por consiguiente si dos triángulos &c. L. Q. D. D.

a 7. I.

b Axi. 8.

PROP. IX. PROBL.

Dividir en dos partes iguales un ángulo rectilineo dado

Sea el ángulo rectilineo dado BAC; y háyase de dividir en dos partes iguales.

Tómese en AB un punto qualquiera D, córtese de la recta AC la [a] AE igual á la AD, tírese DE, y constrúyase sobre ella el triángulo equilátero [b] DEF, y tírese AF. Digo, que la recta AF dividirá en dos partes iguales al ángulo BAC.

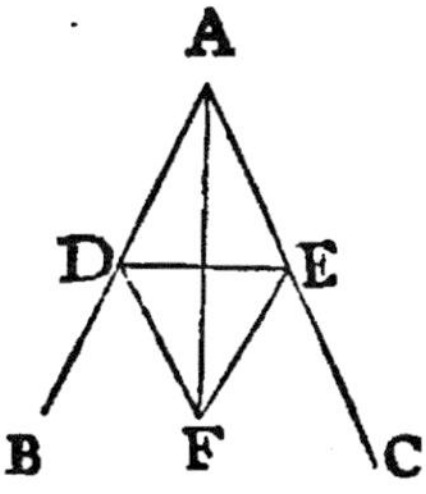

a 3. I.

b 1. I.

Porque siendo la linea AD igual á la AE, y la AF comun, las dos DA, AF son respectivamente iguales á las EA, AF, y la base DF igual á la base EF: luego el ángulo DAF, será igual [c] al ángulo EAF. Por consiguiente queda dividido &c. L. Q. D. H.

c 8. I.

PROP. X. PROBL.

Dividir en dos partes iguales una recta dada terminada.

Sea AB la recta dada terminada; y háyase de dividir en dos partes iguales.

Consa 1. I. Constrúyase sobre ella un triángulo equilátero [a] ABC, y divídase en dos partes iguales el ángulo ACB por la

b 9. I. recta CD [b]. Digo, que la recta AB quedará dividida en dos partes iguales en el punto D.

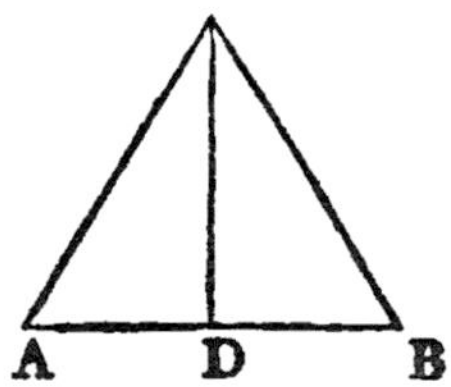

Porque siendo AC igual á CB, y CD comun, las dos AC, CD son respectivamente iguales á las dos BC, CD, y el ángulo ACD igual al BCD: luego la base AD es igual á la base DB. Por consiguiente queda dividida en dos partes iguales la recta AB en el punto D. L.Q.D.H.

PROP. XI. PROBL.

ELEVAR una perpendicular á una recta dada en un punto dado.

Sea la recta dada AB, y C el punto donde se haya de elevar la perpendicular.

a 3. I. Tómese qualquier punto D de la AC, y CE igual [a] á CD; sobre DE constrúyase un triángulo equi-

b 1. I. látero [b] DFE, y tírese la linea FC. Digo, que esta será perpendicular á AB en el punto C.

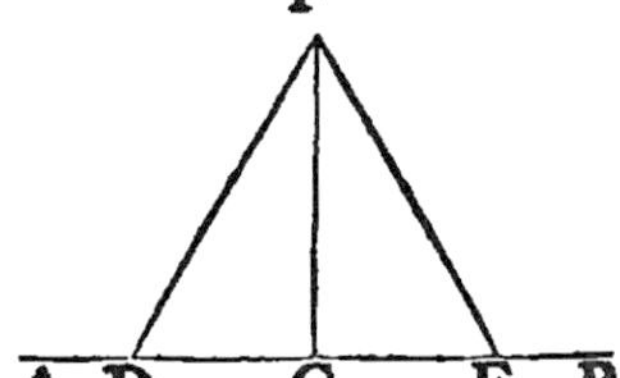

Porque siendo el lado DC igual al CE, el FC comun, y la base DF igual á la base FE, será el ángulo DCF

c 8. I. igual al ángulo ECF [c]; pero estos dos ángulos iguales están formados por una recta FC, que encuentra á otra AB; y quando una recta insiste sobre otra, forman-

d Def. 10. do los dos ángulos entre sí iguales, es perpendicular á esta [d]: luego FC será perpendicular á AB en el punto dado C. L.Q.D.H.

COR. De aquí se sigue, que dos rectas no pueden tener un segmento comun.

Porque si fuera posible, supongamos que las dos rectas ABC, ABD tuviesen el segmento comun AB: en el punto B tírese la linea BE formando ángulos rectos con la AB; siendo pues recta

recta la ABC, será el ángulo CBE igual al ángulo EBA; y del mismo modo, siendo recta la ABD, será igual el ángulo DBE al EBA: luego el ángulo DBE será igual al CBE; el menor al mayor, lo qual es imposible: por consiguiente dos rectas no pueden tener un comun segmento.

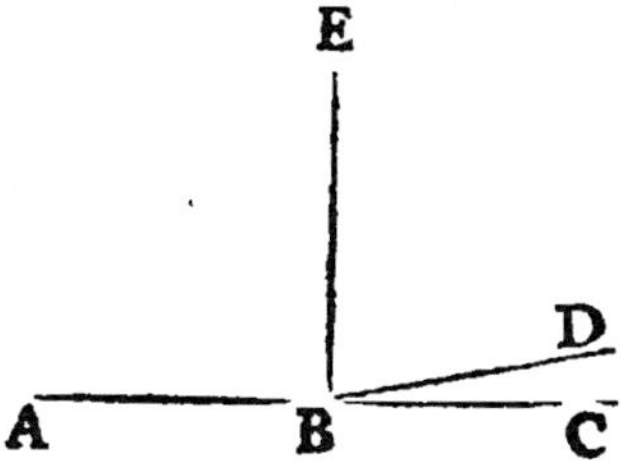

PROP. XII. PROBL.

De un punto dado fuera de una recta indefinida baxar á ella una perpendicular.

Sea AB la recta dada indefinida, y C el punto dado fuera de ella, de donde se le ha de baxar la perpendicular.

Tómese de la otra parte de la recta AB qualquier punto D, y con centro C, é intervalo CD descríbase el arco [a] EGF, que corte á la recta AB en los puntos F, G; y divídase [b] en dos partes iguales la FG en el punto H: del punto C al H tírese la CH, y será esta perpendicular á AB desde el punto dado C. a Post. 3. b 10. I.

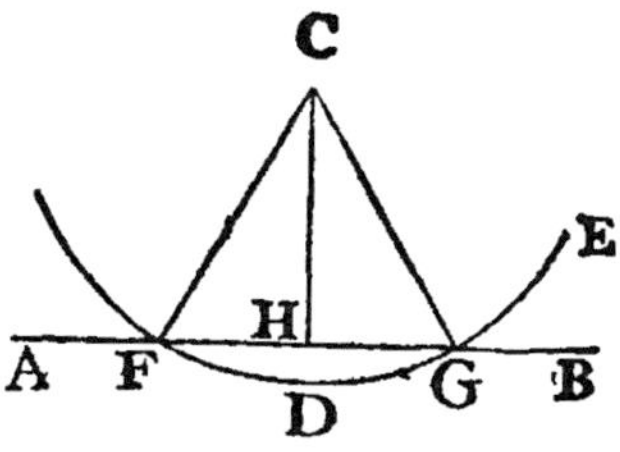

Tírense CF, CG.

Siendo pues iguales los lados FH, y HG, el HC comun, y la base CF igual á la CG [c], será el ángulo CHF igual al CHG [d]: pero estos dos ángulos están formados por una recta CH, que encuentra á otra AB; y quando una recta insistiendo sobre otra forma dos ángulos iguales, es perpendicular á ella. Luego la recta CH, que se ha tirado del punto dado C á la recta indefinida dada AB, es perpendicular á ella. L. Q. D. H. c Def. 15. d 8. I.

PROP. XIII. TEOR.

QUANDO una recta insiste sobre otra, forma dos ángulos; los quales serán, ó dos rectos, ó juntos iguales á dos rectos.

Supóngase, que insiste la recta AB sobre la recta CD, y forma los ángulos CBA, ABD. Digo, que estos serán dos rectos; ò juntos iguales á dos rectos.

a Def. 10. Porque si el ángulo CBA es igual al ABD, ya son dos rectos [a]:
b 11. I. si no, tírese del punto B dado en la linea CD la BE [b] perpendicu-
c Def. 10. lar á la CD: luego los ángulos CBE, EBD son dos rectos [c]: pero siendo el ángulo CBE igual á los dos CBA, ABE juntos, añádase á ambos el ángulo comun EBD, y resultarán los ángulos
d Axi. 2. CBE, EBD iguales á los CBA, ABE, EBD [d]. Asimismo siendo el ángulo DBA igual á los dos DBE, EBA, añádase el ángulo

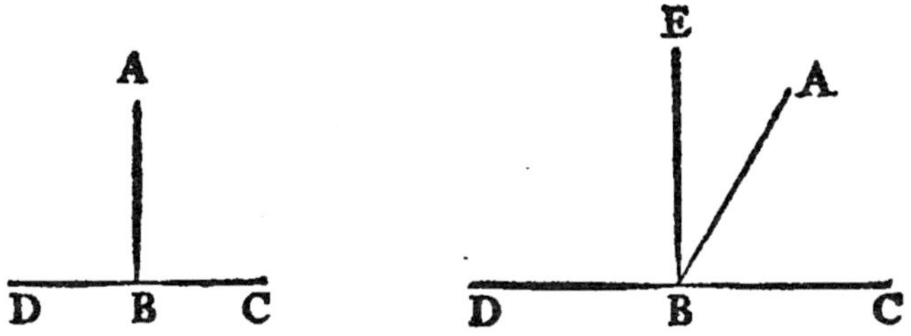

comun ABC, y resultarán los ángulos DBA, ABC iguales á los tres DBE, EBA, ABC: es así que queda demostrada la igualdad de los ángulos CBE, EBD á los mismos tres ángulos; y las
e Axi. 1. cantidades iguales á una misma son iguales entre sí [e]: luego tambien los ángulos CBE, EBD son iguales á los DBA, ABC: pero los CBE, EBD son rectos: luego los ángulos DBA, ABC son iguales á dos rectos. Por consiguiente quando una recta &c. L. Q. D. D.

PROP.

PROP. XIV. TEOR.

SI de un punto de una recta qualquiera se tiran otras dos ácia diferentes partes, haciendo con ella los ángulos contiguos iguales á dos rectos; estarán estas dos lineas directamente; *esto es*, *formarán una recta.*

Supóngase, que las dos rectas BC, BD tiradas del punto B de la recta AB ácia diferentes partes, forman los dos ángulos contiguos ABC, ABD iguales á dos rectos. Digo, que las dos lineas BC, BD formarán una recta.

Porque á no ser así, otra linea BE formaría una recta con la CB: é insistiendo la recta AB sobre la recta CBE, los ángulos ABC, ABE serian iguales á dos rectos [a]. Tambien los ángulos ABC, ABD son iguales á dos rectos: luego los ángulos CBA, ABE serian iguales á los CBA, ABD: y quitando el ángulo comun CBA, resultaria el restante ABE igual al restante ABD [b], el menor al mayor, lo qual es imposible: luego la linea BE no forma una recta con la BC. De la misma manera se demostrará, que ninguna otra linea, sino es la BD, forma una recta con la BC: luego las lineas CB, BD forman una recta. Por consiguiente si de un punto &c. L. Q. D. D.

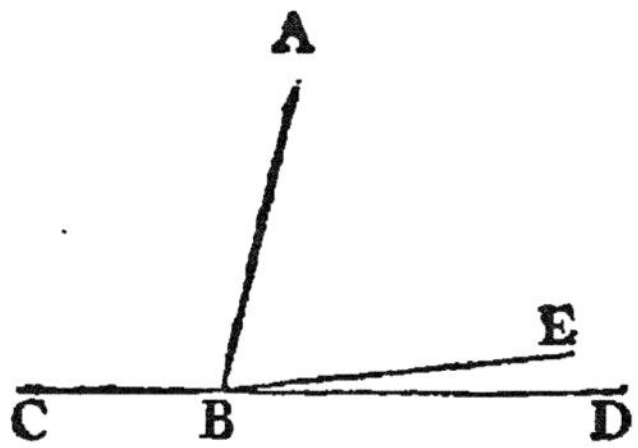

a 13. I.

b Axi. 3.

PROP. XV. TEOR.

SI dos rectas se cortan mutuamente; formarán los ángulos verticales iguales entre sí.

Córtense mutuamente las dos rectas AB, CD en el punto E. Digo, que el ángulo AEC será igual al DEB, y el CEB igual al AED.

Porque insistiendo la recta AE sobre la recta CD, forma los ángulos CEA, AED, que juntos, son iguales á dos rectos [a]: é insistiendo

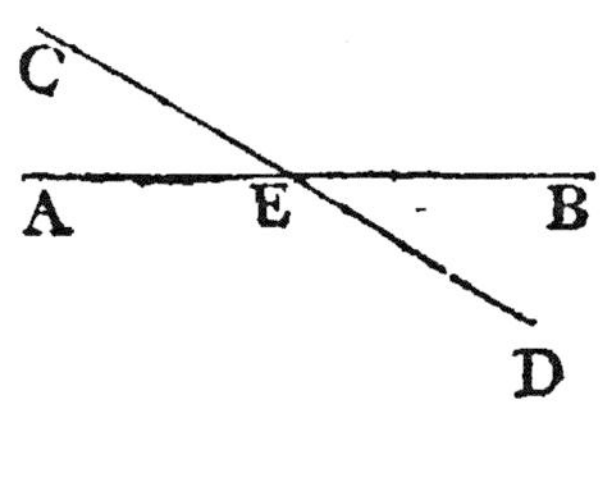

a 13. I.

asi-

asimismo la recta DE sobre la AB, forma los ángulos AED,
a 13. I. DEB iguales á dos rectos [a]: luego los ángulos CEA, AED son iguales á los AED, DEB: quítese ahora el ángulo comun AED; y el restante CEA será igual al restante BED. De la misma manera se demostrará la igualdad de los ángulos CEB, AED. Por consiguiente si dos rectas &c. L. Q. D. D.

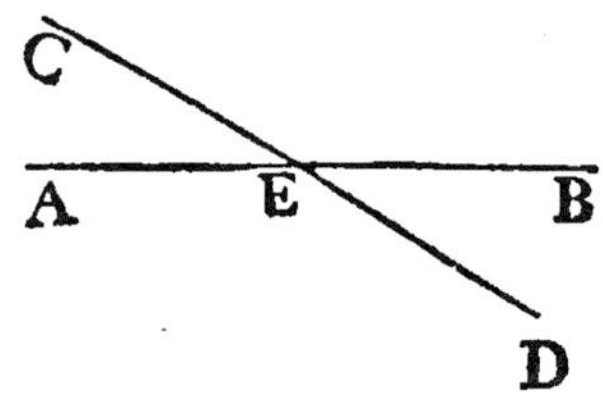

Cor. 1. Dos rectas, que se cortan mutuamente, forman en el punto en que se cortan ángulos iguales á quatro rectos.

Cor. 2. Todos los ángulos formados al rededor de un punto son iguales á quatro rectos.

PROP. XVI. TEOR.

Prolongado un lado de qualquier triángulo; el ángulo externo es mayor que qualquiera de los internos opuestos.

Sea el triángulo ABC, y prolónguese el lado BC hasta el punto D. Digo, que el ángulo externo ACD será mayor que qualquiera de los internos opuestos, esto es CBA, BAC.

a 10. I. Córtese en dos partes iguales [a] AC en el punto E, y tirada la BE, prolónguese hasta el punto F, de manera que sea EF igual á BE, tírese asimismo FC, y prolónguese AC hasta el punto G.

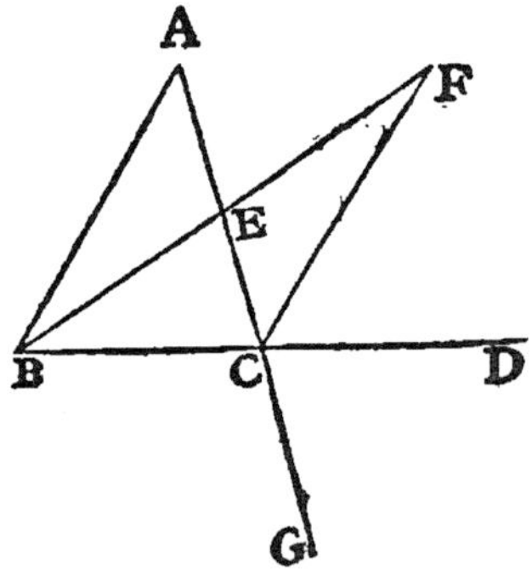

Porque siendo AE igual á EC, y BE á EF, las dos AE, EB son respectivamente iguales á las dos CE, EF, y
b 15. I. el ángulo AEB igual [b] al CEF, por ser verticales: luego la base AB es igual á la base CF, y el triángulo AEB igual al
c 4. I. CEF, y los demas angulos iguales [c] entre sí, á los quales están opuestos lados iguales: luego el ángulo BAE es igual al ECF: es así que el ECD es mayor que el ECF;

por

por consiguiente el ACD será mayor que el BAE. De la misma manera dividida en dos partes iguales la recta BC, se demostrará, que el ángulo BCG, esto es el ACD [d], es mayor que el ABC. Luego prolongado, &c. L. Q. D. D. d 15. I.

PROP. XVII. TEOR.

DOS ángulos qualesquiera de todo triángulo tomados juntos, son menores que dos rectos.

Sea el triángulo ABC. Digo, que qualesquiera de sus dos ángulos tomados juntos, serán menores que dos rectos.

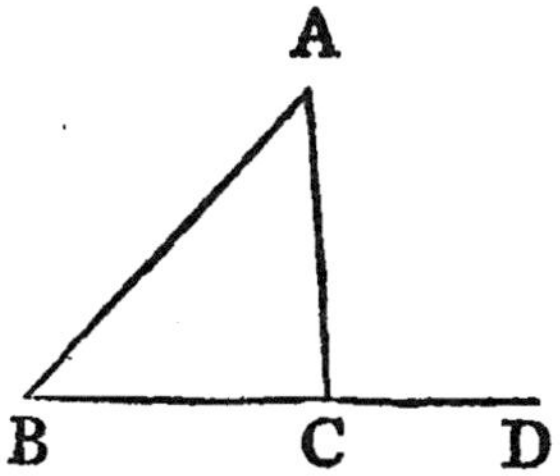

Prolónguese BC hasta D, y siendo ACD el ángulo externo del triángulo ABC, será mayor que el ángulo interno opuesto ABC [a]: júntese á dichos dos el ACB; y resultará, que los ángulos ACD, ACB son mayores que los ABC, ACB: es así que los ACD, ACB son iguales á dos rectos [b]: luego los ángulos ABC, BCA son menores que dos rectos. Con el mismo método se demostrará, que los ángulos BAC, ACB, y tambien los CAB, ABC son menores que dos rectos. Por consiguiente dos ángulos, &c. L. Q. D. D.

a 16. I.

b 13. I.

PROP. XVIII. TEOR.

EN todo triángulo, el ángulo opuesto á mayor lado es mayor.

Sea el triángulo ABC, que tenga el lado AC mayor que el AB. Digo, que el ángulo ABC será mayor que el BCA.

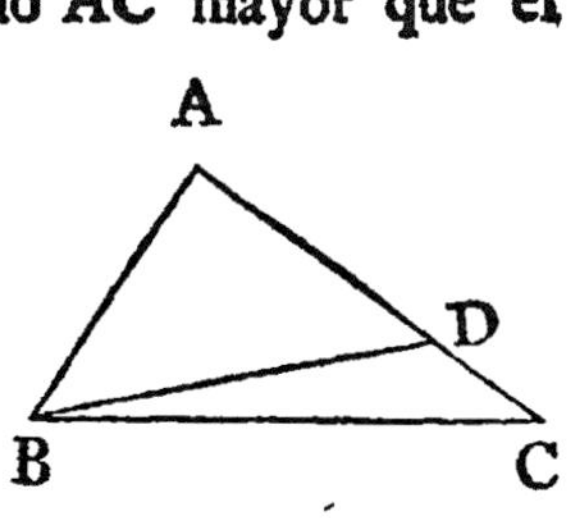

Siendo el lado AC mayor que el AB, tómese la parte AD [a] igual á AB, y tírese la recta BD: el ángulo externo ADB es mayor que el interno opuesto DCB [b] del triángulo BDC; pero el ángulo ADB es igual al ABD, por ser el lado AB igual al AD [c]: luego

a 3. I.

b 16. I.

c 5. I.

go tambien el ángulo ABD será mayor que el ACB; y por consiguiente el ABC mucho mayor que el ACB. Luego en todo, &c. L. Q. D. D.

PROP. XIX. TEOR.

EN todo triángulo el lado opuesto á mayor ángulo es mayor.

Sea el triángulo ABC, que tenga el ángulo ABC mayor que el BCA. Digo, que tambien el lado AC será mayor que el AB.

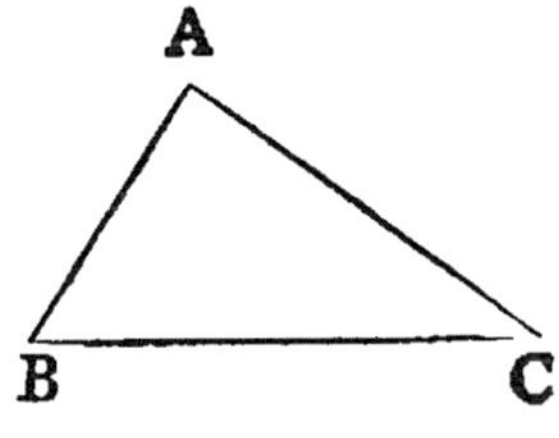

Porque si no fuera así, ó el lado AC sería igual al AB, ó menor: no es igual; pues para esto sería necesario, que el ángulo ABC fuese tam-
a 5. I. bien igual [a] al ACB, lo que no es así: tampoco es menor; pues en tal caso el ángulo ABC sería necesariamente menor que
b 18. I. el ACB [b]; pero es al contrario: luego el lado AC no es menor que el AB: y por otra parte queda demostrado no serle igual: luego es mayor. Por consiguiente en todo, &c. L. Q. D. D

PROP. XX. TEOR.

DOS lados qualesquiera de todo triángulo tomados juntos son mayores que el otro.

Sea el triángulo ABC. Digo, que dos lados qualesquiera de él juntos, serán mayores que el otro: esto es, que los lados BA, AC son mayores que el BC; y los AB, BC mayores que el AC, y BC, CA mayores que AB.

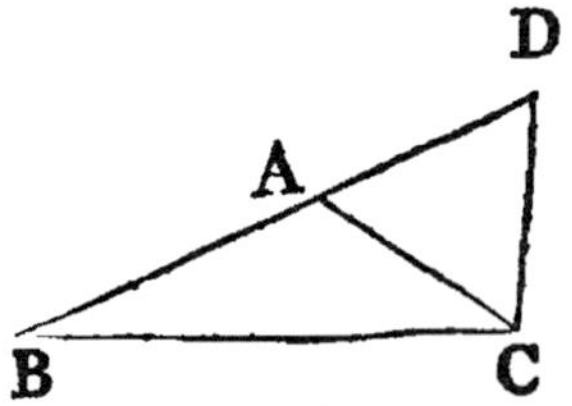

Prolónguese el lado BA hasta D; de
a 3. I. suerte, que sea AD [a] igual á CA, y tírese DC.

Siendo, pues, DA igual á AC, será tambien el ángulo ADC
b 5. I. igual [b] al ACD; pero el ángulo BCD es mayor que el ACD: lue-

luego BCD es mayor que ADC.

Siendo, pues, el ángulo BCD de un triángulo DCB mayor que otro BDC, el lado DB opuesto al mayor ángulo será mayor que el BC: es así que el DB es igual á los BA, AC: luego BA, AC juntos son mayores que el BC. De la misma suerte demostrarémos, que los lados AB, BC son mayores que el CA; y los BC, CA juntos mayores que el AB. Por consiguiente dos, &c. L. Q. D. D.

PROP. XXI. TEOR.

SI de los extremos de qualquier lado de un triángulo se tiran dos rectas á un punto dentro de él, serán menores que los otros dos lados del triángulo; y el ángulo contenido por ellas será mayor que el comprehendido por dichos lados.

Sobre el lado BC del triángulo ABC de los extremos B, C tírense á un punto D dentro del triángulo dos rectas BD, DC. Digo, que los lados BD, DC serán menores que los BA, AC, y que el ángulo BDC será mayor que el BAC.

Prolónguese la recta BD hasta encontrar el lado AC en E; y siendo los dos lados juntos de un triángulo mayores que el otro [a], serán los dos lados BA, AE del triángulo ABE mayores que el lado BE: añádase EC, y resultarán BA, AC mayores que BE, EC [b]. Además de esto, siendo los dos lados CE, ED del triángulo CED mayores que el lado CD; añadiendo DB, resultarán CE, EB mayores que CD, DB [c]; pero se ha demostrado que BA, AC son mayores que BE, EC: luego los lados BA, AC son mucho mayores que los BD, DC.

a 20. I.

b Ax. 4.

c Ax. 4.

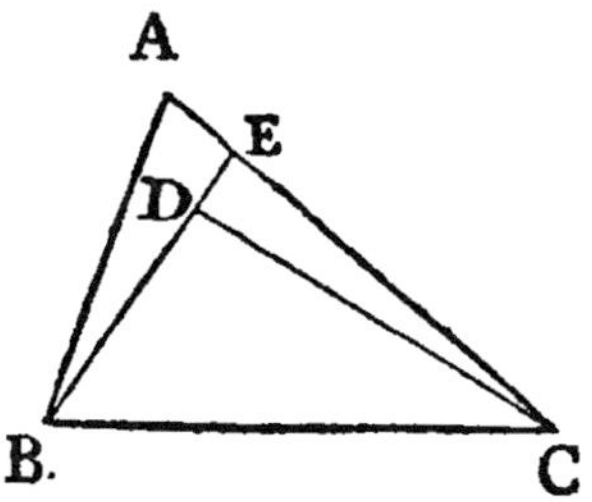

Además, siendo el ángulo externo de qualquier triángulo mayor que el interno opuesto [d], será el ángulo externo BDC del triángulo CDE mayor que el ángulo CED; pero el ángulo externo CEB es mayor que el BAC: luego el BDC será mucho mayor

d 16. I.

yor

yor que el BAC. Por consiguiente si de los, &c. L. Q. D. D.

PROP. XXII. PROBL.

a 20. I. CONSTRUIR un triángulo, que tenga los lados iguales á tres rectas dadas, con tal que cada dos juntas [a] sean mayores que la otra.

Sean las tres rectas dadas A, B, C; y cada dos de ellas juntas mayores que la otra; esto es, las A, B mayores que la C, y las A, C mayores que la B; como asimismo las B, C mayores que la A: y háyase de construir un triángulo, que tenga los lados iguales á estas tres lineas.

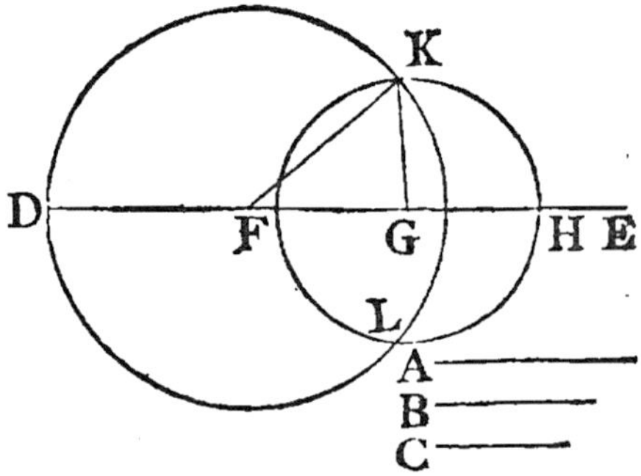

Sea la recta DE terminada por la parte D, é indefinida por
a 3. I. la E: tómese DF igual [a] á A, FG igual á B, y GH á C; y con centro F, é intervalo FD des-
b Post. 3. críbase un círculo [b] DKL. Además de esto, con centro G, é intervalo GH descríbase otro círculo KLH, y tírense las lineas KF, KG. Digo, que resultará el triángulo KFG formado por tres rectas iguales á las dadas A, B, C.

Porque siendo el punto F centro del círculo DKL, el radio
c Def. 15. FD será igual al FK [c]; pero el FD es igual á la recta A: luego el FK será tambien igual á A. Además, siendo el punto G cen-
d Def. 15. tro del círculo LKH, el radio GH será igual al GK [d]; pero GH es igual á C: luego tambien GK será igual á C, y tambien FG es igual á B: luego son iguales las tres rectas KF, FG, GK á las tres dadas A, B, C. Por consiguiente, &c. L. Q. D. H.

PROP. XXIII. PROBL.

EN un punto dado de una recta dada construir sobre ella un ángulo rectilineo igual á otro dado.

Sea

Sea la recta dada AB, A el punto, y DCE el ángulo, y háyase de construir sobre la AB, y en dicho punto un ángulo rectilineo igual al dado.

Tómense en ambos lados CD, CE dos puntos qualesquiera D, E, y júntense por la DE; y con tres rectas iguales á las tres CD, DE, EC constrúyase [a] un triángulo AFG; de tal manera, que la AF sea igual á CD, la AG á CE, y la FG á DE. a 22. I.

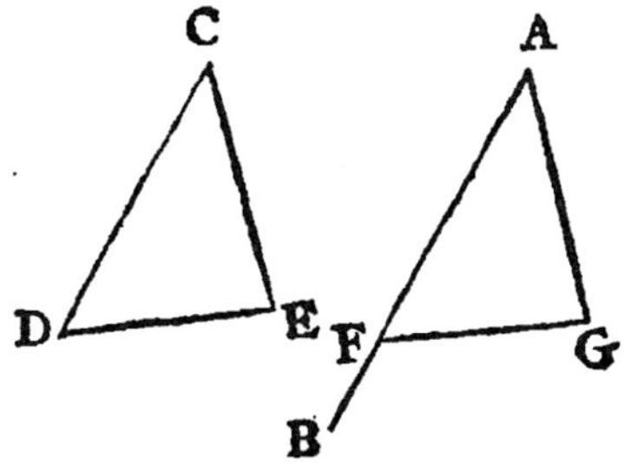

Porque siendo las dos lineas DC, CE respectivamente iguales á las dos FA, AG, y la base DE igual á la FG, será el ángulo DCE igual al FAG [b]. Luego sobre la recta dada AB, y en el punto A resulta construido el ángulo rectilineo FAG igual al dado DCE. L. Q. D. H. b 8. I.

PROP. XXIV. TEOR.

SI dos triángulos tienen dos lados del uno respectivamente iguales á dos lados del otro, y desiguales los ángulos comprehendidos; el que tenga mayor ángulo tendrá mayor base.

Sean dos triángulos ABC, DEF, que tengan los dos lados AB, AC respectivamente iguales á los dos DE, DF; pero el ángulo BAC mayor que el EDF. Digo, que la base BC será tambien mayor que la base EF.

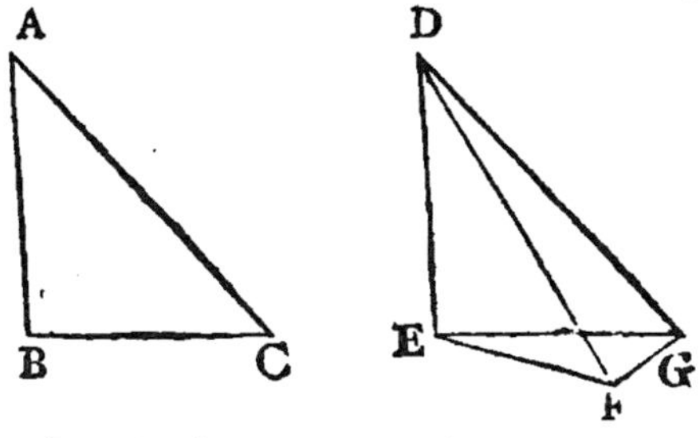

Supóngase, que de las rectas DE, DF, es DE la mayor; constrúyase sobre ella en D el ángulo EDG [a] igual al BAC, y tírese la DG [b] igual á qualquiera de las dos AC, DF: y júntense los puntos E, G, F. a 23. I. b 3. I.

Por-

Porque siendo AB igual á DE, y AC á DG, los dos BA, AC serán respectivamente iguales á los dos ED, DG; y el ángulo BAC igual al EDG: luego la base BC se-
c 4. I. rá igual [c] á la EG. A mas, siendo igual DG á DF, se-
d 5. I. rá tambien igual [d] el ángulo DFG al DGF; pero el ángulo DGF es mayor que el EGF: por consiguiente el DFG será mayor que el EGF: luego es mucho mayor el ángulo EFG que el EGF: y teniendo el triángulo EFG el ángulo EFG mayor que el EGF, el lado EG opuesto al ángulo EFG será mayor que el lado EF opuesto al ángulo EGF: es así que el lado EG es igual al BC: luego tambien el BC será mayor que el EF. Por consiguiente si dos, &c. L. Q. D. D.

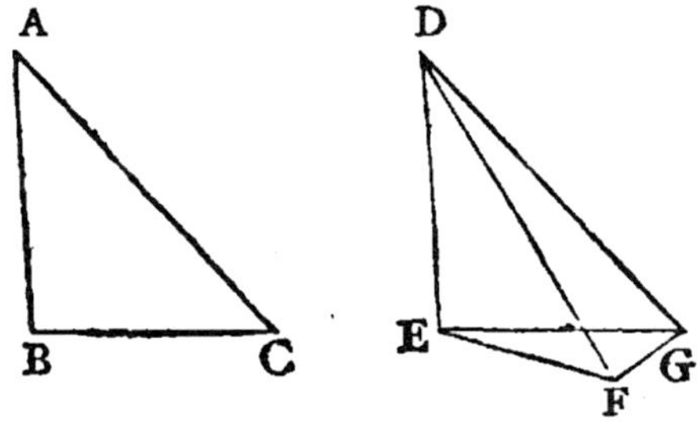

PROP. XXV. TEOR.

SI dos triángulos tienen dos lados del uno respectivamente iguales á dos lados del otro, y desiguales las bases; el que tenga mayor base tendrá mayor ángulo comprehendido por los lados.

Sean dos triángulos ABC, DEF, que tengan los lados AB, AC respectivamente iguales á los lados DE, DF, y sea la base BC mayor que la EF. Digo, que el ángulo BAC será mayor que el EDF.

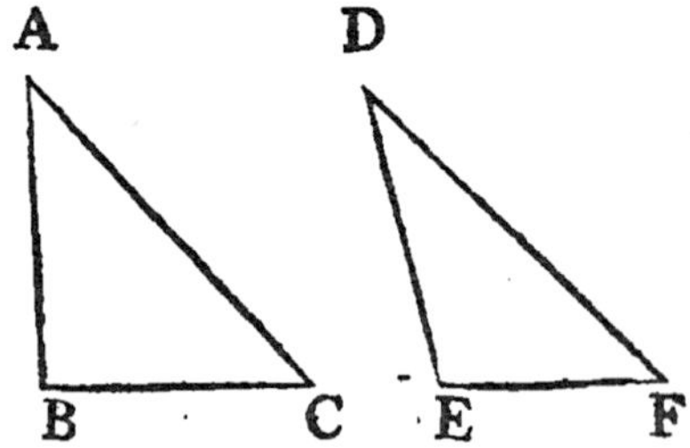

Porque á no ser así, sería igual, ó menor: igual no lo es; pues en tal caso la base BC fuera igual
a 4. I. á la EF [a]; lo que no es así: menor tampoco; porque entonces sería menor la base BC que la
b 24. I. EF [b]; lo qual es al contrario; y queda antes demostrado no

ser

ser igual: luego el ángulo BAC será mayor que el EDF. Por consiguiente si dos, &c. L. Q. D. D.

PROP. XXVI. TEOR.

SI dos triángulos tuvieren dos ángulos del uno respectivamente iguales á dos ángulos del otro, y un lado igual á un lado, siendo estos los adyacentes á los ángulos iguales, ó los opuestos á ángulos iguales; tendrán tambien los otros lados respectivamente iguales entre sí, y el otro ángulo igual al otro ángulo.

Sean dos triángulos ABC, DEF, que tengan los dos ángulos ABC, BCA respectivamente iguales á los dos DEF, EFD, y un lado igual á otro; primeramente el adyacente á ángulos iguales, esto es el lado BC igual al EF. Digo, que serán los demás lados AB igual á DE, AC igual á DF, y el ángulo BAC igual al otro EDF.

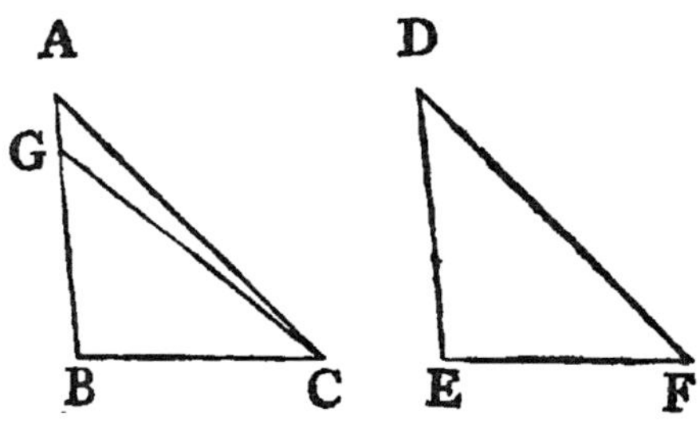

Porque si la recta AB fuese desigual á la DE, una de las dos sería mayor: séalo AB, tómese la parte BG igual al lado DE, y tírese GC: siendo, pues, BG igual á DE, y BC á EF, las dos lineas GB, BC serían respectivamente iguales á las dos DE, EF, y el ángulo GBC igual al DEF: luego la base GC sería igual [a] á la DF, y el triángulo GBC igual al DEF, y los demás ángulos opuestos á lados iguales serían iguales entre sí: luego el ángulo GCB sería igual al DFE: es así que este último se supuso igual al BCA: por consiguiente el BCG sería igual al BCA, el menor al mayor, lo qual es imposible: luego no puede ser desigual AB á DE: luego será igual: es así que BC es igual á EF; consiguientemente los dos AB, BC son

[a] 4. I.

son respectivamente iguales á los dos DE, EF, y el ángulo ABC igual al DEF: luego la basa AC es igual á la DF, y el
a 4. I. ángulo BAC al EDF [a].

Sean en segundo lugar los lados iguales los opuestos á ángulos iguales, como el AB, y el DE; serán tambien los demás lados iguales entre sí, esto es AC á DF, y BC á EF; y el ángulo BAC igual al EDF.

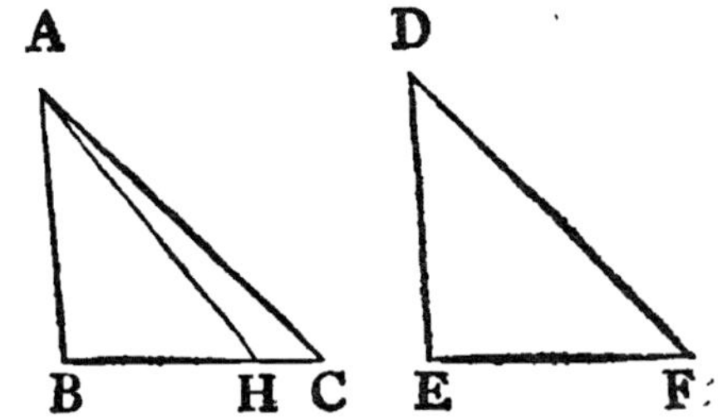

Porque si la linea BC fuese desigual á la EF, una de ellas sería mayor: séalo BC, supóngase BH igual á EF, y tírese AH: siendo, pues, la linea BH igual á la EF, y AB á DE, las dos AB, BH resultarían respectivamente iguales á las dos DE, EF: y comprehenden ángulos iguales: luego la base AH sería igual á la DF, el triángulo ABH al DEF, y los demás ángulos opuestos á lados iguales, iguales entre sí: luego será igual el ángulo BHA al EFD; pero el
b Por la hipótesis. EFD es igual al BCA [b]: luego tambien el ángulo BHA sería igual al BCA; esto es, el ángulo externo del triángulo AHC sería igual al ángulo interno opuesto BCA; lo qual es
c 16. I. imposible [c]: por consequencia la linea BC no es desigual á la EF; luego será igual: es así que la AB es igual á la DE: luego las dos AB, BC son respectivamente iguales á las dos DE, EF, y contienen ángulos iguales: así la base AC es igual á la DF, y el ángulo BAC igual al DEF. Por consiguiente si dos, &c. L. Q. D. D.

PROP. XXVII. TEOR.

Si una recta cayendo sobre otras dos forma los ángulos alternos iguales entre sí; estas rectas serán entre sí paralelas.

Supóngase, que cayendo la recta EF sobre las rectas AB, CD for-

forma los dos ángulos alternos AEF, EFD entre sí iguales. Digo, que la recta AB será paralela á la CD.

Porque si no lo fuese, prolongadas las lineas AB, CD, se encontrarian ácia BD, ó AC: prolónguense, y encuéntrense ácia BD en el punto G, y resultaria el ángulo externo AEF del triángulo GEF mayor que el ángulo interno opuesto EFG [a]; lo que es imposible por haberse supuesto igual: luego prolongadas las lineas AB, CD no se encontrarán ácia BD. Semejantemente se demostrará, que tampoco se encontrarian ácia AC: es así que las que nunca se encuentran son paralelas [b]: luego AB es paralela á CD. Por consiguiente si una &c. L. Q. D. D.

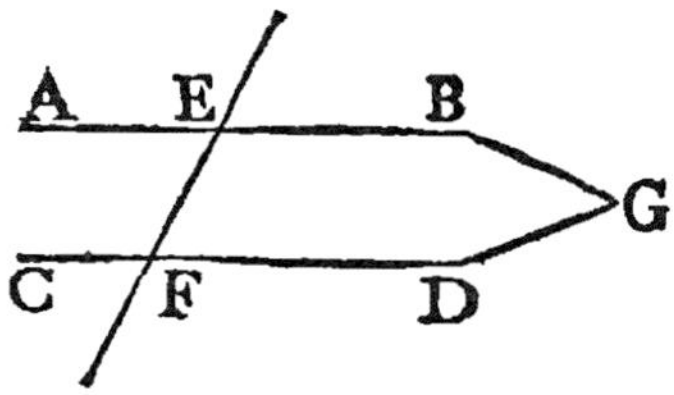

a 16. I.

b Def. 35.

PROP. XXVIII. TEOR.

Si una recta cayendo sobre otras dos forma el ángulo externo igual al interno opuesto ácia la misma parte, ó bien los ángulos internos de una misma parte iguales á dos rectos; serán las dos lineas paralelas.

Supuesto, que la recta EF cayendo sobre las rectas AB, CD forme el ángulo externo EGB igual al interno opuesto ácia la misma parte GHD, ó que forme los ángulos internos de la misma parte BGH, GHD iguales á dos rectos: digo, que la recta AB será paralela á la recta CD.

Porque siendo el ángulo EGB igual al GHD, y el EGB al AGH [a]; tambien será igual el ángulo AGH al GHD, y son alternos: luego la linea AB es paralela [b] á la CD: ademas de esto siendo los ángulos BGH, GHD iguales á dos rectos [c], tambien los ángulos AGH, BGH son iguales á dos rectos [d]: resultarán pues los ángulos AGH, BGH iguales á los BGH, GHD: quítese el ángulo comun BGH,

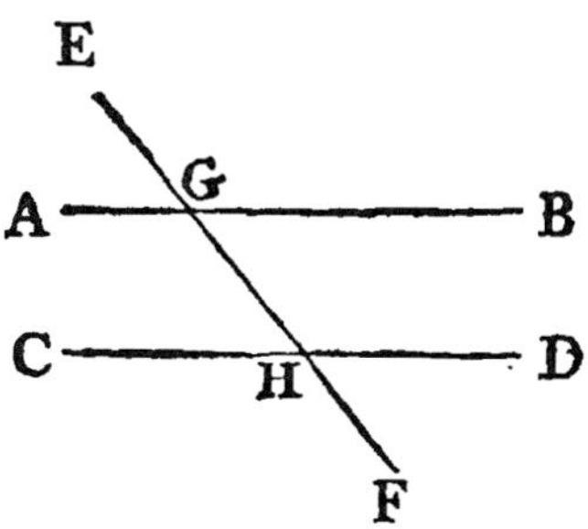

a 15. I.

b 27. I.

c Por la hipot.

d 13. I.

BGH, y quedará el AGH igual al GHD: y son tambien alternos: luego la linea AB será paralela á la CD. Por consiguiente si una &c. L. Q. D. D.

PROP. XXIX. TEOR.

Véanse las Notas á esta Proposicion.

CAYENDO una recta sobre dos paralelas, formará los ángulos alternos iguales entre sí; el externo igual á su interno opuesto de la misma parte; y los internos de la misma parte iguales á dos rectos.

Cayga la recta EF sobre las rectas paralelas AB, CD. Digo, que formará los ángulos alternos AGH, GHD iguales entre sí; el externo EGB igual al interno opuesto de la misma parte GHD: últimamente los internos de la misma parte BGH, GHD iguales á dos rectos.

Porque si el ángulo AGH fuera desigual al GHD, uno de ellos sería mayor. Séalo el AGH, y júnteseles el BGH: resultarán los ángulos AGH, BGH mayores que los BGH, GHD: es así que los ángulos AGH,

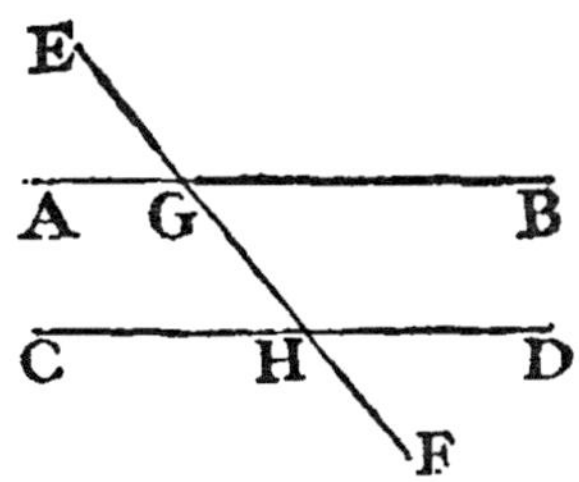

a 13. I. BGH son iguales á dos rectos [a]: luego los BGH, GHD serían menores que dos rectos: pero las rectas, que con otra forman los ángulos internos de la misma parte menores que dos rectos prolongadas al

* Ax. 12. infinito, se encuentran *: luego las rectas

Véanse las Notas á esta Proposicion.

AB, CD prolongadas al infinito se encontrarian: es así, que no se encuentran, pues se supusieron paralelas: luego el ángulo AGH no puede ser desigual al GHD: luego será igual. Tambien el ángulo AGH es igual al EGB [b]: luego el EGB será igual al GHD: añádase el ángulo BGH, y resultarán los ángulos EGB, BGH iguales á los BGH, GHD: es así que los EGB, BGH son iguales [c] á dos rectos: luego serán asimismo iguales á dos rectos los ángulos BGH, GHD. Por consiguiente cayendo &c. L. Q. D. D.

b 15. I.

c 13. I.

PROP.

PROP. XXX. TEOR.

LAS rectas, que son paralelas á una misma recta, son paralelas entre sí.

Sean las dos lineas AB, CD paralelas á la EF. Digo, que tambien AB será paralela á CD.

Supóngase, que cae sobre estas la recta GHK; por quanto la recta GK cae sobre las rectas paralelas AB, EF, el ángulo AGH será igual [a] al GHF. Ademas cayendo la misma recta GK sobre las rectas paralelas EF, CD, el ángulo GHF resulta igual al GKD [b]: y ya está demostrada la igualdad del ángulo AGK al GHF: luego tambien el ángulo AGK será igual al GKD: pero estos son tambien alternos: luego la linea AB es paralela á la CD [c]. Por consiguiente las rectas &c. L. Q. D. D.

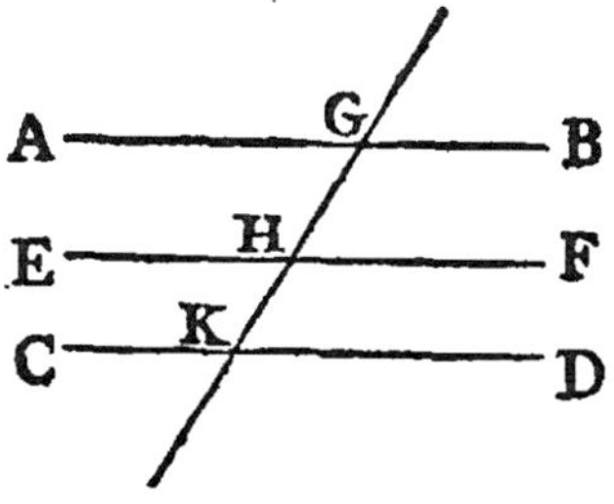

a 29. I.

b 29. I.

c 27. I.

PROP. XXXI. PROBL.

POR un punto dado, tirar una paralela á una recta dada.

Sea A el punto dado, y BC la recta dada, y háyase de tirar una paralela por el punto A á la recta BC.

Tómese en la linea BC qualquier punto D: júntense A, y D; constrúyase en el punto A de la recta DA el ángulo [a] DAE igual al ADC, y prolónguese la recta EA; esto es tírese AF directamente á EA.

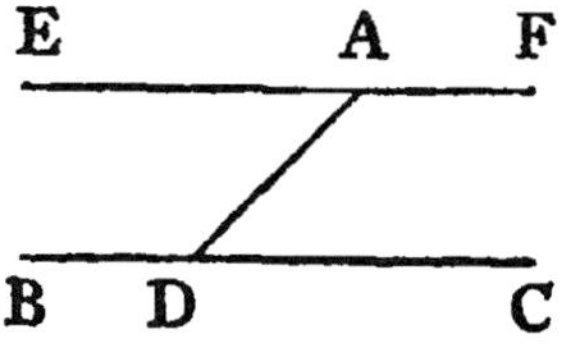

a 23. I.

Formando pues la recta AD, que cae sobre las rectas BC, EF, ángulos alternos iguales entre sí, resulta que la linea EF será paralela á BC. Por consiguiente se ha tirado &c. L. Q. D. H.

PROP. XXXII. TEOR.

En todo triángulo, prolongado uno de sus lados, el ángulo externo es igual á los dos internos opuestos: y los tres ángulos internos de todo triángulo son iguales á dos rectos.

Sea el triángulo ABC; y uno de sus lados BC prolónguese hasta D. Digo, que el ángulo externo ACD será igual á los internos opuestos CAB, ABC; y que los tres ángulos internos ABC, BCA, CAB del triángulo serán iguales á dos rectos.

a 31. I. Tírese por el punto C la CE paralela [a] á la recta AB: siendo estas dos lineas paralelas, y cayendo sobre ellas la AC, los ángulos alternos BAC, ACE resultan entre sí

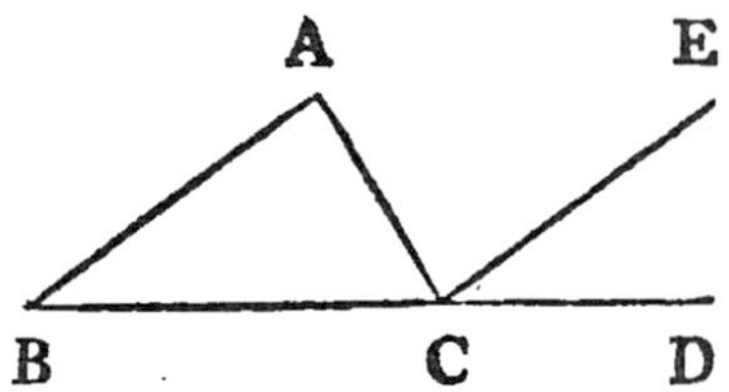

b 29. I. iguales [b]. Ademas, como AB es paralela á CE, y sobre ambas cae la recta BD, el ángulo externo ECD

c 29. I. es igual [c] al interno opuesto ABC: luego el ángulo externo ACD es igual á los dos internos opuestos CAB, ABC. Añádase á ambos el ángulo ACB; y resultarán iguales los ángulos ACD, ACB á los tres CBA, BAC, ACB: es así

d 13. I. que los ángulos ACD, ACB son iguales á dos rectos [d]: luego tambien los ángulos CBA, BAC, ACB son iguales á dos rectos. Por consiguiente en todo &c. L. Q. D. D.

Cor. 1. Juntos todos los ángulos internos de qualquiera figura rectilinea con quatro ángulos rectos componen dos veces tantos rectos, quantos son los lados de la figura.

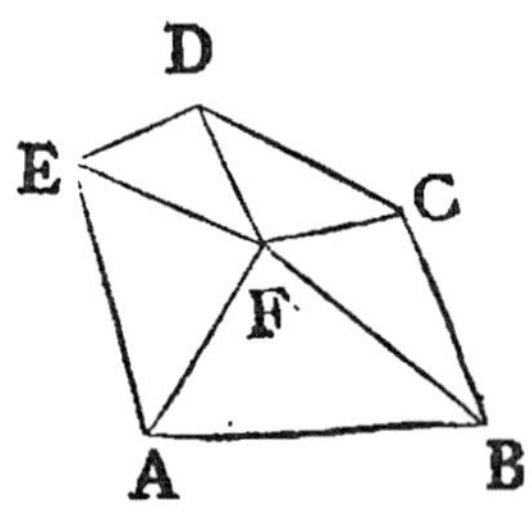

Porque qualquiera figura rectilinea, como la ABCDE, es divisible en tantos triángulos, quantos son sus lados, tirando rectas de un punto F de dentro de la figura á todos sus ángulos: es así que juntos todos los ángulos de los triángulos son (segun la Proposicion precedente) iguales á dos veces tantos rectos, quantos son los

los triángulos, esto es quantos son los lados de la figura: y los mismos ángulos son todos iguales á los ángulos de la figura juntos con los ángulos, que concurren en F vértice comun de los triángulos; esto es juntos con quatro rectos [a]: luego todos los ángulos de la figura juntos con quatro rectos son iguales á dos veces tantos rectos, quantos son los lados.

a 2. Cor. 15. I.

Cor. 2. Todos los ángulos externos de qualquiera figura rectilinea juntos son iguales á quatro rectos.

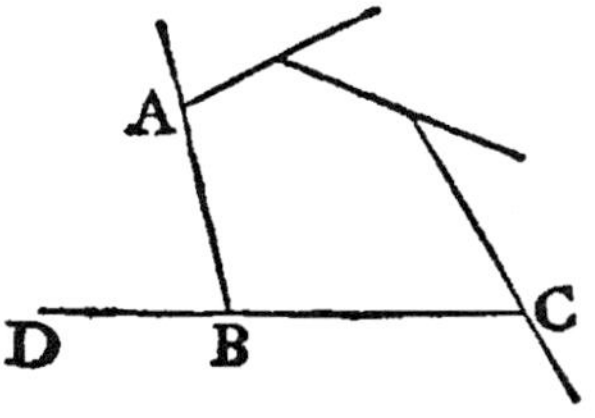

Porque el ángulo interno ABC junto con el externo adyacente ABD es igual [b] á dos rectos: luego todos los internos juntos con los externos serán iguales á dos veces tantos rectos, quantos son los lados de la figura: esto es (conforme al Corolario anterior) á todos los ángulos internos de la figura juntos á quatro rectos. Por consiguiente los externos son iguales á quatro rectos.

b 13. I.

PROP. XXXIII. TEOR.

LAS rectas, que juntan ácia una misma parte los extremos de dos rectas iguales, y paralelas, son tambien iguales, y paralelas entre sí.

Sean iguales, y paralelas las lineas AB, CD, y júntense sus extremos ácia una misma parte por las rectas AC, BD. Digo, que las lineas AC, DB serán iguales, y paralelas.

Tírese la linea BC; y por quanto AB es paralela á CD, y cae sobre ellas BC, los ángulos alternos ABC, BCD serán iguales [a]: y siendo AB igual á CD, y BC comun, las dos AB, BC serán iguales á las dos DC, CB, y el ángulo ABC igual al BCD: luego la base AC será igual á la BD, el triángulo ABC al BCD, y los demas ángulos opuestos á lados iguales son iguales [b]; pero la recta BC cayendo sobre las rectas AC, BD forma los ángulos alternos ACB, CBD entre sí iguales: luego será AC paralela á BD:

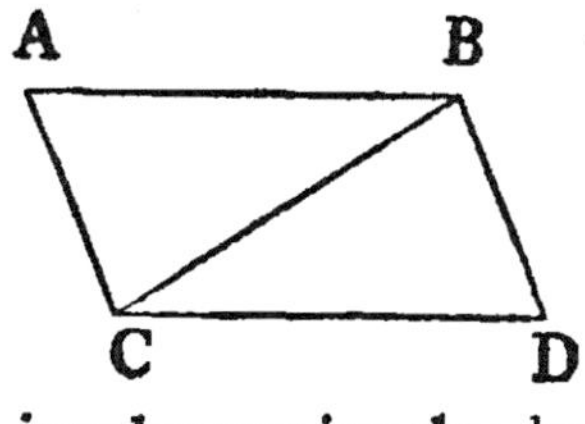

a 29. I.

b 4. I.

c 27. I. BD [c]: y por otra parte queda ya demostrada su igualdad. Por consiguiente las rectas &c. L. Q. D. D.

PROP. XXXIV. TEOR.

LOS lados, y los ángulos opuestos del paralelogramo son entre sí iguales: y la diagonal divide al paralelogramo en dos partes iguales.

Sea el paralelogramo ABDC, y tenga por diagonal á la linea BC. Digo, que los lados, y ángulos opuestos del paralelogramo serán entre sí iguales; y que la diagonal BC lo dividirá en dos partes iguales.

Porque siendo la linea AB paralela á CD, y cayendo sobre ellas la recta BC, los ángulos alternos
a 29. I. ABC, BCD serán entre sí iguales [a]. Ademas de esto, como la linea AC es paralela á BD, y sobre ellas cae BC, tambien
b 29. I. serán entre sí iguales [b] los ángulos alternos ACB, CBD: luego ABC, CBD son dos triángulos, que tienen los dos ángulos ABC, BCA respectivamente iguales á los dos BCD, CBD, y un lado comun BC adyacente á estos ángulos iguales: luego tendrán los demas lados respectivamente iguales entre sí, y el ángulo res-
c 26. I. tante igual al restante [c]: luego el lado AB será igual al CD: el AC al BD; y el ángulo BAC igual al BDC: y por quanto el ángulo ABC es igual al BCD, y este al ACB, será el ángulo ABD total igual al ACD total: es así que ya está demostrada la igualdad del ángulo BAC al BDC: luego los lados, y ángulos opuestos del paralelogramo son entre sí iguales.

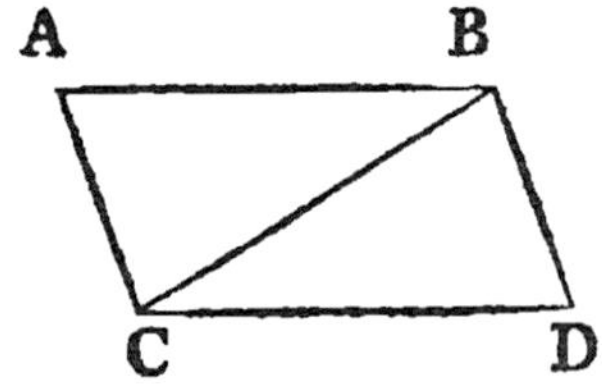

A mas de esto la diagonal dividirá en dos partes iguales al paralelogramo: porque siendo la linea AB igual á la CD, y la BC comun, las dos AB, BC son respectivamente iguales á las dos DC, CB, y el ángulo ABC igual al BCD: luego el triángulo ABC
d 4. I. será igual [d] al BCD. Por consiguiente la diagonal BC divide en dos partes iguales al paralelogramo ACDB. L. Q. D. D.

PROP.

PROP. XXXV. TEOR.

LOS paralelogramos, que tienen una misma base, y están en unas mismas paralelas, son iguales entre sí.

Sean los paralelogramos ABCD, EBCF, que tengan la misma base BC, y estén en las mismas paralelas AF, BC. Digo, que el paralelogramo ABCD será igual al EBCF.

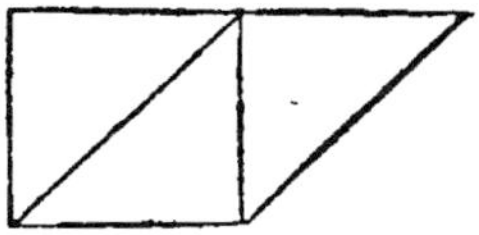

Porque si los lados AD, DF opuestos á la base BC de los paralelogramos ABCD, DBCF se terminan en D, es manifiesto, que ambos paralelogramos son duplos del triángulo BDC [a], y por consiguiente entre sí iguales. a 34. I.

Pero *supongamos*, que los lados AD, EF opuestos á la base de los paralelogramos ABCD, EBCF no se terminan en un mismo punto: en tal caso, siendo ABCD un paralelogramo, la linea AD será igual á BC [b], y por la misma razon la linea EF b 34. I.

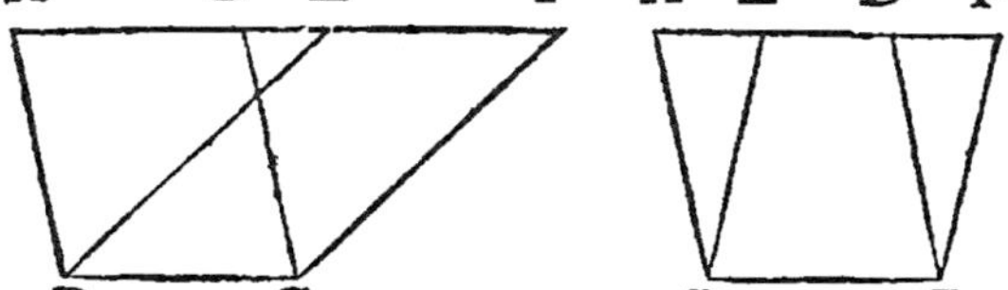

será igual á BC: luego AD será tambien igual á EF [c]; y quitando, ó añadiendo la DE, resultará AE igual á DF [d]: asimismo la linea AB es igual á DC: siendo las dos EA, AB respectivamente iguales á las dos FD, DC, y el ángulo FDC igual al EAB, el externo al interno [e]: será la base EB igual á la FC, y el triángulo EAB igual [f] al FDC: quítese el triángulo FDC del trapecio ABCF, y del mismo quítese el triángulo EAB, y resultará el paralelogramo ABCD igual al paralelogramo EBCF [g]. Por consiguiente los paralelogramos, &c. L. Q. D. D.

c Axi. 1. d Axi. 2. y 3. e 29. I. f 4. I. g Axi. 3.

PROP.

PROP. XXXVI. TEOR.

LOS paralelogramos, que tienen bases iguales, y están en unas mismas paralelas, son iguales entre sí.

Sean los paralelogramos ABCD, EFGH, que tengan las bases BC, FG iguales, y estén en las mismas paralelas AH, BG. Digo, que el paralelogramo ABCD será igual al EFGH.

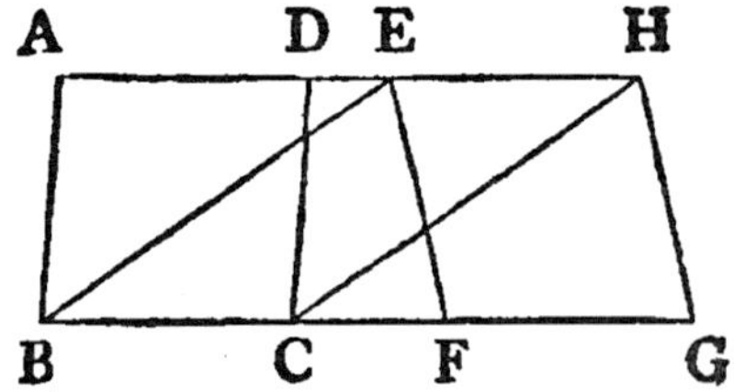

Tírense las lineas BE, CH: por quanto BC es igual á
a 34. I. FG, y FG á EH [a], será tambien BC igual á EH; y son paralelas, y las juntan BE, CH: es así que las lineas, que juntan los extremos de lineas iguales, y paralelas, ácia la mis-
b 33. I. ma parte, son iguales, y paralelas [b]: luego tambien las lineas EB, CH son iguales, y paralelas: así EBCH es un paralelogramo
c 35. I. igual al ABCD [c]; por tener la misma base BC, y estár en las mismas paralelas BC, AH: por la misma razon el paralelogramo EBCH es igual al EFGH: luego ABCD es igual á EFGH. Por consiguiente los paralelogramos, &c. L. Q. D. D.

PROP. XXXVII. TEOR.

LOS triángulos, que tienen una misma base, y están en unas mismas paralelas, son iguales entre sí.

Sean los triángulos ABC, DBC, que tengan la misma base BC, y estén en las mismas paralelas AD, BC. Digo, que el triángulo ABC será igual al triángulo DBC.

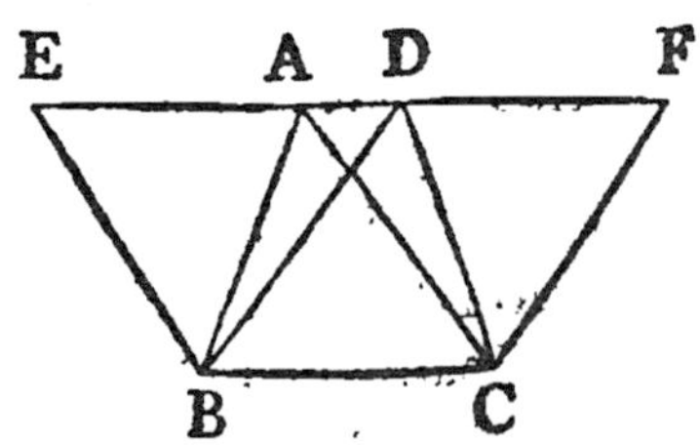

Prolónguese por ambas partes la linea AD hasta los puntos E, F; y por B tírese la linea BE paralela á
a 31. I. CA, y por C la CF [a] paralela á BD: y resultarán una y otra figura EBCA, DBCF paralelogramos;

mos; y el paralelogramo EBCA igual al DBCF [b], porque tienen una misma base BC, y están en las mismas paralelas BC, EF; pero el triángulo [c] ABC es la mitad del paralelogramo EBCA, por dividirlo la diagonal AB en dos partes iguales; tambien el triángulo DBC [c] es la mitad del paralelogramo DBCF, por dividirlo la diagonal DC en dos partes iguales: es así que las mitades de cantidades iguales son entre *sí* iguales [e]: luego el triángulo ABC es igual al triángulo DBC. Por consiguiente los triángulos, &c. L. Q. D. D.

b 35. I.
c 34. I.
e Ax. 7.

PROP. XXXVIII. TEOR.

LOS triángulos, que tienen bases iguales, y están en unas mismas paralelas, son iguales entre sí.

Sean los triángulos ABC, DEF, que tengan las bases BC, EF iguales, y estén en las mismas paralelas BF, AD. Digo, que el triángulo ABC será igual al DEF.

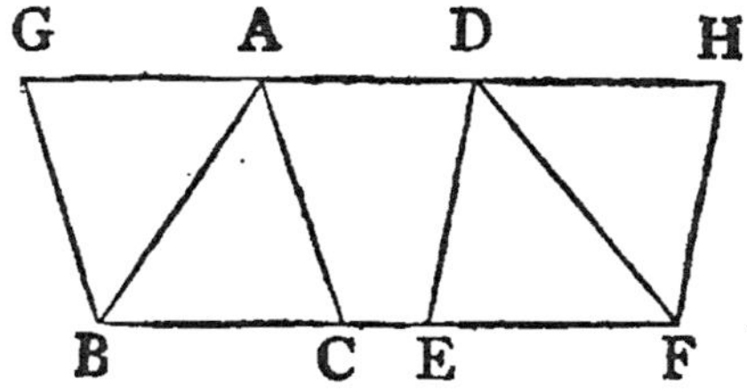

Prolónguese la linea AD por ambas partes hasta los puntos G, H, y por B tírese BG paralela á CA, como asimismo por F FH [a] paralela á ED; resultarán ambas figuras GBCA, y DEFH paralelogramos; el primero igual al segundo [b], por estár sobre iguales bases BC, EF, y en las mismas paralelas BF, GH: es así que el triángulo ABC es la mitad del paralelogramo GBCA, pues la diagonal AB lo divide en dos partes iguales [c], y el triángulo DEF es la mitad del paralelogramo DEFH, como que la diagonal DF lo divide en dos partes iguales: luego el triángulo ABC es igual al DEF. Por consiguiente los triángulos, &c. L. Q. D. D.

a 31. I.
b 36. I.
c 34. I.

PROP. XXXIX. TEOR.

LOS triángulos iguales, que tienen una misma base, y sus vértices ácia una misma parte, están en unas mismas paralelas.

Sean

Sean los triángulos iguales ABC, DBC, que tengan la misma base BC, y los vértices A, D ácia la misma parte. Digo, que estarán en unas mismas paralelas.

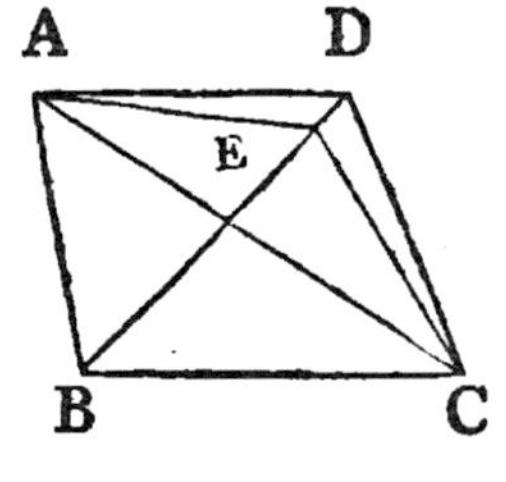

Júntense los vértices por la recta AD, y será esta paralela á BC: si no lo fuese, sea la recta AE tira-
a 31. I. da por el punto A [a] paralela á BC, y tírese la linea EC: resultará el triángulo ABC
b 37. I. igual al EBC [b], por estár sobre la misma base BC, y en las mismas paralelas BC, AE: es así que el triángulo ABC es igual al DBC: luego tambien el DBC será igual al EBC, el mayor al menor, lo qual es imposible: consiguientemente AE no es paralela á BC: semejantemente demostrarémos, que ninguna otra linea es paralela, sino AD: luego esta es paralela á BC. Por consiguiente los triángulos, &c. L. Q. D. D.

PROP. XL. TEOR.

Los triángulos iguales, que tienen las bases iguales, *y directamente*, *ó en linea recta*, y sus vértices ácia una misma parte, están en unas mismas paralelas.

Tengan los triángulos iguales ABC, DEF las bases iguales BC, EF, y los vértices ácia una misma parte. Digo, que estarán en unas mismas paralelas; esto es, tirada la linea AD, será pa-

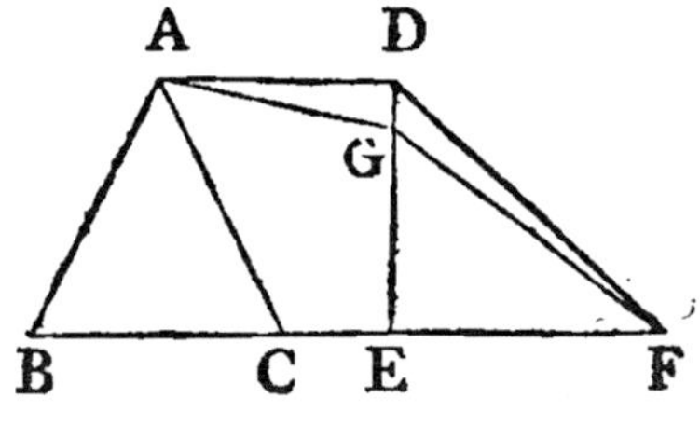

a 31. I. ralela á BF; y si no, sea AG [a] la paralela á BF tirada por el punto A: júntense los puntos G, F; y
b 38. I. resultará el triángulo ABC igual [b] al GEF, porque tienen las bases iguales BC, EF, y están en unas mismas paralelas BF, AG: es así que el triángulo ABC es igual al DEF: luego tambien el DEF será igual al GEF, el mayor al menor, lo qual es absurdo: luego AG no es paralela á BF: semejantemente se demostrará, que ninguna otra linea, fuera de AD

AD es paralela: luego esta es paralela á BF. Por consiguiente los triángulos, &c. L. Q. D. D.

PROP. XLI. TEOR.

SI un paralelogramo, y un triángulo tienen una misma base, y están en unas mismas paralelas; el paralelogramo será duplo del triángulo.

Tengan el paralelogramo ABCD, y el triángulo EBC, la misma base BC, y estén en unas mismas paralelas BC, AE. Digo, que el paralelogramo ABCD será duplo del triángulo EBC.

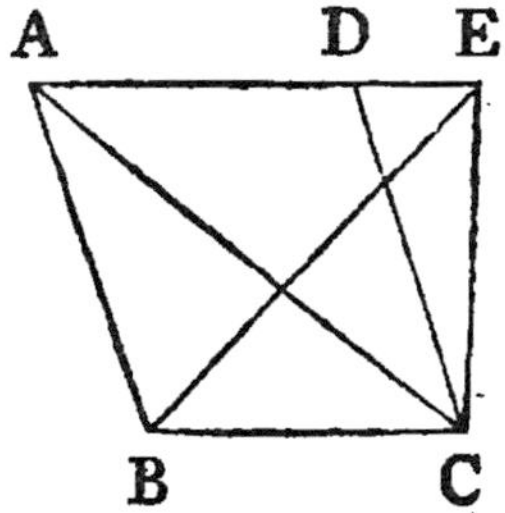

Porque tirada la diagonal AC, resultará el triángulo ABC igual [a] al EBC, por estár sobre la misma base BC, y en las mismas paralelas BC, AE: es así que el paralelogramo ABCD es duplo del triángulo ABC [b], pues la diagonal AC lo divide por medio: luego tambien será el mismo paralelogramo duplo el triángulo EBC. Por consiguiente si un, &c. L. Q. D. D.

a 37. I.

b 34. I.

PROP. XLII. PROBL.

CONSTRUIR un paralelogramo igual á un triángulo dado, y que tenga un ángulo igual á un ángulo rectilineo dado.

Sea el triángulo dado ABC, y el ángulo rectilineo dado D; y háyase de construir un paralelogramo igual al triángulo dado ABC, que tenga un ángulo igual al D.

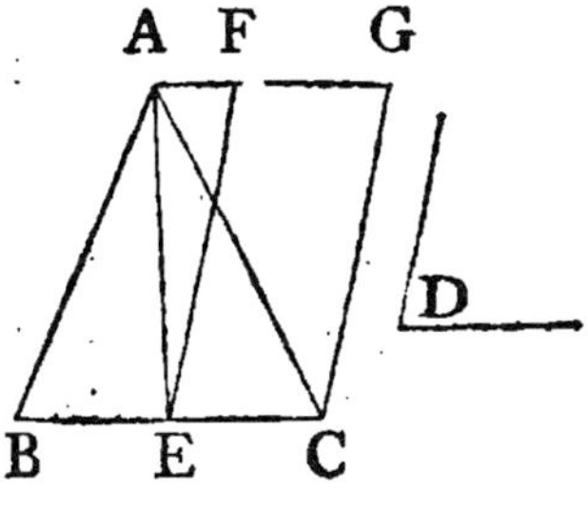

Divídase por medio [a] la linea BC en el punto E; tírese AE, y en el punto E de la recta EC constrúyase el ángulo CEF igual al D [b]: asimismo por el punto A tírese la linea AG paralela á

a 10. I.

b 23. I.

c 31. I. á EC, y por C la CG [c] paralela á EF: resultará FECG el paralelogramo que se pide: porque siendo la linea BE igual á EC, será el
d 38. I. triángulo ABE igual [d] al AEC, por estár sobre las bases iguales BE, EC, y en las mismas paralelas BC, AG: luego el triángulo ABC es duplo del AEC: es así que tambien el paralelogramo
e 41. I. FECG es duplo del triángulo AEC [e], por tener una misma base, y estár en unas mismas paralelas: resulta, pues, el paralelogramo FECG igual al triángulo ABC, y con el ángulo CEF igual al dado D. L. Q. D. H.

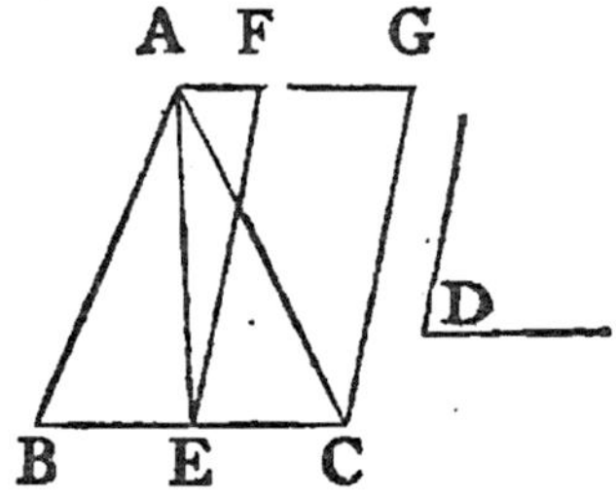

PROP. XLIII. TEOR.

LOS complementos de los paralelogramos, que están baxo de la diagonal de un paralelogramo, son iguales entre sí.

Sea el paralelogramo ABCD, y su diagonal AC, baxo de la qual están los paralelogramos EH, FG, y son sus complementos BK, KD. Digo, que el complemento BK será igual al KD.

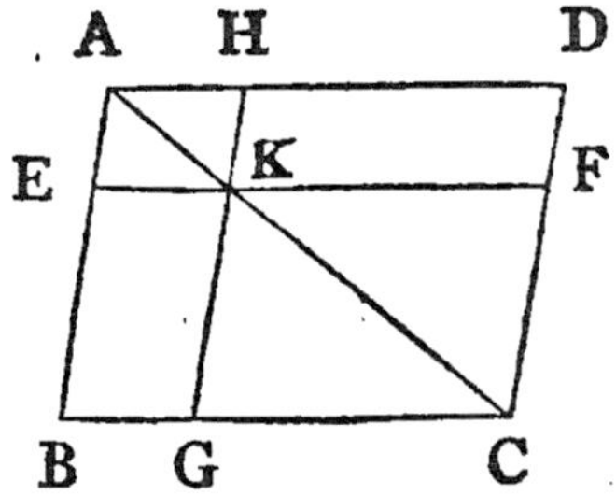

Porque siendo ABCD un paralelogramo, y AC su diagonal, es el trián-
a 34. I. gulo ABC igual al ADC [a]: además, siendo EKHA un paralelogramo, y su diagonal AK, es tambien el triángulo
b 34. I. AEK igual [b] al AHK: asimismo el triángulo KGC será igual al KFC: pero siendo el triángulo AEK igual al AHK, y el KGC al KFC, resulta el triángulo AEK junto con el KGC igual al AHK junto con el KFC: es así que el triángulo ABC es igual al ADC: luego el complemento restante BK será igual al complemento restante KD. Por consiguiente los complementos, &c. L. Q. D. D.

PROP.

PROP. XLIV. PROBL.

SOBRE una recta dada construir un paralelogramo igual á un triángulo dado, y que tenga un ángulo igual á un ángulo rectilineo dado.

Sea la recta dada AB, el triángulo dado C, y el ángulo rectilineo dado D; y háyase de construir sobre dicha recta con un ángulo igual al D un paralelogramo igual al triángulo C.

Prolónguese AB hasta E, y sobre B constrúyase el paralelogramo BEFG igual al triángulo C, que tenga el ángulo EBG igual al D [a]: prolónguese FG hasta el punto H, tirando por A, AH [b] paralela á una de las dos BG, EF; y últimamente tírese la linea HB. a 42. I. b 31. I.

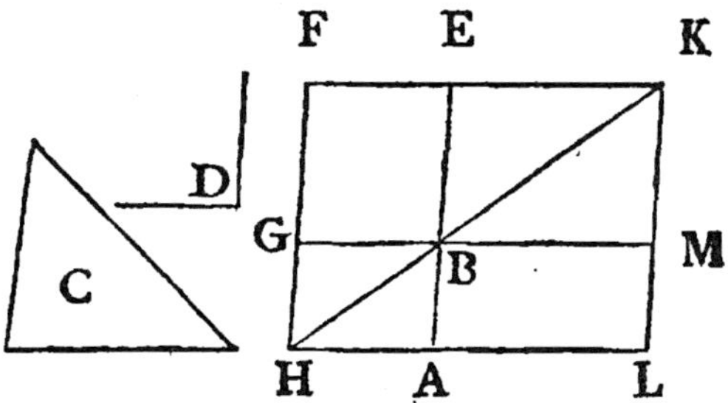

Cayendo, pues, la recta HF sobre las paralelas AH, EF, los ángulos AHF, HFE serán iguales á dos rectos [c]: por conseqüencia los BHF, HFE menores que dos rectos: es así que prolongadas indefinidamente las lineas, que con una recta forman los ángulos internos ácia una misma parte menores que dos rectos, se encontrarán [d]: luego las lineas HB, FE se encontrarán. Prolónguense, hasta que se encuentren en K; por este punto tirada KL paralela á una de las dos EA, FH, y las AH, GB prolongadas hasta los puntos L, M, resultará, que la figura HLKF es un paralelogramo, cuya diagonal es HK, baxo de la qual están los paralelogramos AG, ME; y que LB, BF son sus complementos; siendo por conseqüencia el primero igual [e] al segundo: pero se ha construido BF igual al triángulo C: luego LB será igual á C: y siendo el ángulo GBE igual al ABM [f], y al D, tambien será el ABM igual al D. Por consiguiente sobre la recta dada AB quedará construido, &c. L. Q. D. H.

c 29. I. d Ax. 12. e 43. I. f 15. I.

PROP.

PROP. XLV. PROBL.

Construir un paralelogramo igual á una figura rectilinea dada, y que tenga un ángulo igual á un ángulo rectilineo dado.

Sea la figura rectilinea dada un quadrilátero, por exemplo ABCD, y E el ángulo rectilineo dado: y háyase de construir un paralelogramo igual á la figura dada, que tenga un ángulo igual al E.

a 42. I. Tírese la linea DB; constrúyase un paralelogramo FH [a] igual al triángulo ADB con el ángulo HKF igual al E; y sobre la recta GH descríbase el paralelogramo GM igual al triángulo DBE con b 44. I. el ángulo GHM igual al E [b]: por quanto el ángulo E es igual á FKH, y á GHM, tambien el FKH será igual al GHM: añádase á ambos el ángulo KHG, y resultarán los FKH, KHG iguales á los KHG, GHM: es así que los dos ángulos FKH, KHG son c 29. I. iguales á dos rectos [c]: luego tambien serán iguales á dos rectos los KHG, GHM: formando, pues, las dos rectas KH, HM, tiradas del punto H de la recta GH con esta ángulos iguales á dos rectos, las lineas KH, d 14. I. HM [d] estarán directamente: asimismo cayendo la recta GH sobre las paralelas KM, FG, los ángulos alternos MHG,

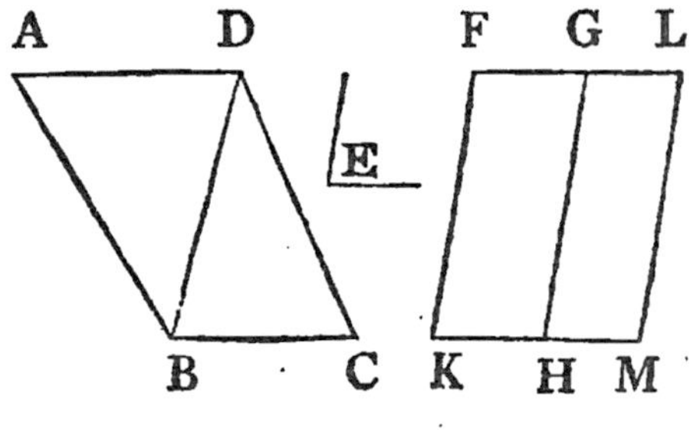

e 29. I. HGF son iguales [e]: añádase pues el ángulo HGL, y resultarán los ángulos MHG, HGL iguales á los HGF, HGL: es así que f 29. I. los ángulos MHG, HGL son iguales á dos rectos [f]: por consiguiente los HGF, HGL serán iguales á dos rectos: luego la linea FG forma con la GL una recta: y siendo KF paralela á HG, y esta g 30. I. á ML, resulta [g] asimismo KF paralela á ML; pero lo es tambien KM á FL: luego la figura KFLM es un paralelogramo: y siendo el triángulo ABD igual al paralelogramo HF, y el triángulo DBC al paralelogramo GM, será la figura rectilinea ABCD igual al pa-

paralelogramo KFLM. Por consiguiente queda construido &c. L. Q. D. H.

Cor. De lo dicho hasta aquí se infiere claramente el modo de aplicar á una recta dada un paralelogramo igual á una figura rectilinea dada, que tenga un ángulo igual á un ángulo rectilineo dado; conviene á saber, dividiendo la figura rectilinea dada en triángulos, y aplicando á la recta [h] un paralelogramo igual al h 44. I.
triángulo primero ABD con un ángulo igual al otro dado, &c.

PROP. XLVI. PROBL.

Sobre una recta dada describir un quadrado.

Sea AB la recta dada, y háyase de describir sobre ella un quadrado.

Elévese en el punto A una perpendicular AC [a] á la recta AB, a 11. I.
tómese una parte AD [b] igual á AB, y por el punto D tírese DE b 3. I.
paralela á AB, como tambien por el punto B [c] BE paralela á c 31. I.
AD: resultará el paralelogramo ADEB: por consiguiente la linea AB será igual á la DE [d], y AD á BE: es así que BA d 34. I.
es igual á AD: luego las quatro lineas BA, AD, DE, EB son entre sí iguales; y por tanto equilátero el paralelogramo ADEB. Añado, que tambien es rectángulo; porque cayendo la recta AD sobre las paralelas AB, DE, los ángulos BAD, ADE son iguales á dos rectos: es así que el ángulo BAD es recto: luego tambien lo será el ADE: pero los lados, y ángulos opuestos de los paralelogramos son entre sí iguales : luego ambos ángulos ABE, BED son rectos: por consi- e 34. I.
guiente ADEB es rectángulo: y ya antes se demostró, que era equilátero : luego es quadrado, y descrito sobre una recta dada. L. Q. D. H.

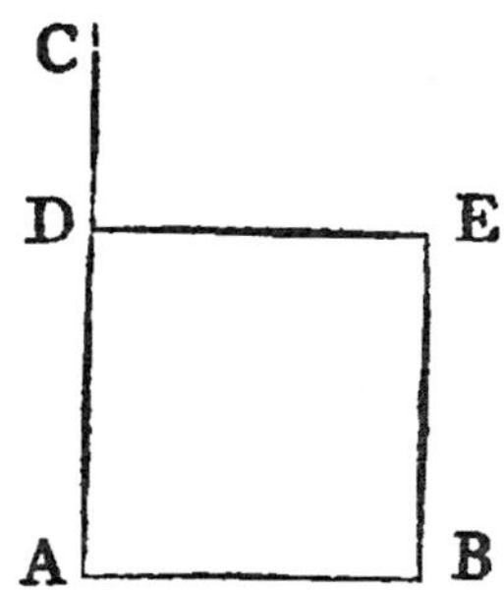

Cor. Todo paralelogramo, que tiene un ángulo recto, es rectángulo.

PROP.

PROP. XLVII. TEOR.

EN todo triángulo rectángulo el quadrado descrito sobre el lado opuesto al ángulo recto * es igual á los descritos sobre los otros dos lados.

Sea el triángulo rectángulo ABC, y tenga el ángulo BAC recto. Digo, que el quadrado, que tiene por lado BC, será igual á los quadrados, que tienen por lados BA, AC.

a 46. I. Descríbase sobre el lado BC el quadrado [a] BDEC, y sobre los
b 31. I. lados BA, AC los quadrados GB, HC: por el punto A tírese [b] AL
paralela á una de las dos BD, CE: y tírense las lineas AD, FC:
siendo, pues, los dos ángulos BAC,
c Def. 30. BAG rectos [c], y saliendo las dos
rectas AC, AG del punto A de la
recta BA, formarán los dos án-
gulos á una, y otra parte iguales
á dos rectos: luego las lineas CA,
d 14. I. AG estarán directamente [d]; y
siendo el ángulo DBC igual al
FBA, por ser ambos rectos; aña-
diendo á ambos el ángulo ABC,
e Axi. 2. resultará [e] el ángulo DBA igual
al FBC; siendo pues los dos
lados AB, BD iguales respectiva-
mente á los dos FB, BC, y el án-
gulo DBA igual al FBC, tambien
f 4. I. la base AD será igual á la FC, y el triángulo ABD [f] al FBC: pero
g 41. I. el paralelogramo BL es duplo del triángulo [g] ABD, por te-
ner la misma base BD, y estár en las mismas paralelas BD, AL:
y el quadrado GB es duplo del triángulo FBC, porque tienen
la misma base FB, y están en las mismas paralelas FB, GC: ahora,
h Axi. 6. pues, las cantidades duplas de otra son iguales entre sí [h]: luego
el

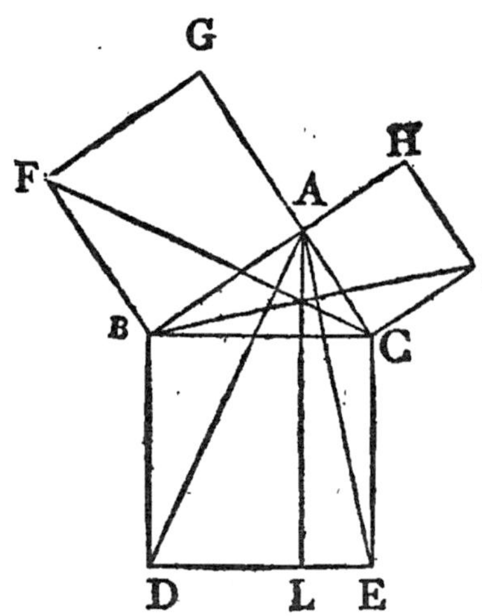

* N. T. No llamamos hipotenusa al lado opuesto al ángulo recto del triángulo rectángulo, como suelen los Geómetras modernos, por no hallarse tal voz en Euclides, ni ser necesaria para la completa inteligencia de las propiedades de dicho triángulo.

el paralelogramo BL será igual al quadrado GB: semejantemente tiradas las lineas AE, BK, se demostrará la igualdad del paralelogramo CL al quadrado HC: luego el quadrado BDEC será igual á los dos quadrados GB, HC: pero se ha descrito sobre el lado BC; y los GB, HC sobre los lados BA, AC: luego el quadrado BE descrito sobre el lado BC es igual á los descritos sobre los BA, AC. Por consiguiente en todo &c. L. Q. D. D.

PROP. XLVIII. TEOR.

SI el quadrado descrito sobre uno de los lados de un triángulo es igual á los descritos sobre los otros dos lados; el ángulo comprehendido por estos será recto.

Sea igual el quadrado descrito sobre el un lado BC del triángulo ABC á los quadrados descritos sobre los otros dos lados BA, AC. Digo, que el ángulo BAC será recto.

Tírese [a] del punto A la linea AD perpendicular á AC, tómese AD igual á BA, y júntense los puntos D, y C: siendo, pues, la linea DA igual á la AB, resultará el quadrado descrito sobre DA igual al descrito sobre AB: y añadiendo á ambos el quadrado descrito sobre AC, resultarán los quadrados descritos sobre DA, AC iguales á los descritos sobre BA, AC: pero el quadrado descrito sobre DC [b] es igual á los quadrados sobre DA, AC; pues el ángulo DAC es recto: asimismo el quadrado de BC es igual á los de BA, AC: luego el quadrado descrito sobre DC será igual al descrito sobre BC: luego el lado DC será igual al CB: y por quanto la linea DA es igual á la AB, y la AC comun, las dos DA, AC son iguales á las dos BA, AC; y la base DC igual á la base BC: el ángulo, pues, DAC será igual [c] al BAC: es así que DAC es recto: luego tambien BAC. Por consiguiente, si el quadrado &c. L. Q. D. D.

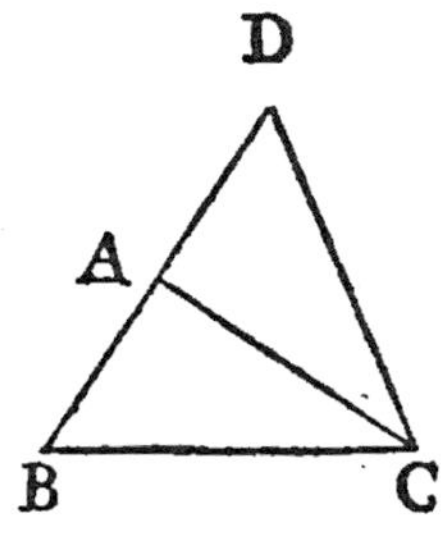

a 11. I.

b 47. I.

c 8. I.

ELE-

ELEMENTOS DE EUCLIDES.

LIBRO SEGUNDO.

DEFINICIONES.

I.

TODO paralelogramo rectángulo se dice estár contenido por las dos rectas, que comprehenden el ángulo recto.

II.

En todo paralelogramo el espacio comprehendido por cada uno de los paralelogramos, que están baxo de la diagonal, junto con los dos complementos se llama Gnomon. "Así la »figura, que forman el paralelogramo »HG, y los complementos AF, FC »es un gnomon, que para mayor bre»vedad se expresa con las letras AGK, »ó EHC, de los ángulos opuestos de »los paralelogramos, que componen el gnomon."

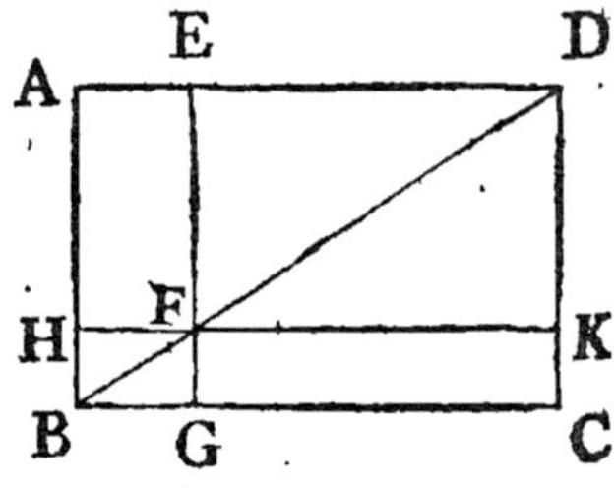

PROP. I. TEOR.

SI de dos rectas la una se divide en qualquier número de partes iguales; el rectángulo comprehendido por las dos será igual á los rectángulos contenidos por la entera, y por los segmentos de la otra.

Sean las dos rectas A, BC, y esté BC dividida en qualquier nú-

número de partes en los puntos D, E. Digo, que el rectángulo contenido por las rectas A, BC será igual al contenido por las A, y BD; A, y DE; A, y EC.

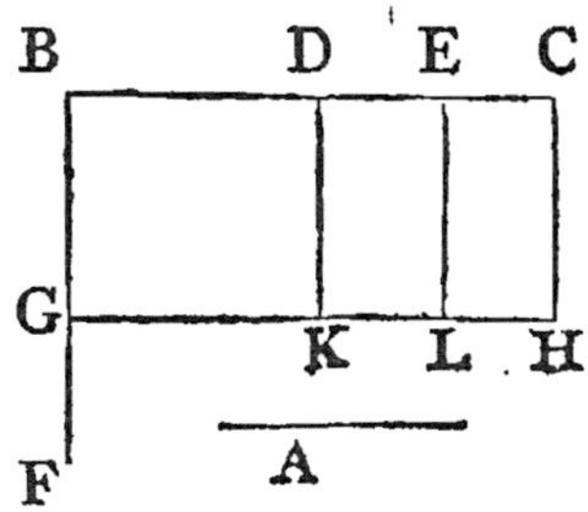

Elévese en el punto B la linea BF [a] perpendicular á BC, y córtese BG [b] igual á A; y por el punto G tírese GH paralela á BC, y por los D, E, C las DK, EL, CH paralelas á BG [c]: resultará el rectángulo BH igual á los BK, DL, EH; es así que el rectángulo BH está contenido por las rectas A, BC; pues lo está por las GB, BC; y BG es igual á A: y las DK, EL son iguales á BG [d], y por consiguiente á A: luego los rectángulos BK, DL, EH estarán comprehendidos por las A, y BD; A, y DE; A, y EC. Por consiguiente si de dos, &c. L. Q. D. D.

a 11. I.
b 3. I.
c 31. I.
d 34. I.

PROP. II. TEOR.

SI una recta se divide en qualquier punto; los rectángulos contenidos por toda ella; y por cada uno de sus segmentos serán iguales al quadrado de la recta.

Divídase la recta AB en qualquier punto C. Digo, que el rectángulo contenido por AB, BC junto con el contenido por AB, AC será igual al quadrado de AB.

Descríbase sobre AB el quadrado ADEB [a], y por el punto C tírese CF [b] paralela á una de las dos AD, BE: resultará el quadrado AE igual á los rectángulos AF, CE: es así que AE es el quadrado de AB; y AF el rectángulo contenido por las BA, AC, por ser CF igual á AD, por consiguiente á AB; y es CE el rectángulo contenido por AB, CE, por ser BE igual á AB: luego el rectángulo contenido por AB, AC junto con el contenido por AB, BC será igual al quadrado de AB. Por consiguiente si una recta, &c. L. Q. D. D.

a 46. I.
b 31. I.

PROP.

PROP. III. TEOR.

SI una recta se divide en un punto qualquiera; el rectángulo contenido por toda ella, y por uno de sus segmentos será igual al quadrado de este segmento, y al rectángulo contenido por ambos segmentos.

Divídase la recta AB en qualquier punto C. Digo, que el rectángulo contenido por AB, BC será igual á el contenido por AC, CB, junto con el quadrado de BC.

a 46. I. Descríbase sobre BC el quadrado CDEB [a], prolónguese ED
b 31. I. hasta el punto F, y por A tírese AF [b], paralela á una de las dos CD, BE; resultará el rectángulo AE igual á los AD, CE: pero el rectángulo AE está contenido por las lineas AB, BC, por ser BE igual á BC: asimismo el rectángulo AD está contenido por las lineas AC, CB, por ser tambien CD igual á CB: y es DB el quadrado de BC: luego el rectángulo contenido por AB, BC será igual al contenido por AC, CB, junto con el quadrado de BC. Por consiguiente si una, &c. L. Q. D. D.

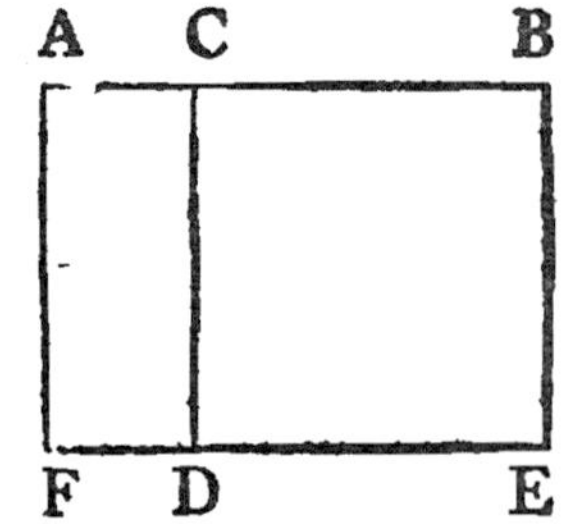

PROP. IV. TEOR.

SI se divide una recta en qualquier punto; el quadrado de toda la recta será igual á los quadrados de sus partes, y al duplo del rectángulo contenido por ellas.

Divídase la recta AB en qualquier punto C. Digo, que el quadrado de AB será igual á los quadrados de AC, CB, y al duplo del rectángulo contenido por los mismos segmentos AC, CB.

a 46. I. Descríbase sobre AB el quadrado ADEB [a], tírese la diago-
b 31. I. nal BD, y por el punto C la CGF [b] paralela á una de las dos AD, BE, como tambien por el punto G la HK paralela á una de

de las dos AB, DE: siendo CF paralela á AD, y cayendo sobre ellas BD, resultará el ángulo externo BGC igual al interno opuesto ADB [d]: es así que el ángulo ADB es igual al ABD [e], por ser el lado BA igual al AD: por consegüencia el ángulo CGB será igual al GBC, y por tanto el lado BC igual [f] al CG: pero el lado CB es igual al lado GK, y el CG al BK [g]: luego el GK será igual al KB: luego la figura CGKB será equilátera: ademas, es rectángula, porque siendo la linea CG paralela á BK, y cayendo sobre ellas CB, los dos ángulos KBC, GCB serán iguales á dos rectos: es así que el primero es recto: luego tambien el segundo: consiguientemente los ángulos CGK, GKB opuestos á ellos serán rectos [g]: luego la figura CGKB será rectángula: y yá antes se ha demostrado ser equilátera: luego será el quadrado de CB: asimismo se demuestra, que la figura HF es un quadrado descrito sobre la linea HG igual á AC: luego HF, CK son quadrados de AC, CB: y siendo el rectángulo GE igual al AG, y hallándose el AG contenido por los lados AC, y AH, igual á CG, igual á CB; así el rectángulo AG, como el rectángulo GE, estarán contenidos por los segmentos AC, CB, y los dos juntos serán iguales al duplo del rectángulo contenido por AC, y CB: pero el quadrado AE de AB se compone de los quadrados CK, HF, y de los rectángulos AG, GE. Por consiguiente si se divide, &c. L. Q. D. D.

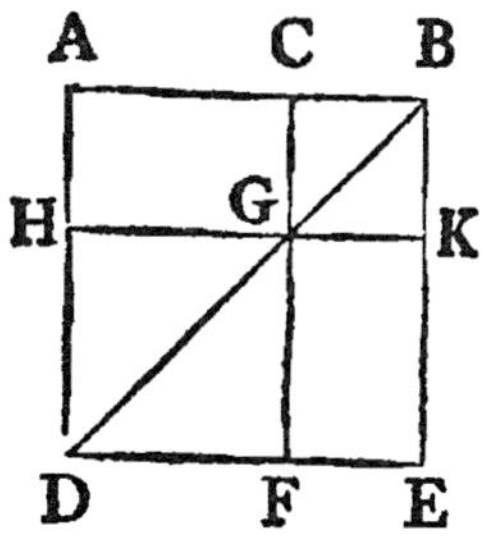

[d] 29. I.
[e] 5. I.
[f] 6. I.
[g] 34. I.

Cor. Es evidente, que en los quadrados los paralelogramos, que están baxo de la diagonal, son tambien quadrados.

PROP. V. TEOR.

Si una recta se divide en dos partes iguales, y en dos desiguales; el rectángulo contenido por las desiguales junto con el quadrado de la recta que se halla entre las dos secciones, será igual al quadrado de la mitad.

Divídase qualquiera recta AB en dos partes iguales AC, CB, y y en dos desiguales AD, DB. Digo, que el rectángulo contenido por AD, DB junto con el quadrado de CD será igual al quadrado de CB.

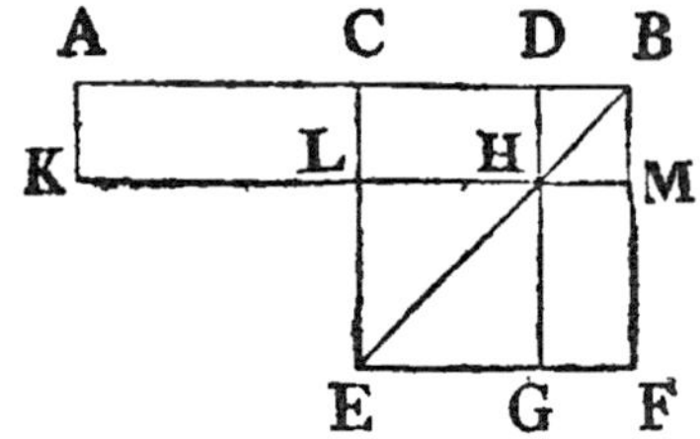

Descríbase sobre BC el quadrado [a] CEFB: tírese la diagonal BE, y por el punto D la DHG [b] paralela á una de las dos CE, BF: como tambien por el punto H la KLM paralela á una de las dos CB, EF, y por A la AK paralela á una de las dos CL, BM. Por ser el complemento CH igual al HF [c], añadiendo á ambos el paralelogramo DM resultará el CM igual al DF: pero CM es igual á AL [d], pues AC lo es á CB: luego tambien AL será igual á DF: añádase el complemento CH, y resultará AH igual á los dos rectángulos DF, CH: es así que AH está contenido por las lineas AD, DB, pues DH es igual á DB [e]; y DF, CH es el gnomon CMG: luego este será igual al rectángulo contenido por AD, DB: añadiendo LG, que es igual [f] al quadrado de CD, resultarán iguales el gnomon CMG, y LG al rectángulo de AD, DB, y al quadrado de CD: es así que el gnomon CMG, y LG son el quadrado CEFB de la linea CB: luego el rectángulo contenido por AD, DB junto con el quadrado de CD será igual al quadrado de CB. Por consiguiente si una recta se divide, &c. L. Q. D. D.

a 46. I.
b 31. I.
c 43. I.
d 36. I.
e Cor. 4. II.
f Cor. 4. II.

PROP. VI. TEOR.

SI una recta se divide en dos partes qualesquiera; el rectángulo comprehendido por toda la recta, y por la una parte, junto con el quadrado de la mitad de la otra parte, será igual al quadrado de esta mitad, y de la otra parte tomadas juntamente.

Divídase qualquiera recta AD en dos partes qualesquiera BA, BD, y la parte AB en dos partes iguales en C. Digo, que el rectángulo comprehendido por AD, DB junto con el quadrado de CB será igual al quadrado de CD.

Des-

Descríbase sobre CD el quadrado [a] CEFD, tírese DE, y por el punto B la [b] BHG paralela á una de las dos CE, DF: asimismo por H tírese KLM paralela á una de las dos AD, EF, y por A la AK paralela á una de las dos CL, DM. Siendo AC igual á CB, tambien el rectángulo [c] AL será igual al rectángulo CH: es así que el CH es igual al HF [d]: luego tambien será AL igual á HF: añádase el rectángulo CM, y resultará el AM igual al gnomon CMG; pero AM está contenido por las rectas AD, DB, por ser DM igual á DB [e]: luego tambien el gnomon CMG será igual al rectángulo contenido por las rectas AD, DB: añádase LG, que es igual al quadrado de CB, y resultará el rectángulo contenido por AD, DB junto con el quadrado de CB igual al gnomon CMG, y á LG: es así que estos componen el quadrado CEFD de CD. Por consiguiente si una recta, &c. L. Q. D. D.

a 46. I.
b 31. I.

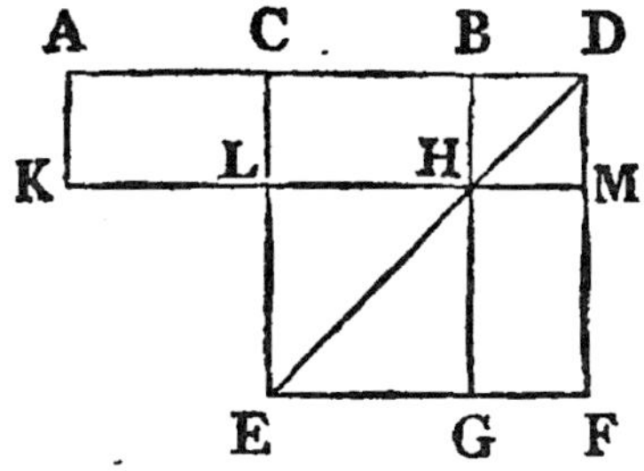

c 36. I.
d 43. I.
e Cor. 4. II.

PROP. VII. TEOR.

SI una recta se divide en dos partes qualesquiera; el quadrado de toda la recta, junto con el quadrado de la una parte será igual al duplo del rectángulo de toda la linea, y de esta parte, y al quadrado de la otra parte.

Divídase en dos partes qualesquiera la recta AB en el punto C. Digo, que los quadrados de las lineas AB, BC serán iguales al duplo del rectángulo contenido por las mismas lineas, y al quadrado de AC.

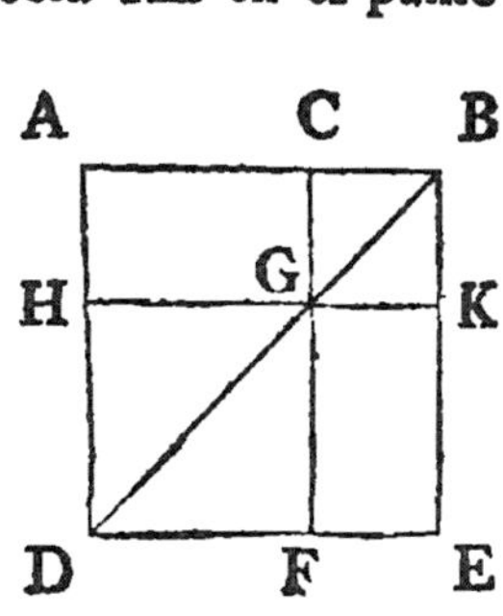

Descríbase sobre la recta AB el quadrado ADEB [a], tírese la diagonal BD, y por C la CF paralela á AD, ó á BE; y por G la HGK paralela á AB, ó á DE. Siendo el rectángulo AG igual al GE [b], añadiendo el qua-

a 46. I.
b 43. I.

quadrado CK, resultará AK igual á CE: luego los rectángulos AK, CE serán el duplo del AK: pero los AK, CE son el gnomon AKF, y el quadrado CK: luego serán el duplo del rectángulo AK: pero el duplo del contenido por las lineas AB, BC, esto es el duplo del rectángulo AK, es igual á los dos AK, CE: por ser la linea BK igual á la BC [c]: luego el gnomon AKF, y el quadrado CK serán iguales al duplo del rectángulo contenido por AB, BC: añadiendo pues el rectángulo HF, que es igual al quadrado de la linea AC, resultarán el gnomon AKF, y los quadrados CK, HF iguales al duplo del rectángulo contenido por las lineas AB, BC, y al quadrado de AC: es así que el gnomon AKF, y los quadrados CK, HF componen el quadrado ADEB, y el CK, que son los quadrados de AB, BC: luego los quadrados AB, BC serán iguales al duplo del rectángulo contenido por ellas mismas junto con el quadrado de AC. Por consiguiente si una &c. L. Q. D. D.

c Cor. 4. II.

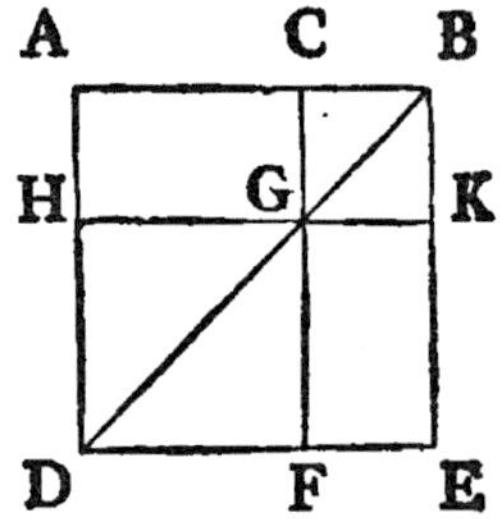

PROP. VIII. TEOR.

SI una recta se divide en dos partes qualesquiera; el quádruplo del rectángulo contenido por toda la recta, y la una parte junto con el quadrado de la otra parte será igual al quadrado de toda la linea, y de la primera parte tomadas juntamente.

Divídase la recta AB en dos partes en qualquier punto C. Digo, que el quádruplo del rectángulo contenido por las rectas AB, BC junto con el quadrado de AC será igual al quadrado de AB, BC tomadas juntamente.

Prolónguese AB, hasta D, tomando BD igual á CB: descríbase sobre AD el quadrado AEFD: tírese la diagonal DE; y por C, y B las CH, BL paralelas á AE, ó á DF: y por K, y P las MN, XO paralelas á la AD, ó FE. Siendo, pues, la recta CB igual á BD,

BD, tambien lo será GK [a]; y siendo BD igual á KN, será tambien igual á esta última la GK: asimismo PR es igual á RO: y siendo CB igual á BD, y GK á KN, resultará el rectángulo CK igual al BN, y el GR al RN [b]: es así que el CK es igual al RN [c], por ser complementos del paralelogramo CO: luego tambien el BN será igual al GR: luego los quatro BN, CK, GR, RN serán iguales entre sí, y por consiguiente juntos compondrán el quádruplo del CK: ademas de esto, siendo CB igual á BD, y BD á BK [d], esto es á CG, y CB igual á GK, esto es á GP [d], tambien CG será igual á GP: y siendo CG igual á GP, y PR á RO, tambien será igual el rectángulo AG al MP, y el PL al RF: es así que el MP es igual [e] al PL, como complementos que son del paralelogramo ML: por consiguiente el AG será igual al RF: luego los quatro AG, MP, PL, RF serán entre sí iguales, y por consiguiente serán el quádruplo del AG: pero ya se ha demostrado, que los quatro CK, BN, GR, RN son el quádruplo del CK: luego los ocho, que contienen el gnomon AOH, serán el quádruplo del AK: es así que este rectángulo se halla contenido por las lineas AB, BC, por ser BK igual á BC: luego el gnomon AOH será quádruplo del rectángulo contenido por AB, BC: y añadiendo el quadrado XH, que es igual al quadrado de AC [f], resultará el quádruplo del rectángulo contenido por AB, BC junto con el quadrado de AC igual al gnomon AOH, y al quadrado XH: pero estos últimos componen el quadrado AEFD de AD. Por consiguiente si una recta, &c. L. Q. D. D.

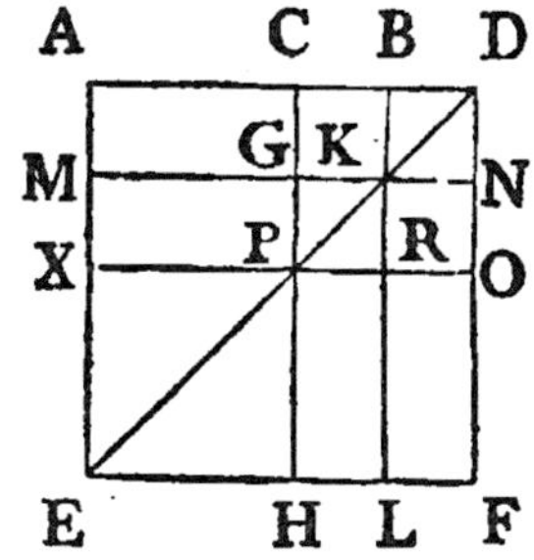

a 34. I.

b 36. I.

c 43. I.

d Cor. 4. II.

e 43. I.

f 4. II.

PROP. IX. TEOR.

SI una recta se divide en dos partes iguales, y en dos desiguales; los quadrados de las desiguales serán el duplo de los quadrados de la mitad de la linea, y del segmento intermedio.

Divídase la recta AB en dos partes iguales en el punto C, y en en dos desiguales en D. Digo, que los quadrados de AD, DB serán el duplo de los quadrados de AC, CD.

a 11. I. Tírese del punto C la CE [a] perpendicular á AB; y tómese CE igual á AC, ó á CB: júntense los puntos
b 31. I. E, A, y E, B; y por D [b] tírese DF paralela á CE, y por F [b] FG paralela á AB: júntense A, y F por la AF. Siendo, pues, la linea AC igual á CE, tambien lo será el
c 5. I. ángulo EAC [c] al AEC, y siendo recto el ángulo en C, los demas AEC, EAC juntos
d 32. I. serán iguales [d] á un recto: pero tambien son iguales entre sí: luego uno, y otro de los ángulos AEC, EAC será la mitad de un recto: por la misma razon cada uno de los ángulos CEB, EBC será la mitad de un recto: luego el ángulo AEB será recto: y siendo el GEF la mitad de un recto, y el EGF recto, por igual al inter-
e 29. I. no opuesto EBC [e], será el EFG la mitad de un recto: luego el
f 6. I. GEF será igual al EFG: por cuya razon el lado EG será igual al [f] GF. Ademas de esto, siendo el ángulo en B la mitad de un recto,
g 29. I. y el FDB recto, por ser igual al interno opuesto ECB [g], será el BFD la mitad de un recto: luego el ángulo en B será igual al BFD, y consiguientemente el lado DF igual al DB: ahora, pues, siendo la recta AC igual á la CE, el quadrado de la primera será igual al de la segunda: luego los quadrados de AC, CE juntos serán el
h 47. I. duplo del de AC: es así, que el quadrado de EA [h] es igual á los de AC, CE, por ser recto el ángulo AEC: luego el quadrado de EA será duplo del quadrado de AC. Ademas, siendo la linea EG igual á la GF, tambien el quadrado de aquella será igual al quadrado de esta: luego los quadrados de EG, GF serán el duplo del de GF: pero el quadrado de EF es igual á los de EG, FG: luego el quadrado de EF será duplo del de GF: pero
i 34. I. la linea GF es igual [i] á la CD: luego el quadrado de EF será duplo del de CD: tambien el quadrado de AE es duplo del de AC: luego los quadrados de AE, EF serán el duplo de los de AC,
j 47. I. CD: el quadrado [j] de AF es igual á los de AE, EF, por ser recto el ángulo AEF: luego el de AF será duplo de los de AC, CD: pero los de AD, DF son iguales al de AF, por ser recto el ángulo en D: luego los quadrados de AD, DF serán duplos de los de

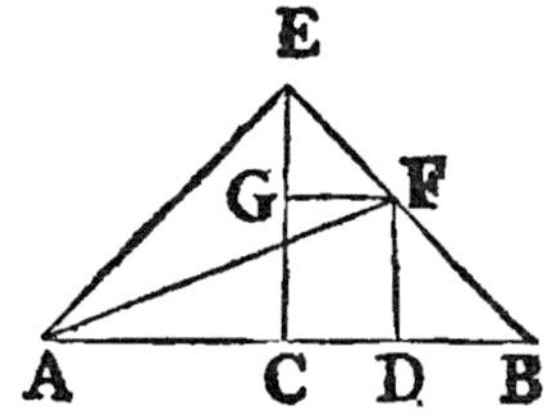

de AC, CD: es así que la linea DF es igual á la DB: luego los quadrados de AD, DB serán el duplo de los de AC, CD. Por consiguiente si una recta &c. L. Q. D. D.

PROP. X. TEOR.

SI una recta se divide en dos partes qualesquiera; los quadrados de toda ella, y de la una parte serán el duplo del quadrado de esta parte, y de la mitad de la otra tomadas juntamente, y del quadrado de dicha mitad.

Divídase la recta AD en qualquier punto B en dos partes, y la una parte AB divídase en dos partes iguales CA, CB. Digo, que los quadrados de AD, DB serán el duplo de los de AC, CD.

Tírese del punto C la CE [a] perpendicular á AB, y tómese CE igual á CA, ó á CB: tírense AE, EB, y por el punto E la EF paralela á AB: tambien por D la DF [b] paralela á CE. Cayendo la recta EF sobre las paralelas EC, FD, los ángulos CEF, EFD serán iguales á dos rectos [c]: luego los ángulos BEF, EFD serán menores que dos rectos: es así que las rectas, que con otra forman ángulos menores que dos rectos, prolongadas indefinidamente llegan á encontrarse [d]: luego las rectas EB, FD prolongadas ácia BD se encontrarán: prolónguense, y encuéntrense en el punto G, y tírese AG: resultará el ángulo CEA igual [e] al EAC, por ser AC igual á CE, asimismo el ángulo en C es recto: luego CEA, y EAC serán cada uno la mitad de un recto: por la misma razon los dos ángulos CEB, EBC serán la mitad de un recto: luego el AEB será recto; y siendo EBC la mitad de un recto, tambien lo será DBG [f]: pero BDG es recto, por ser igual á su alterno DCE [g]: luego DGB será la mitad de un recto: luego el DGB será igual al DBG: luego el lado BD será igual al lado DG [h]. Ademas de esto siendo el ángulo EGF la mitad de un recto, y recto el ángulo en F, por igual [i] á su opuesto ECD; será el

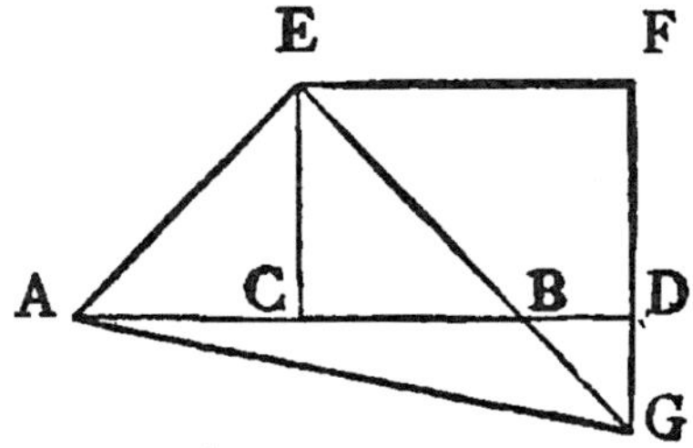

a 11. I.
b 31. I.
c 29. I.
d Axi. 12.
e 5. I.
f 15. I.
g 29. I.
h 6. I.
i 34. I.

el FEG la mitad de un recto: luego el ángulo EGF será igual al
h 6. I. FEG, y por consiguiente el lado GF al FE [h]: y siendo EC igual á CA, tambien el quadrado de EC será igual al de CA: luego los quadrados de EC, CA serán el duplo del de CA: pero
i 47. I. el quadrado de EA [i] es igual á los de EC, CA: luego será el duplo del de AC. Ademas de esto siendo GF igual á FE, será tambien el quadrado de GF igual al de FE: luego los quadrados de GF, FE serán el duplo del de EF, es así que el de EG [i] es igual á los de GF, FE: luego el quadrado de EG será el duplo del de EF: pero la recta EF es igual á CD: luego el quadrado de EG será duplo del de CD: y ya queda demostrado ser el quadrado de EA duplo del de AC: luego los quadrados de AE, EG serán el duplo de los AC, CD: asimismo el quadrado de AG es igual á los de AE, EG: luego el quadrado de AG será el du-
i 47. I. plo de los de AC, CD: es así que los de AD, DG [i] son iguales al de AG: luego los de AD, DG serán duplos de los de AC, CD; pero la recta DG es igual á la DB: luego los quadrados de AD, DB serán el duplo de los de AC, CD. Por consiguiente si una &c. L. Q. D. D.

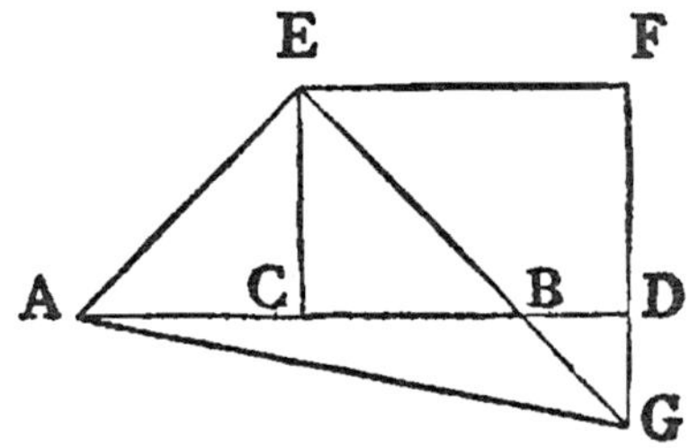

PROP. XI. PROBL.

DIVIDIR una recta dada de tal suerte, que el rectángulo contenido por ella, y por una de sus partes sea igual al quadrado de la otra parte.

Sea la recta dada AB, y háyase de dividir en dos partes de tal suerte, que el rectángulo contenido por ella, y por una de sus partes sea igual al quadrado de la otra parte.

a 46. I. Descríbase sobre la recta AB el quadrado [a] ABDC, y diví-
b 10. I. dase por medio [b] AC en el punto E, tírese BE; prolónguese CA
c 3. I. hasta F, y tómese EF [c] igual á BE: asimismo sobre AF descríba-

base el quadrado FGHA [a], y prolónguese GH hasta encontrar CD en K: digo, que AB quedará dividida de manera que el rectángulo contenido por AB, BH será igual al quadrado de AH. a 46. I.

Porque dividida por medio en E la parte AC de la recta AF, el rectángulo contenido por CF, FA juntamente con el quadrado de AE será igual al quadrado de EF [d]: es así que EF es igual á EB: luego el rectángulo contenido por CF, FA junto con el quadrado de AE será igual al quadrado de EB: pero este es igual á los quadrados de BA, AE [e], por ser recto el ángulo en A: luego el rectángulo contenido por CF, FA, junto con el quadrado de AE será igual á los quadrados de BA, AE: quítese el quadrado de AE, y el rectángulo contenido por CF, FA será igual al quadrado de AB: pero el rectángulo FK está contenido por las rectas CF, FA, pues que FA es igual á FG; y el quadrado AD está sobre la recta AB: luego el rectángulo FK será igual al AD: quítese el rectángulo comun AK; y resultará FH igual á HD: pero HD se halla contenido por AB, BH, por ser AB igual á BD; y el quadrado FH está sobre AH: luego el rectángulo contenido por AB, BH será igual al quadrado de AH. Por consiguiente se ha dividido, &c. L.Q.D.H.

d 6. II.

e 47. I.

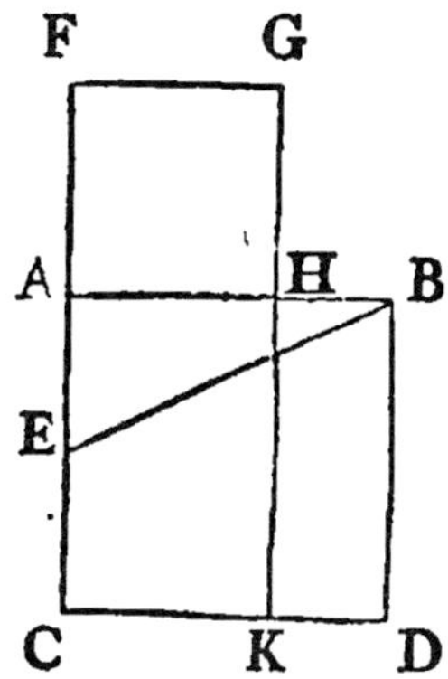

PROP. XII. TEOR.

En todo triángulo obtusángulo el quadrado del lado opuesto al ángulo obtuso, es mayor que los quadrados del otro lado, y de la base, del duplo del rectángulo contenido por la base, y por la prolongacion de esta hasta encontrar la perpendicular.

Sea el triángulo obtusángulo ABC, que tenga obtuso el ángulo ACB; prolónguese el lado BC, y del punto A báxese la perpena 12. I. pendicular [a] AD. Digo, que el quadrado de AB será mayor que los de AC, CB, del duplo del rectángulo contenido por BC, CD.

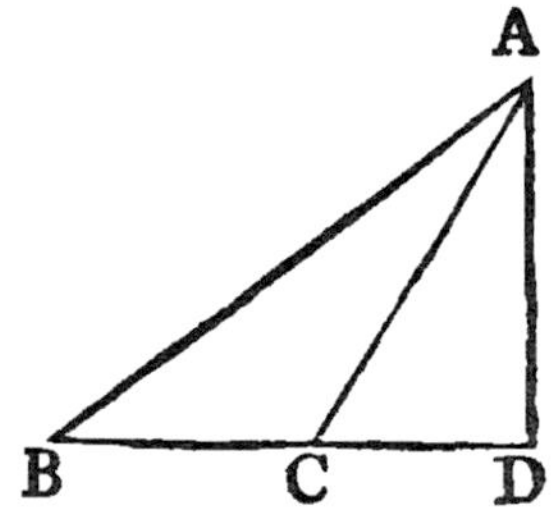

Porque hallándose dividida la recta BD en C, resultará su quadrado igual á los de BC, CD, y al duplo del rectángulo con-
b 4. II. tenido [b] por las mismas: añádase el quadrado de DA, y resultarán los quadrados de BD, DA iguales á los quadrados de BC, CD, DA, y al duplo del rectángulo conte-
c 47. I. nido por BC, CD: es así que el quadrado de BA [c] es igual á los de BD, DA, por ser recto el ángulo D: asimismo el quadrado de CA [c] es igual á los de CD, DA: luego el quadrado de BA será igual á los de BC, CA, y al duplo del rectángulo contenido por BC, CD: luego el quadrado de BA será mayor que los de BC, CA, del duplo del rectángulo contenido por BC, CD. Por consiguiente en todo triángulo &c. L. Q. D. D.

PROP. XIII. TEOR.

EN todo triángulo el quadrado del lado opuesto al ángulo agudo es menor que los quadrados del otro lado, y de la base, del duplo del rectángulo contenido por la base, y por la distancia del mismo ángulo á la perpendicular.

Sea el triángulo ABC, que tiene agudo el ángulo B, y de
a 12. I. A báxese AD [a] perpendicular á BC. Digo, que el quadrado de AC será menor que los de CB, BA, del duplo del rectángulo contenido por CB, BD.

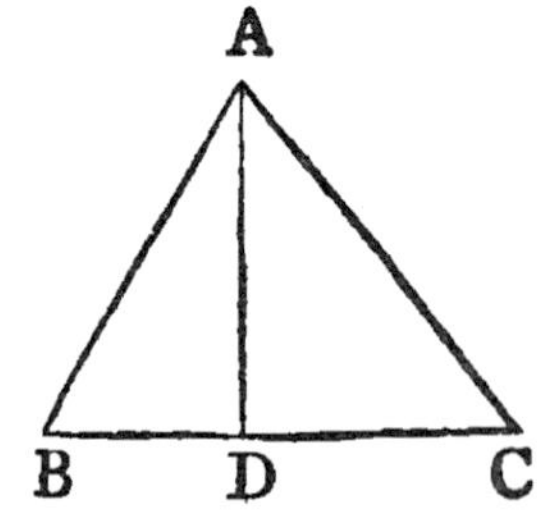

Primeramente supongamos, que AD cayga dentro del triángulo ABC; y hallándose la recta CB dividida en el punto D, los quadrados de CB, BD serán iguales al duplo del rectángulo contenido por CB, BD,
b 7. II. y al quadrado de DC [b]: añádase el quadrado de AD; y resul-

sultarán los quadrados de CB, BD, DA iguales al duplo del rectángulo contenido por CB, BD, y á los quadrados de AD, DC: pero el quadrado [c] de AB es igual á los de BD, DA, por c 47. I.
ser recto el ángulo en D: tambien el de AC es igual á los de AD, DC: luego los quadrados de CB, BA serán iguales al de AC, y al duplo del rectángulo contenido por BD, y CB: por consiguiente el quadrado de AC solo será menor que los de CB, BA, del duplo del rectángulo contenido por CB, BD.

Si la perpendicular AD cayese fuera del triángulo ABC, sería recto el ángulo D, y el ángulo ACB mayor que un recto [d]: d 16. I.
luego el quadrado de AB será igual á los de AC, CB, y al duplo del rectángulo contenido por BC, CD [e]: añádase el qua- e 12. II.
drado de BC, y resultarán los quadrados de AB, BC iguales al de AC, al duplo del de BC, y al duplo del rectángulo contenido por BC, CD: pero hallándose dividida la recta BD en C, el rectángulo contenido por DB, BC es igual al contenido por BC, CD, y al quadrado de BC [f]; y sus duplos son igua- f 3. II.
les: luego los quadrados de AB, BC serán iguales al de AC, y al duplo del rectángulo contenido por DB, BC: luego el quadrado de AC solo será menor que los de AB, BC, del duplo del rectángulo contenido por CB, BD.

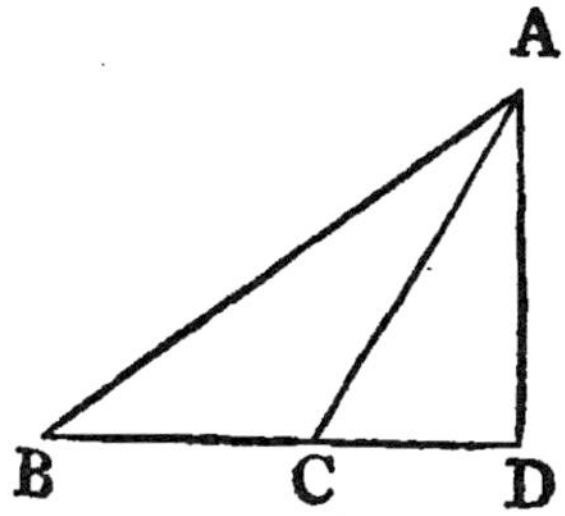

Ultimamente sea el lado AC perpendicular al BC: será, pues, la recta BC la distancia del ángulo agudo B á la perpendicular AC; y es evidente, que los quadrados de AB, BC son iguales al de AC, y al duplo del de BC [c]. Por consiguiente en todo triángulo &c. L. Q. D. D. c 47. I.

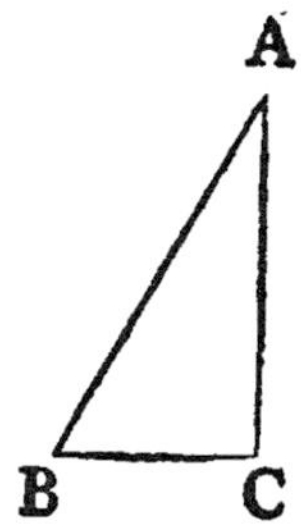

PROP. XIV. PROBL.

CONSTRUIR un quadrado igual á una figura rectilinea dada.

Sea la figura rectilinea dada A, y háyase de construir un quadrado igual á ella.

Consa 45. I. Constrúyase un paralelogramo rectángulo [a] BCDE igual á la figura rectilinea A. Si la recta BE es igual á ED, ya estará resuelto el problema; pues resultará el quadrado BD igual á la figura rectilinea A: y si no, prolónguese la recta BE hasta F, tómese EF igual á ED, y divídase por medio BF en el punto G: asimismo con centro G, é intervalo GB, ó GF descríbase el semicírculo BHF, prolónguese la recta DE hasta encontrar la circunferencia en H, tírese GH, y será este el lado del quadrado que se pide. Porque quedando la recta BF dividida en partes iguales en G, y desiguales en E, será el

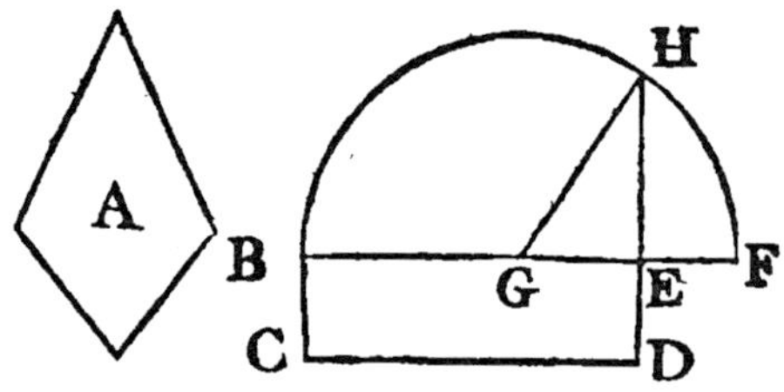

rectángulo contenido por BE, EF junto con el quadrado de EG
b 5. II. igual al quadrado de GF [b]: es así que GF es igual á GH: luego el rectángulo contenido por BE, EF junto con el quadrado de
c 47. I. EG será igual al quadrado de GH: pero los quadrados [c] de HE, EG son iguales al de GH: luego el rectángulo contenido por BE, EF junto con el quadrado de EG será igual á los quadrados de HE, EG: quítese el quadrado comun de EG, y el rectángulo contenido por BE, EF quedará igual al quadrado de EH: pero el rectángulo contenido por BE, EF es el BD; pues la EF es igual á la ED: luego el rectángulo BD será igual al quadrado de EH: tambien es igual á la figura rectilinea A: luego esta será igual al quadrado de EH. Por consiguiente se ha construido &c. L. Q. D. H.

ELE-

ELEMENTOS DE EUCLIDES.

LIBRO TERCERO.

DEFINICIONES.

I.

CIRCULOS iguales son aquellos, cuyos diámetros, ó cuyos radios son iguales.

"Esta no es definicion, sino teorema de patente verdad; por»que colocados los círculos, cuyos radios son iguales, uno so»bre otro, de tal suerte que ajusten sus centros, ajustarán tam»bien los mismos círculos."

II.

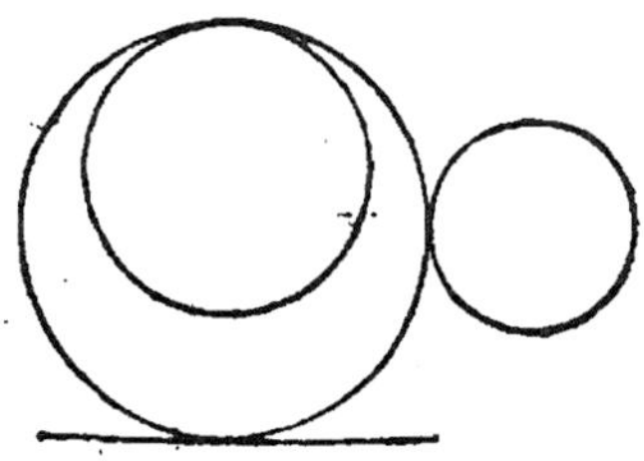

Se dice de una recta, que es tangente de un círculo, quando lo toca, pero prolongada no lo corta.

III.

Dícese, que se tocan los círculos, quando tocándose no se cortan.

IV.

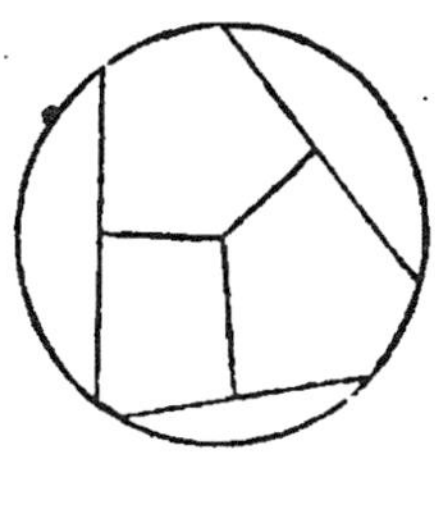

Se dice, que las rectas distan igualmente del centro de un círculo, quando las perpendiculares tiradas de este á aquellas son iguales.

V.

Aquella linea se dice distar mas del centro, cuya perpendicular es mayor.

VI.

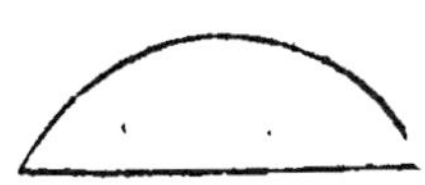

Segmento del círculo es la figura contenida por un arco, y su cuerda.

VII.

VII.

"Angulo del segmento es el contenido por un arco, y su cuerda."

VIII.

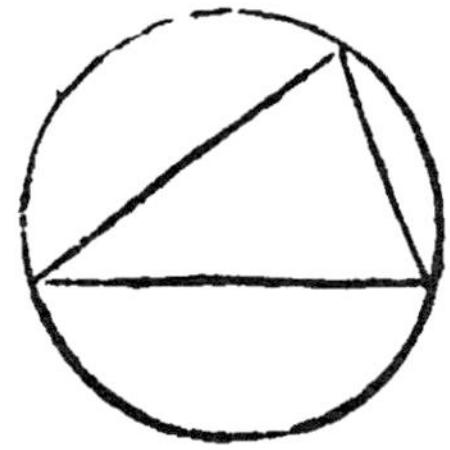

Angulo en el segmento es el contenido por dos cuerdas tiradas de un punto de un arco á sus extremos, que lo son tambien de la cuerda.

IX.

El ángulo se dice insistir sobre el arco contenido por sus lados.

X.

Sector del círculo es la figura terminada por las rectas, que forman un ángulo en el centro, y por el arco, en que insiste.

XI.

Segmentos semejantes de círculos son los capaces de contener ángulos iguales, ó aquellos en que los ángulos son iguales.

PROP. I. PROBL.

HALLAR el centro de un círculo dado.

Sea el círculo dado ABC, y háyase de hallar su centro.

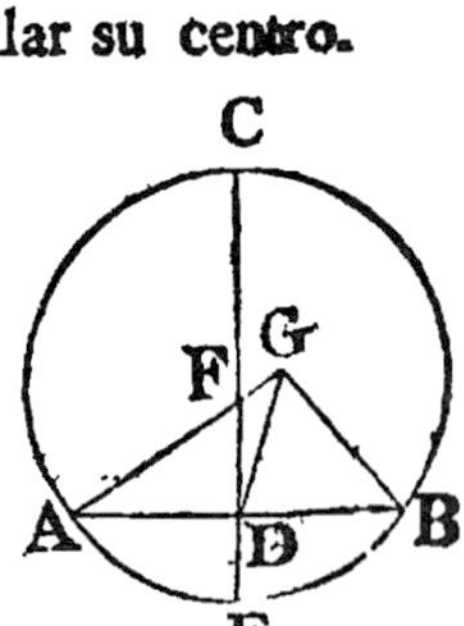

Tírese en él qualquiera cuerda AB, córte-
a 10. I. se [a] por medio en el punto D, y en este tí-
b 11. I. rese DC perpendicular á AB [b]: prolónguese hasta encontrar la circunferencia en E., y divídase CE por medio en el punto F. Digo, que F será el centro del círculo ABC.

Porque á no ser el centro el punto medio F, lo sería otro G, y tirando de él las rectas GA, GD, GB, los triángulos ADG, GDB tendrian los dos lados AD, DG respectivamente iguales á los dos BD, DG,

DG, y la base GA igual á la base GB, por ser radios de un mismo círculo: luego el ángulo ADG sería igual [c] al GDB: es así que quando una recta, insistiendo sobre otra, forma los dos ángulos iguales, ambos son rectos [d]: luego el ángulo GDB sería recto: pero FDB es recto: luego este sería igual á aquel, el mayor al menor, lo qual es imposible: por conseqüencia el punto G no será el centro del círculo ABC: semejantemente se demuestra, que ninguno otro punto diferente de F lo es: luego este será el centro del círculo ABC. L. Q. D. H.

c 8. I.
d 10. Def. I.

COR. Es evidente, que en el círculo si una recta corta perpendicularmente á una cuerda en dos partes iguales, se hallará en ella el centro del círculo.

PROP. II. TEOR.

LA recta que junta qualesquiera dos puntos de la circunferencia del círculo, cae dentro del círculo.

Sea el círculo ABC, y en su circunferencia tómense dos puntos qualesquiera A, B. Digo, que la recta tirada de uno á otro de estos puntos caerá dentro del círculo.

Porque á no ser así, caería fuera del círculo, como la linea AEB. Sea D el centro del círculo [a] ABC, y tiradas AD, DB, encuentre DE á la circunferencia en F.

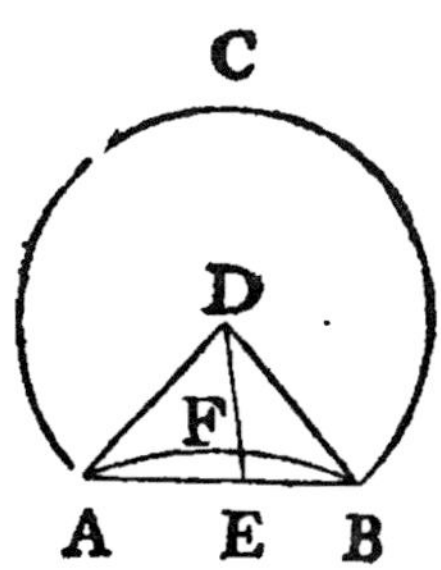

a 1. III.

Por quanto DA es igual á DB, será el ángulo DAB igual [b] al DBA; pero el ángulo externo DEB [c] es mayor que el interno DAE: y DAE es igual á DBE: luego DEB sería mayor que DBE: es así que el lado opuesto á mayor ángulo es mayor [d]: luego DB sería mayor que DE: pero DB es igual á DF: luego DF sería mayor que DE; la menor mayor que la mayor, lo qual es imposible: luego la recta tirada del punto A al B no caerá fuera del círculo: del mismo modo se demostrará, que tampoco cae en la circunferencia: luego caerá dentro. Por consiguiente la recta, &c. L. Q. D. D.

b 5. I.
c 16. I.
d 19. I.

PROP.

PROP. III. TEOR.

SI una recta pasando por el centro de un círculo divide en dos partes iguales á una cuerda qualquiera que no sea diámetro; será perpendicular á ella: y si una recta pasando por el centro es perpendicular á una cuerda; la dividirá en dos partes iguales.

Sea el círculo ABC, y la recta CD, que pasa por su centro E, corte por medio en F á la cuerda AB, que no es diámetro. Digo, que será perpendicular á ella.

a 1. III. Del centro [a] E tírense los radios EA, EB: siendo en los triángulos AFE, BFE el lado AF igual á FB, el FE comun, y la b 8. I. base EA igual á la base EB, tambien [b] el ángulo AFE será igual al BFE: es así que quando una recta insistiendo sobre otra forma c Def. 10. I. dos ángulos iguales, ambos son rectos [c]: luego los ángulos AFE, BFE serán rectos: por consiguiente la recta CD será perpendicular á AB.

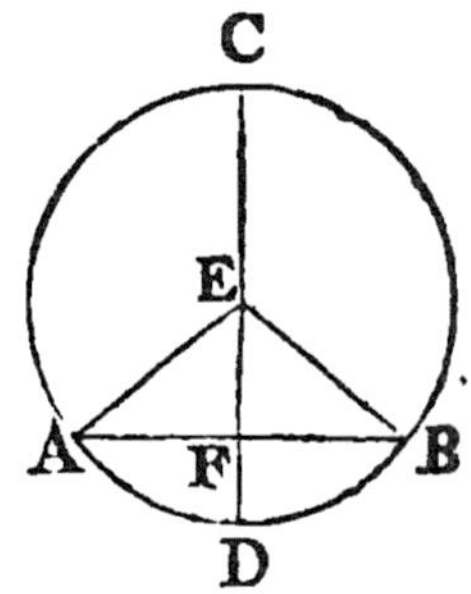

Dividiendo la linea CD á la AB perpendicularmente, digo, que tambien la dividirá en las dos partes iguales AF, FB.

Porque supuesta la misma construccion, siendo el radio EA igual al EB, tambien el ángulo EAF será igual d 5. I. al EBF [d]: es así que el recto AFE es igual al recto BFE: luego EAF, EBF serán dos triángulos con dos ángulos EAF, AFE iguales á dos ángulos EBF, EFB; y un lado EF comun opuesto á los dos ángulos iguales: luego tambien tendrán los demas e 26. I. lados AF, FB iguales [e] entre sí. Por consiguiente si una &c. L. Q. D. D.

PROP. IV. TEOR.

SI en un círculo dos cuerdas, que no pasan por el centro, se cortan entre sí; no se dividirán mutuamente en dos partes iguales.

Sea

Sea el círculo ABCD, y en E córtense entre sí las dos cuerdas AC, BD, que no pasan por el centro. Digo, que no se dividirán mutuamente en dos partes iguales.

Porque si pudiesen cortarse por medio, de tal suerte, que AE fuese igual á EC, y BE á ED; si una de las rectas pasase por el centro, es claro que no podrá cortarla por medio la otra, que no pasa por él: y si ninguna pasase por el centro F [a], tírese EF: cortando, pues, por medio la recta FE tirada del centro á la cuerda AC, será perpendicular [b] á ella; y cortando á BD en dos partes iguales en E, sería tambien perpendicular á BD; de donde el ángulo FEA, y el FEB serían rectos: y por consiguiente FEA sería igual á FEB, el menor al mayor, lo qual es imposible: luego no se dividirán por medio las lineas AC, BD. Por consiguiente si en un círculo, &c. L. Q. D. D.

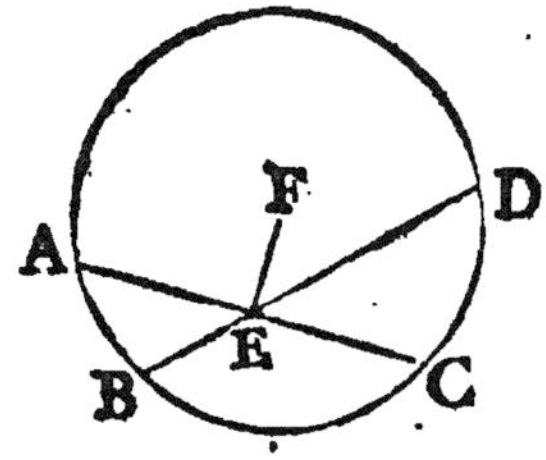

a 1. III.

b 3. III.

PROP. V. TEOR.

SI dos círculos se cortan mutuamente; no será uno mismo el centro de ambos.

Córtense entre sí mutuamente los círculos ABC, CDG en los puntos B, C. Digo, que su centro no será uno mismo.

Porque si fuese posible, supóngase el punto E centro comun, tírese EC, y tambien EFG. Siendo E centro del círculo ABC, la linea CE será igual á la EF. Además de esto, siendo el mismo punto E centro del círculo CDG, será la linea CE igual á la EG: es así que ya está demostrada la igualdad de CE á EF: luego FE será igual á EG, la menor á la mayor, lo que es imposible: luego el punto E no será centro comun de los círculos ABC, CDG. Por consiguiente si dos, &c. L. Q. D. D.

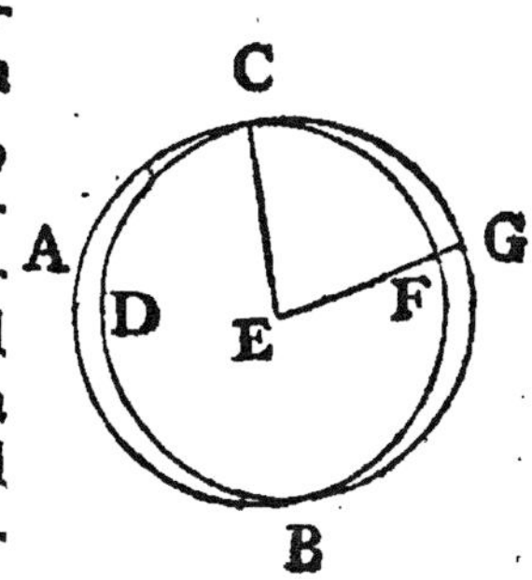

PROP.

PROP. VI. TEOR.

SI dos círculos se tocan entre sí interiormente; no tendrán un mismo centro.

Tóquense entre sí interiormente en C los dos círculos ABC, CDE. Digo, que no tendrán un mismo centro.

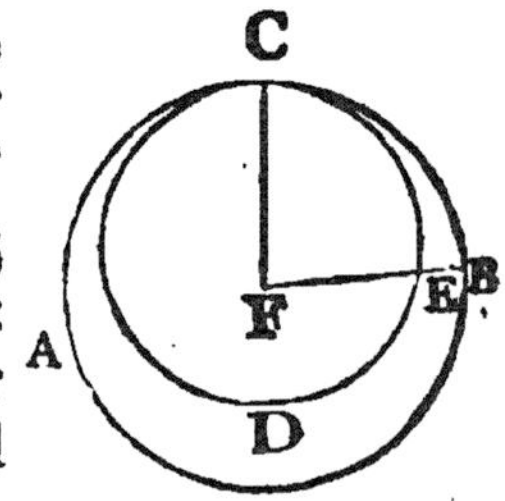

Si tuviesen un centro comun F, tirando FC, y FEB, tendrian CF igual á FB, por ser radios del círculo ABC: tendrian tambien CF igual á FE, por ser radios del círculo CDE; pero se ha demostrado ser CF igual á FB: luego tambien FE sería igual á FB, la menor á la mayor, lo qual es imposible: luego el punto F no será centro de los círculos ABC, CDE. Por consiguiente si dos, &c. L. Q. D. D.

PROP. VII. TEOR.

SI en el diámetro de un círculo se toma qualquier punto diferente del centro, y de él se tiran rectas á la circunferencia; será la linea máxîma la parte del diámetro en que se halla el centro, y la mínima la otra parte: de las demás rectas será mayor la mas próxîma á la que pasa por el centro, y menor la mas distante: y del mismo punto únicamente se podrán tirar dos rectas iguales, una á cada parte del diámetro.

Sea el círculo ABCD, cuyo diámetro sea AD, y en este tómese qualquier punto F, que no sea el centro E del círculo, y tírense de F á la circunferencia ABCD las rectas FB, FC, FG. Digo, que FA será la máxîma, FD la mínima, y de las otras FB mayor que FC, y esta mayor que FG.

Tírense las lineas BE, CE, GE; y siendo los dos lados de to-
a 20. I. do triángulo mayores [a] que el otro, serán las lineas BE, EF mayo-

yores que la BF: pero por ser AE igual á BE, son BE, y EF iguales á AF: luego FA será mayor que FB: además siendo BE igual á CE, y FE comun, las dos BE, EF serán iguales á las dos CE, EF: es así que el ángulo BEF es mayor que el CEF: luego la base FB será mayor [b] que la FC: por la misma razon FC es mayor que FG: además de esto, siendo las lineas GF, FE mayores que EG [c], y esta igual á ED, serán GF, FE mayores que ED: quítese FE comun, y resultará GF mayor que FD: luego FA será la máxîma, y FD la miníma, FB mayor que FC, y esta mayor que FG.

b 24. I.

c 20. I.

Añado, que del punto F únicamente se podrán tirar dos rectas iguales á la circunferencia ABCD, una á cada parte de la miníma FD: constrúyase sobre la recta EF en el punto E el ángulo [d] FEH igual al GEF, y tírese EH: siendo, pues, GE igual á EH, y EF comun, los dos lados GE, EF serán iguales á los dos HE, EF, y el ángulo GEF igual al HEF: luego la base FG será igual [e] á la FH. Digo, que del punto F á la circunferencia no se podrá tirar otra linea igual á FG; y si no, supóngase serlo FK; respecto de ser esta igual á FG, y FH á FG, será tambien FK igual á FH, esto es la mas cercana á la que pasa por el centro igual á la mas remota; lo qual no puede ser. Por consiguiente si en el, &c. L. Q. D. D.

d 23. I.

e 4. I.

PROP. VIII. TEOR.

SI se toma un punto fuera del círculo, y de él se tiran á la circunferencia qualesquiera rectas, de las quales una pase por el centro: de todas las terminadas en la circunferencia cóncava será la máxîma la que pase por el centro, y de las demas la mas cercana á esta será mayor que la mas distante; pero de las terminanadas en la circunferencia convexâ, será la miníma la que continuada pasará por el centro, y de las otras la mas próxîma á esta será menor que la mas remota; y del mismo punto no se podrán tirar mas de dos rectas iguales, una á cada parte de la que pasa por el centro.

a 1. III. Sea el círculo ABC, detérminese el centro M [a], y fuera del círculo tómese el punto D, del qual á la circunferencia tírense las rectas DA, DE, DF, DC, pasando la primera de ellas por el centro. Digo, que de las terminadas en la circunferencia cóncava AEFC será la máxîma DA, que pasa por el centro, y que la mas inmediata á esta será siempre mayor que la mas remota; es á saber, DE mayor que DF, y esta que DC; y que de las terminadas en la circunferencia convexâ HLGK, la miníma será DG, que prolongada pasa por el centro M, y la mas próxîma á esta siempre menor que la mas distante; es á saber DK menor que DG, y DL que DH.

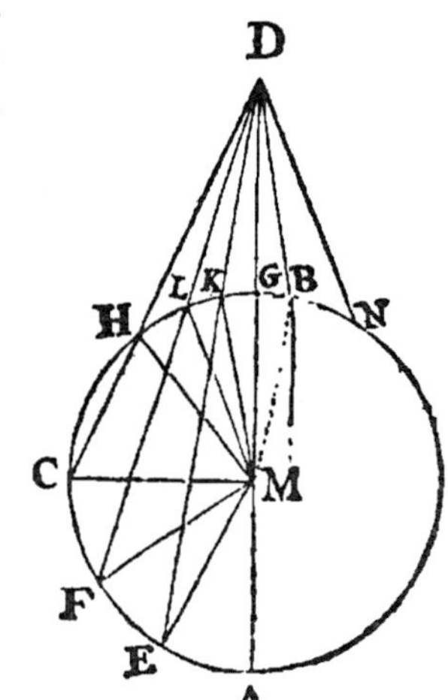

Tírense del centro M las rectas ME, MF, MC, MK, ML, MH. Siendo AM igual á ME, y MD comun, resultará AD igual á EM, MD: pero las dos ME, MD
b 20. I. son mayores que ED [b]: luego tambien AD será mayor que ED. Además de esto, siendo ME igual á MF, y MD comun, serán EM, MD iguales á FM, MD; pero el ángulo EMD es mayor que el FMD:
c 24. I. luego la base ED será mayor [c] que la FD: semejantemente se demuestra, que FD es mayor que CD: luego DA será la máxîma, DE mayor que DF, y esta mayor que DC.

Siendo, pues, MK, KD mayores que MD [b], y MK igual á
d Axi. 4. MG, será KD mayor [d] que GD, por consiguiente GD menor KD: luego DG será la miníma; pero las dos rectas MK, KD tiradas de los extremos del lado MD del triángulo MLD son
e 21. I. menores que los dos lados ML, LD [e]: luego por ser MK igual

á

á ML, resultará la recta DK menor que la DL: semejantemente se demuestra que DL es menor que DH: luego DG será la mínima, DK menor que DL, y esta menor que DH.

Añado, que únicamente podrán tirarse dos rectas iguales del punto D á la circunferencia, una á cada parte de la que pasa por el centro: porque construido sobre la recta MD en el punto M el ángulo DMB igual al KMD, y tirada DB, siendo por consiguiente MK igual á MB, y MD comun, las dos KM, MD serán respectivamente iguales á las dos BM, MD, y el ángulo KMD igual al BMD: luego la base DK será igual [f] á la DB. f 4. I. Digo, que del punto D no se podrá tirar á la circunferencia otra recta igual á DK: si se pudiese, fuese esta DN: siendo entonces DK igual á DN, y á DB, resultaría DB igual á DN, esto es la mas próxîma igual á la mas distante, contra lo que queda demostrado. Por consiguiente si se toma, &c. L. Q. D. D.

PROP. IX. TEOR.

SI te toma un punto dentro del círculo, y tres rectas tiradas de él á la circunferencia son iguales; será este punto el centro del círculo.

Tómese dentro del círculo ABC el punto D, del qual tirando á la circunferencia las rectas DA, DB, DC, si estas son iguales, será el punto D el centro del círculo propuesto.

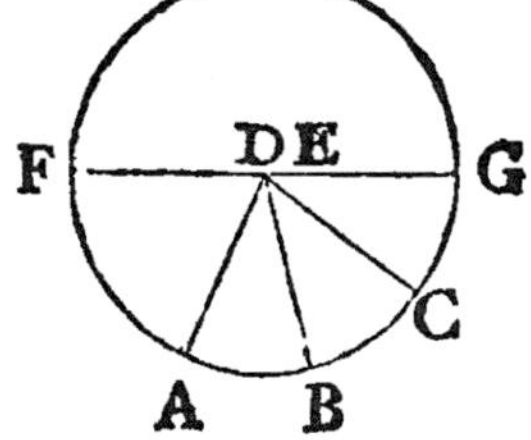

Porque á no ser D el centro, lo sería otro punto E: por el qual, y por D tírese DE, y alárguese hasta los puntos F, G, resultará será FG el diámetro del círculo ABC. Si el punto D no fuese el centro, GD sería la máxima, DC mayor que DB, y esta que DA [a]: lo qual es imposible, a 7. III. por ser iguales: luego el punto E no será el centro del círculo ABC: semejantemente se demuestra, que ninguno otro lo es fuera del D: luego este será el centro del círculo ABC. Por consiguiente si se toma, &c. L. Q. D. D.

PROP.

PROP. X. TEOR.

DOS círculos solo se cortan en dos puntos. " NOTA. "Esto se debe entender de sus circunferencias."

Demos, si fuese posible, que el círculo ABC corte al DEF en mas de dos puntos; es á saber en B, G, F; tómese K por centro del círculo ABC, y tírense las lineas KB, KG, KF: habiéndose, pues, tomado el punto K dentro del círculo DEF, y tirado de él á la circunferencia DEF las tres lineas rectas iguales
a 9. III. KB, KG, KF, será tambien el punto K [a] centro del círculo DEF: luego dos círculos, que se cortan en mas de dos puntos,
b 5. III. tendrian un mismo centro; lo qual es imposible [b]. Por consiguiente dos círculos solo se cortan en dos puntos. L. Q. D. D.

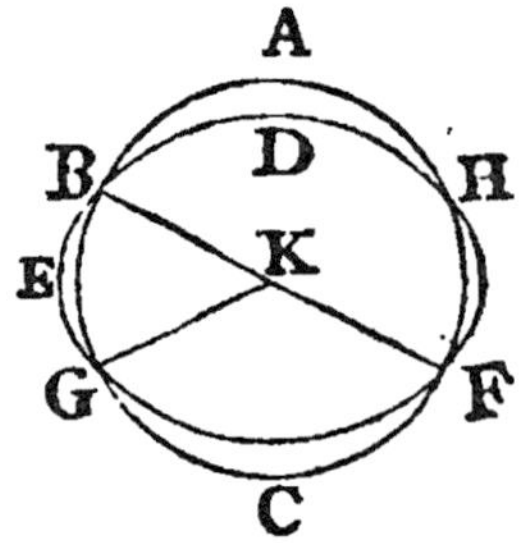

PROP. XI. TEOR.

SI dos círculos se tocan interiormente; la recta que junta sus centros, prolongada pasará por el punto de contacto.

Tóquense interiormente los dos círculos ABC, ADE en el punto A, y sea F el centro del círculo ABC, y G el del ADE. Digo, que la recta, que junta los centros G, F prolongada pasará por el punto A.

Porque á no ser así, caiga la linea FG, DH, que junta los centros, fuera del punto A, y tírense AF, AG. Por ser AG,
a 20. I. GF mayores que FA [a], esto es que FH (pues FA es igual á FH, por ser radios de un mismo círculo) quítese FG comun, y resultará AG ma-

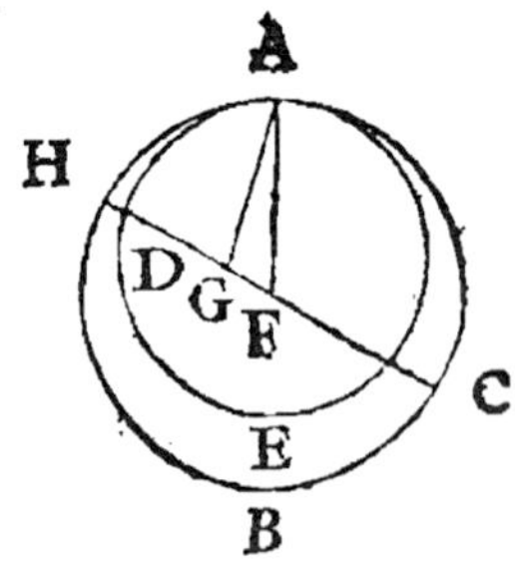

mayor que GH; pero AG es igual á GD: luego GD menor será mayor que GH mayor; lo que es imposible: luego la recta, que junta los puntos F, G, no caerá fuera del punto de contacto: luego caerá en él. Por consiguiente si dos, &c. L. Q. D. D.

PROP. XII. TEOR.

SI dos círculos se tocan exteriormente; la recta, que junta sus centros, pasará por el punto de contacto.

Tóquense exteriormente los dos círculos ABC, ADE en el punto A, y sea F centro del primer círculo, y G el del segundo. Digo, que la recta, que une estos centros, pasará por el punto de contacto A.

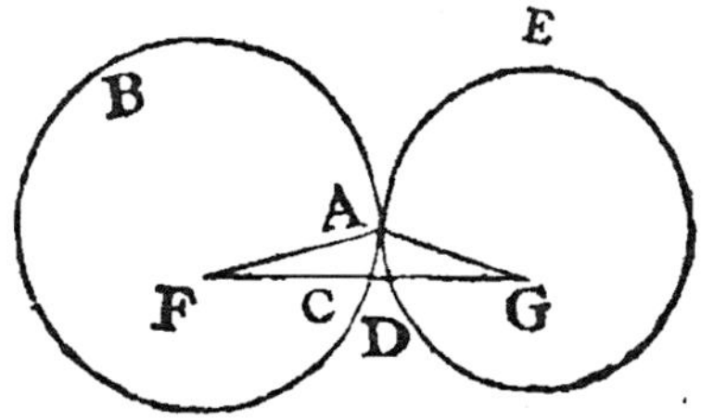

Porque á no ser así, caería fuera del punto de contacto, como FCDG: tiradas FA, AG, y siendo F centro del círculo ABC, la linea AF sería igual á FC: además de esto, siendo G centro del círculo ADE, sería AG igual á GD: luego FA, AG serían iguales á FC, DG: luego FG sería mayor que las dos FA, AG; lo qual es imposible, pues es menor [a]: luego la recta, que junta los puntos F, G, pasará por el punto de contacto. Por consiguiente si dos, &c. L. Q. D. D. a 20. I.

PROP. XIII. TEOR.

UN círculo no toca á otro en mas puntos que en uno, ya lo toque exterior, ya interiormente.

Porque si posible fuera, supóngase que el círculo EBF tocase al ABC, primero interiormente en mas de un punto, á saber en B, D; tí-

* 10. 11. I. tírese la linea BD, y la * GH, que divida en dos partes iguales, y perpendicularmente á BD: estando, pues, los puntos B, D en la circunferencia de uno, y otro círculo, la recta BD caeria dentro de

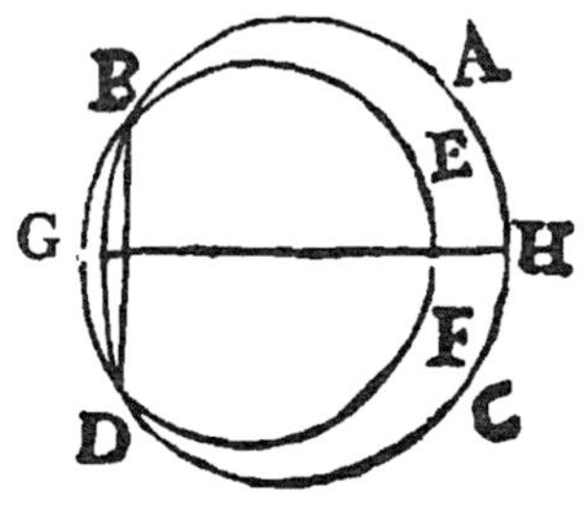

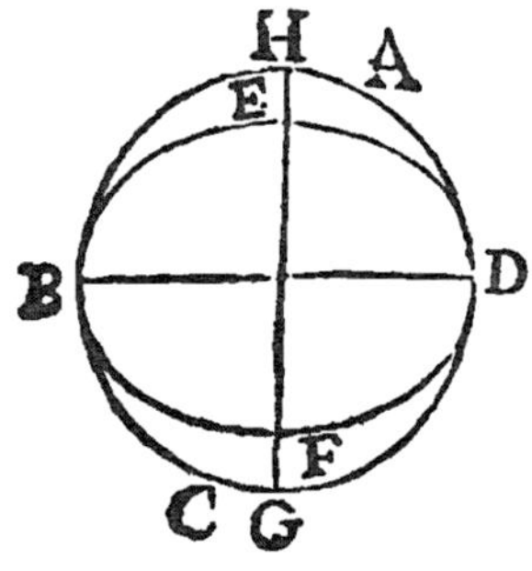

a 2. III. ambos círculos [a]: luego en la recta GH, que corta por medio,
b Cor. 1. III. y en ángulos rectos á la BD, estaría el centro [b] de ambos círculos: luego GH prolongada caería en el punto de contacto de los
c 11. III. círculos [c]; lo qual es absurdo, pues no puede caer en él, porque los puntos B, D están fuera de la linea GH: luego un círculo no toca á otro interiormente en mas de un punto.

Añado, que tampoco lo tocará exteriormente en mas de un punto: porque demos, que el círculo AKC tocase al ABC en mas de un punto, á saber en los A, C: tirada AC resultaría, que tomados en la circunferencia AKC los dos puntos A, C, la
a 2. III. recta AC, que los junta, caería [a] dentro del círculo AKC: es así que este está fuera del círculo ABC: luego la recta AC estaria fuera del círculo ABC; y respecto de que los puntos A, C están en la circunferencia de este último círculo, la recta AC estaría dentro [a] del mismo, lo qual es absurdo: luego un círculo no tocará á otro exteriormente en mas de un punto: y ya antes se demostró, que tampoco interiormente. Por consiguiente un círculo &c. L. Q. D. D.

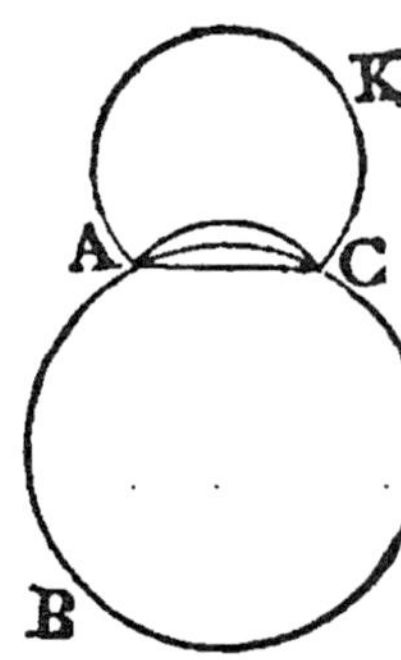

PROP.

PROP. XIV. TEOR.

EN el círculo las cuerdas iguales distan igualmente del centro; y las igualmente distantes del centro son entre sí iguales.

Sea el círculo ABDC, y en él sean iguales las cuerdas AB, CD. Digo, que distarán igualmente del centro.

Sea el punto E el centro del círculo propuesto, y de él tírense perpendiculares EF, EG á las rectas AB, CD; tírense asimismo las lineas AE, EC: dividiendo, pues, perpendicularmente la recta EF tirada por el centro á la recta AB, la dividirá [a] tambien por medio, de donde resultará la parte AF igual á la FB; y por tanto AB dupla de AF: asimismo CD será dupla de CG: pero AB es igual á CD: luego AF será igual á CG: y siendo AE igual á EC, será tambien el quadrado de AE igual al de EC: es así que al quadrado de AE son iguales los [b] de AF, FE, por ser recto el ángulo en F: asimismo al quadrado de EC son iguales los de EG, GC, por ser recto el ángulo en G: luego los quadrados de AF, FE serán iguales á los de CG, GE, de los quales el de AF es igual al de CG, por ser AF igual á CG: luego el quadrado de FE será igual al de EG; por consiguiente la recta FE será igual á EG: pero las rectas se dicen distar igualmente del centro de un círculo, quando son iguales las perpendiculares tiradas á ellas del centro [c]: luego AB, CD distarán igualmente del centro.

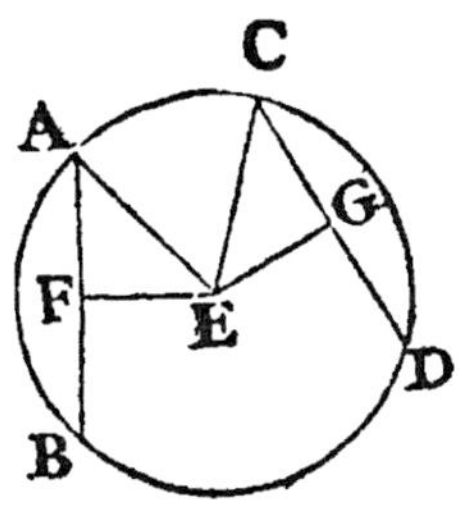

a 3. III.

b 47. I.

c 4. Def. III.

Añado, que si dos cuerdas distan igualmente del centro, serán iguales, esto es AB igual á CD, si está EF igual á EG; porque suponiendo la misma construccion, demostrarémos semejantemente ser la AB dupla de AF, y la CD de CG; y por quanto AE es igual á EC, tambien el quadrado de AE será igual al de EC: es así que al quadrado de AE son iguales los de EF, FA, y al de EC [d] los de EG, GC: luego los quadrados de EF, FA serán iguales á los de EG, GC, de los quales el quadrado de FE es igual al de EG, por ser la linea FE igual á EG: luego el

d 47. I.

el quadrado de AF será igual al de CG: luego la recta AF será igual á CG; pero AB es dupla de AF, y CD dupla de CG: luego AB será igual á CD. Por consiguiente en el círculo &c. L.Q.D.D.

PROP. XV. TEOR.

EN el círculo la cuerda máxima es el diámetro, y de las demas la que dista menos del centro es siempre mayor que la mas distante; y la cuerda mayor está mas próxima al centro que la menor.

Sea el círculo ABCD, que tiene por diámetro la línea AD, y por centro el punto E; la cuerda BC sea la mas próxima al centro, y FG la mas distante. Digo, que AD será la máxima, y BC mayor que FG.

Tírense del centro E á las cuerdas BC, FG las perpendiculares EH, EK; asimismo EB, EC, EF: siendo, pues, AE igual á EB, y ED igual á EC, tambien AD será igual á BE, EC: pero

a 20. I. BE, EC son mayores que BC [a]: por consiguiente AD será mayor que BC.

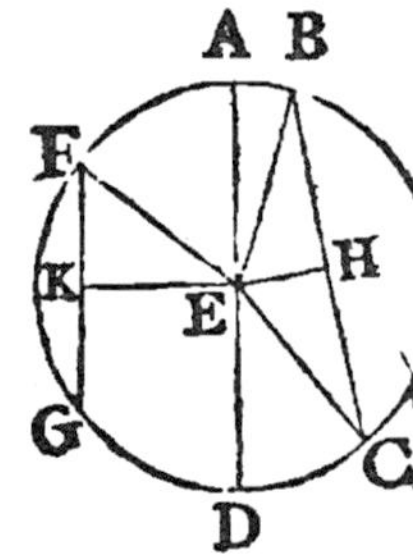

Y siendo BC la mas cercana al centro, y FG la mas remota, la distancia EK será mayor

b Def. 5. III. que la EH [b]: es así que la BC es (como se ha demostrado en la proposicion precedente) dupla de BH; la FG dupla de FK, y los quadrados de EH, HB iguales á los de EK, KF, de los quales el quadrado de EH es menor que el de EK, por ser EH menor que EK: luego el quadrado de BH será mayor que el de FK: consiguientemente la recta BH será mayor que FK; y por tanto BC mayor que FG.

Si la cuerda BC es mayor que la cuerda FG, estará BC mas cerca del centro que la FG, esto es supuesta la misma construccion, EH será menor que EK; pues siendo BC mayor que FG, será tambien BH mayor que FK: es así que los quadrados de BH, HE son iguales á los de FK, KE, y de estos el de BH es mayor que el de FK, por ser la linea BH mayor que la la FK: luego el quadrado de EH será menor, que el de EK, y la recta EH menor que EK. Por consiguiente en el círculo, &c. L. Q. D. D.

PROP. XVI. TEOR.

LA recta perpendicular al diámetro de un círculo en su extremo, cae fuera del círculo: y entre ella y la circunferencia no se puede tirar otra recta; ó lo que es lo mismo, la circunferencia del círculo pasa entre la perpendicular, y otra recta, que con el diámetro forma un ángulo agudo, quan grande se quiera; ó la que forma con la perpendicular un ángulo, por pequeño que sea.

Sea el círculo ABC, su centro D, y su diámetro AB. Digo, que la recta perpendicular á el diámetro AB en el extremo A caerá fuera del círculo.

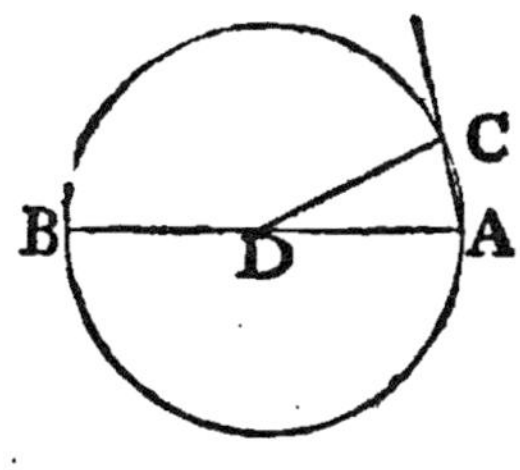

Porque á no ser así, caería dentro, como AC; tírese DC. Siendo, pues, DA igual á DC, sería tambien el ángulo DAC igual [a] al ACD: pero el ángulo DAC es recto: luego tambien lo sería ACD: por consiguiente ambos ángulos serian iguales á dos rectos; lo qual es imposible [b]. Luego la recta perpendicular al diámetro BA en el extremo A no caerá dentro del círculo: semejantemente demostrarémos, que tampoco cae en su circunferencia: luego caerá fuera, como AE en la figura siguiente.

a 5. I.

b 17. I.

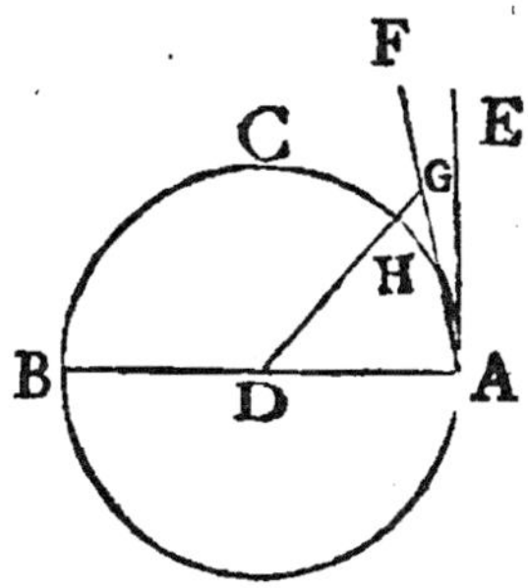

Entre la perpendicular AE, y la circunferencia ABC no se puede tirar otra linea recta; pues si se pudiese tirar, sea FA, y del centro D sea DHG perpendicular [c] á FA. Por ser recto el ángulo AGD, y DAG [d] menor que un recto, sería DA mayor [e] que DG: es así que DA es igual á DH: luego DH sería mayor que DG, la menor, mayor que la mayor; lo

c 12. I.

d 17. I.

e 19. I.

lo qual es imposible: luego entre la perpendicular, y la circunferencia no puede tirarse otra recta alguna; ó lo que es lo mismo, la circunferencia del círculo pasa entre la recta perpendicular á el diámetro, y la otra que con este forma un ángulo agudo, tan grande como se quiera, ó la que con la perpendicular forma un ángulo, por pequeño que sea. "Esto, y no »otra cosa se ha de entender, quando en »el texto Griego, y en las traducciones se »dice, que el ángulo del semicírculo es mayor que todo ángulo »agudo, y el otro menor."

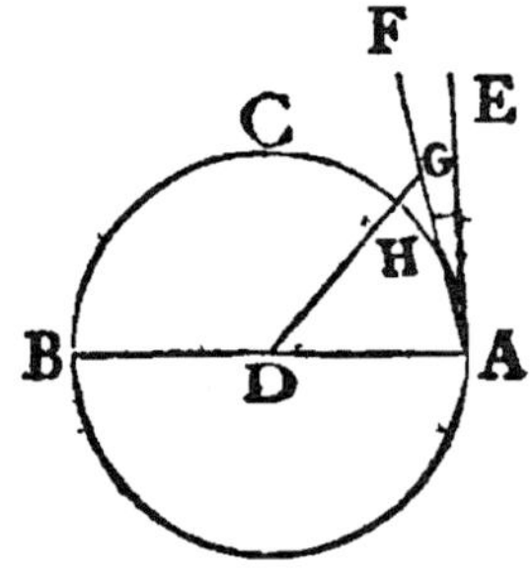

COR. De aquí se sigue manifiestamente, que la recta perpendicular tirada al diámetro del círculo en su extremo toca al círculo; y que la recta que toca al círculo lo toca en un solo punto; pues se ha demostrado [f], que la que lo toca en dos, cae dentro de él: " y además de esto se infiere, que solo una recta puede tocar al círculo en un mismo punto."

f 2. III.

PROP. XVII. PROBL.

De un punto dado fuera de un círculo dado, ó en su circunferencia tirarle una tangente.

Primeramente sea A el punto dado fuera del círculo dado BCD; y háyase de tirar de dicho punto una recta, que toque al círculo dado.

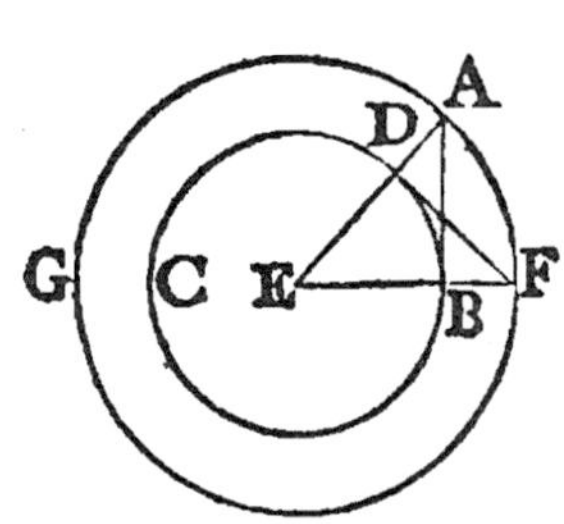

a 1. III. Sea E [a] el centro del círculo, tírese la linea AE, y con centro E, é intervalo EA descríbase el círculo AFG, y en el punto D [b] tírese DF perpendicular á EA: tírense asimismo las lineas EBF, AB. Digo, que AB tirada de A tocará al círculo BCD.

b 11. I.

Porque siendo el punto E centro de los círculos BCD, AFG, la linea EA será igual á EF, y la EB á ED: luego las dos AE, EB serán iguales á las dos FE, ED; pero contienen el ángulo E co-

comun: luego la base DF será igual á la AB, el triángulo EDF igual al EBA, y los otros ángulos entre sí iguales [c]: luego el ángulo EBA será igual al EDF: pero EDF es recto: luego tambien lo será EDF; pero EB es radio: y la recta perpendicular al diámetro del círculo en su extremo lo toca [d]: luego AB tocará al círculo.

c 4. I.

d Cor. 16. III.

"En segundo lugar esté el punto dado D en la circunferen»cia del círculo: tírese del centro E el radio DE, y en D la »DF [e] perpendicular á DE; tocará [f] DF al círculo." Por consiguiente de un punto dado se ha tirado una recta, que toca al círculo dado. L. Q. D. H.

e 11. I.

f Cor. 16. III.

PROP. XVIII. TEOR.

SI una recta toca á un círculo, y del centro al punto de contacto se tira otra recta; esta será perpendicular á la tangente.

Toque la recta DE en el punto C al círculo ABC, y sea F el centro, júntense F, y C. Digo, que FC será perpendicular á DE.

Porque si no lo fuese, sería la FBG perpendicular [a] á DE: siendo, pues, recto el ángulo FGC, resultaría GCF agudo [b]: pero á mayor ángulo está opuesto mayor lado [c]: luego FC sería mayor que FG; pero FC es igual á FB: luego FB sería mayor que FG, la menor, mayor que la mayor; lo qual es imposible: luego FG no será perpendicular á DE: semejantemente se demostrará no serlo ninguna otra, sino FC: luego esta será perpendicular á DE. Por consiguiente si una, &c. L. Q. D. D.

a 12. I.

b 17. I.

c 19. I.

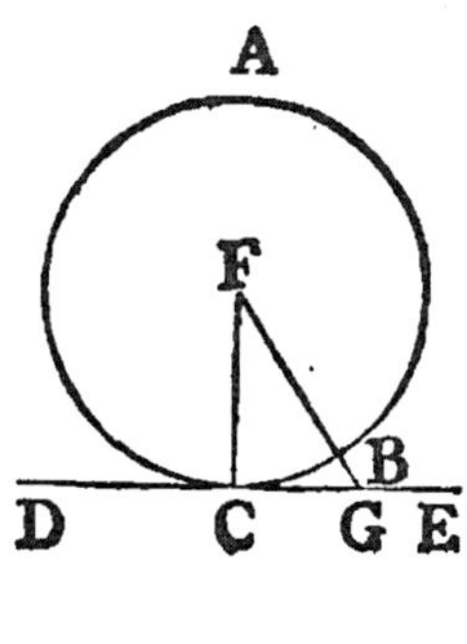

PROP. XIX. TEOR.

SI una recta toca á un círculo, y en punto de contacto se tira una perpendicular á la tangente; se hallará el centro del círculo en la perpendicular.

Toque la recta DE al círculo ABC en el punto C, y en este punto sea CA perpendicular á DE. Digo, que el centro del círculo se hallará en CA.

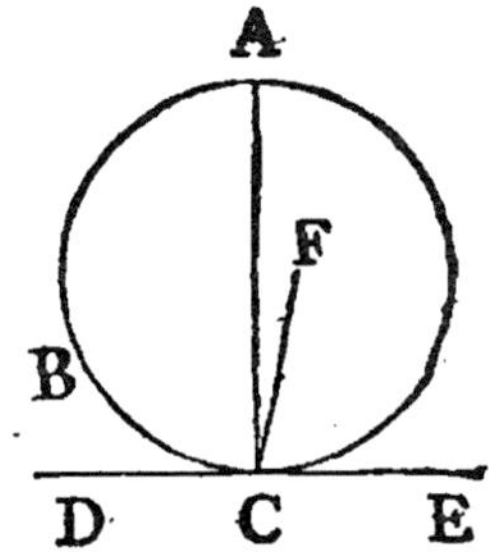

Porque á no hallarse en CA, se hallaría en un punto F fuera de ella; tírese FC: tocando, pues, la recta DE al círculo propuesto, y siendo FC la recta tirada del centro al punto de contacto, sería perpendi-
a 18. III. cular [a] á DE: luego el ángulo FCE sería recto; pero lo es tambien ACE: luego FCE sería igual á ACE, el menor al mayor; que es absurdo: luego el punto F no será centro del círculo ABC: semejantemente se demuestra, que no lo es ningun otro punto, que esté fuera de la linea CA: luego en esta se hallará el centro. Por consiguiente si una, &c. L.Q.D.D.

PROP. XX. TEOR.

EN un círculo el ángulo en el centro será duplo del ángulo en la circunferencia, si los dos insisten en un mismo arco, como base.

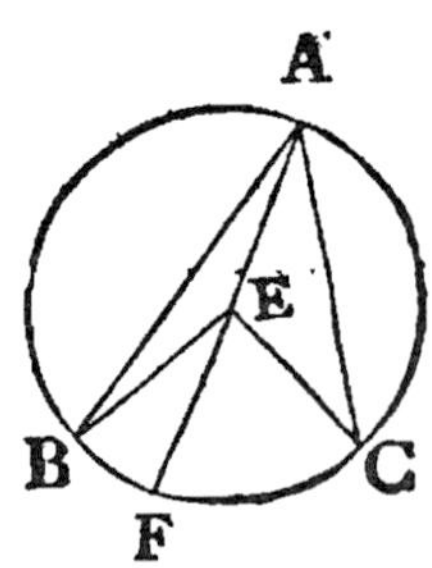

Sea el círculo ABC, BEC el ángulo en el centro, y BAC el ángulo en la circunferencia, los quales insisten sobre un mismo arco BC como base. Digo, que BEC será duplo de BAC.

Primeramente esté el centro E dentro del ángulo BAC, tírese la linea AEF: siendo, pues, la EA igual á EB, será tambien el ángulo EAB
a 5. I. igual [a] al EBA: luego los ángulos EAB, EBA se-

serán el duplo de EAB: es así que el BEF es igual á los EAB, EBA [b]: luego tambien el ángulo BEF será duplo del EAB: asi- b 32. I. mismo el FEC es duplo del EAC: luego el BEC sera duplo del BAC.

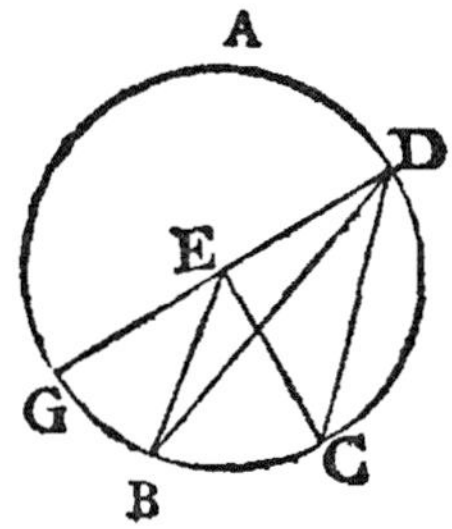

En segundo lugar esté el centro E fuera del ángulo BDC; tírese DEG; será el ángulo GEC duplo del GDC, y GEB duplo del GDB: luego BEC será duplo del BDC. Por consiguiente en un círculo, &c. L. Q. D. D.

PROP. XXI. TEOR.

LOS ángulos, que están en un mismo segmento del círculo, son iguales entre sí.

Sea el círculo ABCD, y en su mismo segmento BAED estén los ángulos BAD, BED. Digo, que serán iguales entre sí.

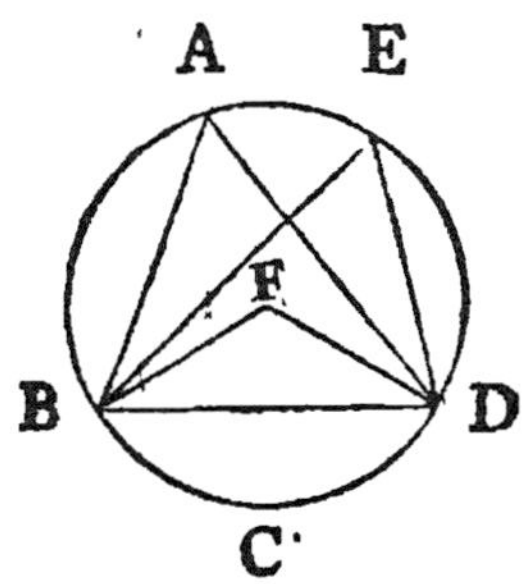

Sea F centro del círculo ABCD. Primeramente supóngase el segmento BA ED mayor que el semicírculo, y tírense las lineas BF, FD: estando, pues, en el centro el ángulo BFD, y el BAD en la circunferencia, é insistiendo ambos en el mismo arco BCD, el ángulo BFD es duplo [a] del BAD: asi- a 20. III. mismo el BFD es duplo del BED: luego el BAD será igual al BED.

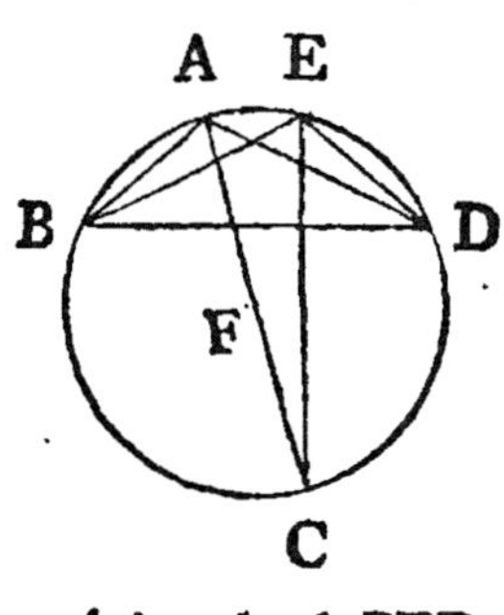

Pero si el segmento BAED no es mayor que el semicírculo, y en él están los ángulos BAD, BED, estos serán iguales entre sí; porque tirada la linea AFC por el centro F, y tirando asimismo CE, resultará el segmento BAEC mayor que el semicírculo; así sus ángulos BAC, BEC serán iguales entre sí: por la misma razon son entre sí iguales los ángulos CAD, CED: luego el BAD será igual al BED. Por consiguiente los ángulos, &c. L. Q. D. D.

PROP.

PROP. XXII. TEOR.

LOS ángulos opuestos de una figura quadrilátera inscrita en el círculo son iguales á dos rectos.

Sea el círculo ABCD, y en él inscrita la figura quadrilátera ABCD. Digo, que sus ángulos opuestos serán iguales á dos rectos.

Tírense las lineas AC, BD: siendo los tres ángulos de to-
a 32. I. do triángulo iguales [a] á dos rectos, serán los tres ángulos CAB, ABC, BCA del triángulo ABC iguales á dos rectos: es así que
b 21. III. el CAB es igual [b] al CDB, por estár en el mismo segmento BADC; y el ACB igual al ADB, por estár en el mismo segmento ADCB: luego el ángulo ADC será igual á los BAC, ACB. Añádase el ángulo ABC, y resultarán ABC, CAB, BCA iguales á los ABC, ADC: es así que ABC, CAB, BCA son iguales á dos rectos: luego tambien lo serán ABC, ADC: semejantemente se demuestra, que los BAD, DCB son iguales á dos rectos. Por consiguiente los ángulos, &c. L. Q. D. D.

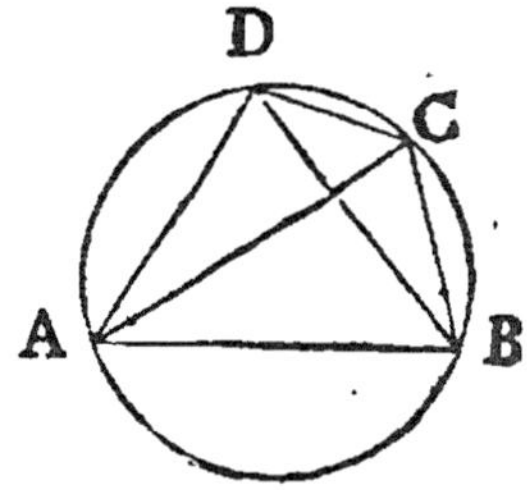

PROP. XXIII. TEOR.

SOBRE una misma recta, y ácia una misma parte no pueden estár dos segmentos semejantes de círculos, sin que se ajusten mutuamente.

Porque si pudiesen estár sobre la misma recta AB, y ácia la misma parte dos segmentos semejantes de círculos, sin ajustarse mutuamente; séanlo ACB, ADB; y cortando el círculo ACB al ADB en
a 10. III. dos puntos A, B, no lo cortará en otro [a]: por consiguiente caerá el un segmento dentro del otro: esto es ACB dentro de ADB; tírese la recta BCD, y las CA, DA. Siendo el segmento ACB semejan-

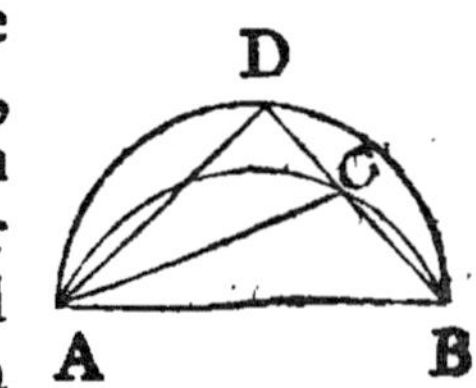

jante al ADB, y semejantes segmentos de círculos los que contienen ángulos iguales [b], el ángulo ACB sería igual al ADB, el externo á un interno opuesto, lo que es imposible [c]. Por consiguiente sobre, &c. L. Q. D. D. b 11. Def. III. c 16. I.

PROP. XXIV. TEOR.

LOS segmentos semejantes de círculos, que están sobre rectas iguales, son iguales entre sí.

Estén sobre las rectas iguales AB, CD los segmentos semejantes de círculos AEB, CFD. Digo, que AEB será igual á CFD.

Porque aplíquese el segmento AEB al CFD, colocando el punto A sobre el C, y la recta AB sobre la CD; caerá el punto B

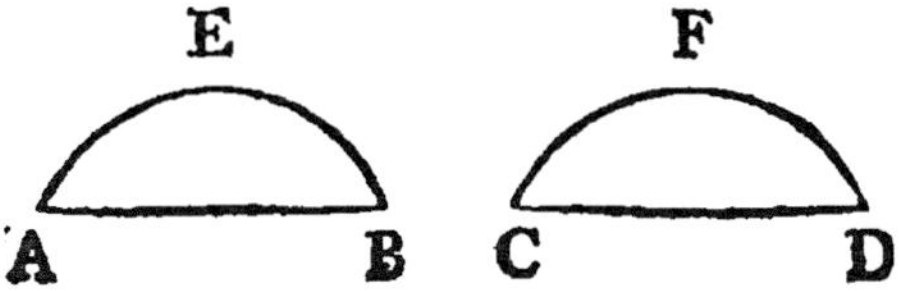

sobre D, por ser la linea AB igual á CD: luego ajustándose las dos rectas AB, CD; y siendo semejantes los dos segmentos AEB, CFD, y no pudiendo estár sobre una recta AB ácia una misma parte dos segmentos semejantes, sin que se ajusten, se ajustará AEB á CFD [a]: luego serán iguales entre sí. Por consiguiente los segmentos, &c. L. Q. D. D. a 23. III.

PROP. XXV. PROBL.

DADO un segmento de círculo describir el círculo.

Sea ABC el segmento dado de círculo, y háyase de describir el círculo.

Divídase por medio [a] la cuerda AC en D: en este punto a 10. I.
elé-

b 11. I. elévese DB [b] perpendicular á AC, y tírese AB. Si los ángulos *
* Fig. 1. ABD, BAD resultan entre sí iguales, tambien la recta BD se-
c 6. I. rá igual [c] á DA, y por conseqüencia á DC: y siendo las tres rectas DA, DB, DC iguales entre sí, el punto D será el cen-
d 9. III. tro del círculo [d]: ahora, pues, con centro D, é intervalo igual á una de las rectas DA, DB, BC descríbase un círculo, que pasará por los demás puntos, y quedará descrito el círculo, de quien es segmento ABC: y estando el centro D en la linea AC,
* Fig. 2. el segmento ABC será un semicírculo. Pero si los * ángulos
3. ABD, BAD fuesen desiguales, constrúyase sobre la recta AB en
e 23. I. el punto A el ángulo BAE igual [e] al ABD: prolónguese DB hasta E, y tírese EC: siendo, pues, el ángulo ABE igual al
f 23. I. BAE, tambien la recta BE será igual [f] á EA; y siendo AD igual á DC, y DE comun, resultarán las dos AD, DE respectiva-

1 2 3

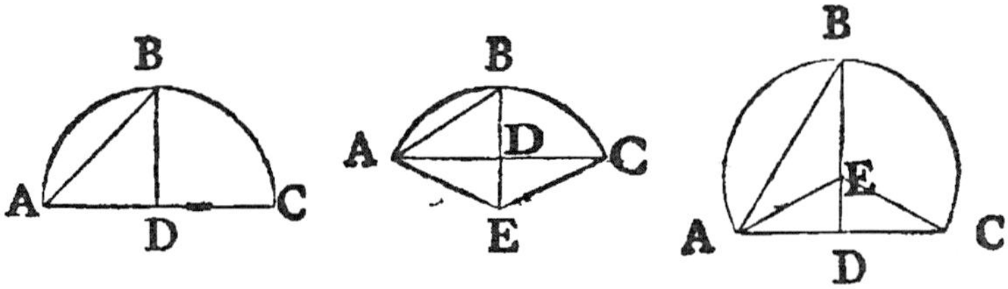

mente iguales á las dos CD, DE, y el ángulo ADE igual al CDE, por ser ambos rectos: luego tambien la base AE será
g 4. I. igual [g] á la EC: es así que yá está demostrada la igualdad de AE á EB, así BE será igual á EC, y consiguientemente las tres rectas AE, EB, EC serán iguales entre sí, y el punto E será
h 9. III. el centro del círculo [h]: ahora, pues, con dicho centro E, é intervalo igual á una de las lineas AE, EB, EC, descríbase un círculo, el qual pasará por los demás puntos, y quedará descrito el círculo, de quien ABC es segmento. Es manifiesto, que si el ángulo ABD fuese mayor que el BAD, el centro E caería fuera del segmento ABC, y que por consiguiente sería menor que un semicírculo; y que si fuese menor caería el centro E dentro del segmento ABC, resultando este menor que el semicírculo. Por consiguiente dado, &c. L. Q. D. H.

PROP.

PROP. XXVI. TEOR.

EN círculos iguales los ángulos iguales, que están ambos en la circunferencia, ó ambos en el centro, insisten sobre arcos iguales.

Sean iguales los círculos ABC, DEF, y en ellos iguales los ángulos BGC, EHF, que están en los centros; y los BAC, EDF, que están en las circunferencias. Digo, que el arco BKC será igual al ELF.

Tírense las cuerdas BC, EF: siendo iguales los círculos ABC, DEF, tambien lo serán sus radios: luego BG, BC serán iguales á EH, HF, y el ángulo G igual al H: luego la base BC será igual [a] á la EF; y siendo el ángulo A igual al D, el seg- a 4. I.

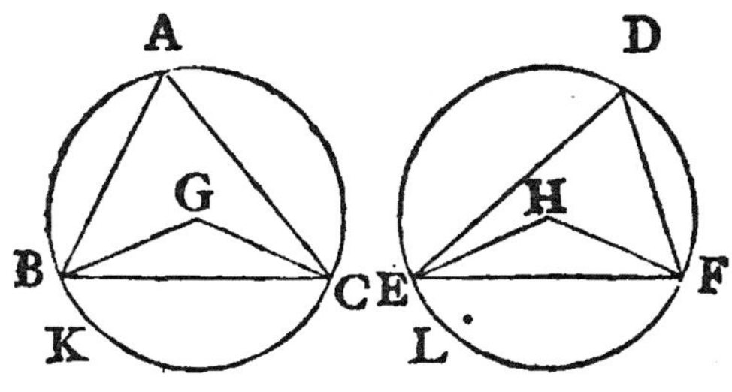

mento BAC será semejante [b] al EDF; pero están sobre las rectas iguales BC, EF: es así que semejantes segmentos de círculos, que están sobre rectas iguales, son iguales [c] entre sí: luego el segmento BAC será igual al EDF: pero el círculo ABC es igual al círculo DEF: luego el segmento BKC será igual al ELF: luego tambien el arco BKC será igual al ELF. Por consiguiente en círculos, &c. L. Q. D. D.

b 11. Def. III.
c 24. III.

PROP. XXVII. TEOR.

EN círculos iguales los ángulos, que insisten sobre iguales arcos, estén ambos en los centros, ó en las circunferencias, son igúales entre sí.

Su-

Supóngase, que en los círculos iguales ABC, DEF insisten sobre arcos iguales BC, EF los ángulos BGC, EHF en los centros G, H; y los ángulos BAC, EDF en las circunferencias. Digo, que el ángulo BGC será igual al EHF, y el BAC al EDF.

Suponiendo que sea el ángulo BGC igual al EHF, es manifiesto, a 20. III. que tambien el BAC será igual [a] al EDF: pero suponiendo que no sea así, uno de ellos sería mayor; séalo BGC, y constrúyase sobre

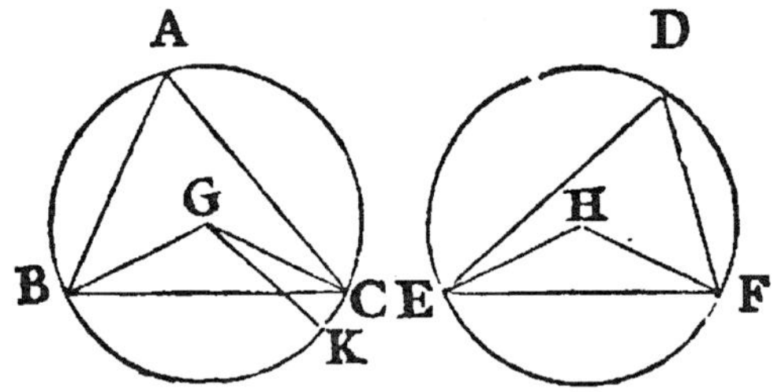

b 23. I. la recta BG [b] en el punto G el ángulo BGK igual al EHF: es así que los ángulos iguales insisten sobre arcos iguales, quando ambos c 26. III. están en los centros [c]: luego el arco BK sería igual al EF: pero EF es igual á BC: luego BK sería igual á BC, la menor á la mayor, lo qual es imposible: luego el ángulo BGC será igual al EHF: además, el ángulo A es la mitad del BGC, y el D mitad del EHF: luego el ángulo A será igual al ángulo D. Por consiguiente en círculos, &c. L. Q. D. D.

PROP. XXVIII. TEOR.

En círculos iguales cuerdas iguales dividen las circunferencias en arcos iguales; el mayor al mayor, y el menor al menor.

Sean iguales los círculos ABGC, DEHF, é iguales sus cuerdas BC, EF, las quales dividan las circunferencias en los arcos mayores BAC, EDF, y en los menores BGC, EHF. Digo, que el arco BAC mayor será igual al EDF mayor, y el BGC menor igual al EHF menor.

a 1. III. Porque sean K, L los centros [a], y tírense las rectas BK, KC, EL, LF: siendo, pues, los círculos iguales entre sí, serán tambien iguales los radios BK, KC, á los EL, LF, y es la base BC igual

igual á la EF: luego el ángulo BKC será igual [b] al ELF: pero b 8. I.
ángulos iguales insisten sobre arcos iguales, hallándose ambos

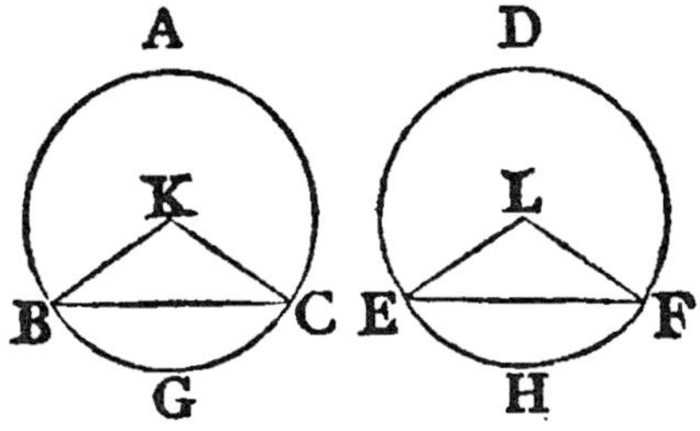

en los centros [c] de círculos iguales: luego el arco BGC será c 26. III.
igual al EHF: pero el círculo ABC es igual al DEF: luego el arco BAC será igual al EDF. Por consiguiente en círculos, &c. L. Q. D. D.

PROP. XXIX. TEOR.

LAS cuerdas que subtenden arcos iguales de círculos iguales, son iguales.

Sean iguales los círculos ABC, DEF, sean BGC, EHF arcos iguales, y tírense las cuerdas BC, EF. Digo, que la cuerda BC será igual á la EF.

Porque siendo K, L los centros de los círculos [a], y tiradas a I. III.
las lineas BK, KC, EL, LF: siendo el arco BGC igual al EHF,

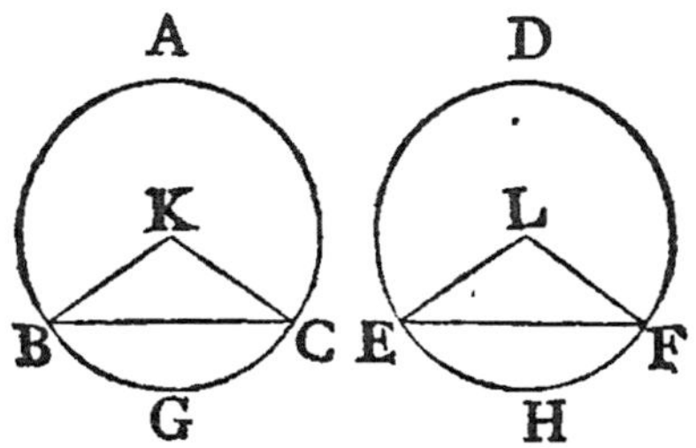

tambien el ángulo BKC será igual [b] al ELF; y siendo los círcu- b 27. III.
los ABC, DEF iguales, tambien lo serán los radios: luego las dos BK, KC serán iguales á las dos EL, LF; y contienen ángulos iguales: luego la base BC será igual [c] á la EF. Por con- c 4. I.
siguiente las cuerdas, &c. L. Q. D. D.

PROP.

PROP. XXX. PROBL.

DIVIDIR en dos partes iguales un arco dado.

Sea el arco dado ADB, y háyase de dividir en dos partes iguales.
a 10. I. Tírese la cuerda AB, divídase [a] por medio en C; en este punto elévese CD perpendicular á AB, y tírense AD, DB: siendo, pues, AC igual á CB, y CD comun, las dos AC, CD serán iguales á las dos BC, CD, y el ángulo ACD al BCD; por ser ambos rec-
b 4. I. tos: luego la base AD será igual [b] á la BD: es así que cuerdas iguales dividen las circunferen-
c 28. III. cias en arcos iguales [c], el mayor al mayor, y el menor al menor: y las dos AD, DB son menores que el semicírculo: luego el arco AD será igual al DB. Por consiguiente el arco dado se ha dividido en dos partes iguales. L. Q. D. H.

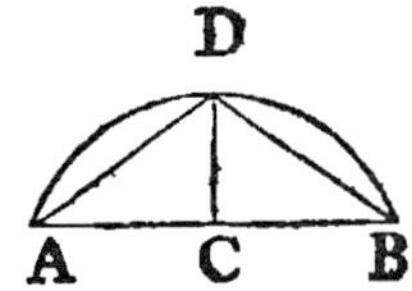

PROP. XXXI. TEOR.

EN el círculo el ángulo, que está en el semicírculo, es recto; el que está en segmento mayor es menor que el recto; y el que está en segmento menor es mayor que el recto.

Sea el círculo ABCD, su diámetro BC, y su centro E, y tírese la linea CA, que divida al círculo en los segmentos ABC, ADC; tírense DA, AD, DC. Digo, que el ángulo BAC, que está en el semicírculo, será recto, y el ABC, que está en el segmento ABC mayor que el semicírculo, será menor que el recto; y el ADC, que está en el segmento ADC menor que el semicírculo, será mayor que el recto.

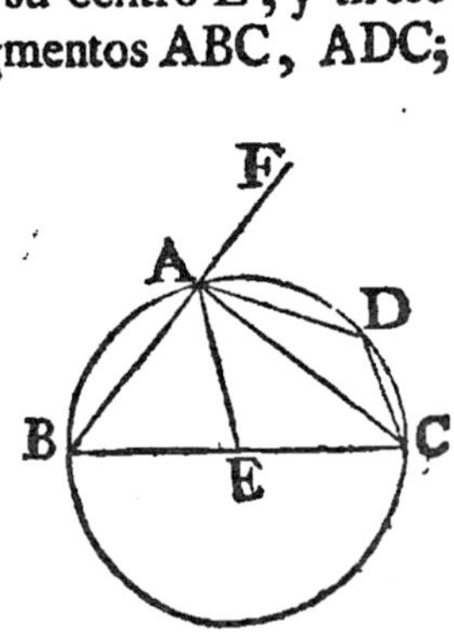

Tírese AE, y prolónguese BA hasta el punto F, resultará, que por ser BE igual á
a 5. I. EA, será tambien el ángulo EAB igual [a] al EBA: ademas siendo AE igual á EC, el ángulo EAC será igual

igual al ECA [a]: luego el ángulo BAC será igual á los dos ABC, ACB: pero el externo FAC es igual [b] á los dos internos ABC, ACB: luego el ángulo BAC será igual al FAC: por consiguiente ambos serán rectos [c], y por tanto el ángulo BAC en el semicírculo BAC será recto.

b 32. I.

c Def. 10 I.

Y siendo los dos ángulos ABC, BAC del triángulo ABC menores [d] que dos rectos, y el BAC recto, el ABC será menor que el recto: el qual está en el segmento ABC mayor que el semicírculo.

d 17. I.

Estando, pues, en el círculo el quadrilátero ABCD; y siendo los ángulos opuestos de los quadriláteros inscritos en los círculos iguales á dos rectos, serán los ángulos ABC, ADC iguales [e] á dos rectos: es así que el ángulo ABC es menor que el recto: luego el ADC será mayor que el recto: el qual está en el segmento ABC menor que el semicírculo. L. Q. D. D.

e 22. III.

Es evidente, que el arco AB cae fuera de la recta AB, la qual con AC, esto es con la base del segmento, contiene un ángulo recto ácia la parte del segmento mayor ABC: y que el arco AD cae dentro de la recta AF, la qual con AC contiene un ángulo recto ácia la parte del segmento menor ADC. "Esto, y no otra »cosa se ha de entender, quando el texto Griego, y las Versiones »dicen, que el ángulo del segmento mayor es mayor, y el del »segmento menor es menor que un ángulo recto."

Cor. De aquí se deduce manifiestamente, que si un ángulo de un triángulo fuese igual á los otros dos, será recto; porque prolongado uno de los lados que lo forman, el ángulo externo le será igual, por serlo á los otros dos ángulos; y quando los dos ángulos formados por una recta que encuentra á otra son iguales, ambos son rectos [c].

c Def. 10. I.

PROP. XXXII. TEOR.

SI una recta toca á un círculo, y del punto de contacto se tira otra que lo corte; los ángulos, que forme la secante con la tangente, serán iguales á los que están en los segmentos alternos del círculo.

Su-

Supóngase, que la recta EF toca al círculo ABCD en el punto B, del qual tírese la recta BD, que corte al círculo. Digo, que los ángulos, que la secante BD forma con la tangente EF, serán iguales á los que están en los segmentos alternos del círculo; esto es que el ángulo FBD será igual al que está en el segmento DAB; y el DBE al que está en el segmento BCD.

a 11. I. Porque tirada en el punto B la linea BA perpendicular [a] á EF, y la recta BC del punto B á qualquier punto C del arco BD, tírense las lineas AD, DC: por ser BA perpendicular á la tangente EF en el punto de contacto B,
b 19. III. será el diámetro [b]: luego el ángulo ADB estará en el semicírculo, y por consiguien-
c 31. III. te será recto [c]: luego los demás ángulos BAD, ABD del triángulo ADB serán igua-
d 32. I. les á un recto [d]; pero ABF es recto: luego ABF será igual á BAD, ABD: quitando el ABD comun, resultará DBF, formado por la tangente, y la secante, igual al BAD, que está en el segmento alterno del círculo: además, estando el quadrilátero ABCD inscrito en el
e 22. III. círculo, sus ángulos opuestos serán iguales á dos rectos [e]: lue-
f 13. I. go los ángulos BAD, BCD serán iguales á los DBF, DBE [f]: de los quales la igualdad del primero al BAD ya está demostrada: luego el DBE será asimismo igual al DCB, que está en el segmento alterno del círculo. Por consiguiente si una recta, &c. L. Q. D. D.

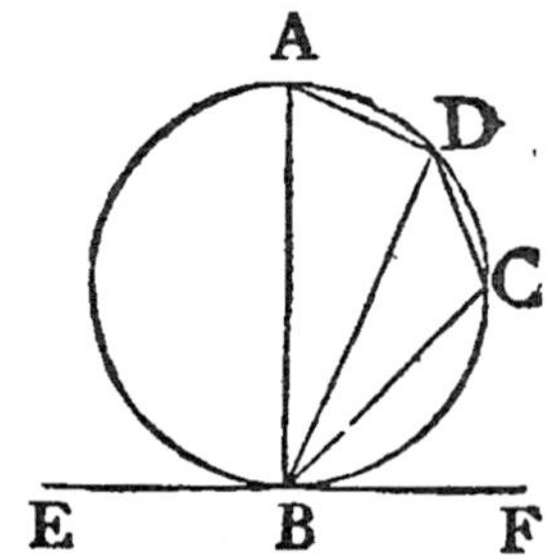

PROP. XXXIII. PROBL.

DESCRIBIR sobre una recta dada un segmento de círculo capaz de contener un ángulo igual á un ángulo rectilineo dado.

Sea la recta dada AB, y el ángulo rectilineo dado C: y háyase de describir sobre dicha recta un segmento de círculo, capaz de contener un ángulo igual al C.

Pri-

Primeramente supóngase recto el ángulo C: divídase [a] por medio la linea AB en el punto F, y de este como centro con intervalo FA descríbase el semicírculo AHB; resultará el ángulo AHB, que está en el semicírculo, igual [b] al recto C. a 10. I.

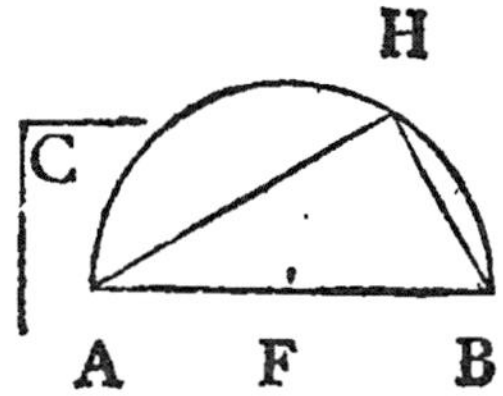

b 31. III.

Pero demos que no sea recto el ángulo C: en el punto A sobre la recta AB constrúyase el ángulo BAD igual [c] al dado C: en el mismo punto elévese [d] la linea AE perpendicular á AD, la AB divídase [e] por medio en el punto F, y en este elévese FG perpendicular á AB: asimismo tírese la linea GB. Siendo AF igual á FB, y FG comun, las dos AF, FG resultarán iguales á las dos BF, FG; y el ángulo AFG igual al BFG: luego la base AG será igual á la GB: por consiguiente el círculo descrito con centro G, é intervalo GA pasará por el punto B. Descríbase el tal círculo AHB: y por quanto en el punto A, extremo del diámetro AE, se ha tirado AD perpendicular á AE, será AD tangente del círculo [f]: y encontrando asimismo al círculo AHB en el punto de contacto A la recta AB, que corta al círculo, resultará el ángulo DAB igual al que esté en el segmento alterno AHB del círculo: es así que el ángulo DAB es igual al C: luego C será igual al que esté en el segmento AHB. Por consiguiente sobre la recta dada AB se ha descrito, &c. L. Q. D. H.

c 23. I.
d 11. I.
e 10. I.

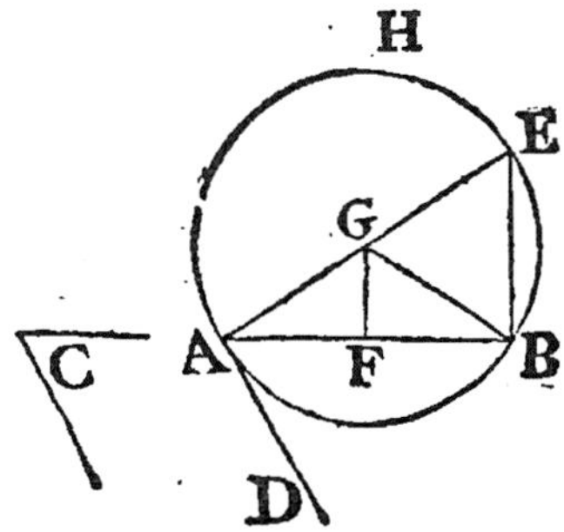

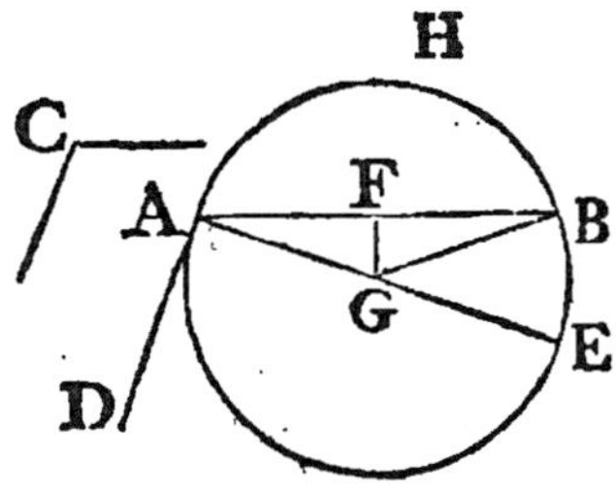

f 16. III.

PROP.

PROP. XXXIV. PROBL.

CORTAR de un círculo dado un segmento capaz de contener un ángulo igual á un ángulo rectilineo dado.

Sea el círculo dado ABC, D el ángulo rectilineo dado, y háyase de cortar de dicho círculo un segmento capaz de contener un ángulo igual al dado D.

a 17. III. Tírese la recta EF, que toque [a] al círculo ABC en el punto B; y en el punto B sobre la BF constrúyase el ángulo FBC igual al D [b]: tocando, pues, la recta EF al círculo ABC, y tirada del punto de contacto B la BC, resultará el ángulo FBC igual [c] al ángulo formado en el segmento alterno BAC del círculo: es así que el FBC es igual al D: luego el que está en el segmento BAC será igual al D. Por consiguiente del círculo dado ABC se ha cortado, &c. L. Q. D. H.

b 23. I.

c 32. III.

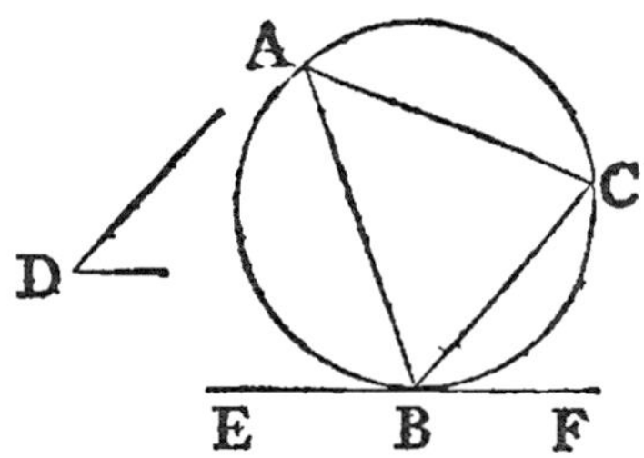

PROP. XXXV. TEOR.

SI en el círculo dos cuerdas se cortan mutuamente; el rectángulo contenido por los segmentos de la una será igual al contenido por los segmentos de la otra.

Córtense mutuamente en el círculo ABCD las dos cuerdas AC, BD en el punto E. Digo, que el rectángulo contenido por los segmentos AE, EC será igual al contenido por los BE, ED.

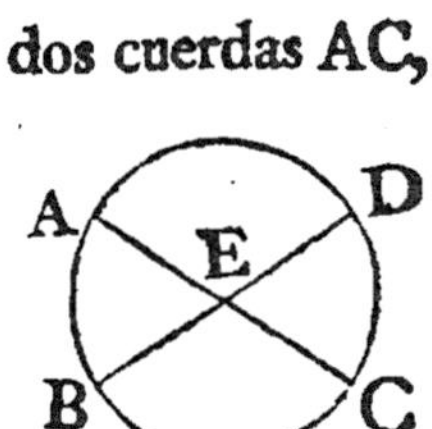

Porque si las cuerdas AC, BD pasan por el centro, ó lo que es lo mismo, el punto de interseccion E es el centro del círculo ABCD, es manifiesto, que por ser iguales AE, EC, BE, ED, será el rec-

rectángulo contenido por AE, EC igual al contenido por BE, ED.

Mas demos, que solo BD, una de las dos cuerdas, pase por el centro, y á mas corte perpendicularmente en el punto E á AC, que no pasa por el centro: cortada por medio BD en el punto F, este será el centro del círculo ABCD: tírese AF; y respecto que BD tirada por el centro corta en E perpendicularmente á AC, que no pasa por el centro, serán iguales [a] entre sí las lineas AE, EC: y habiéndose cortado la recta BD en partes iguales en F, y en partes desiguales en E, será el rectángulo contenido por EB, ED junto con el quadrado de EF igual al quadrado de FB [b], esto es al de FA: es así que al quadrado de FA son iguales los quadrados de AE, EF [c]: luego el rectángulo BE, ED junto con el quadrado de EF será igual á los quadrados de AE, EF: quítese el quadrado comun de EF, y el rectángulo BE, ED resultará igual al quadrado de AE, esto es al rectángulo contenido por AE, EC.

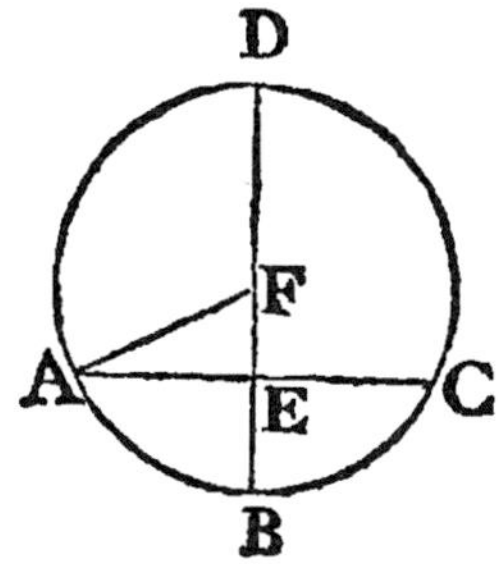

a 3. III.
b 5. II.
c 47. I.

Supongamos que BD pasa por el centro F cortando, y no perpendicularmente, en E á AC, que no pasa por el centro; tírese FA, y báxese FG perpendicular [d] á AC; resultará AG igual á GC [e]: y por consiguiente el rectángulo de AE, EC junto con el quadrado de EG será igual al quadrado de AG [f]: añádase el quadrado comun de GF, y resultará el rectángulo AE, EC junto con los quadrados de EG, GF igual á los quadrados de AG, GF: pero el quadrado de EF es igual á los de EG, GF, y el de AF igual [g] á los de AG, GF: luego el rectángulo AE, EC junto con el quadrado de EF será igual al quadrado de AF; esto es al de FB: es así que á este último es igual el rectángulo BE, ED junto con el quadrado de EF [h]: luego el rectángulo AE, EC junto con el quadrado de EF será igual al rectángulo BE, ED junto con el quadrado de EF: quítese el quadrado comun de EF, y quedará el rectángulo AE, EC igual al BE, ED.

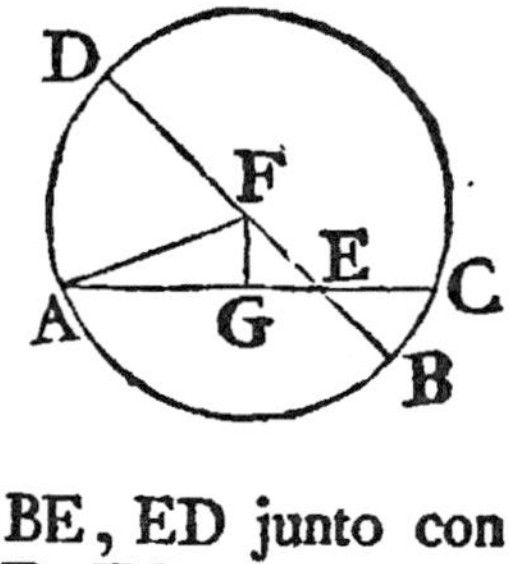

d 12. I.
e 3. III.
f 5. II.
g 47. I.
h 5. II.

Ul-

Ultimamente demos, que ninguna de las rectas AC, BD pase por el centro F; y por el punto de interseccion E de las cuerdas AC, BD tírese el diámetro GEFH: estando ya demostrada la igualdad del rectángulo AE, EC al rectángulo GE, EH, y por consiguiente tambien la del BE, ED al GE, EH, será el rectángulo contenido por AE, EC igual al contenido por BE, ED. Por consiguiente sien el círculo, &c. L. Q. D. D.

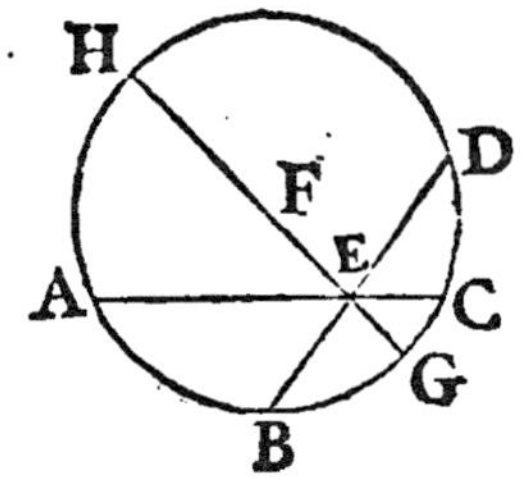

PROP. XXXVI. TEOR.

SI de un punto fuera del círculo se tira una tangente, y una secante hasta encontrar la circunferencia en la parte cóncava; el rectángulo contenido por la secante, y por su parte externa (esto es la que está fuera del círculo) será igual al quadrado de la tangente.

Tómese fuera del círculo ABC el punto D, del qual al círculo tírense dos rectas DCA, DB, la primera que lo corte, y la segunda que lo toque. Digo, que el rectángulo contenido por AD, DC será igual al quadrado de DB.

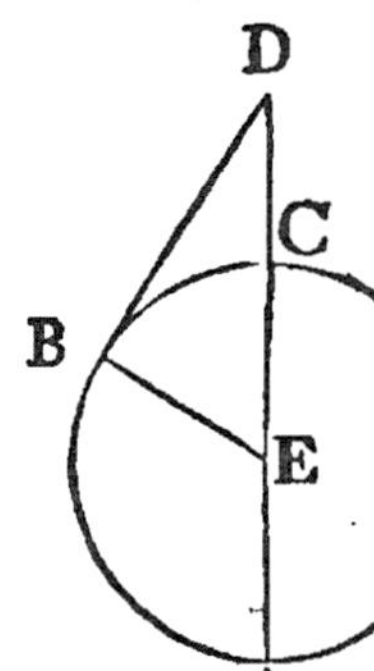

Porque ó la linea DCA pasa por el centro, ó no: si pasa, supuesto que E es el centro del círculo ABC, tirando el radio EB al punto de contacto, resultará el ángulo EBD
a 18. III. recto [a]: hallándose pues dividida por medio en E la recta AC parte de la AD, el rectángulo contenido por AD, DC junto con el qua-
b 6. II. drado de EC será igual al quadrado de ED [b]: es así que CE es igual á CB: luego el rectángulo contenido por AD, DC junto con el quadrado de EB será igual al quadrado de ED; pero el quadrado de ED es
c 47. I. igual á los de EB, BD [c], por ser el ángulo EBD recto: luego

go el rectángulo contenido por AD, DC junto con el quadrado de EB será igual á los quadrados de EB, BD: y quitando el quadrado comun de EB, quedará el rectángulo contenido por AD, DC igual al quadrado de la tangente DB.

Pero si DCA no pasa por el centro E [d] del círculo ABC, báxese EF [e] perpendicular á AC: tírense EB, EC, ED, será el ángulo EFD recto: y dividiendo perpendicularmente la recta EF, que pasa por el centro á la recta AC, que no pasa por el centro, la dividirá [f] en dos partes iguales: luego AF será igual á FC: hallándose pues la recta AC dividida por medio en F, y siendo AC parte de CD, resultará el rectángulo contenido por AD, DC junto con el quadrado de FC igual al quadrado de FD [g]: añádase el quadrado de FE, y resultará el rectángulo contenido por AD, DC junto con los quadrados de CF, FE

d 1. III.
e 12. I.
f 3. III.
g 6. II.

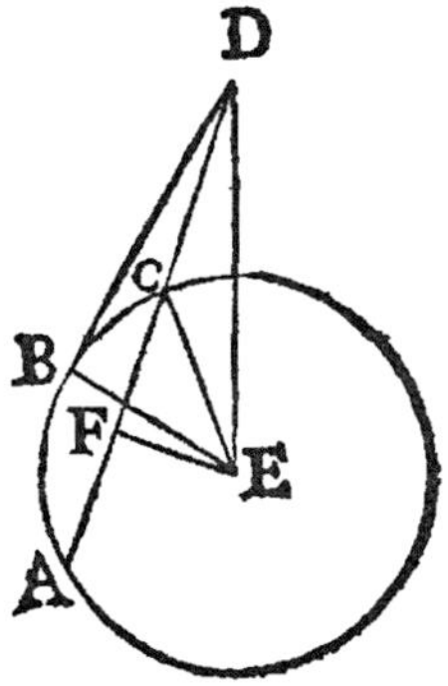

igual á los quadrados de DF, FE: es así que á estos últimos quadrados es igual el de ED, por ser recto el ángulo EFD: á mas de esto, el quadrado de EC es igual á los de CF, FE: luego el rectángulo contenido por AD, DC junto con el quadrado de EC será igual al quadrado de ED; pero á este último son iguales los de EB, BD, por ser recto [h] el ángulo EBD: luego el rectángulo contenido por AD, DC junto con el quadrado de EB será igual á los quadrados de EB, BD: quítese el quadrado comun de EB, y el rectángulo contenido por AD, DC será igual al quadrado de DB. Por consiguiente si de un, &c. L. Q. D. D.

h 18. III.

Cor.

COR. De aquí es, que si de qualquier punto fuera del círculo se tiran á él las rectas AB, AC, que lo corten, los rectángulos contenidos por las secantes, y por sus partes externas; es á saber el rectángulo de BA, AE, y el de CA, AF serán iguales entre sí, por ser ambos iguales al quadrado de la tangente AD.

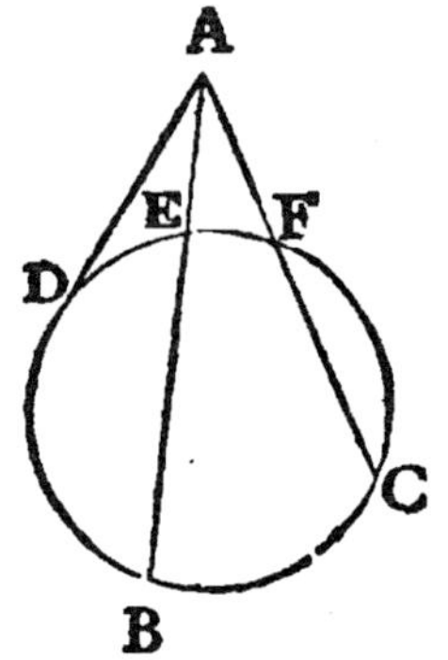

PROP. XXXVII. TEOR.

SI de un punto fuera del círculo se tiran dos rectas, una que lo corte terminándose en su circunferencia cóncava, y otra que lo encuentre, y el rectángulo de la secante por su parte externa es igual al quadrado de la recta que encuentra al círculo; esta le será tangente.

Tómese fuera del círculo ABC un punto D, y de él tírense las dos rectas DCA, DB; de manera que la primera corte al círculo, y la segunda lo encuentre, y que sea el rectángulo contenido por AD, DC igual al quadrado de BD. Digo, que DB tocará al círculo propuesto.

a 17. III. Tírese del punto D la tangente DE [a], y del centro F las lineas
b 18. III. FE, FB, FD, resultará el ángulo FED [b] recto: tocando la recta DE á la circunferencia ABC, y cortándola la DCA, el rec-

rectángulo contenido por AD, DC será igual al quadrado de DE [c]: pero el rectángulo de AD, DC es igual al quadrado de BD: luego el quadrado de DE será igual al de DB; y por tanto la linea DE igual á la DB: es así que tambien FE es igual á FB: luego las dos DE, EF serán iguales á las dos DB, BF, y la base FD comun: luego el ángulo DEF será igual al DBF [d]; pero el DEF es recto: luego tambien lo será DBF; y la FB prolongada será el diámetro; pero la recta perpendicular al diámetro del círculo en su extremo toca al círculo [e]: luego DB tocará al círculo ABC. Por consiguiente si de un, &c. L. Q. D. D.

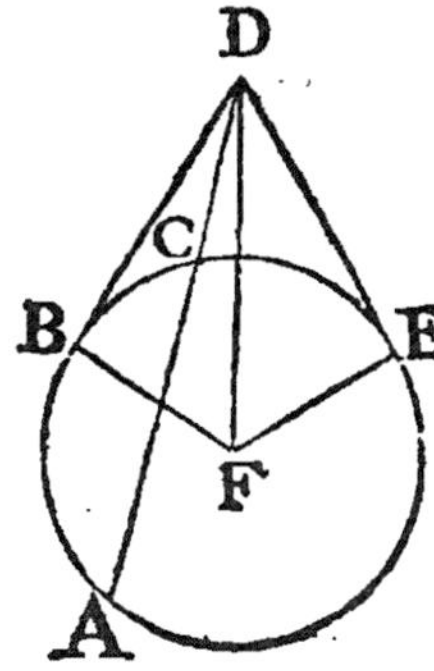

c 36. III.

d 8. I.

e 16. III.

ELEMENTOS DE EUCLIDES.

LIBRO QUARTO.

DEFINICIONES.

I.

SE dice, que una figura rectilinea está inscrita en otra, quando cada uno de los ángulos de esta toca cada uno de los lados de aquella, en que está inscrita.

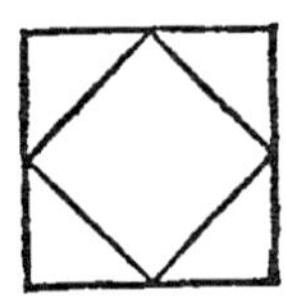

II.

Semejantemente se dice, que una figura está circunscrita á otra, quando cada uno de los lados de la circunscrita toca cada uno de los ángulos de aquella, á que está circunscrita.

III.

Una figura rectilinea está inscrita en un círculo, quando cada uno de los ángulos de la figura toca la circunferencia del círculo.

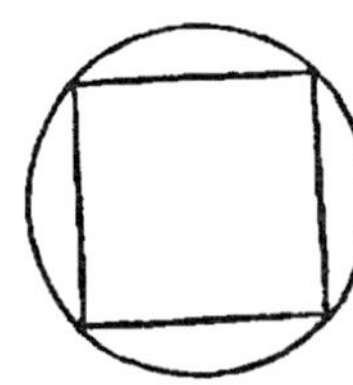

IV.

Una figura rectilinea está circunscrita á un círculo, quando cada uno de los lados de la figura toca la circunferencia del círculo.

V.

Asimismo se dice, que un círculo está inscrito en una figura rectilinea, quando cada uno de los lados de la figura toca la circunferencia del círculo que está inscrito.

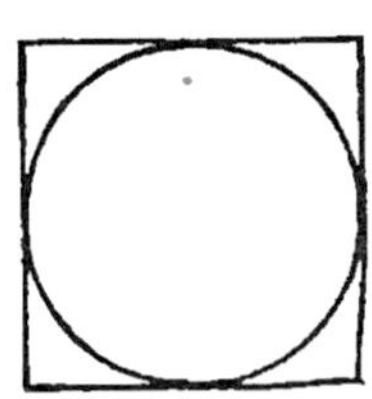

Un

VI.

Un círculo está circunscrito á una figura rectilinea, quando su circunferencia toca cada uno de los ángulos de la figura, á que está circunscrito.

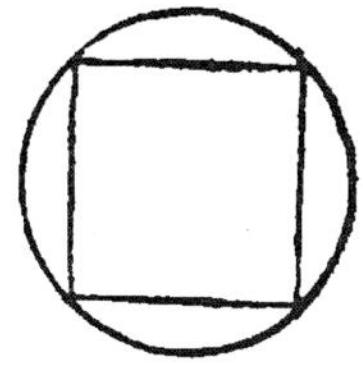

VII.

Una recta está aplicada á un círculo, quando los extremos de ella se hallan en la circunferencia de este.

PROP. I. PROBL.

APlicar á un círculo dado una recta igual á otra dada, que no sea mayor que su diámetro.

Sea el círculo dado ABC, y la recta dada D no mayor que el diámetro del círculo, y háyase de aplicar al círculo propuesto una recta igual á la recta dada D.

Tírese el diámetro BC del círculo ABC; y si BC fuese igual á la linea D, quedará resuelto el problema; pues en el círculo ABC se habria aplicado la linea BC igual á la recta D: si no fuese igual, será BC mayor que D; córtese CE igual [a] á D, y con centro C, é intervalo CE descríbase el círculo AEF, y tírese la linea CA: siendo, pues, el punto C centro del círculo AEF, la linea CA será igual á la CE: es así que á esta es igual la D: luego tambien lo será á CA: por consiguiente al círculo dado ABC se ha aplicado la linea AC igual á la recta dada D, no siendo mayor, que el diámetro del círculo. L. Q. D. H.

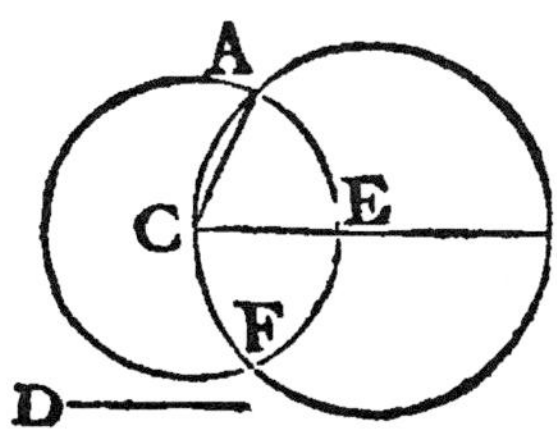

a 3. I.

PROP. II. PROBL.

INscribir en un círculo dado un triángulo equiángulo á otro dado.

Sea el círculo ABC, y el triángulo dado DEF; y háyase de ins-

inscribir en dicho círculo un triángulo equiángulo al triángulo DEF.

a 17. III. b 23. I. Tírese la recta GAH, que toque al círculo [a] ABC en el punto A; y en este punto de la recta AH constrúyase el ángulo [b] HAC igual al DEF: asimismo en el punto A de la recta AG constrúyase el ángulo GAB igual al DFE, y tírese la linea BC: tocando, pues, la recta HAG al círculo ABC, y habiéndose tirado del punto de contacto la linea AC, el ángulo HAC será igual al

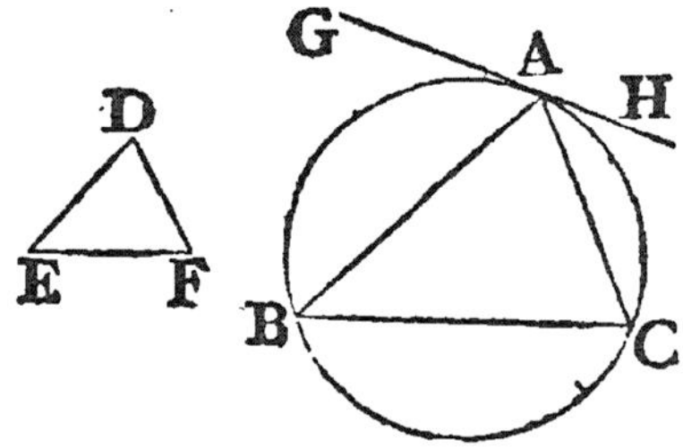

c 23. III. que está en el segmento [c] alterno del círculo, esto es al ABC: es así que el HAC es igual al DEF: luego tambien el ABC será igual al DEF: por la misma

d 32. I. razon el ACB será igual al DFE: luego el BAC será igual [d] al EDF: pero el triángulo ABC es equiángulo al DEF: y está inscrito en el círculo ABC. Por consiguiente se ha inscrito, &c. L.Q.D.H.

PROP. III. PROBL.

CIRCUNSCRIBIR á un círculo dado un triángulo equiángulo á otro triángulo dado.

Sea el círculo dado ABC, y el triángulo dado DEF, y háyase de circunscribir al círculo propuesto un triángulo equiángulo al triángulo DEF.

Prolónguese por ambas partes la linea EF hasta los puntos G, H; sea K el centro del círculo ABC, y tírese la recta KB del centro K á qualquier punto B de la circunferencia: asimismo constrúyase en el

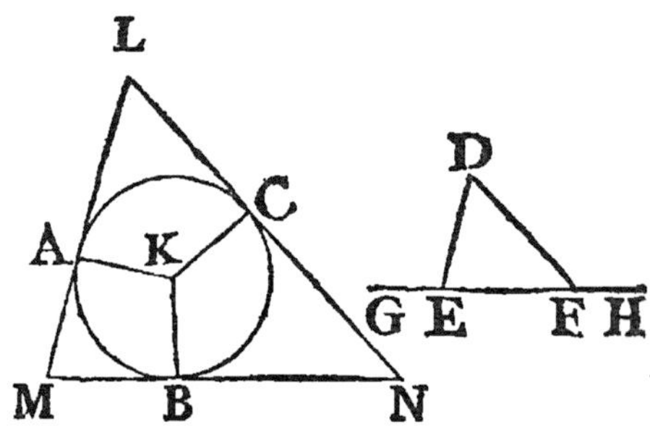

a 23. I. punto K sobre la recta KB el ángulo [a] BKA igual al DEG, y BKC [a] igual á DFH; y por los puntos A, B, C tírense las rectas LAM,

LAM, MBN, NCL tangentes al círculo ABC [b]: tocando, pues, las lineas LM, MN, NL en los puntos A, B, C al círculo ABC, y habiéndose tirado del centro K á los puntos A, B, C las rectas KA, KB, KC, serán rectos [c] los ángulos en A, B, C: siendo los quatro ángulos del quadrilátero AMBK iguales á quatro rectos, por poderse dividir en dos triángulos, y siendo sus dos ángulos KAM, KBM rectos; serán los AKB, AMB iguales á dos rectos: es así que tambien los DEG, DEF son iguales á dos rectos [d]: luego los ángulos AKB, AMB serán iguales á los DEG, DEF; de los quales el AKB es igual al DEG: luego el AMB será igual al DEF. Semejantemente se demostrará la igualdad del ángulo LNM al DFE: luego el MLN será igual al EDF [e]: luego el triángulo LMN será equiángulo al DEF; y está circunscrito al círculo ABC. Por consiguiente se ha circunscrito. L. Q. D. H.

b 17. III.
c 18. III.
d 13. I.
e 32. I.

PROP. IV. PROBL.

INSCRIBIR un círculo en un triángulo dado.

Sea el triángulo dado ABC, y háyase de inscribir en él un círculo.

Divídanse [a] en dos partes iguales los ángulos ABC, BCA por las rectas BD, CD, que se dividirán en el punto D, del qual á las rectas AB, BC, CA báxense las perpendiculares [b] DE, DF, DG. Siendo el ángulo EBD igual al FBD, por haberse dividido en dos partes iguales el ABC, y asimismo BED, y BFD rectos, resultarán los dos triángulos EBD, FBD con dos ángulos iguales á dos ángulos, y el lado BD comun á ambos, opuesto á ángulos iguales: luego tendrán tambien los demas lados entre sí iguales [c]; por consiguiente DE igual á DF: asimismo DG será igual á DF: luego las tres rectas DE, DF, DG serán iguales entre sí: consiguien-

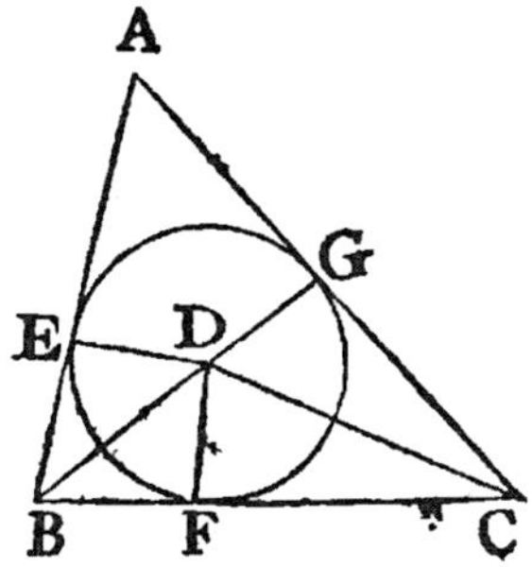

a 9. I.
b 12. I.
c 26. I.

guientemente el círculo descrito con centro D, é intervalo una de las lineas DE, DF, DG, pasará por los puntos E, F, G, y tocará á las rectas AB, BC, CA, por ser rectos los ángulos en E, F, G: pero la recta perpendicular al diámetro en su extremo toca [d] al círculo: luego qualquiera de las lineas AB, BC, CA tocará al círculo: y así este se hallará inscrito en el triángulo ABC. Por consiguiente queda inscrito, &c. L. Q. D. H.

d 16. III.

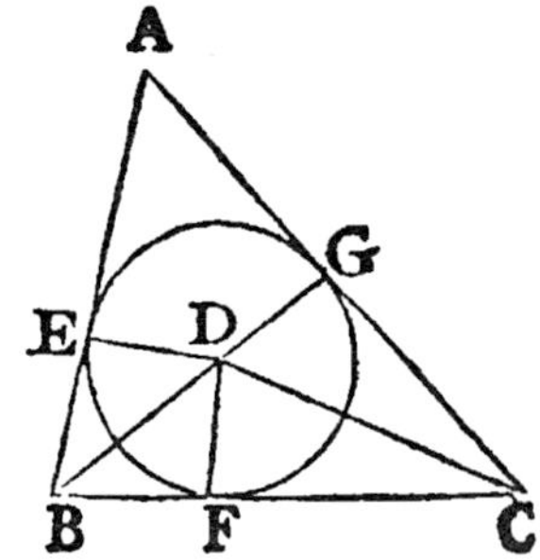

PROP. V. PROBL.

CIRCUNSCRIBIR un círculo á un triángulo dado.

Sea el triángulo dado ABC; y háyasele de circunscribir un círculo.

a 10. I. Divídanse [a] por medio los lados AB, AC en los puntos D, E,
b 11. I. de los quales tírense las [b] DF, EF perpendiculares á AB, AC; y estas prolongadas necesariamente se cortarán; pues si no, serían entre sí paralelas, y por consiguiente las lineas AB, AC, que

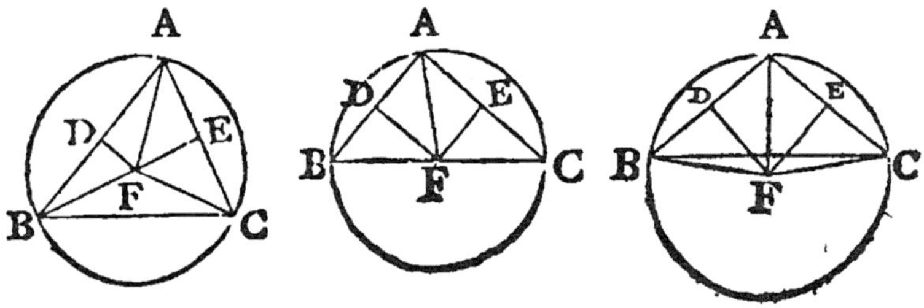

son perpendiculares á ellas, serían tambien paralelas, lo qual es absurdo: córtense en el punto F, y tírense BF, FC, FA: siendo, pues, AD igual á DB, DF comun, y rectos los ángulos
c 4. I. comprehendidos por ellas, será la base AF igual [c] á la FB: semejantemente se demostrará, que FC es igual á FA: luego tambien BF será igual á FC: luego las tres FA, FB, FC serán entre

sí

sí iguales: finalmente el círculo descrito con centro F, é intervalo una de las lineas FA, FB, FC, pasará por los demás puntos, y estará circunscrito al triángulo ABC. Por consiguiente se ha circunscrito, &c. L. Q. D. H.

Cor. Es evidente, que si el centro del círculo cae dentro del triángulo, cada uno de sus ángulos será menor que el recto, pues está en segmento mayor que el semicírculo; pero si el centro cayese en uno de los lados, el ángulo opuesto á este lado, por estár en el semicírculo, será recto: y si el centro cayese fuera del triángulo ácia algun lado, el ángulo opuesto á dicho lado, por estár en segmento menor que el semicírculo, será mayor que el recto [d]: por consiguiente si el triángulo dado fuere acutángulo, el centro del círculo caerá dentro de él; si rectángulo, caerá en el lado opuesto al ángulo recto; y si obtusángulo, caerá fuera de él ácia el lado opuesto al ángulo obtuso. d 31. III

PROP. VI. PROBL.

Inscribir un quadrado en un círculo dado.

Sea el círculo dado ABCD, y háyase de inscribir en él un quadrado.

Tírense los diámetros AC, BD del círculo ABC perpendiculares entre sí: tírense tambien las lineas AB, BC, CD, DA. Siendo, pues, BE igual á ED, por ser E el centro, y EA comun, y perpendicular; resultará la base BA igual á la AD [a]: por la misma razon ambas lineas BC, y CD serán iguales á las dos BA, AD: luego el quadrilátero ABCD será equilátero. Añado, que será rectángulo; pues siendo la recta BD diámetro del círculo ABCD, BAD será el semicírculo: consiguientemente el ángulo BAD será recto [b]: del mismo modo se demuestra, que cada uno de los ángulos ABC, BCD, CDA es recto: luego el quadrilátero ABCD será rectángulo: y ya antes se demostró ser equilátero: luego será un

a 4. I.

b 31. III.

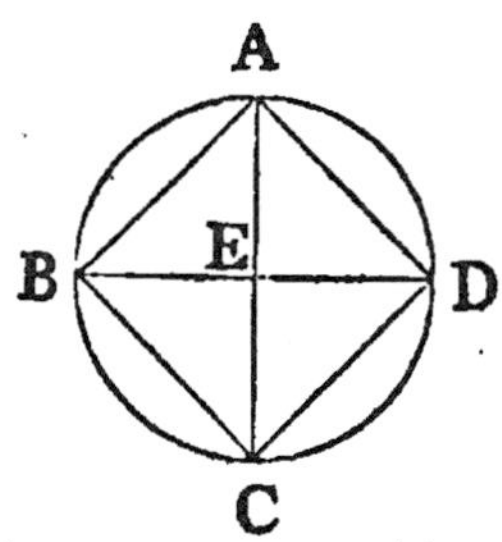

un quadrado: ademas está inscrito en el círculo ABCD. Por consiguiente se ha inscrito, &c. L. Q. D. H.

PROP. VII. PROBL.

CIRCUNSCRIBIR un quadrado á un círculo dado.

Sea el círculo dado ABCD, y háyasele de circunscribir un quadrado.

Tírense dos diámetros AC, BD del círculo ABCD perpendiculares entre sí; y por los puntos A, B, C, D tírense las rec-
a 17. III. tas [a] FG, GH, HK, KF tangentes al círculo ABCD. Tocando, pues, FG á dicho círculo, y tirada EA del centro E al punto
b 18. III. de contacto A, los ángulos en A serán rectos [b]: por la misma razon serán rectos los ángulos en B, C, D: así siendo el ángulo AEB recto, y tambien el EBG, GH será para-
c 28. I. lela [c] á AC; y asimismo será AC paralela á FK: semejantemente se demuestra, que GF, HK son ambas paralelas á BE, ED: luego GK, GC, AK, FB, BK serán parale-
d 34. I. logramos: luego GF será igual [d] á HK, y GH á FK: pero siendo AC igual á BD, y AC igual á las dos GH, FK, y BD igual á GF, HK, tambien las GH, FK serán ambas iguales á las dos GF, HK: luego el quadrilátero FGHK será equilátero. Añado, que será rectángulo; porque siendo GBEA un paralelogramo, y el ángulo AEB recto, tambien será recto el ángulo AGB: semejantemente se demuestra ser rectos los ángulos H, K, F: luego el quadrilátero FGHK será rectángulo: y antes queda demostrado ser equilátero: luego será quadrado: ademas, está circunscrito al círculo ABCD. Por consiguiente se ha circunscrito, &c. L. Q. D. H.

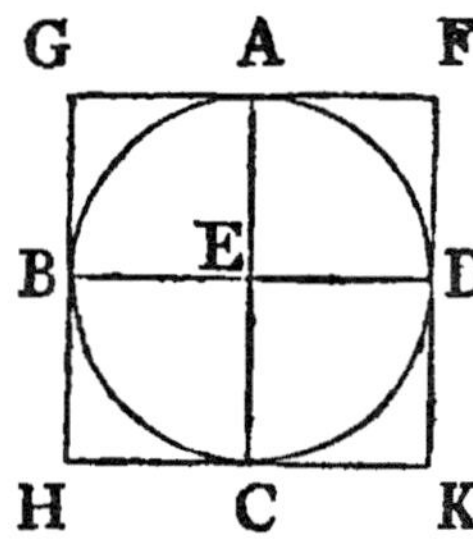

PROP. VIII. PROBL.

INSCRIBIR un círculo en un quadrado dado.

Sea

Sea el quadrado dado ABCD, y háyasele de inscribir un círculo.

Divídanse por medio [a] los dos lados AB, AD en los puntos F, E, y por E tírese EH paralela [b] á una de las dos AB, CD: asimismo por F tírese FK paralela á una de las dos AD, BC; resultarán AK, KB, AH, HD, AG, GC, BG, GD paralelogramos, y sus lados opuestos iguales [c]: y siendo la recta AD igual á AB, y AE mitad de AD, como tambien AF mitad de AB, resultará AE igual á AF: consiguientemente los lados opuestos serán iguales: luego FG será igual á GE: semejantemente se demuestra, que GH, GK son ambas iguales á las dos FG, GE: luego las quatro GE, GF, GH, GK serán entre sí iguales: así el círculo descrito con centro G, é intervalo una de las lineas GE, GF, GH, GK pasará por todos los puntos E, K, H, F, y tocará á las rectas AB, BC, CD, DA, por ser rectos [d] los ángulos en E, F, H, K, pues la recta perpendicular tirada al diámetro del círculo en su extremo toca al círculo [e]: luego cada una de las AB, BC, CD, DA tocará al círculo [e]: y este se hallará inscrito en el quadrado ABCD. Por consiguiente se ha inscrito, &c. L. Q. D. H.

a 10. I.
b 31. I.
c 34. I.
d 29. I.
e 16. III.

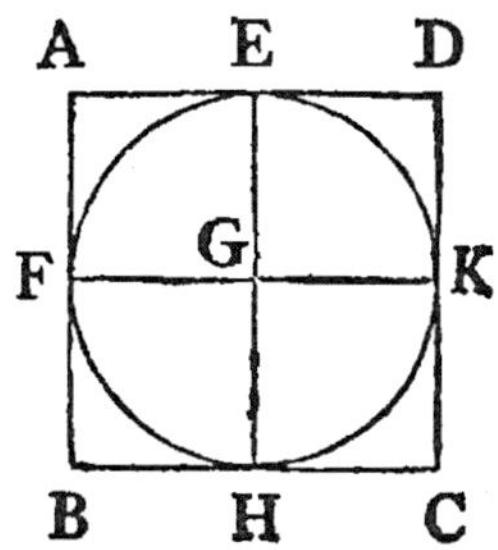

PROP. IX. PROBL.

CIRCUNSCRIBIR un círculo á un quadrado dado.

Sea el quadrado dado ABCD, y háyasele de circunscribir un círculo.

Tírense las diagonales AC, BD, las quales se cortarán en E. Siendo DA igual á AB, y AC comun, los dos lados DA, AC serán iguales á los dos BA, AC, y la base DC igual á la BC: consiguientemente el ángulo DAC será igual [a] al BAC: luego el ángulo DAB quedará dividido en dos partes iguales por la rec-

a 8. I.

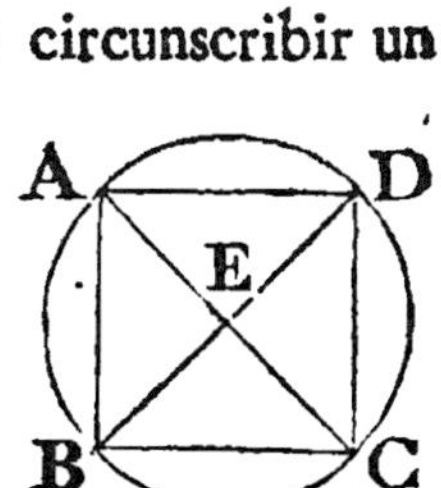

recta AC: asimismo se demuestra, que qualquiera de los ángulos ABC, BCD, CDA está dividido en dos partes iguales por las rectas AC, BD: siendo, pues, el ángulo DAB igual al ABC, y el EAB mitad del DAB, y el EBA mitad del ABC, resultará el ángulo EAB igual al EBA: luego
b 6. I. tambien el lado EA será igual [b] al EB: semejantemente se demuestra ser las dos rectas EC, ED iguales á las EA, EB: luego las quatro rectas EA, EB, EC, ED serán iguales entre sí: luego el círculo descrito con centro E, é intervalo una de las lineas EA, EB, EC, ED pasará por todos los puntos A, B, C, D, y estará circunscrito al quadrado ABCD. Por consiguiente se ha circunscrito, &c. L. Q. D. H.

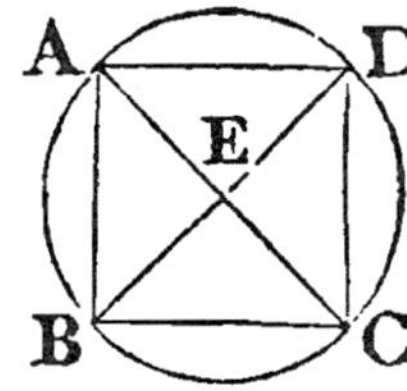

PROP. X. PROBL.

Construir un triángulo isósceles, cuyos ángulos en la base sean cada uno duplo del ángulo vertical.

Tírese la recta AB, y divídase en C de manera, que el rec-
a 11. II. tángulo contenido por AB, BC sea igual al quadrado de CA [a]; con centro A, é intervalo AB descríbase el círculo BDE, y apliquesele la
b 1. IV. recta BD igual [b] á la parte AC: tírense las lineas DA, DC, y circunscríbase el
c 5. IV. círculo ACD al triángulo ADC [c]. Digo, que el triángulo isósceles ABD tendrá los dos ángulos ABD, ADB en la base duplos del ángulo BAD vertical.

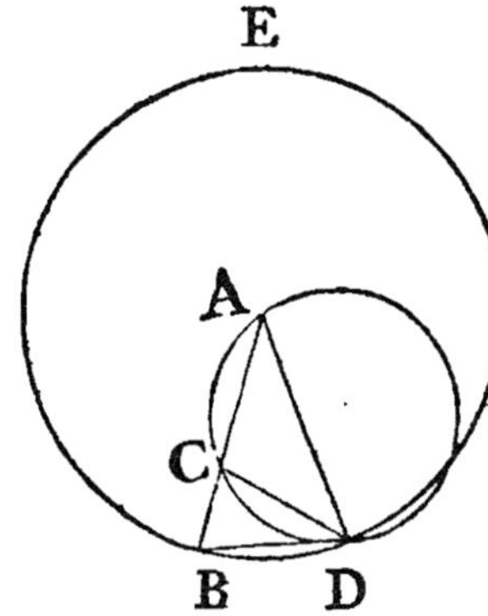

Porque siendo el rectángulo de AB, BC igual al quadrado de AC, y AC igual á BD, será tambien el rectángulo de AB, BC igual al quadrado de BD: pero siendo BCA, BD dos rectas tiradas del punto B fuera del círculo ACD, de las quales BCA corta al círculo, y BD lo encuentra; y á mas de esto, siendo el rectángulo de AB, BC igual al

al quadrado de BD, esta tocará [d] al círculo; y por ser BD tan- d 37. III.
gente, y DC tirada del punto de contacto D, resultará el ángu-
lo BDC igual al DAC, por estár en el segmento [e] alterno del e 32. III.
círculo: añadiendo á ambos el ángulo comun CDA, el BDA
será igual á los dos CDA, DAC: pero es igual á estos dos el
externo BCD [f]: luego tambien BDA será igual al BCD: es así f 32. I.
que el BDA es igual al CBD, por ser el lado AD igual [g] al g 5. I.
AB: luego tambien CBD, esto es DBA será igual á BCD: lue-
go los tres ángulos BDA, DBA, BCD serán entre sí iguales:
y siendo el ángulo DBC igual al BCD, tambien el lado BD
será igual [h] al DC; pero BD es igual á CA: luego tambien h 6. I.
será CA igual á CD, y así el ángulo CDA será igual [i] al i 5. I.
DAC: luego los CDA, DAC juntos serán duplos del DAC; pe-
ro el BCD es igual á los CDA, DAC: luego tambien será du-
plo del DAC: es así que el BCD es igual á los BDA, DBA:
luego los dos BDA, DBA serán duplos del DAB. Por consi-
guiente se ha construido, &c. L. Q. D. H.

PROP. XI. PROBL.

INSCRIBIR en un círculo dado un pentágono equiláte-
ro, y equiángulo.

Sea el círculo dado ABCDE, y háyasele de inscribir un pentágono equilátero, y equiángulo.

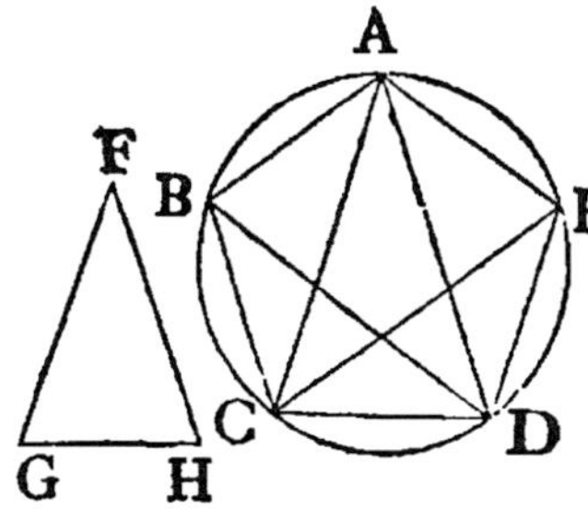

Constrúyase un triángulo isósceles
FGH, que tenga los dos ángulos G,
y H en la base duplos del ángulo
vertical F [a]: é inscríbase en el círcu- a 10. IV.
lo ABCDE un triángulo [b] ACD equi- b 2. IV.
ángulo al FGH, de modo que el
ángulo CAD sea igual al F, y que
los dos ACD, CDA sean iguales á
los dos G, y H; por consiguiente ACD, CDA serán duplos de
CAD: divídanse ACD, CDA en dos partes iguales [c] por las c 9. I.
rectas CE, DB, y tírense las lineas AB, BC, DE, EA.

Siendo, pues, los dos ángulos ACD, CDA duplos del CAD,
y

y hallándose divididos en dos partes iguales por las rectas CE, DB, los cinco ángulos DAC, ACE, ECD, CDB, BDA resultarán entre sí iguales: es así que ángulos iguales, estando ambos en la circunferencia, insisten sobre ar-
d 26. III. cos iguales [d]: luego los cinco AB, BC, CD, DE, EA serán iguales entre sí: pero á iguales arcos sub-
e 29. III. tenden cuerdas iguales [e]: luego tambien las cinco cuerdas AB, BC, CD, DE, EA serán iguales entre sí: luego el pentágono ABCDE será equilátero. Añado, que será equiángulo, porque siendo el arco AB igual al DE, y añadiendo á entrambos el BCD, resultará ABCD igual á EDCB: pero el ángulo AED insiste sobre el arco ABCD, y el BAE sobre el
f 27. III. arco EDCB: luego tambien el ángulo BAE será igual al AED [f]: asimismo cada uno de los ángulos ABC, BCD, GDE es igual á uno de los dos BAE, AED: luego el pentágono ABCDE será tambien equiángulo: y queda demostrado ser equilátero. Por consiguiente se ha inscrito, &c. L. Q. D. H.

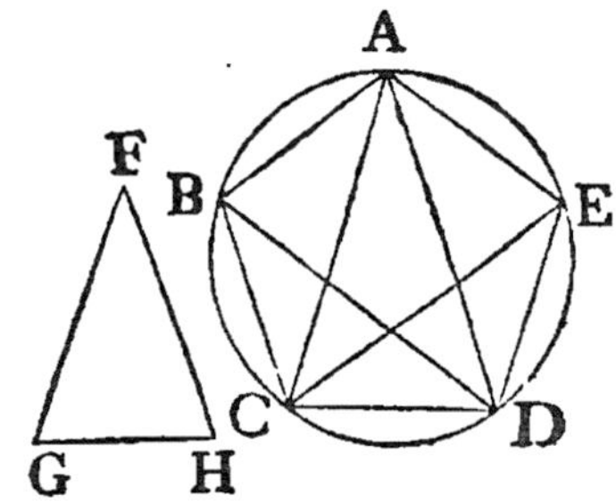

PROP. XII. PROBL.

CIRCUNSCRIBIR á un círculo dado un pentágono equilátero, y equiángulo.

Sea el círculo dado ABCDE, y háyasele de circunscribir un pentágono equilátero, y equiángulo.

Sean A, B, C, D, E los vértices de los ángulos del pentágono equilátero, y equiángulo inscrito en el tal círculo; ó lo que es lo mismo, sean los arcos AB, BC, CD, DE, EA igua-
a 11. IV. les [a]; por dichos puntos tírense GH, HK, KL, LM, MG [b] tan-
b 17. III. gentes al círculo: del centro F del círculo ABCDE tírense las rectas FB, FK, FC, FL, FD: tocando, pues, la recta KL al círculo ABCDE en C, y tirada del centro F al punto de con-
c 18. III. tacto C la FC, esta resultará perpendicular [c] á KL: por consiguiente serán rectos los dos ángulos en C, y por la misma razon se-

serán rectos los en B, y D: y siendo recto el ángulo FCK, resultará el quadrado de FK igual á los de FC, CK [d]; tambien el quadrado de FK es igual á los de FB, BK: luego los quadrados de FC, CK son iguales á los de FB, BK; de los quales el de FC es igual al de FB: por consiguiente el quadrado de CK será igual al de BK: luego BK será igual á CK: siendo pues FB igual á FC, y FK comun, los dos lados FB, FK serán iguales á los dos CF, FK, y la base BK igual á la CK; por consiguiente el ángulo BFK igual [e] al KFC, y el BKF al FKC: luego el ángulo BFC será duplo del KFC, y el BKC duplo del FKC: asimismo el ángulo CFD es duplo del CFL, y el CLD duplo del CLF: y siendo el arco BC igual al CD, tambien el ángulo BFC será igual al CFD [f]: pero el BFC es duplo del KFC, y el CFD duplo del CFL: y los rectos FCK, FCL son iguales: consiguientemente FKC, FLC serán dos triángulos con dos ángulos respectivamente iguales á dos ángulos, y el lado FC comun, y adyacente á ángulos iguales: luego tambien tendrán los demás lados iguales, KC igual á CL, y el ángulo FKC igual [g] al FLC: siendo la recta KC igual á CL, será KL dupla de KC, y del mismo modo se demostrará, que HK es dupla de BK: pero ya se demostró, que BK es igual á KC, y que KL es dupla de KC, y HK dupla de BK: luego HK será igual á KL: asimismo se demostrará, que GH, GM, ML son iguales á HK, KL: luego el pentágono GHKLM será equilátero. Añado, que será equiángulo; porque siendo el ángulo FKC igual al FLC, y habiéndose demostrado, que el HKL es duplo del FKC, y el KLM duplo del FLC, resultará HKL igual á KLM: semejantemente se demostrará, que los ángulos KHG, HGM, GML son iguales á los HKL, KLM: luego los cinco ángulos GHK, HKL, KLM, LMG, MGH serán entre sí iguales: luego el pentágono GHKLM será equiángulo. Por consiguiente se ha circunscrito, &c. L. Q. D. H.

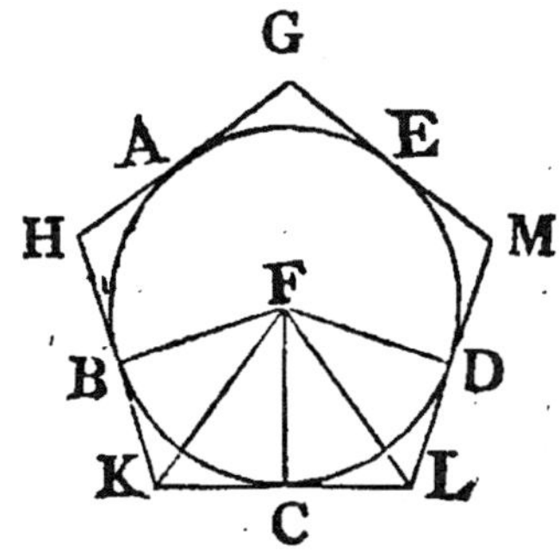

d 47. I.
e 8. I.
f 27. III.
g 26. I.

PROP.

PROP. XIII. PROBL.

DADO un pentágono equilátero, y equiángulo, inscribirle un círculo.

Sea el pentágono dado equilátero, y equiángulo ABCDE, y háyasele de inscribir un círculo.

a 9. I. Divídanse por medio [a] los dos ángulos BCD, CDE por las rectas CF, DF, y del punto de concurso F tírense las rectas FB, FA, FE. Siendo, pues, BC igual á CD, y CF comun, las dos BC, CF serán iguales á las dos CD, CF, y el ángulo BCF igual
b 4. I al DCF: luego la base BF será igual [b] á la FD, y el triángulo BFC al DFC, é iguales entre sí los ángulos opuestos á lados iguales: luego el ángulo CBF será igual al CDF; y siendo el CDE duplo del CDF, é igual al CBA, y CDF igual á CBF, tambien CBA será duplo de CBF: luego el ángulo ABF será igual al CBF: consiguientemente el ángulo ABC quedará dividido en dos partes iguales por la recta BF. Semejantemente se demostrará, que cada uno de los ángulos BAE, AED se halla dividido en dos partes iguales por las rectas AF, FE. Del punto F á las rectas AB, BC, CD, DE, EA báxen-

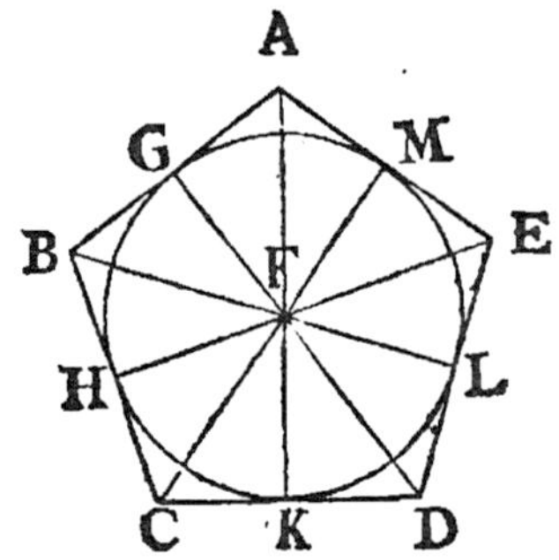

c 12. I. se perpendiculares [c] FG, FH, FK, FL, FM. Siendo el ángulo HCF igual al KCF, y el recto FHC igual al recto FKC, resultarán los dos triángulos FHC, FKC con dos ángulos iguales á dos ángulos, y un lado FC comun opuesto á ángulos iguales: luego
d 26. I. tambien tendrán los demas lados iguales [d] entre sí; por consiguiente la perpendicular FH será igual á la FK. Semejantemente se demostrará la igualdad de las FL, FM, FG á las FH, FK: luego las cinco rectas FG, FH, FK, FL, FM serán iguales entre sí; pero el círculo descrito con centro F, é intervalo una de las FG, FH, FK, FL, FM pasa por los extremos de estas lineas, y toca á las rectas AB, BC, CD, DE, EA, por ser rectos los án-

gu-

gulos en G, H, K, L, M, y la recta perpendicular al diámetro del círculo en su extremo es tambien tangente del círculo [e]: luego estará el círculo inscrito en el pentágono ABCDE. Por consiguiente dado, &c. L. Q. D. H. e 16. III.

PROP. XIV. PROBL.

DAdo un pentágono equilátero, y equiángulo, circunscribirle un círculo.

Sea el pentágono dado el ABCDE, y háyasele de circunscribir un círculo.

Divídanse por medio [a] los dos ángulos BCD, CDE por las rectas CF, FD, y del punto de concurso F á los puntos B, A, E tírense las rectas FB, FA, FE: y del mismo modo que en la Proposicion antecedente se demostrará, que cada uno de los ángulos CBA, BAE, AED está dividido en dos partes iguales por las rectas BF, FA, FE: y siendo el ángulo BCD igual al CDE, y FCD la mitad de BCD, como tambien CDF la mitad de CDE, resultará el ángulo FCD igual al FDC; consiguientemente el lado CF igual [b] al FD: semejantemente se demostrará la igualdad de cada una de las rectas FB, FA, FE á las dos FC, FD: luego las cinco rectas FA, FB, FC, FD, FE serán iguales entre sí: últimamente el círculo descrito con centro F, é intervalo una de las lineas FA, FB, FC, FD, FE pasará por los puntos A, B, C, D, y consiguientemente estará circunscrito al pentágono dado. Por consiguiente dado, &c. L. Q. D. H.

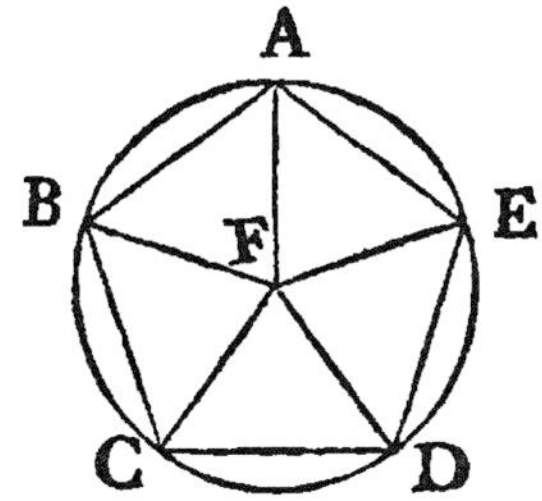

a 9. I.

b 6. I.

PROP. XV. PROBL.

INSCRIBIR un hexâgono equilátero, y equiángulo en un círculo dado.

Sea el círculo dado ABCDEF, y háyasele de inscribir un hexâgono equilátero, y equiángulo.

Sea G el centro del círculo ABCDEF, y tírese el diámetro AGD; asimismo con centro D, é intervalo DG descríbase el círculo EGCH, y prolónguense EG, CG hasta los puntos B, F; tírense tambien AB, BC, CD, DE, EF, FA. Digo, que el hexâgono ABCDEF será equilátero, y equiángulo.

Porque siendo G el centro del círculo ABCDEF, GE será
igual á GD: además, siendo D el centro del círculo EGCH, DE
será igual á DG: pero se ha demostrado la igualdad de GE á
GD: luego GE será igual á ED: luego el triángulo EGD será
a Cor. 5. I. equilátero; por consiguiente sus tres ángulos [a] EGD, GDE, DEG
serán iguales entre sí; pero los tres ángulos
b 32. I. de un triángulo son iguales á dos rectos [b]:
luego el ángulo EGD será el tercio de dos
rectos: semejantemente se demostrará, que
el DGC es el tercio de dos rectos: y por
quanto cayendo la recta GC sobre la recta
EB forma los ángulos contiguos EGC, CGB
c 13. I. iguales á dos rectos [c], el ángulo CGB será el tercio de dos rectos: luego los ángulos EGD, DGC, CGB serán iguales entre
sí; pero por opuestos verticales BGA, AGF,
d 15. I. FGE son iguales á los EGD, DGC, CGB [d]:
luego los seis ángulos EGD, DGC, CGB,
BGA, AGF, FGE serán entre sí iguales: pero iguales ángulos,
e 26. III. estando todos en el centro, insisten sobre arcos iguales [e]: luego los seis arcos AB, BC, CD, DE, EF, FA serán entre sí
f 29. III. iguales: es así que á arcos iguales subtenden cuerdas iguales [f]:
luego las seis rectas serán iguales entre sí: luego el hexâgono
ABCDEF será equilátero. Añado, que será equiángulo; pues siendo

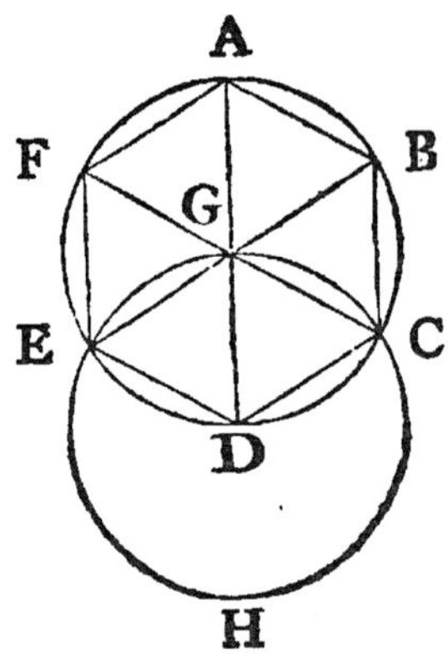

do el arco AF igual al ED, añadiendo á entrambos el ABCD, se tendrá el arco FABCD igual al EDCBA: pero el ángulo DEF insiste sobre el arcó FABCD, y el AFE sobre EDCBA: luego AFE será igual á DEF: semejantemente se demostrará, que cada uno de los demás ángulos del hexâgono son iguales á los AFE, DEF: luego el hexâgono ABCDEF es equiángulo: y está inscrito en el círculo ABCDEF. Por consiguiente se ha inscrito, &c. L. Q. D. H.

Cor. De aquí se deduce manifiestamente, que el lado del hexâgono es igual al radio del círculo.

Y si por los puntos A, B, C, D, E, F se tiran tangentes al círculo, se le circunscribirá un hexâgono equilátero, y equiángulo, conforme á lo dicho acerca del pentágono; asimismo se podrá, como en el pentágono, inscribir, y circunscribir un círculo al hexâgono equilátero, y equiángulo.

PROP. XVI. PROBL.

Inscribir en un círculo dado un quindecágono equilátero, y equiángulo.

Sea el círculo dado ABCD, y háyasele de inscribir un quindecágono equilátero, y equiángulo.

Sea AC [a] el lado del triángulo equilátero inscrito en el círculo ABCD, y AB el lado [b] del pentágono equilátero, y equiángulo inscrito en el mismo: luego si la circunferencia ABCD se concibe dividida en quince partes iguales, el arco ABC, que es el tercio de ella, contendrá cinco; y el AB, que es el quinto, contendrá tres: luego el arco BC contendrá dos partes. Ahora, pues, divídase en dos partes iguales [c] el arco BC en el punto E; y si se tiran las cuerdas BE, EC, y se apliquen [d] succesivamente en el círculo ABCD rectas iguales á dichas

a 2. IV.
b 11. IV.
c 30. III.
d 1. IV.

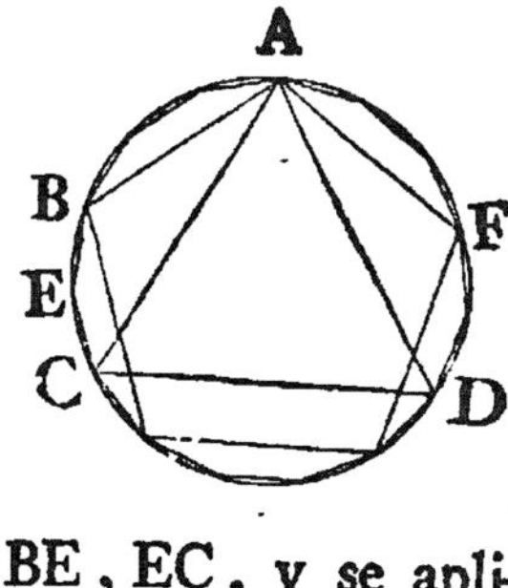

chas cuerdas, resultará inscrito en él un quindecágono equilátero, y equiángulo. L. Q. D. H.

Si así como llevamos dicho del pentágono, se tiran por las divisiones de la circunferencia tangentes al círculo, resultará circunscrito á él un quindecágono equilátero, y equiángulo: y procediendo del mismo modo, que se dixo del pentágono, se podrá inscribir, y circunscribir un círculo al quindecágono equilátero, y equiángulo.

ELEMENTOS DE EUCLIDES.

LIBRO QUINTO.

DEFINICIONES.

I.

UNA cantidad menor se llama parte de otra mayor, quando la menor mide á la mayor.

II.

Una cantidad mayor se dice multíplice de otra menor, quando la menor mide á la mayor.

III.

"Razon es el respecto, ó relacion mutua, que tienen entre sí dos "cantidades de un mismo género en quanto á su magnitud."

IV.

Se dice, que dos cantidades tienen razon entre sí, quando la menor multiplicada puede exceder á la mayor.

V.

Se dice, que quatro cantidades están en la misma razon, esto es la primera á la segunda, y la tercera á la quarta, quando respectivamente comparados qualesquiera equimultíplices (*es decir qualquiera que sea el multiplicador*) de la primera, y de la tercera con qualesquiera equimultíplices de la segunda, y de la quarta, aquellos dos, ó exceden, ó están excedidos, ó son iguales respectivamente á estos dos.

VI.

Llámanse proporcionales las cantidades, que tienen una misma razon.

Quan-

VII.

Quando entre cantidades equimultíplices, la multíplice de la primera excede á la multíplice de la segunda, y la de la tercera no excede á la de la quarta, se dirá, que la primera tiene á la segunda mayor razon, que la tercera á la quarta; y que al contrario la tercera á la quarta tiene menor razon, que la primera á la segunda.

VIII.

Proporcion es semejanza de razones.

IX.

Una proporcion consta á lo menos de tres términos.

X.

Quando tres cantidades son proporcionales, se dice, que la primera tiene á la tercera razon duplicada de la que tiene á la segunda.

XI.

Pero quando quatro cantidades son continuo-proporcionales, se dice, que la razon que tiene la primera á la quarta, es triplicada de la que tiene á la segunda; y quantas quiera que sean las cantidades continuo-proporcionales, la primera tendrá á la última una razon tantuplicada de la que tiene á la segunda, quantas sean las cantidades, menos una.

Definicion A de la razon compuesta.

Si hay qualquier número de cantidades de un mismo género, se dice, que la razon de la primera á la última está compuesta de la razon, que tiene la primera á la segunda, de la razon de la segunda á la tercera, de la que tiene la tercera á la quarta, y así succesivamente hasta la última.

Exemplo. Sean las cantidades A, B, C, D; se dice, que la primera A tiene á la última D razon compuesta de la razon de A á B, de la de B á C, y de la de C á D; ó lo que es lo mismo, que la razon de A á D está compuesta de las razones de A á B, de B á C, y de C á B.

Por consiguiente si la razon de A á B es la misma que la de E á F, la de B á C la misma que la de G á H, y la de C á D la misma que la de K á L; se dirá, que la razon de A á D está compuesta de razones, que son las mismas que las de E á F, de de G á H, y de K á L: y esto mismo se entiende, quando para mayor brevedad se dice, que la razon de A á D está compuesta de las razones de E á F, de G á H, y de K á L.

Semejantemente si la razon de M á N es la misma, que la de A á D, en la suposicion antecedente para mayor brevedad se dice, que la razon de M á N es la misma, que la compuesta de las razones de E á F, de G á H, y de K á L.

XII.

En las cantidades proporcionales se llaman homólogas los antecedentes con los antecedentes, y los conseqüentes con los conseqüentes.

"Los Geómetras antiguos se valen de las siguientes voces para »expresar los modos de variar el orden, ó la magnitud de »las cantidades proporcionales, de manera que queden pro»porcionales."

XIII.

Εναλλὰξ, esto es, Permutando: Usase de esta voz, quando son quatro las cantidades proporcionales, y se infiere, que la primera es á la tercera, como la segunda á la quarta; segun se demuestra en la Proposicion XVI. de este Libro V.

XIV.

Ανάπαλιν, Invirtiendo se dice, quando quatro cantidades son proporcionales, y se infiere, que la segunda es á la primera, como la quarta á la tercera. Proposicion B del Libro V.

XV.

Συνθέντι, Componiendo se dice, quando quatro cantidades son proporcionales, y se infiere, que la suma * de la primera, y de la segunda es á la segunda, como la suma de la tercera, y de la quarta es á la quarta. Proposicion XVIII. del Libro V.

XVI.

Διελόντι, Dividiendo se dice, quando quatro cantidades son proporcionales, y se infiere, que el exceso de la primera sobre la segunda es á la segunda, como el exceso de la tercera sobre la quarta es á la quarta. Proposicion XVII. del Libro V.

* N. T. Usamos aquí por la primera vez de esta voz, aunque no es del original, para mayor brevedad, y claridad; y con la misma proseguirémos en adelante.

XVII.

Ἀναστρέψαντι, Convirtiendo se dice, quando quatro cantidades son proporcionales; y se infiere, que la primera es á su exceso sobre la segunda, como la tercera á su exceso sobre la quarta. Proposicion E del Libro V.

XVIII.

Δι᾽ ἴσου, *Ex aequo*, ó por igualdad, esto es de distancia, se dice, quando habiendo muchas cantidades, y otras iguales en número, cada dos de las primeras tienen la misma razon á cada dos de las segundas; y se infiere, que la primera es á la última en las primeras cantidades, como la primera á la última en las segundas. "Este modo de hablar se usa de dos maneras."

XIX.

Δι᾽ ἴσου, ó por igualdad, simplemente, se dice, quando la primera es á la segunda en las primeras cantidades, como en las segundas la primera á la segunda, y tambien en las primeras la segunda á la tercera, como en las segundas la segunda á la tercera, y así de las demas; y se infiere, como se dixo en la Definicion antecedente. Proposicion XXII. del Libro V.

XX.

Δι᾽ ἴσου ἐν τῇ τεταραγμένῃ ἀναλογίᾳ *, por igualdad en proporcion perturbada, ó desordenada, se dice, quando en las primeras cantidades la primera es á la segunda, como en las segundas la penúltima á la última, y tambien en las primeras la segunda á la tercera, como en las segundas la antepenúltima á la penúltima; y en las primeras la tercera á la quarta, como en las segundas la tercera, empezando desde la última exclusivamente, á la antepenúltima, y así de las demas; y se infiere, como se dixo en la Definicion XVIII. Proposicion XXIII. del Libro V.

AXIOMAS.

I.

Las cantidades equimultíplices de una misma cantidad, ó de cantidades iguales son entre sí iguales.

Las

* Prop. 4. del Lib. 2. de Arquimedes de la Esfera, y del Cilindro.

II.

Las cantidades, de quienes una misma cantidad es equimultíplice, ó cuyas equimultíplices son iguales, son tambien iguales entre sí.

III.

La multíplice de una cantidad mayor es mayor que la equimultíplice de una menor.

IV.

La cantidad, cuya multíplice es mayor que la equimultíplice de otra, es mayor que esta.

PROP. I. TEOR.

SI dos, ó mas cantidades fuesen respectivamente equimultíplices de otras en igual número; quan multíplice sea una de las multíplices, tan multíplice será la suma de las multíplices respecto de la suma de las demas cantidades.

Sean dos cantidades AB, CD respectivamente equimultíplices de E, F. Digo, que quan multíplice sea AB de E, tan multíplice será la suma de AB, y CD de la suma de E, y F.

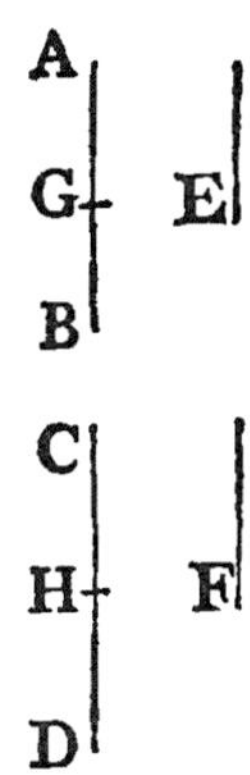

Porque siendo AB equimultíplice de E, y CD de F, quantas cantidades haya en AB iguales á E, tantas habrá en CD iguales á F. Divídase AB en partes iguales á E, y sean AG, GB; y CD en partes iguales á F, esto es CH, HD; y resultará el número de las partes CH, HD igual al número de las partes de AG, GB; y siendo AG igual á E, y CH á F, será la suma de AG, CH igual [a] á la suma de E, F: asimismo siendo GB igual á E, y HD á F, será la suma de GB, HD igual á la suma de E, F: luego quantas haya en AB iguales á E, tantas habrá en la suma de AB, y CD iguales á la suma de E, y F: luego quan multíplice es AB de E, tan multíplice será la suma de AB, y CD de la de E, y F: la misma demostracion vale para qualquier número de cantidades que sea. Por consiguiente si dos, ó mas, &c. L. Q. D. D.

a Ax.2.I.

PROP.

PROP. II. TEOR.

SI la primera, y tercera cantidad son respectivamente equimultíplices de la segunda, y de la quarta, y la quinta, y sexta equimultíplices de la segunda, y de la quarta; la suma de la primera, y de la quinta, y la de la tercera, y de la sexta serán respectivamente equimultíplices de la segunda, y de la quarta.

Sea la primera AB tan multíplice de la segunda C, como la tercera DE de la quarta F: sea asimismo la quinta BG tan multíplice de la segunda C, como la sexta EH de la quarta F. Digo, que la suma de la primera, y quinta, es á saber AG, será tan multíplice de la segunda C, como la suma de la tercera, y sexta, esto es DH, lo es de la quarta F.

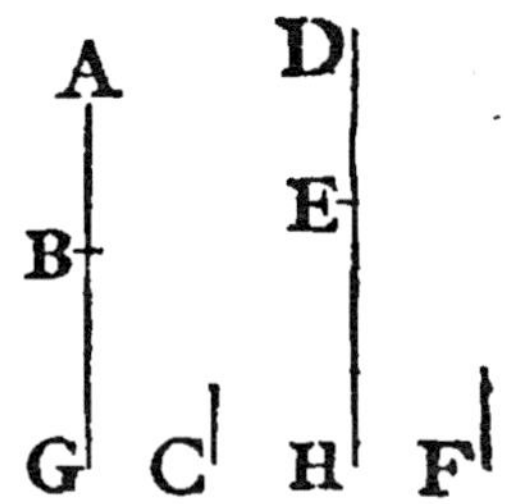

Porque siendo AB tan multíplice de C, como DE lo es de F, quantas cantidades haya en AB iguales á C, tantas habrá en DE iguales á F: por la misma razon, quantas cantidades haya en BG iguales á C, tantas habrá en EH iguales á F: por consiguiente quantas cantidades haya en la total AG iguales á C, tantas cantidades habrá en la total DH iguales á F: luego quan multíplice es AG de C, tan multíplice será DH de F; y así la suma de la primera, y quinta AG será tan multíplice de la segunda C, como la suma de la tercera, y sexta DH lo es de la quarta F. Por consiguiente si la primera, &c. L. Q. D. D.

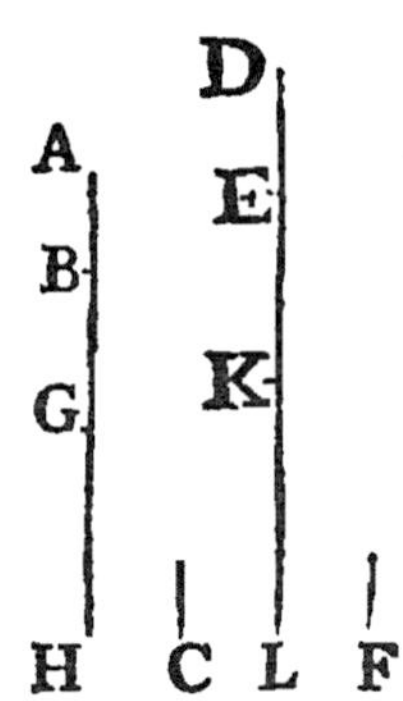

Cor. De aquí se infiere, que si algunas cantidades en qualquier número, AB, BG, GH fuesen multíplices de C, y como otras tantas DE, EK, KL fuesen respectivamente equimultíplices de F, la suma de las primeras, esto es AH, será tan multíplice de C, como la suma de las últimas, esto es DL, lo es de F.

PROP.

PROP. III. TEOR.

SI la primera, y tercera cantidad son equimultíplices, la primera de la segunda, y la tercera de la quarta; qualesquiera equimultíplices de la primera, y de la tercera serán, por igualdad, respectivamente equimultíplices de la segunda, y de la quarta.

Sea la primera A equimultíplice de la segunda B, y la tercera C de la quarta D, y tómense EF, GH, equimultíplices de A, C. Digo, que EF será equimultíplice de B, y GH de D.

Porque siendo EF equimultíplice de A, y GH de C, quantas cantidades haya en EF iguales á A, tantas habrá en GH iguales á C. Divídase EF en las cantidades EK, KF iguales á A; y GH en las cantidades GL, LH iguales á C: resultará el número de las partes EK, KF igual al de las GL, LH: y por ser A equimultíplice de B, C de D, EK igual á A, y GL á C; será EK equimultíplice de B, y GL de D: asimismo KF será equimultíplice de B, y LH de D; y lo mismo, si hay muchas partes en EF, GH iguales á A, C: siendo, pues, la primera EK equimultíplice de la segunda B, y la tercera GL de la quarta D, será tambien la quinta KF equimultíplice de la segunda B, y la sexta LH de la quarta D; será, pues, la suma de la primera, y quinta, es á saber EF, equimultíplice [a] de la segunda B, y la suma de la tercera, y sexta, esto es GH, de la quarta D. Por consiguiente si la primera, &c. L. Q. D. D.

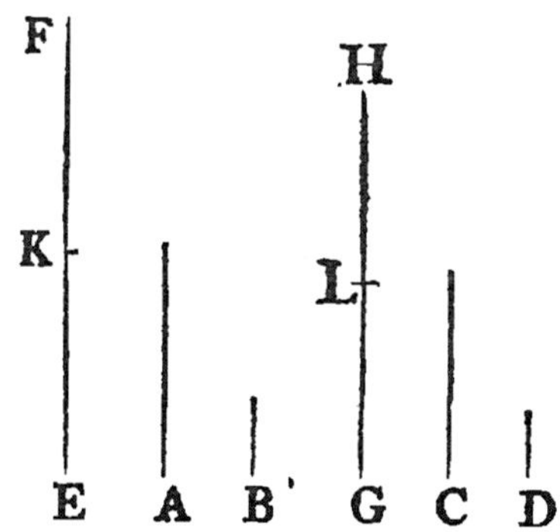

a 2. V.

PROP. IV. TEOR.

SI la primera cantidad tiene á la segunda la misma razon que la tercera á la quarta; qualesquiera equimultíplices de la primera, y de la tercera tendrán una misma razon á qualesquiera equimultíplices de la segunda, y de la quarta.

Tenga la primera A á la segunda B la misma razon que la tercera C á la quarta D; sean E, F qualesquiera equimultíplices de A, C; y G, H otras qualesquiera equimultíplices de B, D. Digo, que E será á G, como F á H.

Porque tómense K, L qualesquiera equimultíplices de E, F; y M, N otras qualesquiera equimultíplices de G, H: y siendo E equimultíplice de A, F de C, y tomándose K, L equimultíplices de E,
a 3. V. F, se tendrá K equimultíplice [a] de A, y L de C: asimismo M será equimultíplice de B; y N de D: y por ser A á B, como C á D, y haberse tomado K, L equimultíplices de A, C; y M, N equimultíplices de B, D; segun sea K mayor, igual, ó menor que M, será L
b Def. 5. V. mayor, igual, ó menor que N [b]: es así que K, L son qualesquiera equimultíplices de E, F; y M, N otras qualesquiera equimultíplices de G, H: luego será E á G, como F á H. Por consiguiente si la primera cantidad, &c. L. Q. D. D.

Cor. Asimismo si la primera cantidad tiene á la segunda la misma razon que la tercera á la quarta; qualesquiera equimultíplices de la primera, y de la tercera tendrán la misma razon a la segunda, y á la quarta: y semejantemente la primera, y la tercera tendrán la misma razon á qualesquiera equimultíplices de la segunda, y de la quarta.

Ten-

Tenga la primera A á la segunda B la misma razon que la tercera C á la quarta D, y tómense E, F qualesquiera equimultíplices de A, C: será E á B, como F á D.

Tómense K, L qualesquiera equimultíplicles de E, F, y G, H otras qualesquiera equimultíplices de B, D; y se demostrará, como antecedentemente, que K es equimultíplice de A, y L de C; pero siendo A á B, como C á D, y K, L equimultíplices de A, C; y G, H otras equimultíplices de B, D, se infiere, que segun sea K mayor, igual, ó menor que G, será tambien L mayor, igual, ó menor que H: es así que K, L son qualesquiera equimultíplices de E, F; y G, H otras qualesquiera equimultíplices de B, D: luego E será á B, como F á D. El otro caso se demuestra del mismo modo.

PROP. V. TEOR.

SI una cantidad es multíplice de otra, y de cada una se quita una parte, de manera que la multíplice, y la parte quitada de ella sean respectivamente equimultíplices de la otra cantidad, y de su parte; tambien la multíplice, y su parte residua serán equimultíplices de la otra cantidad, y de su parte residua.

Sea la cantidad AB tan multíplice de CD, como la parte AE de la parte CF. Digo, que tambien la residua EB será tan multíplice de la residua FD, como la total AB de la total CD.

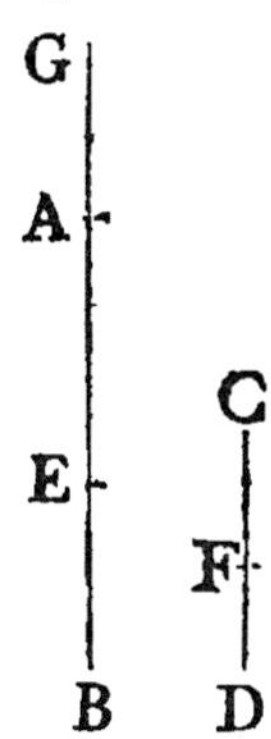

Porque quan multiplíce es AE de CF, tan multíplice sea AG de FD; y resultará [a] AE tan multíplice de CF, como EG de CD: es así que AE se supone equimultíplice de CF; y AB de CD: luego EG, AB serán equimultíplices de CD, y por tanto EG igual [b] á AB: quítese AE comun, y quedará la restante AG igual á la restante EB: siendo, pues, AE equimultíplice de CF, AG de FD, y AG igual á EB, será AE equimultíplice de CF, y EB de FD: pero se supo-

[a] 1. V.

[b] 1. Axi. V.

pone AE equimultíplice de CF, y AB de CD: luego EB será equimultíplice de FD, y AB de CD. Por consiguiente si una cantidad, &c. L. Q. D. D.

PROP. VI. TEOR.

Si dos cantidades son equimultíplices de otras dos, y de las primeras se quitan partes que sean equimultíplices de las segundas; sus residuas serán, ó iguales, ó equimultíplices de las segundas.

Sean las dos cantidades AB, CD equimultíplices de las dos E, F, y de las mismas sean equimultíplices las partes AG, CH. Digo, que las restantes GB, HD serán, ó iguales, ó equimultíplices de E, F.

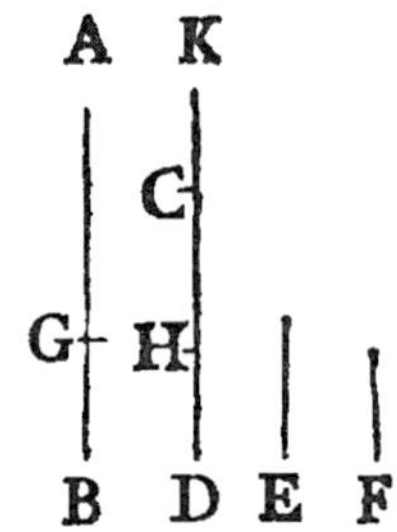

I.º Sea GB igual á E. Digo, que HD será igual á F: tómese CK igual á F: siendo AG equimultíplice de E, y CH de F; como asimismo GB igual á E, y CK á F, se tendrá AB equimultíplice de E, y KH de F: es así que AB se supone equimultíplice de E; y CD de F: luego KH será equimultíplice de F; y CD de F: es, pues,
a 1. Axi. V. KH igual [a] á CD: quitando CA comun, quedará la restante KC igual á la restante HD: pero KC es igual á F: luego HD es igual á F: consiguientemente si GB es igual á E, tambien HD lo será á F.

II.º Supongamos, que GB sea multíplice de E; en tal caso HD será equimultíplice de F. Ahora, pues, quan multíplice es GB de E, tan multíplice sea CK de F; y por ser AG equimultíplice de E; y CH de F; como tambien GB equimultíplice de E;
b 2. V. y CK de F, será AB equimultíplice [b] de E; y KH de F: es así que se ha supuesto AB equimultíplice de E, y CD de F: luego HK será equimultíplice de F, y CD de F: luego KH será
c 1. Axi. V. igual [c] á CD; quítese CH comun, y resultará KC restante igual á HD restante: quan multíplice es GB de E, tan multíplice será KC de F: es así que KC es igual á HD: luego tan multípli-

plice será HD de F, como GB de E. Por consiguiente si dos cantidades, &c. L. Q. D. D.

PROP. A. TEOR.

SI la primera cantidad tiene á la segunda la misma razon que la tercera á la quarta; será la tercera mayor, igual, ó menor que la quarta, segun sea la primera mayor, igual, ó menor que la segunda.

Tómense qualesquiera equimultíplices de las quatro cantidades, por exemplo los duplos, y por la Definicion V. de este Libro, si el duplo de la primera fuere mayor que el duplo de la segunda, tambien el duplo de la tercera será mayor que el de la quarta; y si la primera fuese mayor que la segunda, el duplo de la primera será mayor que el de la segunda; por consiguiente el duplo de la tercera será mayor que el de la quarta; de donde se sigue, que la tercera será mayor que la quarta: del mismo modo se demostrará, que segun la primera fuese igual, ó menor que la segunda, la tercera será igual, ó menor que la quarta. L. Q. D. D.

PROP. B. TEOR.

SI quatro cantidades fueren proporcionales, tambien inversamente serán proporcionales.

Sea A á B, como C á D: será inversamente B á A, como D á C.

Tómense E, F qualesquiera equimultíplices de B, D, y otras G, H qualesquiera equimultíplices de A, C: sea primeramente E mayor que G: luego G será menor que E: y por ser A á B, como C á D, y haberse tomado G, H equimultíplices de A, C, y E, F, otras equimultíplices de B, D, y ser G menor que E, será H menor que F[a]: por consiguiente F será mayor que H: luego, segun sea E mayor, igual, ó menor que G, tambien

a 5. Def. V.

bien

bien F será mayor, igual, ó menor que H: es así que E, F son qualesquiera equimultíplices de B, D; y G, H qualesquiera otras
b 5. Def. V. equimultíplices de A, C: luego B será á A [b], como D á C. Por consiguiente si quatro, &c. L. Q. D. D.

PROP. C. TEOR.

SI la primera cantidad fuese igual multíplice, ó la misma parte de la segunda que la tercera lo es de la quarta; la primera será á la segunda, como la tercera á la quarta.

Sea la primera A equimultíplice de la segunda B, y la tercera C de la quarta D: será A á B, como C á D.

Tómense E, F qualesquiera equimultíplices de A, C; y G, H qualesquiera otras equimultíplices de B, D: siendo A equimultíplice de B; y C de D, como tambien E equimultíplice de
a 3. V. A, y F de C; resultará E [a] equimultíplice de B, y F de D: pero G, H son equimultíplices de B, D: luego si E fuere mayor multíplice de B, que G de B; F será mayor multíplice de D, que H de D: esto es, que segun E sea mayor, igual, ó menor que G; F será mayor, igual, ó menor que H: es así que E, F son equimultíplices de A, C; y G, H de B, D: luego A será á B, como C
b 5. Def. V. á D [b].

Pero supongamos, que la primera A es la misma parte de la segunda B, que la tercera C de la quarta D: será A á B, como C á D, porque B será la misma multíplice de A, que D de C; consiguientemente por el primer caso, A
c B. V. será á B, como D á C; é invirtiendo [c] será A á B, como C á D. Por consiguiente si la primera, &c. L. Q. D. D.

PROP. D. TEOR.

SI la primera cantidad fuese á la segunda, como la tercera á la quarta, y la primera fuese multíplice, ó parte de la segunda; la tercera será la misma multíplice, ó la misma parte de la quarta.

Sea A á B, como C á D, y sea A multíplice de B: será C la misma multíplice de D.

Tómese E igual á A, y quan multíplice es A, ó E de B, tan multíplice tómese F de D: luego por tener la misma razon A á B, que C á D, y haberse tomado E, F equimultíplices de la segunda B, y de la quarta D, será [a] A á E, como C á F: pero A es igual á E: luego C será igual á F [b]: es así que F es equimultíplice de D, y E, ó A equimultíplice de B: luego C será equimultíplice de D; y A de B.

a Cor. 4. V.
b Propos. A. V.

Pero demos, que la primera A sea parte de la segunda B: será la tercera C la misma parte de la quarta D.

Porque respecto de ser A á B, como C á D, invirtiendo [c] será B á A, como D á C: es así que A es parte de B, esto es B multíplice de A; consiguientemente segun el caso anterior, D será la misma multíplice de C, esto es C la misma parte de D, que A de B. Por consiguiente si la primera, &c. L. Q. D. D.

c B. V.

PROP. VII. TEOR.

CANTIDADES iguales tienen la misma razon á una misma cantidad: y una cantidad tiene la misma razon á cantidades iguales.

Sean A, B cantidades iguales; y C otra qualquiera cantidad.

Di-

Digo, que A, y B tendrán una misma razon á C; como tambien que C tendrá una misma razon á A, y B.

Tómense D, E qualesquiera equimultíplices de A, B; y F otra qualesquiera equimultíplice de C: siendo, pues, D equimultíplice de A, E de B; y A igual á B;
a Axi. 1. V. será tambien D igual á E [a]: luego segun D sea mayor, igual, ó menor que F, será E mayor, igual, ó menor que F: es así que D, E son qualesquiera equimultíplices de A, B; y F otra qualquiera equimultíplice de C: luego A será á C, como B á C [b]. (b 5. Def. V.)

Añado, que C tendrá una misma razon á las dos A, y B; pues supuesta la misma construccion demostrarémos semejantemente, que D será igual á E: luego segun sea F mayor, igual, ó menor que D, será E mayor, igual, ó menor que D: es así que F es qualquiera multíplice de C; y D, E otras qualesquiera equimultíplices de A, y
c 5. Def. V. B: luego C será [c] á A, como C á B. Por consiguiente cantidades, &c. L. Q. D. D.

PROP. VIII. TEOR.

DOS cantidades desiguales tienen razones desiguales á una misma cantidad; la mayor, mayor razon; y la menor, menor: y una misma cantidad tiene mayor razon á la menor de dos cantidades desiguales, que á la mayor.

Sean AB, BC cantidades desiguales, AB la mayor, y sea qualquiera otra cantidad D: tendrá AB mayor razon á D, que BC á D; y D tendrá mayor razon á BC, que á AB.

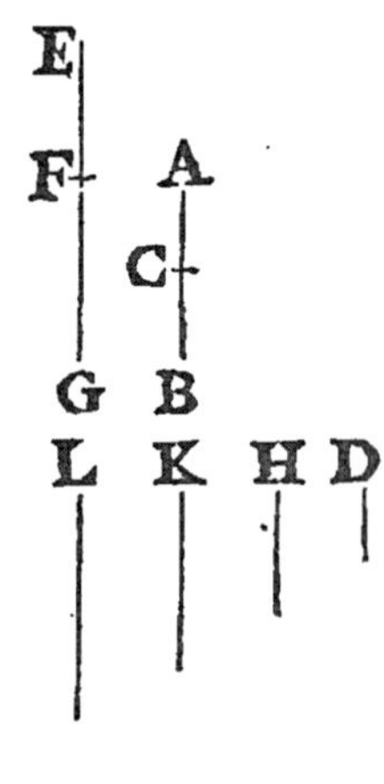

Si la cantidad menor de las AC, CB no es menor que D, tómense EF, FG duplas de AC, CB, como en la figura primera; pero si la menor de las AC, y CB fuese tambien menor que D, como en las dos figuras siguientes, aquella sea AC, ó CB, multiplicada llegará á ser mayor que D: multiplíquese hasta que resulte ma-

mayor que D; y quantas veces se haya multiplicado, tantas veces multiplíquese la otra; sea EF multíplice de AC, y FG la misma multíplice de CB; y se tendrá una, y otra EF, FG mayor que D. En todos los casos tómese H dupla de D; K tripla, y así succesivamente, aumentando de una la multíplice hasta llegar á tener la primera multíplice de D, que es mayor que FG. Sea, pues, L la primera multíplice de D mayor que FG; y K sea la multíplice de D, inmediata menor que L.

Siendo, pues, L la primera multíplice de D, mayor que FG; K no será mayor que FG, por consiguiente no será FG menor que K: y siendo EF equimultíplice de AC; y FG de CB, tambien será [a] FG equimultíplice de CB; y EG de AB; por consiguiente EG, FG son equimultíplices de AB, y CB: es así que ya se demostró no ser FG menor que K; y por construccion EF es mayor que D: luego la total EG será mayor que la suma de las dos K, y D: pero la suma de estas es igual á L: luego EG excederá á L; pero FG no excede á L; y son EG, FG equimultíplices de AB, BC; y L otra multíplice de D: luego AB tendrá mayor razon á D, que BC á D [b]. a 1. V.

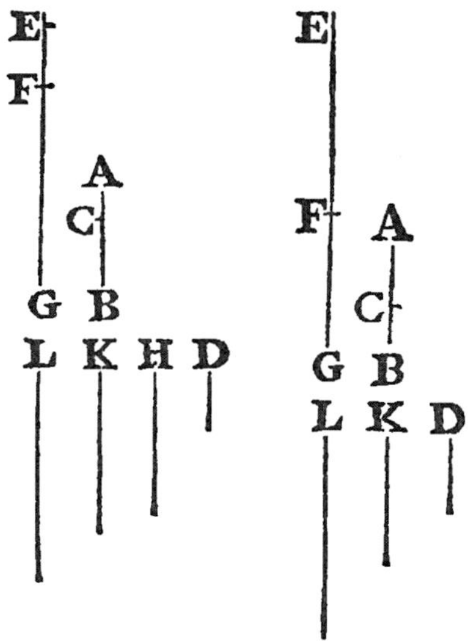

b Def. 7. V.

A mas, D tendrá mayor razon á BC, que á AB; pues supuesta la misma construccion, se demostrará semejantemente, que L excede á FG, y que EG no la excede: es así que L es multíplice de D; y FG, EG equimultíplices de CB, AB: luego D tendrá mayor razon á CB, que D á AB [b]. Por consiguiente dos cantidades, &c. L. Q. D. D.

PROP. IX. TEOR.

LAS cantidades, que tienen la misma razon á una misma cantidad, son entre sí iguales: y si una cantidad tiene la misma razon á dos cantidades, estas serán iguales entre sí.

Tengan las cantidades A, B la misma razon á C. Digo, que A será igual á B; pues á no ser así, una de ellas fuera mayor; séalo A: luego ciertas cantidades equimultíplices de A, y B, y cierta multíplice de C serán, como se demostró en la Proposicion antecedente, tales, que la multíplice de A excederá á la multíplice de C; pero la multíplice de B no la excederá. Sean D, E equimultíplices de A, B; y F multíplice de C, de manera, que D exceda á F; y E no la exceda; y por ser A á C, como B á C; haberse tomado D, E equimultíplices de A, B; y F multíplice de
a 5. Def. V. C; y ser D mayor que F, será E mayor [a] que F: lo que es imposible; pues se ha supuesto E menor que F; luego A no puede ser desigual á B: luego le será igual.

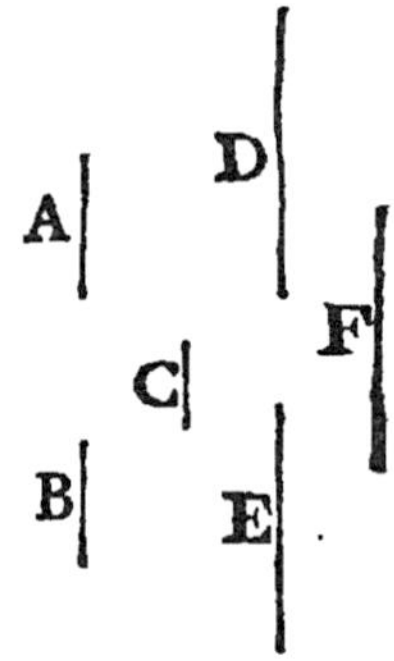

A mas, tenga C una misma razon á las dos A, B. Digo, que A será igual á B; pues á no ser así, una de ellas fuera mayor: séalo
b 8. V. A, y resultará, que F [b] multíplice de C; y E, D equimultíplices de B, A serán tales, que F excederá á E, pero no á D. Siendo, pues, C á B, como C á A; y F multíplice de la primera C mayor
c 5. Def. V. que E multíplice de la segunda B, será F [c] multíplice de la tercera C mayor que D multiplice de la quarta A: lo qual es imposible; pues se ha supuesto F menor que D: luego A será igual á B. Por consiguiente las cantidades, &c. L. Q. D. D.

PROP.

PROP. X. TEOR.

SI una cantidad tiene mayor razon que otra á una misma cantidad, será mayor que ella: y de dos cantidades aquella es menor, á quien una misma cantidad tiene mayor razon.

Tenga A á C mayor razon, que B á C. Digo, que A será mayor que B. Porque teniendo A á C mayor razon, que B á C, serán [a] ciertas equimultíplices de A, B, y cierta multíplice de C tales, que la multíplice de A excederá á la multíplice de C, y la multíplice de B no la excederá. Sean, pues, D, E equimultíplices de A, B; y F multíplice de C, de suerte, que D exceda á F, pero E no la exceda: luego D será mayor que E: y respecto de ser D, E equimultíplices de A, B; y D mayor que E, resultará A mayor que B [b].

a Def. 7. V.

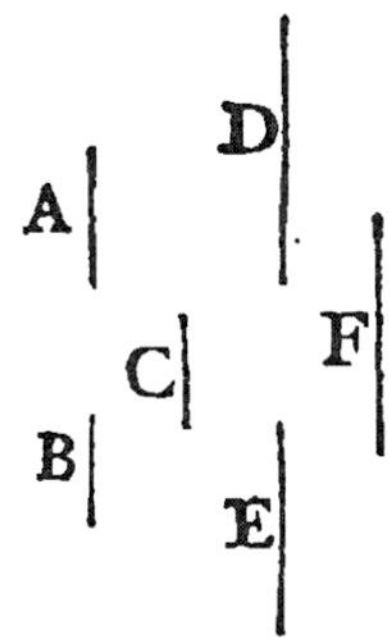

b Axi. 4. V.

Pero supongamos, que C tenga mayor razon á B, que C á A. Digo, que B será menor que A: porque F multíplice de C; y E, D equimultíplices de B, A, son tales, que F excede á E, pero no á D: luego E es menor que D: y siendo E, D equimultíplices de B, A, será B menor [b] que A. Por consiguiente si una, &c. L. Q. D. D.

PROP. XI. TEOR.

LAS razones iguales * á una misma razon son iguales entre sí.

Sean A á B, como C á D; y C á D, como E á F. Digo, que A será á B, como E á F.

Tó-

* N. T. En la comparacion de razones ponemos *iguales* en lugar de *mismas*, que trahe el original; y así en las demas Proposiciones, por ser en el presente caso estas expresiones sinónimas, y adaptarse mejor á la frase Castellana para evitar confusion; pero quando se habla de cantidades, que componen varias razones, siendo estas iguales, decimos, conforme al texto, que las cantidades están en la misma razon. Véase la Nota á la Proposicion X. del Libro V.

Tómense G, H, K qualesquiera equimultíplices de A, C, E, y L, M, N otras qualesquiera equimultíplices de B, D, F. Siendo, pues, A á B, como C á D; y habiéndose tomado G, H equimultíplices de A, C; y L, M otras equimultíplices de B, D, resultará, que segun sea G, mayor, igual, ó menor que L, será H
a 5. Def. V. mayor, igual, ó menor [a] que M. A mas por ser C á D, como E á F, y haberse tomado H, K equimultíplices de C, E, como tambien M, N otras equimultíplices de D, F, se inferirá, que segun

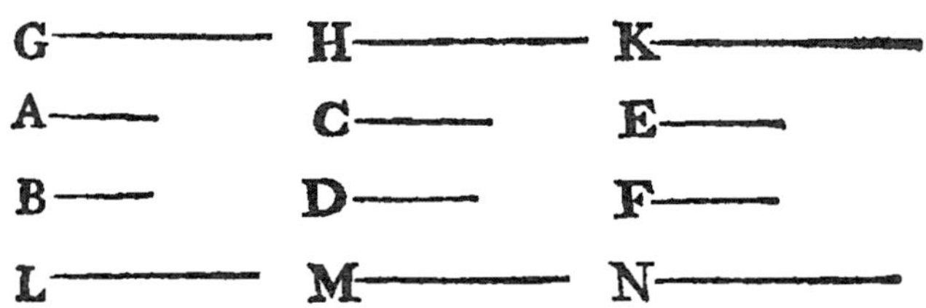

sea H mayor, igual, ó menor que M, será K mayor, igual, ó
b 5. Def. V. menor [b] que N: pero se ha demostrado, que H será mayor, igual, ó menor que M, segun sea G mayor, igual, ó menor que L: luego K será mayor, igual, ó menor que N, segun sea G mayor, igual, ó menor que L: es así que G, K son qualesquiera equimultíplices de A, E; y L, N otras qualesquiera equimultíplices de B, F: luego A será á B, como E á F. Por consiguiente las razones, &c. L. Q. D. D.

PROP. XII. TEOR.

SI algunas cantidades en qualquier número fueren proporcionales; la suma de los antecedentes tendrá á la de los conseqüentes la misma razon, que qualquier antecedente á su conseqüente.

Sean las cantidades A, B, C, D, E, F proporcionales, de manera que sean A á B, como C á D, como E á F. Digo, que la suma de A, C, E será á la suma de B, D, F, como A á B.

Tómense G, H, K qualesquiera equimultíplices de A, C, E; y

y L, M, N qualesquiera otras equimultíplices de B, D, F. Siendo, pues, A á B, como C á D, como E á F; y habiéndose tomado G, H, K equimultíplices de A, C, E; y L, M, N otras equimultíplices de B, D, F, segun sea G mayor [a], igual, ó menor que L, será H mayor, igual, ó menor que M; y K mayor, igual, ó menor que N: luego segun sea G mayor, igual, ó menor que L, serán G, H, K mayores, iguales, ó menores respectivamente que L, M, N: es así que G, y la suma de G, H, K son qualesquiera

a 5. Def. V.

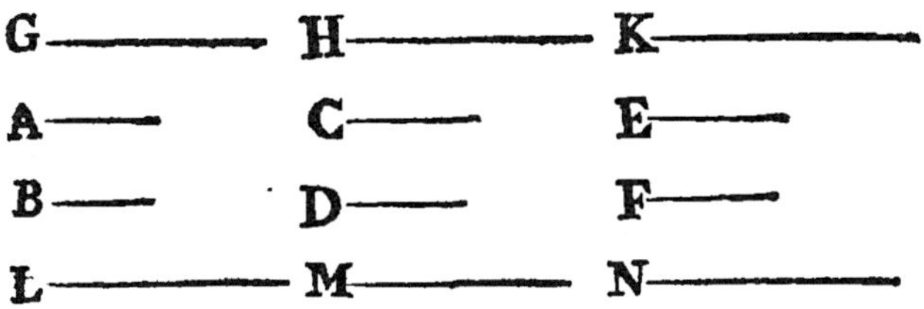

equimultíplices de A, y de la suma de A, C, E; porque si dos, ó mas cantidades fuesen respectivamente equimultíplices de otras en igual número, quan multíplice de una cantidad sea otra, tan multíplice [b] será la suma de las multíplices respecto de la suma de las demas cantidades: por la misma razon L, y la suma de L, M, N son qualesquiera equimultíplices de B, y de la suma de B, D, F: luego A será [c] á B, como la suma de A, C, E á la suma de B, D, F. Por consiguiente si algunas, &c. L. Q. D. D.

b 1. V.

c 5. Def. V.

PROP. XIII. TEOR.

SI la primera cantidad tiene á la segunda la misma razon, que la tercera á la quarta; y la tercera tiene á la quarta mayor razon, que la quinta á la sexta; tambien la primera tendrá mayor razon á la segunda, que la quinta á la sexta.

Tenga la primera A á la segunda B la misma razon, que la tercera C á la quarta D; y la tercera C mayor razon á la quarta D,

D, que la quinta E á la sexta F. Digo, que la primera A tendrá mayor razon á la segunda B, que la quinta E á la sexta F.

Porque teniendo C mayor razon á D, que E á F, serán ciertas cantidades equimultíplices de C, E, y otras equimultíplices de D, F tales, que la multíplice de C excederá á la multíplice de D, pero la multíplice de E no excederá á la multíplice de F [a]: sean G, H equimultíplices de C, E; y K, L otras equimultíplices de D, F, de suerte, que G exceda á K, pero H no exceda á L;

a 7. Def. V.

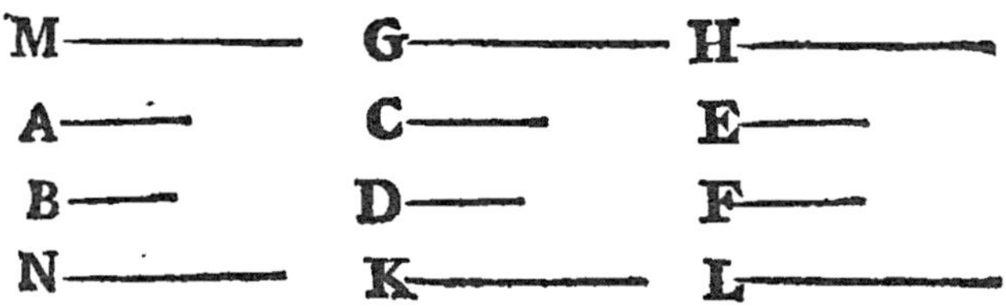

y tómese M tan multíplice de A, quan multíplice es G de C, como asimismo N tan multíplice de B, quan multíplice es K de D: y por ser A á B, como C á D, y haberse tomado M, G equimultíplices de A, C; y N, K otras equimultíplices de B, D, resultará, que segun sea M mayor, igual, ó menor que N, será G mayor, igual, ó menor que K: es así que G es mayor que K; luego tambien M será mayor que N: pero H es menor que L; y M, H son equimultíplices de A, E, como tambien N, L otras equimultíplices de B, F: luego A tendrá mayor razon á B, que E á F. Por consiguiente si la primera, &c. L. Q. D. D.

Cor. Si la primera cantidad tuviere á la segunda mayor razon que la tercera á la quarta, y la tercera á la quarta la misma razon, que la quinta á la sexta, se demostrará del mismo modo, que la primera tendrá mayor razon á la segunda, que la quinta á la sexta.

PROP.

PROP. XIV. TEOR.

SI quatro cantidades son proporcionales, esto es, si la primera tiene á la segunda la misma razon que la tercera á la quarta; la segunda será mayor, igual, ó menor que la quarta, segun sea la primera mayor, igual, ó menor que la tercera.

Tenga la primera A á la segunda B la misma razon, que la tercera C á la quarta D, y sea A mayor que C. Digo, que tambien B será mayor que D.

I.º Sea A mayor que C, y B qualquiera otra cantidad; tendrá [a] A á B mayor razon, que C á B: pero A es á B, como C á D: luego C tendrá [b] mayor razon á D, que C á B: pero de dos cantidades aquella es menor, á quien una misma can- a 8. V. b 13. V.

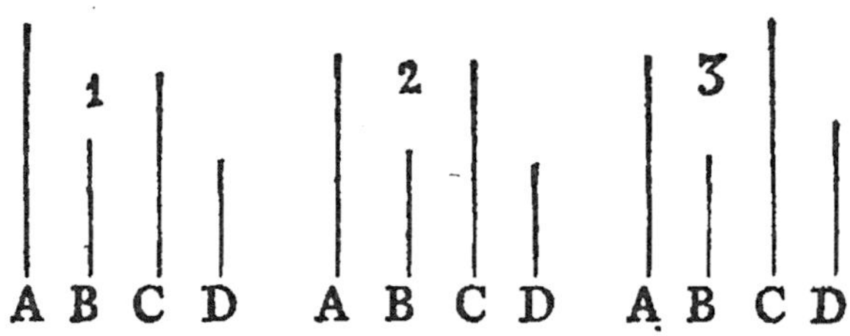

tidad tiene mayor razon [c]: luego D será menor que B, y por consiguiente B mayor que D. c 10. V.

II.º Sea A igual á C; será B igual á D; porque siendo A á B, como C (esto es A) á D, será B igual á D [d]. d 9. V.

III.º Sea A menor que C: será B menor que D: porque siendo C mayor que A; y C á D, como A á B; será D mayor que B por el primer caso: luego B será menor que D. Por consiguiente si quatro, &c. L. Q. D. D.

PROP. XV. TEOR.

LAS partes tienen entre sí la misma razon que sus equimultíplices.

Sea AB equimultíplice de C; y DE de F. Digo, que C será á F, como AB á DE.

Porque siendo AB equimultíplice de C, y DE de F; quantas cantidades haya en AB iguales á C, tantas habrá en DE iguales á F. Divídase AB en partes iguales á C, que sean AG, GH, HB; divídase asimismo DE en partes iguales á F, es á saber DK, KL, LE; y resultará el número de las AG, GH, HB igual al de las DK, KL, LE: y por ser AG, GH, HB entre sí iguales, como asimismo DK, KL, LE entre sí iguales, será AG á DK, como GH á KL,

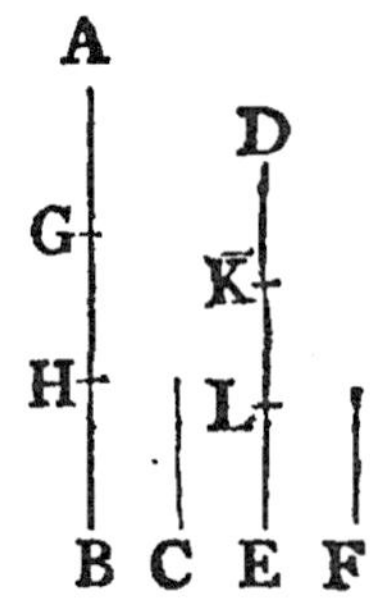

a 7. V. como HB á LE [a]; es así que la suma de los antecedentes es á la de los conseqüentes, como un

b 12. V. antecedente qualquiera á su conseqüente [b]: luego AG será á DK, como AB á DE: pero AG es igual á C; y DK á F: luego C será á F, como AB á DE. Por consiguiente las partes, &c. L. Q. D. D.

PROP. XVI. TEOR.

SI quatro cantidades de un mismo género fueren proporcionales; tambien permutadas serán proporcionales.

Sean A, B, C, D quatro cantidades proporcionales, ó A á B, como C á D. Digo, que permutadas serán proporcionales, esto es que A será á C, como B á D.

Tómense E, F qualesquiera equimultíplices de A, B; y G, H otras qualesquiera equimultíplices de C, D: siendo, pues, E equimultíplice de A, y F de B; y teniendo las partes entre sí

a 15. V. la misma razon que sus equimultíplices [a]; será A á B, como E á á F; pero A es á B, como C á D: luego C será á D, como E á F [b]: á mas, siendo G, H equimultíplices de C, D, será [c] C á D, como G á H; pero C es á D, como E á F: luego E será á F, como G á H [d]: pero si quatro cantidades son proporcionales; esto es, si la primera tiene á la segunda la misma razon que la tercera á la quarta; la segunda será mayor, igual, ó menor que la quarta, segun sea la primera mayor, igual, ó menor que la tercera [e]: luego segun sea E mayor, igual, ó menor que G, será F mayor, igual, ó menor que H: pero E, F son qualesquiera equimultíplices de A, B; y G, H otras qualesquiera equimultíplices de C, D: luego A será [f] á C, como B á D. Por consiguiente si quatro, &c. L. Q. D. D.

b 11. V.
c. 15. V.
d 11. V.
e 14. V.
f Def. 5. V.

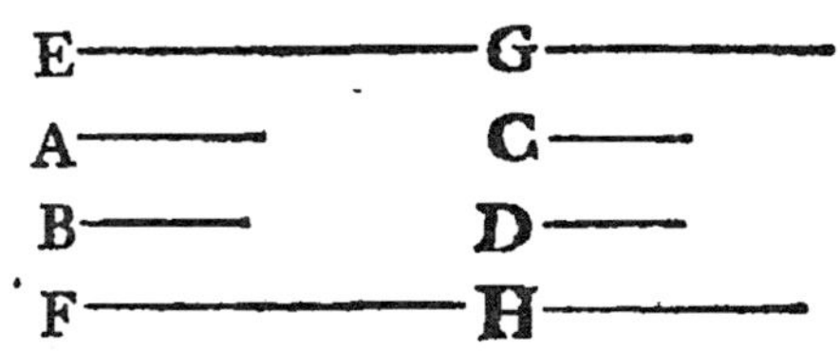

PROP. XVII. TEOR.

SI algunas cantidades compuestas fueren proporcionales; tambien lo serán dividiendo.

Sean compuestas las cantidades proporcionales AB, BE, CD, DF; siendo AB á BE, como CD á DF. Digo, que dividiendo serán tambien proporcionales, esto es AE á EB, como CF á FD.

Tómense GH, HK, LM, MN qualesquiera equimultíplices de AE, EB, CF, FD; y KX, NP otras qualesquiera equimultíplices de EB, FD: y siendo GH equimultíplice de AE; y HK de EB, resultará GH [a] equimultíplice de AE; y GK de AB: es así que GH es equimultíplice de AE; y LM de CF: luego GK será equimultíplice de AB; y LM de CF. A mas, por ser LM equimultíplice de CF, y MN de FD, será LM equimultíplice de CF, y LN de CD: es así que LM es equimultíplice de CF; y GK de AB: luego GK será tan multíplice de AB;

a 1. V.

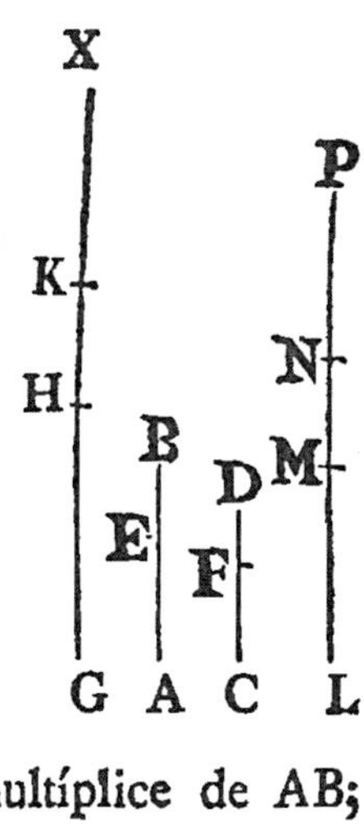

co-

como LN de CD: por consiguiente GK, LN serán equimultíplices de AB, CD. A mas de esto, siendo HK equimultíplice de EB; MN de FD; KX equimultíplice de EB, y NP de FD; tambien la compuesta HX será equimul-
b 2. V. típlice de EB [b]; y la compuesta MP de FD: respecto de ser AB á BE, como CD á DF, y haberse tomado GK, LN equimultíplices de AB, CD; y HX, MP otras equimultíplices de
c 5. Def. V. EB, FD, segun GK sea [c] mayor, igual, ó menor que HX, será LN mayor, igual, ó menor que MP: pero si GH es mayor que KX, añadiéndolas HK, será GK mayor que HX; y por ser LN mayor que MP, quitando la comun MN, será LM mayor que NP: luego si GH es mayor que KX, tambien LM será mayor que NP. Del mismo modo se demuestra, que si GH es igual, ó menor que KX; será LM igual, ó menor que NP: es así que GH, LM son qualesquiera equimultíplices de AE, CF; y KX, NP otras qualesquiera equimultíplices de EB, FD: luego AE será á EB, como EF á FD. Por consiguiente si alguna, &c. L. Q. D. D.

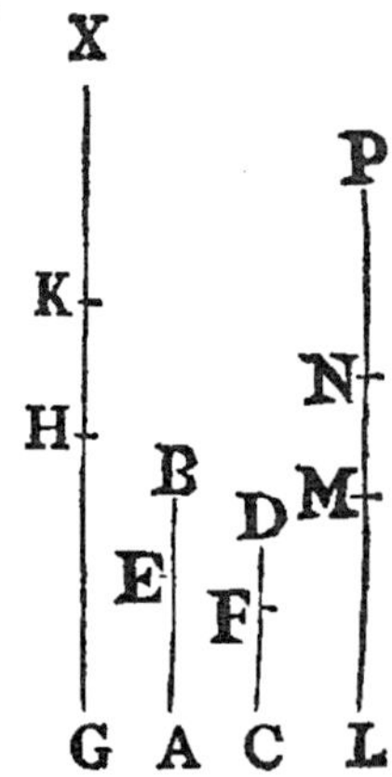

PROP. XVIII. TEOR.

Si algunas cantidades fueren proporcionales; tambien lo serán componiendo.

Sean las cantidades proporcionales AE, EB, CF, FD, esto es AE á EB, como CF á FD. Digo, que tambien componiendo serán proporcionales; es á saber AB á BE, como CD á DF.

Tómense GH, HK, LM, MN qualesquiera equimultíplices de AB, BE, CD, DF; y KO, NP otras qualesquiera equimultíplices de BE, DF: siendo KO, NP equimultíplices de BE, DF, como tambien KH, NM equimultíplices de las mismas, segun sea

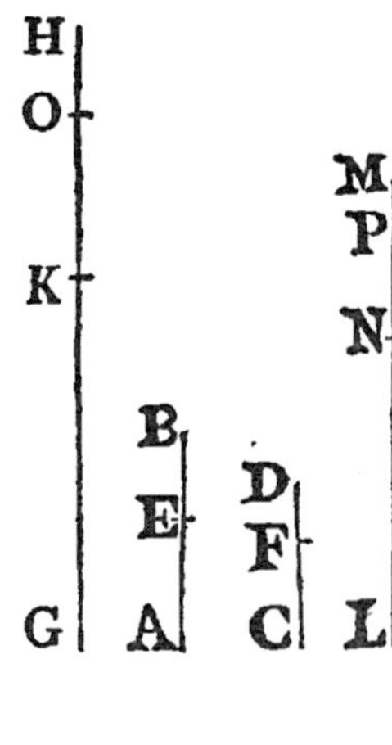

sea KO multíplice de BE mayor, igual, ó menor que KH multíplice de BE, será NP multíplice de DF mayor, igual, ó menor que NM multíplice de DF.

Primeramente si KO fuese menor que KH; NP será menor que NM: y siendo GH, HK equimultíplices de AB, BE; y AB mayor que BE, será GH mayor * que KH: pero KO es menor que KH: luego GH será mayor que KO. Semejantemente se demostrará, que LM es mayor que NP: luego si KO es menor que KH; GH multíplice de AB será siempre mayor que KO multíplice de BE, como asimismo LM multíplice de CD mayor que NP multíplice de DF. * 3. Axi. V.

Pero supongamos, que KO sea mayor que KH, será NP, segun se ha demostrado, mayor que NM: y siendo la total GH equimultíplice de la total AB, y la parte HK de la parte BE, quitadas estas, la restante GK será [a] equimultíplice de la restante AE; y GH de AB; esto es LM de CD. Semejantemente por ser LM equimultíplice de CD, y la parte MN de la parte DF, será [a] la restante LN equimultíplice de la restante CF; y LM de CD: pero se ha demostrado que LM es equimultíplice de CD; y GK de AE: luego GK será equimultíplice de AE; y LN de CF: luego GK, LN serán equimultíplices de AE, CF: siendo, pues, KO, NP equimultíplices de BE, DF, y habiéndose quitado KH, NM equimultíplices de las mismas, serán las restantes HO, MP, ó iguales á BE, DF, ó sus equimultíplices [b]. Primeramente sean HO, MP iguales á BE, DF: respecto de ser AE á EB, como CF á FD, y haberse tomado GK, LN equimultíplices de AE, CF, será [c] GK á EB, como LN á FD: es así que HO es igual á EB, y MP á FD: luego GK será á HO, como LN á MP: luego segun sea GK mayor, igual, ó menor que HO, será LN mayor, igual, ó menor que MP [d].

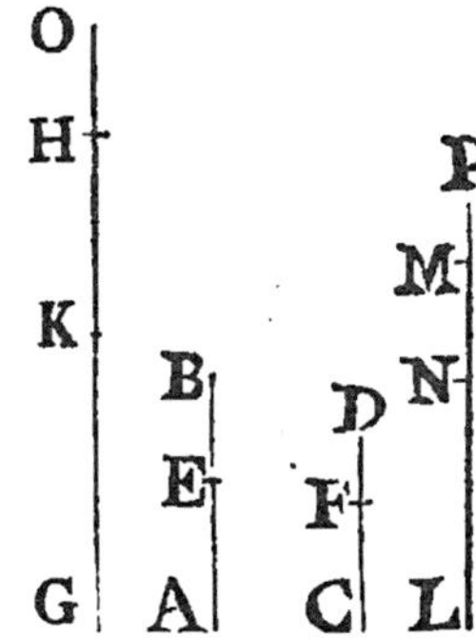

a 5. V.

b 6. V.

c Cor. 4. V.

d A. V.

Mas demos, que HO, MP sean equimultíplices de EB, FD; y siendo AE á EB, como CF á FD, y tomadas GK, LN equimultíplices de AE, CF, como asimismo HO, MP otras equimulmultíplices de EB, FD; segun sea GK mayor, igual, ó menor e. 5. Def. V. que HO, será LN mayor, igual, ó menor que MP [e]; lo qual se demostró tambien en el caso anterior: luego si GH es mayor que KO, quitada la parte comun KH, será GK mayor que HO; por tanto LN mayor que MP; y añadiendo á estas NM, será LM mayor que NP: luego si GH es mayor que KO, tambien LM será mayor que NP: semejantemente se demostrará, que si GH es igual, ó menor que KO, tambien LM será igual, ó menor que NP: y en el caso de ser KO menor que KH, yá se demostró, que GH es siempre mayor que KO; y al mismo tiempo LM mayor que NP: es así que GH, LM son qualesquiera equimultíplices de AB, CD; y KO, NP otras qualesquiera equimultíplices de BE, DF: luego AB será á BE, como CD á DF. Por consiguiente si algunas, &c. L. Q. D. D.

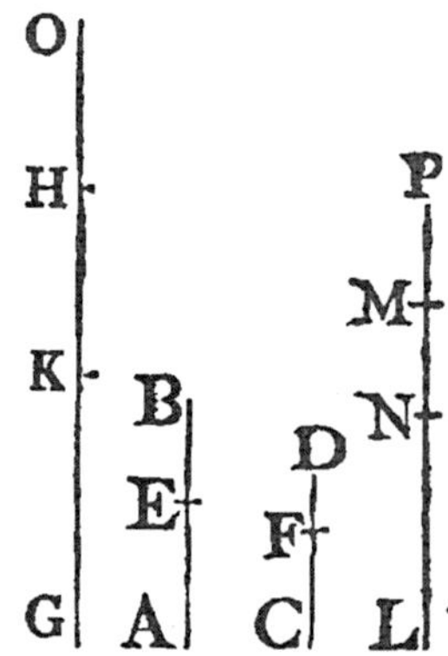

PROP. XIX. TEOR.

SI de dos cantidades se quitan dos partes, que estén en la misma razon de sus todos; las partes residuas estarán tambien en la misma razon.

Sea AB á CD, como la parte AE de la primera á la parte CF de la segunda; será tambien la otra parte EB de la primera á la otra parte FD de la segunda, como la primera AB á la segunda CD.

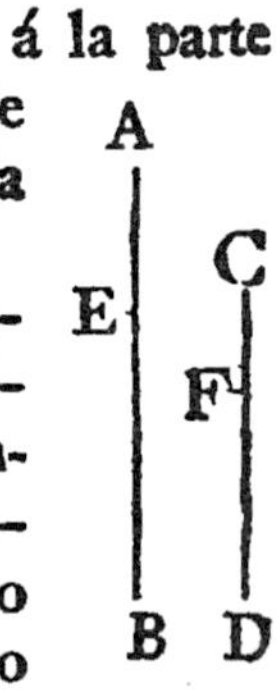

Porque siendo AB á CD, como AE á CF, permu- a 16. V. tando [a] será BA á AE, como DC á CF: pero si algunas cantidades compuestas son proporcionales, tam- b 17. V. bien lo serán dividiendo [b]: luego BE será á EA, como DF á FC; y permutando será BE á DF, como EA á FC: es así que se ha supuesto AB á CD, como AE á CF: luego la parte restante EB será á la restante FD, como la total AB á la total CD. Por consiguiente si de dos, &c. L.Q.D.D.

COR.

Cor. Si de cada una de dos cantidades se quita una parte, que estén en la razon de ellas, las partes quitadas serán como las residuas, segun consta de la misma demostracion.

PROP. E. TEOR.

SI quatro cantidades son proporcionales; tambien lo serán convirtiendo.

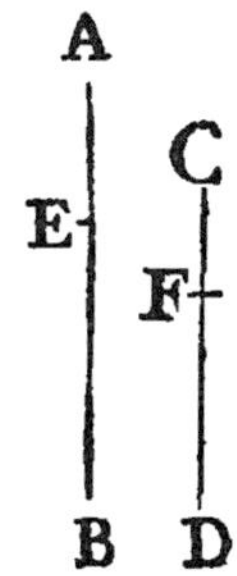

Sea AB á BE, como CD á DF: convirtiendo será BA á AE, como DC á CF.

Porque siendo AB á BE, como CD á DF, dividiendo [a] será AE á EB, como CF á FD, é invirtiendo [b] será BE á EA, como DF á FC: luego componiendo [c] será BA á AE, como DC á CF. Por consiguiente si quatro, &c. L. Q. D. D.

a 17. V.
b B. V.
c 18. V.

PROP. XX. TEOR.

SI hay tres cantidades, cuyas razones de la primera á la segunda, y de la segunda á la tercera sean respectivamente las mismas que las de otras tres cantidades; será la quarta cantidad mayor, igual, ó menor que la sexta, segun sea la primera mayor, igual, ó menor que la tercera.

Sean tres cantidades A, B, C, y otras tres D, E, F; la razon de A á B igual á la de D á E, y la de B á C igual á la de E á F: si A es mayor que C, será tambien D mayor que F; y si A fuese igual, ó menor que C, será tambien D igual, ó menor que F.

I.º Sea A mayor que C; y B otra qualquiera cantidad: por tener la mayor de dos cantidades mayor razon á una misma cantidad que la menor [a]; A tendrá á B mayor razon, que C á B: es así

a 8. V.

b 13. V. así que D es á E, como A á B: luego D [b] tendrá mayor razon á E, que C á B: y respecto de ser B á C, como E á F, invirtiendo será C á B, como F á E: pero se ha visto que D
c Cor. 13. V. tiene á E mayor razon que C á B: luego D [c] tendrá mayor razon á E que F á E: es así que de dos cantidades aquella es ma-
d 10. V. yor que tiene mayor razon á una misma cantidad [d]: luego D será mayor que F.

II.° Si A fuese igual á C, tambien D será igual á F: porque siendo iguales A, y C; y B otra qual-
e 7. V. quiera cantidad, A [e] será á B, como C á B: es así que A es á B, como D á E;
f 11. V. y C á B, como F á E: luego D [f] será
g 9. V. á E, como F á E, y por tanto D [g] será igual á F.

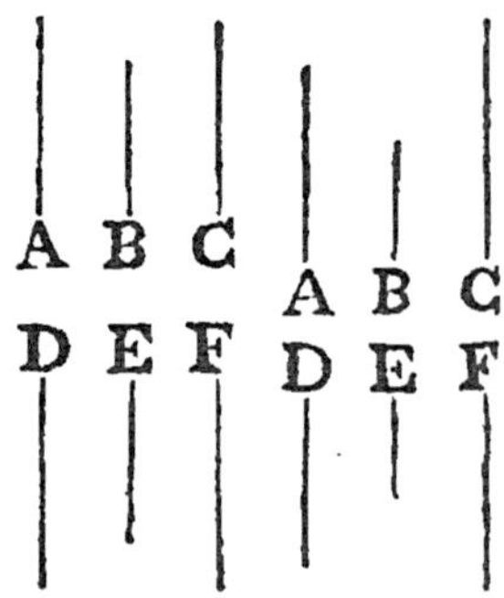

III.° Si A fuese menor que C, tambien D será menor que F; porque siendo A menor que C, será C mayor que A; y siendo por la hipótesis, é invirtiendo C á B, como F á E; B á A, como E á D; y C mayor que A, tambien F será mayor que D por el caso primero; y por tanto D menor que F. Por consiguiente si hay, &c. L. Q. D. D.

PROP. XXI. TEOR.

SI hay tres cantidades, cuyas razones sean las mismas que las de otras tres, pero perturbada su proporcion; será la quarta cantidad mayor, igual, ó menor que la sexta, segun sea la primera mayor, igual, ó menor que la tercera.

Sean tres cantidades A, B, C, y otras tres D, E, F tales que las razones A á B, B á C sean perturbadamente las mismas que las D á E, y E á F, esto es que A sea á B, como E á F; y B á C, como D á E. Digo, que segun sea A mayor, igual, ó menor que C, será D mayor, igual, ó menor que F.

I.°

I.º Si fuere A mayor que C; y B otra cantidad qualquiera, A [a] tendrá mayor razon á B, que C á B: es así que E es á F, como A á B: luego E [b] tendrá mayor razon á F, que C á B: siendo, pues, B á C, como D á E, invirtiendo será C á B, como E á D: pero se ha visto, que E tiene mayor razon á F, que C á B: luego E [c] tendrá mayor razon á F, que á D: pero de dos cantidades aquella, á quien una misma tiene mayor razon, es menor [d]: luego F será menor que D, y por tanto D mayor que F.

a 8. V.
b 13. V.
c Cor. 13. V.
d 10. V.

II.º Si fuese A igual á C, será tambien D igual á F: por ser iguales A, y C, y B otra cantidad; A [e] será á B, como C á B: es así que A es á B, como E á F; y C á B, como E á D: luego E [f] será á F, como E á D: por consiguiente D será igual á F [g].

e 7. V.
f 11. V.
g 9. V.

III.º Si fuese A menor que C, tambien D será menor que F: por ser A menor que C, será C mayor que A; y siendo por la hipótesis, é invirtiendo C á B, como E á D; B á A, como F á E; y C mayor que A, será F mayor que D por el caso primero, y por lo mismo D será menor que F. Por consiguiente si hay, &c. L. Q. D. D.

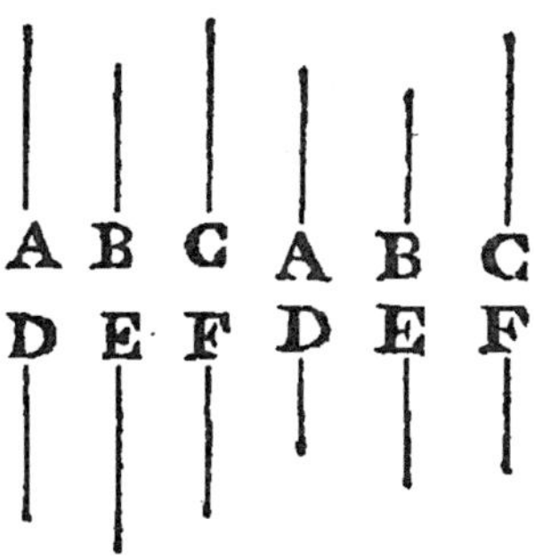

PROP. XXII. TEOR.

SI hay muchas cantidades, cuyas razones sean respectivamente las mismas que las de otras cantidades en igual número; estarán por igualdad en la misma razon.

I.º Sean las tres cantidades A, B, C, y las otras tres D, E, F tales, que las razones A á B, y B á C sean respectivamente las mismas que las D á E, y E á F; esto es, sea A

á

á B, como D á E; y B á C, como E á F. Digo, que A será á C, como D á F.

Tómense G, H qualesquiera equimultíplices de A, D; y K, L otras qualesquiera equimultíplices de B, E, como asimismo M, N otras qualesquiera equimultíplices de C, F. Siendo, pues, A á B, como D á E, y tomadas G, H equimultíplices de A, B; y K, L
a 11. V. otras equimultíplices de B, E; será G [a] á K, como H á L: por la misma razon K será á M, como L á N; y habiéndose tomado tres cantidades G, K, M, y otras tres H, L, N tales, que las dos razones de las primeras son respectivamente iguales á las dos razones de las segundas, segun sea G mayor, igual, ó
b 20. V. menor que M, será H mayor, igual, ó menor [b] que N: es así que G, H son qualesquiera equimultíplices de A, D, y M, N otras
c 5. Def. V. qualesquiera equimultíplices de C, F: luego A [c] será á C, como D á F.

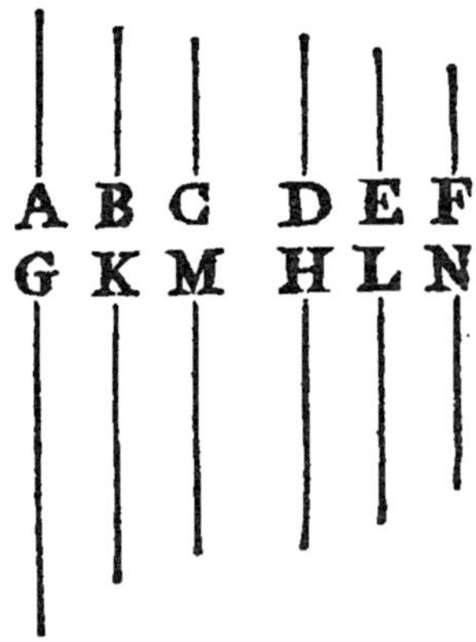

II.º Sean quatro cantidades A, B, C, D; y otras quatro E, F, G, H tales, que las razones de A, B, C, D sean respectivamente iguales á las de E, F, G, H, esto es A á B, como E á F; B á C, como F á G; y C á D, como G á H: será A á D, como E á H.

A.	B.	C.	D.
E.	F.	G.	H.

Porque siendo tres cantidades A, B, C, y otras tres E, F, G tales, que las razones de las unas sean respectivamente iguales á las de las otras, es A á C, como E á G por el caso I.º es así que C es á D, como G á H: luego por el caso I.º A será á D, como E á H: asimismo qualquiera que sea el número de cantidades. Por consiguiente si hay muchas, &c. L. Q. D. D.

PROP.

PROP. XXIII. TEOR.

Si hay muchas cantidades, cuyas razones sean perturbadamente las mismas que las de otras cantidades en igual número; estarán por igualdad perturbada en la misma razon.

I.º Sean tres cantidades A, B, C, y otras tres D, E, F tales, que sus razones sean perturbadamente las mismas, esto es A á B, como E á F; y B á C, como D á E. Digo, que A será á C, como D á F.

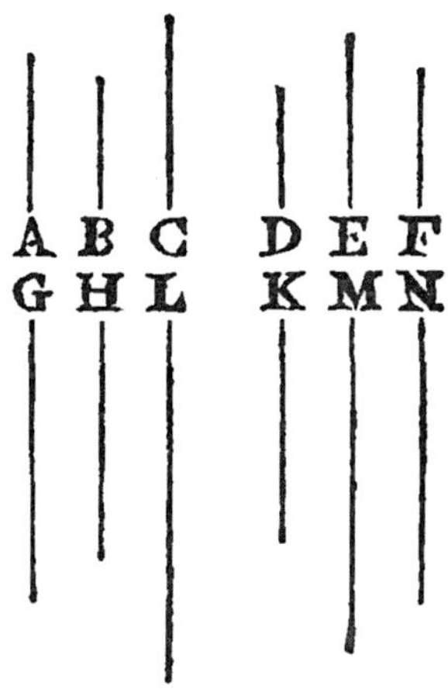

Tómense G, H, K qualesquiera equimultíplices de A, B, D; y L, M, N otras qualesquiera equimultíplices de C, E, F: siendo G, H equimultíplices de A, B, y teniendo las partes entre sí la misma razon que sus equimultíplices [a], A será á a 15. V.
B, como G á H: por la misma razon E será á F, como M á N: es así que A es á B, como E á F: luego M [b] será á N, b 11. V.
como G á H: y por ser B á C, como D á E, y haberse tomado H, K equimultíplices de B, D; y L, M otras equimultíplices de C, E; será H [c] c 4. V.
á L, como K á M: pero se ha visto, que G es á H, como M á N: siendo, pues, las tres cantidades G, H, L, y otras tres K, M, N tales, que las razones de las primeras son perturbadamente las mismas, que las de las segundas; segun sea G mayor, igual, ó menor que L, será K mayor, igual, ó menor [d] que N: es así d 21. V.
que G, K son qualesquiera equimultíplices de A, D; y L, N qualesquiera equimultíplices de C, F: luego A [e] será á C, como e 5. Def. V.
D á F.

II.º Sean quatro cantidades A, B, C, D, y otras tantas E, F, G, H tales, que las razones de las primeras sean perturbadamente las mismas que las de las segundas, esto es A á B, como G á H, B á C, como F á G, y C á D como E á F; será A á D, como E á H.

A.	B.	C.	D.
E.	F.	G.	H.

Por-

Porque siendo tres cantidades A, B, C, y otras tantas F, G, H tales, que las razones de las unas sean perturbadamente las mismas que las de las otras, A es á C, como F á H por el primer caso: es así que C es á D, como E á F: luego tambien por el primer caso A será á D, como E á H: y asimismo qualquiera que sea el número de cantidades. Por consiguiente si hay muchas, &c. L. Q. D. D.

PROP. XXIV. TEOR.

Si hay seis cantidades tales, que la primera tenga á la segunda la misma razon que la tercera á la quarta, y la quinta á la segunda la misma razon que la sexta á la quarta; la suma de la primera, y de la quinta tendrá la misma razon á la segunda, que la suma de la tercera, y de la sexta á la quarta.

Tenga la primera AB la misma razon á la segunda C, que la tercera DE á la quarta F: y la quinta BG la misma razon á la segunda C, que la sexta EH á la quarta F. Digo, que tambien AG suma de la primera, y de la quinta tendrá la misma razon á la segunda C, que DH suma de la tercera, y de la sexta á la quarta F.

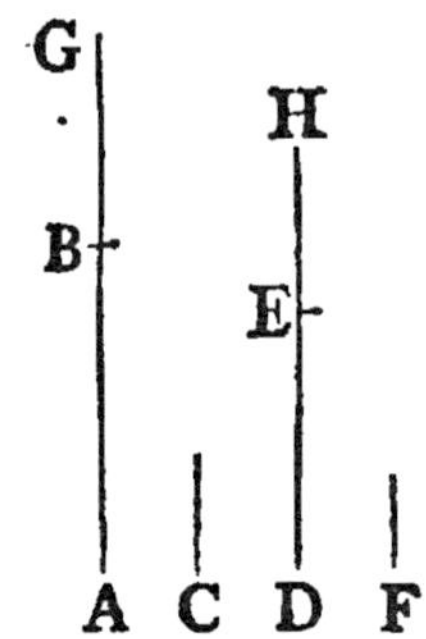

Porque siendo BG á C, como EH á F, será invirtiendo C á BG, como F á EH; y respecto de ser AB á C, como DE á F; y C á BG, co-
a 22. V. mo F á EH; será por igualdad [a] AB á BG, como DE á EH: siendo, pues, estas cantidades proporcionales, tambien lo serán componien-
b 18. V. do [b]: luego AG será á GB, como DH á HE: es así que GB es á C, como HE á F: luego por igualdad AG será á C, como DH á F. Por consiguiente si hay seis, &c. L. Q. D. D.

Cor. 1. En la misma hipótesis de la Proposicion el exceso de la primera, sobre la quinta será á la segunda, como el exceso de la tercera, sobre la sexta será á la quarta. La demostracion de esta

es

es la misma que la de la Proposicion, con sola la diferencia de usar de Dividiendo en vez de Componiendo.

Cor. 2. La Proposicion se verifica en qualesquiera cantidades, cuyas primeras tengan á la segunda comun las mismas razones, que tienen las restantes á la quarta comun: es á saber, cada una de las primeras á la segunda la misma razon, que cada una de las restantes á la quarta, como es manifiesto.

PROP. XXV. TEOR.

SI quatro cantidades fuesen proporcionales; la suma de la máxîma, y de la mínima será mayor que la suma de las otras dos.

Sean quatro cantidades proporcionales AB, CD, E, F, esto es AB á CD, como E á F, y la máxîma de ellas AB, será por consiguiente F [a] la mínima. Digo, que la suma de AB, y F será mayor que la suma de CD, y E. a A. y 14. V.

Sea AG igual á E; y CH á F. Siendo, pues, AB á CD, como E á F, AG igual á E, y CH á F; será AB á CD, como AG á CH; y por ser AB [b] á CD, como AG parte de AB á CH parte de CD, será tambien la otra parte GB de AB á la otra parte HD de CD, como AB á CD: es así que AB es mayor que CD: luego GB [c] será tambien mayor que HD: y siendo AG igual á E; y CH á F, la suma de AG, y F será igual á la de CH, y E: siendo, pues, desiguales GB, HD, y GB la mayor de ellas, si se añaden AG, y F á GB; y CH, y E á HD, resultará la suma de AB, y F mayor que la suma de CD, y E. Por consiguiente si quatro cantidades, &c. L. Q. D. D.

b 19. V.

c A. V.

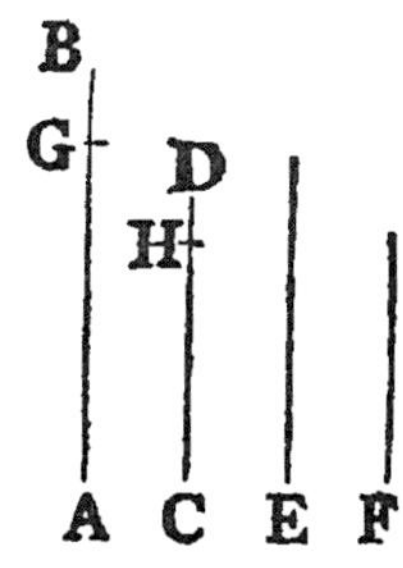

PROP.

PROP. F. TEOR.

LAS razones compuestas de razones respectivamente iguales son iguales entre sí.

Sea A á B, como D á E; y B á C, como E á F: resultará la razon compuesta de las razones A á B, y B á C, esto es, segun la Definicion de la razon compuesta, la razon de A á C igual á la razon de D á F, la qual se compone de las razones D á E, y E á F.

A.	B.	C.
D.	E.	F.

Porque siendo tres cantidades A, B, C, y otras tres D, E, F tales, que las razones de las primeras son respectivamente
a 22. V. iguales á las razones de las segundas, es por igualdad [a] A á C, como D á F.

A mas, sea A á B, como E á F; y B á C, como D á F:
b 23. V. luego A será á C por igualdad perturbada [b], como D á F; esto es la razon de A á C, que está compuesta de las razones A á B, y B á C, igual á la razon de D á F, que está compuesta de las razones D á E, y E á F: y lo mismo sucederá, si fuesen mas las razones en uno, y otro caso. Por consiguiente las razones, &c. L. Q. D. D.

A.	B.	C.
D.	E.	F.

PROP. G. TEOR.

SI algunas razones son respectivamente iguales á otras; la razon compuesta de razones iguales á las primeras será igual á la razon compuesta de razones iguales á las segundas.

Sea A á B, como E á F; y C á D, como G á H: asimismo sea A á B, como K á L; y C á D, como L á M: luego la razon de K á M se compondrá, segun la Definicion de la razon compuesta, de las razones K á L, y L á M, que son igua-

iguales á las razones A á B, y C á D. A mas, sea E á F, como N á O, y G á H, como O á P: luego la razon de N á P estará compuesta de las razones N á O, y O á P, las quales son iguales á las razones E á F, y G á H. Ahora, pues, se ha de demostrar, que la razon de K á M es igual á la de N á P, ó que K es á M, como N á P.

A.	B.	C.	D.	K.	L.	M.
E.	F.	G.	H.	N.	O.	P.

Siendo, pues, K á L (como A á B, esto es como E á F) como N á O; y L á M (como C á D, como G á H) como O á P, será por igualdad [c] K á M, como N á P. Por consiguiente si algunas, &c. L. Q. D. D. c 22. V.

PROP. H. TEOR.

SI una razon compuesta de muchas razones fuese igual á otra compuesta de qualquier número de razones, y una de las primeras razones, ó la compuesta de algunas de ellas, fuese tambien igual á una de las segundas razones, ó á la compuesta de algunas de estas; la restante de las primeras, ó la compuesta de las demás de ellas, será igual á la restante de las segundas, ó á la compuesta de las demás de estas.

Sean las razones A á B, B á C, C á D, D á E, y E á F, y otras razones G á H, H á K, K á L, L á M, y sea la razon de A á F, que está compuesta [a] de las primeras, igual á la razon de G á M, que está compuesta de las segundas; y además, sea la razon de A á D, que está compuesta de las razones A á B, B á C, y C á D igual á la razon de G á K, que está compuesta de las razones G á H, y H á K: resultará la razon de D á F, que está compuesta de las razones primeras restantes D á E, y E á F, igual

a Def. de la razon compuesta.

A.	B.	C.	D.	E.	F.
G.	H.	K.	L.	M.	

á la razon de K á M compuesta de las razones segundas restantes K á L, y L á M.

A. B. C. D. E. F.
G. H. K. L. M.

Porque siendo por hipótesis A á D, como G á K; invirtiendo [b] será D á A, como K á G: pero A es á F, como G á M: luego por igualdad [c] D será á F, como K á M. Por consiguiente si una razon, &c. L. Q. D. D.

b B. V.

c 22. V.

PROP. K. TEOR.

SI la razon compuesta de razones respectivamente iguales á otras razones (que llamarémos primeras) fuese igual á la razon compuesta de razones respectivamente iguales á otras razones (que llamarémos segundas) y una de las primeras, ó la compuesta de algunas razones iguales respectivamente á otras tantas de las primeras, fuese igual á una de las segundas, ó á la compuesta de algunas razones respectivamente iguales á otras tantas de las segundas; la restante de las primeras, ó siendo muchas las restantes, la compuesta de razones respectivamente iguales á ellas, será igual á la restante de las segundas, ó siendo muchas las restantes, á la compuesta de razones respectivamente iguales á ellas.

Sean las razones A á B, C á D, E á F las primeras; y las segundas G á H, K á L, M á N, O á P, Q á R; y sea A á B, como S á T, y C á D, como T á V, pero E á F, como V á X: luego, segun la Definicion de la razon compuesta, la razon de S á X estará compuesta de las razones S á T, T á V, V á X, las quales son respectivamente iguales á las razones A á B, C á D, E á F: sea tambien G á H, como Y á Z, y K á L, como Z á a, M á N, como a á b,

O

O á P, como b á c, y Q á R, como c á d: estará, pues, conforme á la misma Definicion yá citada, la razon de Y á d compuesta de las razones Y á Z, Z á a, a á b, b á c, y c á d, las quales son respectivamente iguales á las razones G á H, K á L, M á N, O á P, y Q á R: luego por la hipótesis S será á X, como Y á d. A mas, sea la razon de A á B, ó de S á T, es á saber una de las primeras, igual á la razon de e á g, que está compuesta de las razones e á f, y f á g, iguales por hipótesis á las razones G á H, y K á L de las segundas: esté asimismo compuesta la razon de h á l de las razones h á k, y k á l, iguales á las razones restantes de las primeras, esto es C á D, y E á F; y esté compuesta la razon de m á p de las razones m á n, n á o, o á p, respectivamente iguales á las segundas restantes, esto es M á N, O á P, y Q á R. Digo, pues, que la razon de h á l será igual á la de m á p; esto es h á l, como m á p.

h, k, l.

A, B; C, D; E, F. S, T, V, X.

G, H; K, L; M, N; O, P; Q, R. Y, Z, a, b, c, d.

e, f, g. m, n, o, p.

Porque siendo e á f (como G á H) como Y á Z, y f á g (como K á L) como Z á a, será por igualdad e á g, como Y á a: es así que por hipótesis A es á B, ó S á T, como e á g: luego S será á T, como Y á a; é invirtiendo T á S, como a á Y: pero S es á X, como Y á d: luego por igualdad T será á X, como a á d. Además, por ser h á k (como C á D) como T á V, y k á l (como E á F) como V á X, será por igualdad h á l, como T á X. Semejantemente se demostrará ser m á p, como a á d: pero se

ha

a 11. V. ha visto, que T es á X, como a á d: luego h [a] será á l, como m á p. L. Q. D. D.

Los Geómetras antiguos, y modernos comprehenden comunmente, para mayor brevedad, las Proposiciones G, y K en la enunciacion de las F, y H; pero á nosotros nos ha parecido mas conveniente separarlas, para manifestar de qué modo pueden reducirse, y por el freqüentísimo uso que tienen.

ELE-

ELEMENTOS DE EUCLIDES.

LIBRO SEXTO.

DEFINICIONES.

I.

FIGURAS rectilineas semejantes son las que tienen los ángulos respectivamente iguales, y proporcionales los lados que contienen ángulos iguales.

II.

"Aquellas figuras son recíprocas (esto es los triángulos entre sí, »y los paralelogramos entre sí) que tienen los lados que con»tienen dos ángulos de tal suerte proporcionales, que el un »lado de la primera es al de la segunda, como el otro de la »segunda al otro de la primera."

III.

Se dice, que una recta está dividida en extrema, y media razon, quando toda la linea es á su segmento mayor, como este al menor.

IV.

Altura de una figura es la linea recta tirada perpendicularmente del vértice á la base.

PROP. I. TEOR.

LOS triángulos, y los paralelogramos, que tienen una misma altura, son entre sí como sus bases.

Tengan los triángulos ABC, ACD, y los paralelogramos EC, CF

CF la misma altura, es á saber la perpendicular tirada del punto A á la recta BD. Digo, que el triángulo ABC será al ACD, y el paralelogramo EC al CF, como la base BC es á la CD.

Prolónguese BD por ambas partes hasta H, L, y tómense quantas partes se quieran BG, GH iguales á la base BC, como tambien quantas partes se quieran DK, KL iguales á la base CD: tírense asimismo AG, AH, AK, AL. Siendo, pues, iguales entre sí las lineas CB, BG, GH, tambien los triángulos AHG,
a 38. I. AGB, ABC serán entre sí iguales [a]: luego quan multíplice sea la base HC de la BC, tan multíplice será el triángulo AHC del ABC: por la misma razon, quan multíplice sea la base LC de la CD, tan multíplice será el triángulo ALC del ACD: y segun sea la base HC igual, mayor, ó menor que la CL, el triángulo AHC será igual [a], mayor, ó menor que el ALC: dadas, pues, quatro cantidades, esto es las dos bases BC, CD, y los dos triángulos ABC, ACD, se han tomado qualesquiera equimultíplices de la base BC, y del triángulo ABC, esto es la base HC, y el triángulo AHC, y otras qualesquiera multíplices de la base CD, y del triángulo ACD, es á saber la base CL, y el triángulo ALC: pero se ha demostrado, que segun sea la base HC mayor, igual, ó menor que la CL, será el triángulo AHC mayor, igual, ó menor que el ALC: luego el triángulo
b 5. Def. V. ABC será al ACD, como la base [b] BC á la CD.

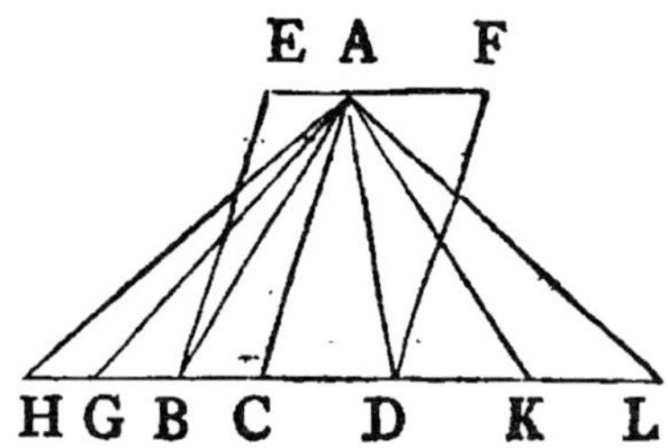

c 41 I. Y por ser el paralelogramo EC duplo del triángulo [c] ABC, y el paralelogramo CF duplo del triángulo ACD, y tener las
d 15. V. partes la misma razon que sus equimultíplices [d], será el paralelogramo EC al CF, como el triángulo ABC al ACD: luego habiéndose demostrado, que el triángulo ABC es al ACD, como la base BC á la CD, y el paralelogramo EC al CF, como el triángulo
e 11. V. ABC al ACD, será el paralelogramo EC al CF, como la base BC [e] á la CD. Por consiguiente los triángulos, &c. L. Q. D. D.

Cor. De aquí es, que los triángulos, y paralelogramos de iguales alturas son entre sí como sus bases.

Por-

Porque colocadas las figuras de manera que sus bases estén en una misma recta, y tiradas perpendiculares de los vértices de los triángulos á las bases; resultará la recta, que junta los vértices, paralela á la recta, en que están las bases [f], por ser las per- f 33. I.
pendiculares iguales, y paralelas entre sí: por lo tanto supuesta la misma construccion que en la Proposicion, la demostracion será tambien la misma.

PROP. II. TEOR.

SI en un triángulo se tira una recta paralela á uno de sus lados; dividirá á los otros dos, ó á sus prolongaciones, proporcionalmente: y si los lados de un triángulo, ó sus prolongaciones, estuviesen divididos proporcionalmente; la recta, que junte las secciones, será paralela al otro lado.

En el triángulo ABC tírese DE paralela al lado BC. Digo, que será BD á DA, como CE á EA.

Tírense BE, CD, y resultará el triángulo BDE igual al CDE [a], por estár sobre una misma base DE, y en unas mismas a 37. I.
paralelas DE, BC: es así que cantidades iguales tienen la misma

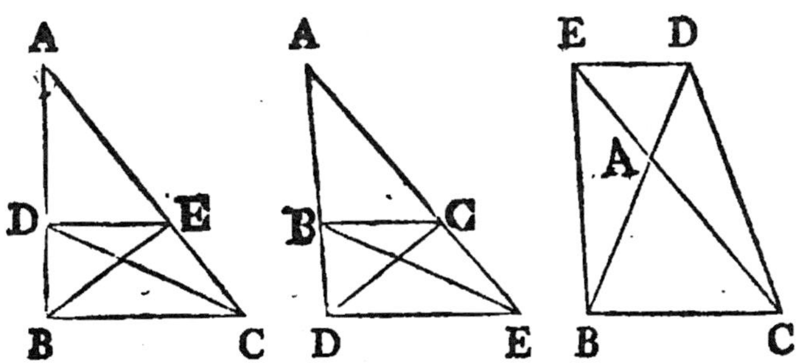

razon [b] á una misma: luego el triángulo BDE será á otro trián- b 7. V.
gulo ADE, como el triángulo CDE al mismo triángulo ADE: pero el triángulo BDE es al ADE, como DB [c] á DA; pues te- c 1. VI.
niendo una misma altura, esto es la perpendicular tirada del

pun-

punto E á la recta AB, son entre sí como sus bases: y asimismo el triángulo CDE es al ADE, como CE á EA: luego BD será
d 11. V. á DA, como CE á EA d.

Pero supongamos, que los lados AB, AC del triángulo ABC, ó sus prolongaciones, se hallen divididos proporcionalmente en los puntos D, E; esto es que BD sea á DA, como CE á EA. Digo, que si se juntan D, E, la recta DE será paralela á BC.

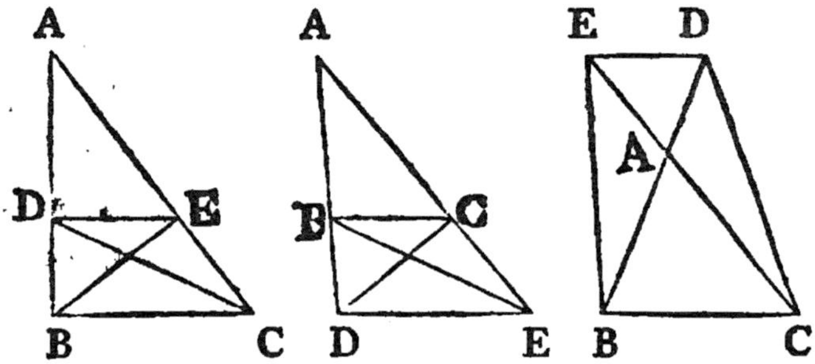

Porque supuesta la misma construccion, siendo BD á DA, como CE á EA; y BD á DA, como el triángulo BDE al ADE, asimismo CE á EA, como el triángulo CDE al ADE, será el triángulo BDE al ADE, como el CDE al ADE: luego los dos triángulos BDE, CDE tienen una misma razon al triángulo ADE:
e 9. V. por consiguiente BDE será igual á CDE e: pero están sobre una misma base DE: luego DE será paralela á BC, porque los triángulos iguales, y sobre una misma base están en unas mismas pa-
f 39. I. ralelas f. Por consiguiente si en un triángulo, &c. L. Q. D. D.

PROP. III. TEOR.

SI la recta que divide en dos partes iguales un ángulo de un triángulo, divide tambien su base; los segmentos de la base estarán en la misma razon de los otros lados: y si los segmentos de la base están en la misma razon de los otros lados; la recta tirada del vértice á la seccion de la base la dividirá en dos partes iguales.

Di-

Divídase en dos partes iguales el ángulo BAC del triángulo ABC por la recta AD. Digo, que BD será á DC, como BA á AC.

Tírese por C CE paralela [a] á DA, que encontrará en E á BA prolongada. Cayendo, pues, la recta AC sobre las paralelas AD, EC, el ángulo ACE será igual [b] al ángulo alterno CAD: es así que el CAD se supone igual al BAD: luego BAD será igual á ACE. A mas, por caer la recta BAE sobre las paralelas AD, EC, el ángulo externo BAD será igual al interno, opuesto AEC: pero se ha demostrado antes la igualdad del ángulo ACE al BAD: luego tambien el ACE será igual al AEC, y por consiguiente el lado AE será igual al AC [c]: habiéndose tirado AD paralela al lado EC del triángulo BCE, será BD [d] á DC, como BA á AE: es así que AE es igual á AC: luego BD [e] será á DC, como BA á AC.

a 31. I.
b 29. I.
c 6. I.
d 2. VI.
e 7. V.

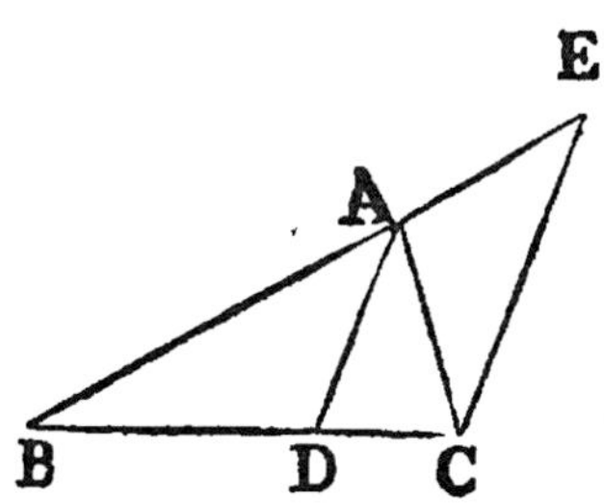

Pero sea BD á DC, como BA á AC. Digo, que si se tira AD, el ángulo BAC quedará dividido en dos partes iguales por la recta AD.

Porque supuesta la misma construccion, siendo BD á DC, como BA á AC, y BD á DC, como BA á AE [d], por ser la recta AD paralela al lado EC del triángulo BCE; resultará BA [f] á AC, como BA á AE: luego AC será igual á AE [g]; y por tanto el ángulo AEC igual [h] al ACE: es así que el ángulo AEC es igual al externo BAD [i], y el ACE igual al alterno CAD: luego BAD será igual á CAD; y así el ángulo BAC quedará dividido en dos partes iguales por la recta AD. Por consiguiente si la recta, &c. L. Q. D D.

f 11. V.
g 9. V.
h 5. I.
i 29. I.

PROP.

PROP. A. TEOR.

SI prolongado qualquier lado de un triángulo se divide el ángulo externo en dos partes iguales, y la recta que lo corta divide tambien la base prolongada; los segmentos de esta contenidos por la secante, y por los extremos de la base estarán en la misma razon de los lados: y si los segmentos de la base prolongada están en la misma razon de los lados; la recta tirada del vértice á la seccion dividirá en dos partes iguales al ángulo externo del triángulo.

Sea el triángulo ABC, y divida la recta AD en dos partes iguales al ángulo externo CAE, y encuentre en D á la base BC prolongada. Digo, que será BD á DC, como BA á AC.

a 31. I. Tírese por C [a] la recta CF paralela á AD. Cayendo, pues, la recta AC sobre las paralelas AD, FC, será el ángulo ACF

b 29. I. igual [b] al alterno CAD: pero este se ha supuesto igual al DAE: luego DAE será igual á ACF. A mas, por caer la recta FAE sobre las paralelas AD, FC, el ángulo externo DAE será igual al interno, y opuesto CFA: es así que ya se ha demostrado la igualdad del ángulo ACF al DAE: luego tambien ACF será igual al CFA, por consiguiente el lado AF igual al

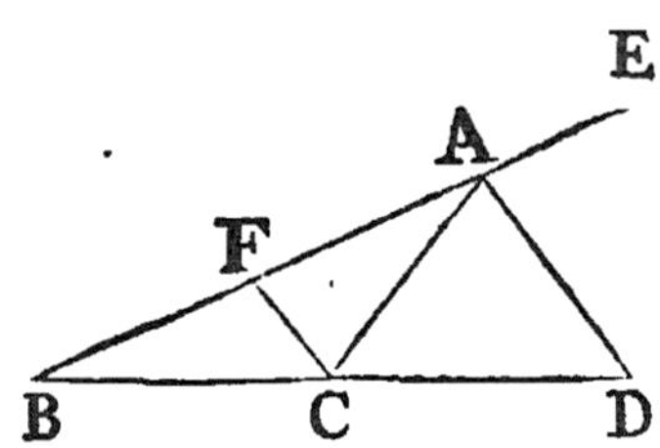

c 6. I. AC [c]: respecto, pues, de ser la recta AD paralela al lado FC del

d 2. VI. triángulo BCF, será BD [d] á DC, como BA á AF: pero AF es igual á AC: luego BD será á DC, como BA á AC.

Sea BD á DC, como BA á AC. Digo, que tirando AD, quedará el ángulo externo CAE dividido en dos partes iguales por la recta AD.

Porque supuesta la misma construccion: siendo BD á DC,

e 2. VI. como BA á AC, y BD [e] á DC, como BA á AF, pues se ha tirado AD paralela al lado FC del triángulo BCF; resultará

BA

BA [f] á AC, como BA á AF: luego AC será igual á AF [g], y f 11. V.
por consiguiente el ángulo AFC igual al ACF: pero AFC es g 9. V.
igual al externo EAD, y el ACF igual al alterno CAD: luego EAD será igual á CAD: y así CAE quedará dividido en dos partes iguales por la recta AD. Por consiguiente si prolongado, &c. L. Q. D. D.

PROP. IV. TEOR.

Los triángulos equiángulos tienen proporcionales los lados que contienen iguales ángulos; y homólogos los lados opuestos á ángulos iguales.

Tengan los triángulos equiángulos ABC, DCE el ángulo ABC igual al ángulo DCE, y el ACB igual al DEC, y por consiguiente el ángulo BAC [a] igual al CDE. Digo, que los lados de a 32. I.
dichos triángulos, que contienen ángulos iguales, serán proporcionales; y los lados opuestos á ángulos iguales serán homólogos.

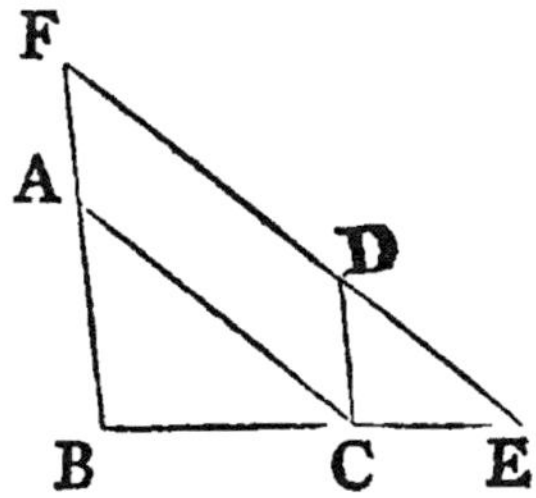

Colóquese [b] el triángulo DCE de mane- b 22. I.
ra que su lado CE esté directamente al BC, y siendo los ángulos ABC, ACB menores que dos rectos [c], y el ACB igual á DEC, c 17. I.
resultarán ABC, DEC menores que dos rectos: por tanto BA, ED prolongadas se encontarán [d]: prolónguense, y encuéntrense en d Ax. 12. I.
el punto F. Por ser el ángulo DCE igual al ABC, será BF [e]
paralela á CD: además, por ser el ángulo ACB igual al DEC, e 28. I.
será AC [f] paralela á FE: luego FACD será un paralelogra- f 28. I.
mo; por consiguiente AF igual á CD, y AC [g] á FD: sien- g 34. I.
do, pues, la AC paralela al lado FE del triángulo FBE, será BA [h] á AF, como BC á CE: pero AF es igual á CD: lue- h 2. VI.
go BA [i] será á CD, como BC á CE: y permutando será AB i 7. V.
á BC, como DC á CE. A mas de esto, siendo CD paralela á BF, será BC á CE, como FD [h] á DE: pero FD es igual á AC: luego BC será á CE, como AC á DE, y permutando BC á CA, como CE á ED: por consiguiente habiéndose demostrado, que AB es

es á BC, como DC á CE; y BC á CA, como CE á ED, será
k 22. V. por igualdad [k] BA á AC, como CD á DE. Por consiguiente los triángulos, &c. L. Q. D. D.

PROP. V. TEOR.

SI dos triángulos tienen los lados proporcionales; serán equiángulos; y tendrán iguales los ángulos opuestos á los lados homólogos.

Tengan los dos triángulos ABC, DEF los lados proporcionales, esto es AB á BC, como DE á EF; y BC á CA, como EF á FD, y consiguientemente por igualdad BA á AC, como ED á DF. Digo, que el triángulo ABC será equiángulo al triángulo DEF; y tendrá iguales los ángulos opuestos á los lados homólogos, es á saber ABC igual á DEF; BCA á EFD, y últimamente BAC á EDF.

a 23. I. Constrúyanse [a] en la recta EF, en los puntos E, y F el ángulo FEG igual al ABC, y el EFG al BCA: luego el otro
b 32. I. ángulo BAC será igual [b] al otro EGF, por consiguiente el triángulo ABC equiángulo al EGF: luego los lados de los
c 4. VI. triángulos ABC, EGF opuestos [c] á ángulos iguales serán proporcionales; y así AB será á BC, como GE á EF: pero AB es á BC, como DE á EF:
d 11. V. luego DE será á EF, como GE á EF [d]: teniendo, pues, DE, GE una misma ra-
e 9. V. zon á EF, será DE igual [e] á GE: por la misma razon DF será igual á FG: siendo, pues, DE igual á EG, y EF comun; las dos DE, EF serán iguales á las dos GE, EF, y la base DF
f 8. I. á la base FG: luego el ángulo DEF será igual al GEF [f], y el triángulo DEF igual al GEF, é iguales entre sí los demás án-
g 4. I. gulos opuestos á lados iguales [g]: esto es el ángulo DFE será igual al GFE, y el EDF al EGF: siendo, pues, el ángulo DEF igual al GEF, y el GEF al ABC; será el ABC igual al DEF: por la misma razon el ángulo ACB será igual al DFE, y el ángu-

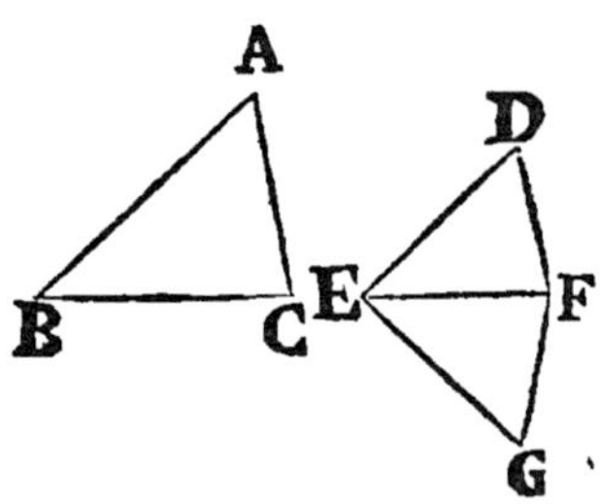

gulo A al D: luego el triángulo ABC será equiángulo al triángulo DEF. Por consiguiente si dos, &c. L. Q. D. D.

PROP. VI. TEOR.

SI dos triángulos tienen un ángulo del uno igual á un ángulo del otro, y proporcionales los lados, que los contienen; serán los triángulos equiángulos; y tendrá iguales los ángulos opuestos á los lados homólogos.

Tengan los dos triángulos ABC, DEF el ángulo BAC igual al ángulo EDF, y proporcionales los lados, que los contienen, esto es BA á AC, como ED á DF. Digo, que el triángulo ABC será equiángulo al triángulo DEF, y tendrá el ángulo ABC igual al ángulo DEF, y el ACB igual al DFE.

Constrúyanse [a] sobre la recta DF en los puntos D, F el ángulo FDG igual á uno de los dos BAC, EDF, y el DFG igual al ACB: luego los otros ángulos B, y G serán iguales [b]; luego el triángulo ABC será equiángulo al DGF, y por tanto BA [c] á AC, como GD á DF: pero se ha supuesto, que BA es á AC, como ED á DF: luego ED será á DF [d], como GD á DF, por consiguiente ED igual á DG [e]: pero DF es comun: luego las dos ED, DF serán iguales á las dos GD, DF, y el ángulo EDF igual al GDF: luego la base EF será igual [f] á la GF, el triángulo EDF igual al triángulo GDF, y los demás ángulos del uno iguales á los demás ángulos del otro, que están opuestos á lados iguales: luego el ángulo DFG será igual al DFE, y el ángulo G al E: es así que el ángulo DFG es igual al ACB: luego ACB será igual á DFE; pero el ángulo BAC se ha supuesto igual al EDF: luego el otro ángulo B será igual al E; y así el triángulo ABC será equiángulo al triángulo DEF. Por consiguiente si dos, &c. L. Q. D. D.

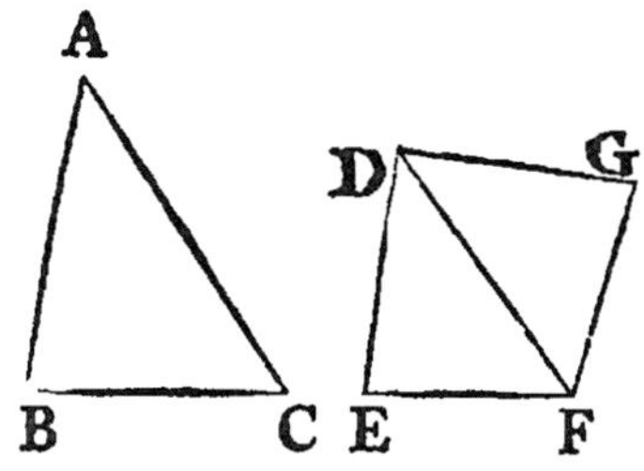

a 23. I.
b 32. I.
c 4. VI.
d 11. V.
e 9. V.
f 4. I.

PROP.

PROP. VII. TEOR.

SI dos triángulos tienen un ángulo del uno igual á un ángulo del otro, proporcionales los lados que contienen los otros dos ángulos, y cada uno de los demás ángulos menor, ó mayor que un recto, ó recto; los triángulos serán equiángulos, y tendrán iguales los ángulos contenidos por los lados proporcionales.

Tengan los dos triángulos ABC, DEF un ángulo BAC igual á un ángulo EDF, y proporcionales los lados, que contienen los otros dos ángulos ABC, DEF, esto es AB á BC, como DE á EF; y sean *primeramente los demás ángulos* C, F, *cada uno menor que un recto*. Digo, que el triángulo ABC será equiángulo al DEF, el ángulo ABC igual al ángulo DEF, y el otro ángulo C igual al otro ángulo F.

Porque si el ángulo ABC no fuese igual al DEF, uno de ellos sería mayor; séalo ABC, y cons-
a 23. I. truido [a] sobre la recta AB en el punto B el ángulo ABG igual al DEF: y siendo el ángulo A igual al D, y el ABG
b 32. I. al DEF, sería [b] el otro ángulo AGB igual al otro DFE: luego el triángulo ABG sería equiángulo al triángulo DEF,

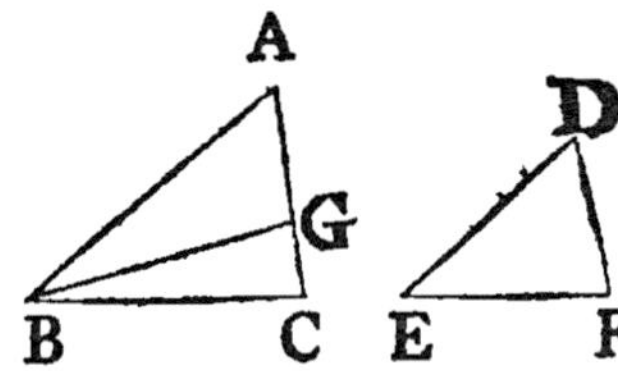

c 4. VI. y por consiguiente AB [c] á BG, como DE á EF; pero se ha supuesto DE á EF, como AB á BC: luego AB sería á BC, co-
d 11. V. mo AB [d] á BG, teniendo, pues, AB la misma razon á BC, y BG, sería BC igual á BG, y por consiguiente el ángulo BGC
e 5. I. igual al BCG [e]: es así que el ángulo BCG se supuso menor que un recto: luego tambien el BGC sería menor que un recto, y por
f 13. I. tanto su contiguo AGB sería mayor que un recto [f]: por consiguiente el ángulo F, igual á AGB, sería mayor que un recto; lo que es absurdo: pues se ha supuesto menor: luego el ángulo ABC no puede ser desigual al DEF: luego le es igual: pero el ángulo A es igual

igual al ángulo D: luego tambien C será igual á F, y así el triángulo ABC será equiángulo al DEF.

II.º Sea cada uno de los dos ángulos C, y F mayor que un recto. Digo, que el triángulo ABC será equiángulo al DEF.

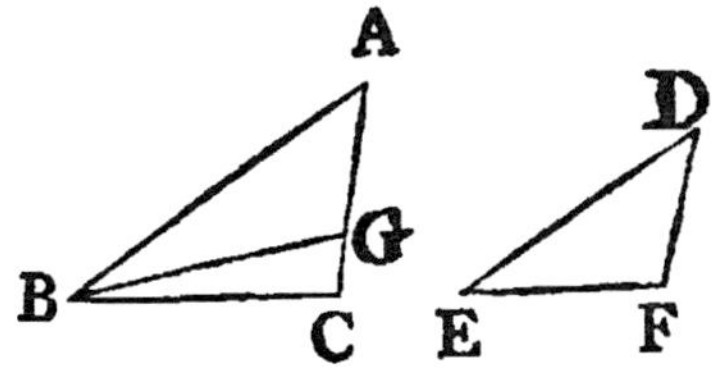

Porque supuesta la misma construccion se demostrará semejantemente, que BC sería igual á BG, y el ángulo C igual al BGC: pero el ángulo C es mayor que un recto: luego el BGC sería tambien mayor que un recto: serían, pues, los dos ángulos del triángulo BGC mayores que dos rectos; lo qual es imposible g: y por tanto en este caso tambien el triángulo ABC será equiángulo al DEF, como se demostró en el antecedente. g 17. I.

Ultimamente sea recto uno de los ángulos C, y F, por exemplo C: tambien en este caso el triángulo ABC será equiángulo al DEF.

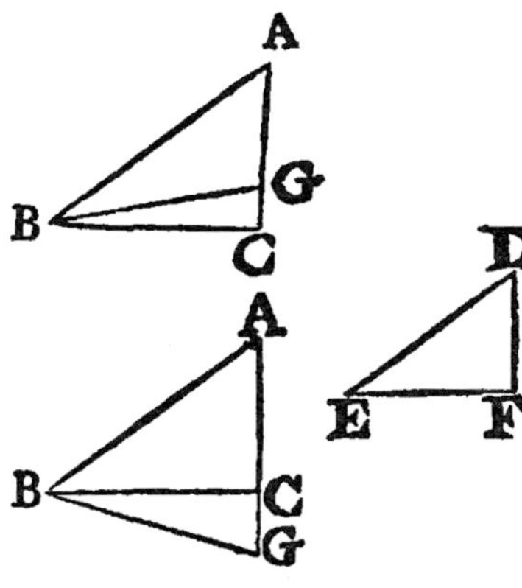

Porque á no ser así, construido sobre la recta AB en el punto B el ángulo ABG igual al DEF; se demostrará, como en el primer caso, la igualdad de la recta BG á la BC, y del ángulo BCG al BGC: pero BCG es recto: luego tambien BGC h sería recto; por consiguiente h 5. I. los dos ángulos del triángulo BGC serían mayores que dos rectos; lo qual es imposible i: y por tanto el triángulo ABC será i 17. I. equiángulo al DEF. Por consiguiente si dos, &c. L. Q. D. D.

PROP. VIII. TEOR.

Si en un triángulo rectángulo se tira una perpendicular del ángulo recto á la base; lo dividirá en dos triángulos semejantes al total, y entre sí.

Sea BAC el ángulo recto del triángulo ABC, y del punto A á

á la linea BC tírese la perpendicular AD. Digo, que los triángulos ABD, ADC serán semejantes al total ABC, y entre sí.

Porque siendo el ángulo BAC igual al ADB, por ser ambos rectos, y el ángulo B comun á los dos triángulos ABC, ABD; el otro ángulo ACB será igual [a] al otro BAD: luego el triángulo ABC será equiángulo al ABD; y así los dos tendrán proporcionales [b] los lados, que contienen ángulos iguales, y serán por consiguiente semejantes entre sí [c]. Del mismo modo se demostrará la semejanza del triángulo ADC al ABC.

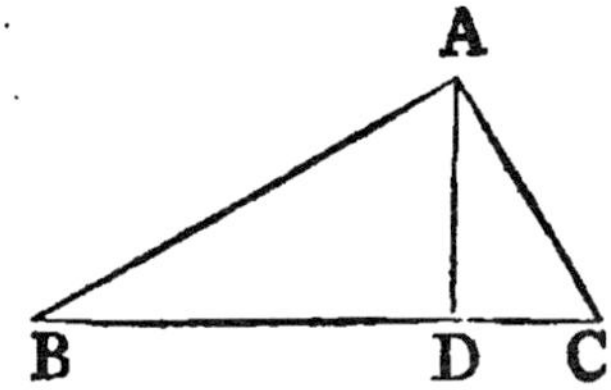

a 32. I.
b 4. VI.
c 1. Def. VI.

Tambien los triángulos ABD, ADC serán semejantes entre sí.

Porque siendo el ángulo recto BDA igual al recto ADC, y habiéndose demostrado la igualdad del ángulo BAD al C, será el otro ángulo B igual al otro DAC: luego el triángulo ABD será equiángulo, y semejante [c] al ADC. Por consiguiente si en un &c. L. Q. D. D.

COR. De aquí se infiere con evidencia, que la perpendicular tirada, en el triángulo rectángulo, del ángulo recto á la base es media proporcional entre los segmentos de la base; y ademas de esto, que cada uno de los lados es medio proporcional entre la base, y el segmento contiguo al lado: porque en los triángulos equiángulos BDA, ADC, es BD á DA, como DA á DC [d]; en los triángulos equiángulos ABC, DBA, es BC á BA, como BA á BD [d]; y en los triángulos equiángulos ABC, DAC, BC es CA, como CA á CD.

d 4. VI.

PROP. IX. PROBL.

DE una recta dada cortar la parte que se pida.

Sea la recta dada AB, y háyase de cortar de ella una parte que se pida.

Tírese del punto A una recta AC, que con AB contenga un ángugulo qualquiera; tómese en AC qualquier punto D, y hágase AC tan multíplice de AD, quan multíplice sea AB de la parte que se ha de cortar; tírese BC, y por el punto D, la DE paralela á BC.

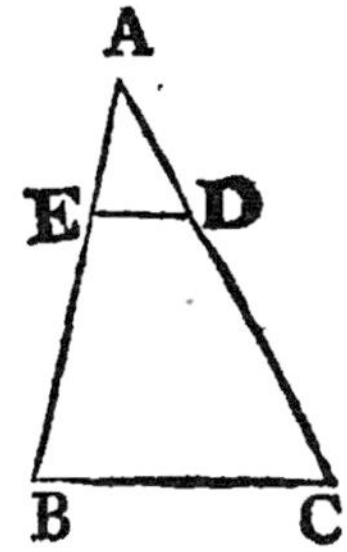

Pues habiéndose tirado ED paralela al lado BC del triángulo ABC, será [a] CD á DA, como BE á EA, y componiendo [b] CA será á AD, como BA á AE: pero CA es multíplice de AD: luego BA será la misma multíplice de AE [c]: y así qualquiera parte que sea AD de AC, la misma será AE de AB: luego AE será la parte que se habia de cortar de la recta AB. Por consiguiente de la recta dada, &c. L. Q. D. H.

a 2. VI.
b 18. V.
c D. V.

PROP. X. PROBL.

DIVIDIR una recta dada semejantemente á otra dividida dada.

Sea la recta dada AB, AC la dividida; y háyase de dividir AB semejantemente á AC (esto es que los segmentos de AB estén en la misma razon que los de AC.)

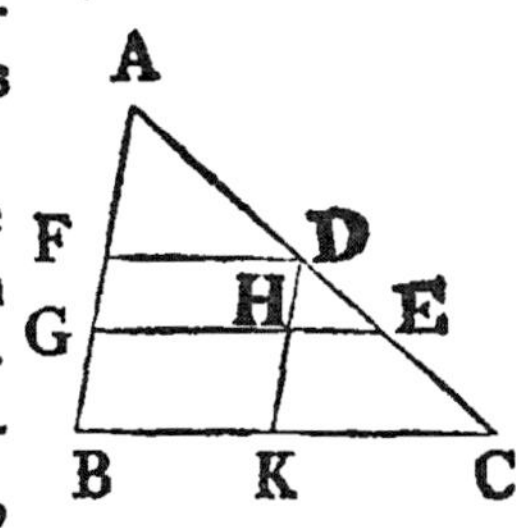

Esté AC dividida en D, y E: colóquense las rectas AB, AC, de manera, que contengan qualquier ángulo; tírese BC, y por D, E tírense [a] DF, EG paralelas á BC, como tambien por D la DHK paralela á AB: luego FH, HB serán paralelogramos; por tanto DH será igual [b] á FG; y HK á GB.

a 31. I.
b 34. I.

Habiéndose, pues, tirado HE paralela al lado KC del triángulo DKC, será CE á ED, como KH [c] á HD: pero KH es igual á BG, y HD á GF: luego CE será á ED, como BG á GF: ademas por haberse tirado FD paralela al lado EG del triángulo AGE, será ED á DA, como GF á FA: pero se ha visto, que CE es á ED, como BG á GF: será, pues, CE á ED, como BG á GF; y ED á DA, como GF á FA. Por consiguiente se ha dividido, &c. L. Q. D. H.

c 2. VI.

PROP.

PROP. XI. PROBL.

HALLAR una tercera proporcional á dos rectas dadas.

Sean las dos rectas dadas AB, AC; y háyase de hallar una tercera proporcional á ellas.

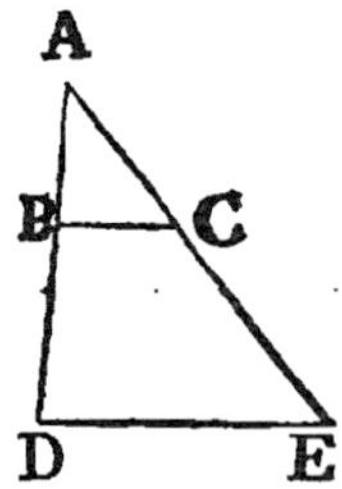

Colóquense AB, AC formando un ángulo qualquiera; prolónguense indefinidamente, y tómese BD
a 31. I. igual á AC, y tirada [a] BC, tírese por D la DE paralela á BC; será CE la tercera proporcional.

Porque habiéndose tirado BC paralela al lado
b 2. VI. DE del triángulo ADE, será [b] AB á BD, como AC á CE: pero BD es igual á AC: luego AB será á AC, como AC á CE. Por consiguiente se ha hallado, &c. L.Q.D.H.

PROP. XII. PROBL.

HALLAR una quarta proporcional á tres rectas dadas.

Sean las tres rectas dadas A, B, C, y háyase de hallar una quarta proporcional á ellas.

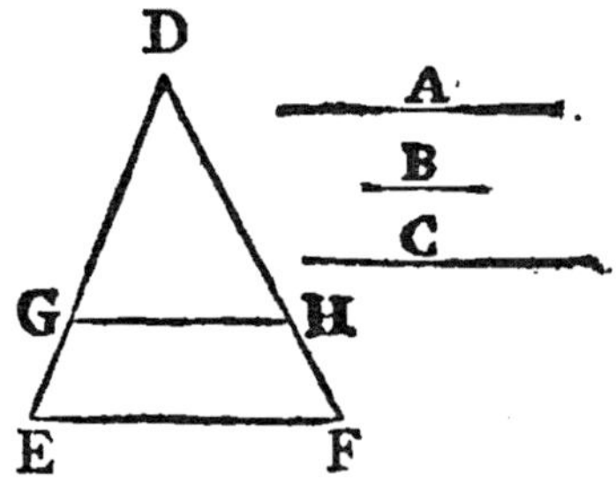

Tírense dos rectas DE, DF, que formen qualquier ángulo EDF, y tómense en ellas DG igual á A, GE igual á B, y HD igual á C; tírese GH, y por
a 31. I. E la EF [a] paralela á GH; será HF la quarta proporcional.

Porque habiéndose tirado GH paralela al lado EF del triángulo DEF,
b 2. VI. será DG á GE [b], como DH á HF: pero DG es igual á A; GE á B; y DH á C: luego A será á B, como C á HF. Por consiguiente se ha hallado, &c. L. Q. D. H.

PROP. XIII. PROBL.

HALLAR una media proporcional á dos rectas dadas.

Sean AB, BC las dos rectas dadas, y háyase de hallar una media proporcional á ellas.

Colóquense directamente, y sobre AC descríbase un semicírculo ADC, en el punto B elévese [a] BD perpendicular á AC, y tírense AD, DC: será BD la media proporcional. a 11. I.

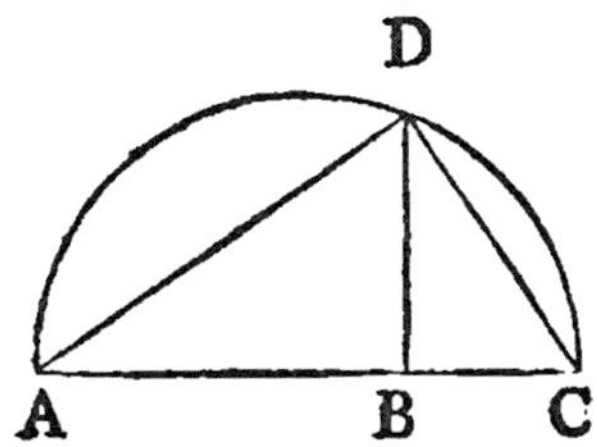

Por estár el ángulo ADC en el semicírculo, es recto [b]; y por haberse tirado en el triángulo rectángulo ADC del ángulo recto á la base la perpendicular DB, esta será media proporcional entre los segmentos AB, BC [c] de la base. Por consiguiente se ha hallado, &c. L. Q. D. H. b 31. III. c Cor. 8. VI.

PROP. XIV. TEOR.

LOS paralelogramos iguales, y equiángulos entre sí tienen recíprocamente proporcionales los lados, que contienen ángulos iguales: y los paralelogramos equiángulos entre sí, y que tienen recíprocamente proporcionales los lados, que contienen ángulos iguales, son iguales.

Sean iguales los paralelogramos AB, BC, y tengan iguales los ángulos en B: colóquense directamente las lineas DB, BE: y tambien estarán directamente las FB, BG [a]. Digo, que los lados de dichos paralelogramos, que contienen ángulos iguales, serán recíprocamente proporcionales, esto es DB á BE, como GB á BF. a 14. I.

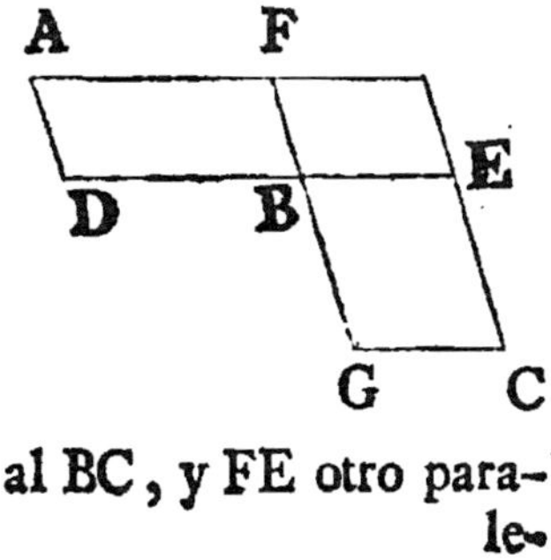

Porque completado el paralelogramo FE; por ser el paralelogramo AB igual al BC, y FE otro parale-

b 7. V. lelogramo, será AB [b] á FE, como BC á FE: es así que AB [c]
c 1. VI. es á FE, como DB á BE; y BC [c] á FE, como GB á BF: luego
d 11. V. DB será á BE, como GB á BF [d]: los lados, pues, de los paralelogramos AB, BC, que contienen ángulos iguales, serán recíprocamente proporcionales.

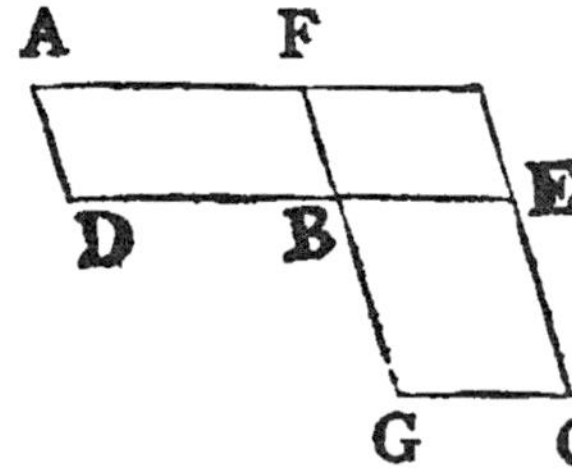

Mas demos, que los lados que contienen ángulos iguales, sean recíprocamente proporcionales, esto es DB á BE, como GB á BF. Digo, que el paralelogramo AB será igual al BC.

Por ser DB á BE, como GB á BF, y DB á BE, como el paralelogramo AB al FE [c]: y asimismo GB á BF, como el paralelogramo BC al FE, será [d] AB á FE, como BC á FE: luego
e 9. V. el paralelogramo AB será igual [e] al BC. Por consiguiente los paralelogramos, &c. L. Q. D. D.

PROP. XV. TEOR.

LOS triángulos iguales, y equiángulos entre sí tienen recíprocamente proporcionales los lados, que contienen ángulos iguales: y los triángulos equiángulos entre sí, y que tienen recíprocamente proporcionales los lados que contienen ángulos iguales, son iguales.

Sean iguales los triángulos ABC, ADE, y tengan un ángulo igual á un ángulo, es á saber BAC á DAE. Digo, que los lados de los triángulos BAC, DAE, que contienen los ángulos iguales, serán recíprocamente proporcionales, esto es CA á AD, como EA á AB.

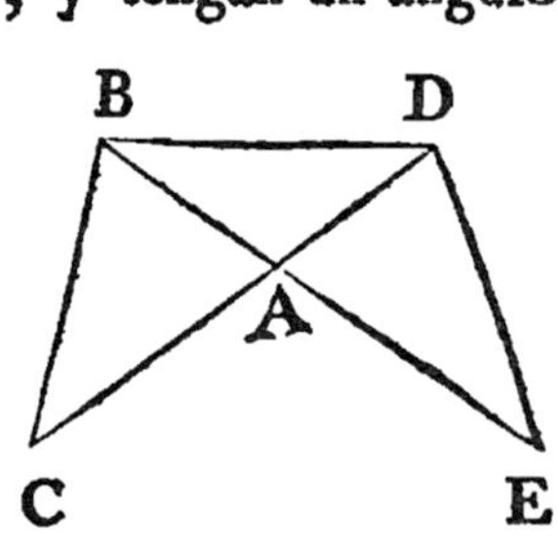

Colóquense de forma, que CA esté directamente á AD, por consiguiente EA es-
a 14. I. tará directamente á AB [a]; y tírese BD.

Por ser el triángulo ABC igual al ADE, y ABD otro trián-
b 7. V. gulo, será el triángulo CAB [b] al BAD, como el EAD al DAB: es

es así que el triángulo CAB [c] es al BAD, como CA á AD, y c 1. VI.
el triangulo EAD al mismo DAB, como EA á AB: luego CA [d] d 11. V.
será á AD, como EA á AB: los lados, pues, de los triángulos ABC, ADE, que contienen ángulos iguales, serán recíprocamente proporcionales.

Pero supongamos, que los lados de los triángulos ABC, ADE, que contienen ángulos iguales, sean recíprocamente proporcionales, esto es CA á AD, como EA á AB. Digo, que el triángulo ABC será igual al ADE.

Porque tirada BD, siendo CA á AD, como EA á AB; pero CA á AD, como el triángulo BAC al triángulo BAD, y EA á AB, como el triángulo EAD al triángulo BAD, resultará el triángulo BAC al BAD, como el EAD al BAD: luego el triángulo ABC será igual [e] al triángulo ADE. Por consiguiente los e 9. V.
triángulos, &c. L. Q. D. D.

PROP. XVI. TEOR.

SI quatro rectas fueren proporcionales; el rectángulo contenido por las extremas será igual al rectángulo contenido por las medias: y si el rectángulo contenido por las extremas es igual al rectángulo contenido por las medias; las quatro rectas serán proporcionales.

Sean AB, CD, E, F quatro rectas proporcionales, esto es AB á CD, como E á F. Digo, que el rectángulo contenido por AB, F será igual al contenido por CD, E.

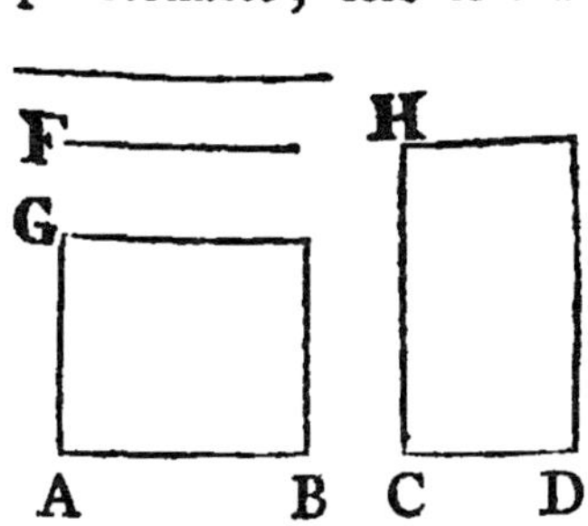

Tírense [a] de los puntos A, C las lineas AG, CH perpendiculares á AB, CD, tómese AG igual á F, y CH igual á E, y complétense los paralelogramos BG, DH. a 11. I.

Por ser AB á CD, como E á F, E igual á CH, y F á AG, será [b] AB á CD, como CH á AG: b 7. V.
luego los lados de los paralelogramos BG, DH, que contienen los

los ángulos iguales, son recíprocamente proporcionales: es así que los paralelogramos equiángulos entre sí, y que tienen recíprocamente proporcionales los lados, que contienen ángulos iguales, son iguales entre sí [c]: luego el paralelogramo BG será igual al DH: pero el paralelogramo BG se halla contenido por las rectas AB, F; por ser AG igual á F; y el paralelogramo DH está contenido por las lineas CD, E, por ser CH igual á E: luego el rectángulo contenido por AB, F será igual al contenido por CD, E.

c 14. VI.

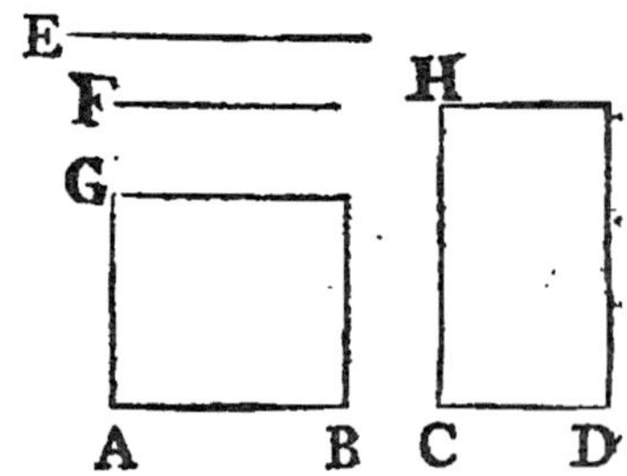

Pero si el rectángulo contenido por las rectas AB, F fuese igual al contenido por CD, E, las quatro rectas serán proporcionales, esto es AB á CD, como E á F.

Porque supuesta la misma construccion, siendo el rectángulo contenido por AB, F igual al contenido por CD, E, y estando el rectángulo BG contenido por AB, F; pues AG es igual á F; y el rectángulo DH contenido por CD, E, pues CH es igual á E, resulta el paralelogramo BG igual al DH: pero son equiángulos; y los paralelogramos iguales, y equiángulos entre sí tienen recíprocamente proporcionales los lados, que contienen ángulos iguales [c]: luego AB será á CD, como CH á AG: pero CH es igual á E, y AG á F: luego AB será á CD, como E á F. Por consiguiente si quatro, &c. L. Q. D. D.

PROP. XVII. TEOR.

SI tres rectas son proporcionales; el rectángulo contenido por las extremas será igual al quadrado de la media: y si el rectángulo contenido por las extremas es igual al quadrado de la media; las tres rectas serán proporcionales.

Sean las tres rectas proporcionales A, B, C, es á saber, A á B, como B á C. Digo, que el rectángulo contenido por las rectas A, C será igual al quadrado de la media B.

Por-

Porque tómese D igual á B, y siendo A á B, como B á C, y B igual á D, será [a] A á B, como D á C: es así que si quatro rectas son proporcionales, el rectángulo contenido por las extremas es igual al contenido por las medias [b]: luego el rectángulo contenido por las rectas A, C será igual al contenido por B, D: pero el rectángulo contenido por las rectas B, D es igual al quadrado de B, por ser B igual á D: luego el rectángulo contenido por las rectas A, C será igual al quadrado de B. a 7. V. b 16. VI.

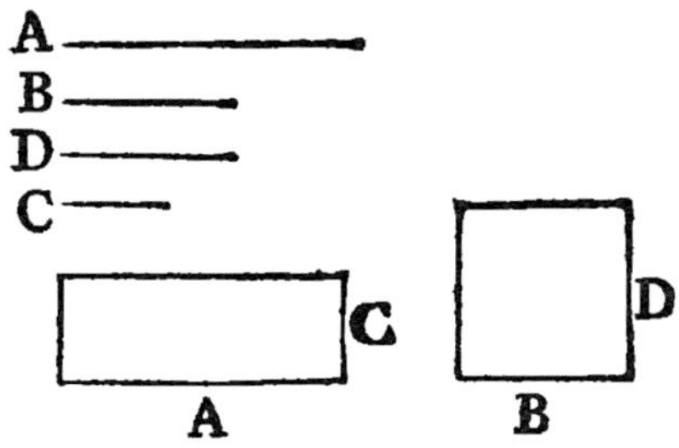

Pero si el rectángulo contenido por las rectas A, C fuese igual al quadrado de B, será A á B, como B á C.

Porque supuesta la misma construccion, siendo el rectángulo contenido por A, C igual al quadrado de B, y el quadrado de B igual al rectángulo contenido por B, D, por ser B igual á D, será el rectángulo contenido por A, C igual al contenido por B, D: es así que si el rectángulo contenido por las extremas es igual al contenido por las medias, las quatro rectas serán proporcionales [b]: luego A será á B, como D á C: pero B es igual á D: luego A será á B, como B á C. Por consiguiente si tres, &c. L. Q. D. D.

PROP. XVIII. PROBL.

Sobre una recta dada describir semejantemente una figura rectilinea semejante á otra figura rectilinea dada.

Sea la recta dada AB, y la figura rectilinea dada el quadrilátero CDEF, y háyase de describir semejantemente sobre la recta AB una figura rectilinea semejante á la CDEF.

Tírese DF, y en los puntos A, B de la recta AB constrúyase [a] el ángulo BAG igual al án- a 23. I.

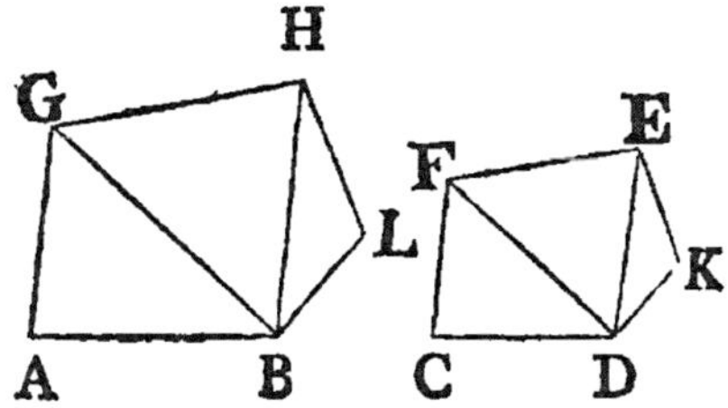

ángulo C, y el ángulo ABG igual al CDF: luego el otro CFD
b 32. I. será igual [b] al otro AGB: luego el triángulo FCD será equián-
c 32. I. gulo al triángulo GAB. Además de esto, constrúyanse [c] en los puntos G, B de la recta BG el ángulo BGH igual al DFE, y el GBH igual al FDE.

Por ser el ángulo AGB igual al CFD, y el BGH al DFE, será el ángulo total AGH igual al ángulo total CFE: por la misma razon el ABH será igual al CDE; y á mas, el ángulo A igual al C, como tambien el GHB igual al FED: luego el quadrilátero ABHG será equiángulo al quadrilátero CDEF: y son tambien proporcionales los lados, que contienen ángulos iguales: siendo, pues, equiángulos entre sí los trián-

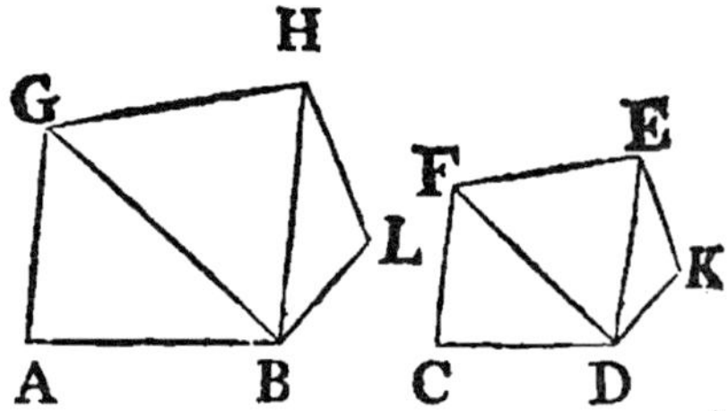

d 4. VI. gulos GAB, FCD, BA será á AG, como DC á CF [d]; y siendo AG á GB, como CF á FD; pero GB á GH, por ser equiángulos los triángulos BGH, DFE, como FD á FE, será por
e 22. V. igualdad [e] AG á GH, como CF á FE. Semejantemente se demostrará ser AB á BH, como CD á DE, y GH á HB, como
f 4. VI. FE á ED [f]: luego siendo equiángulos los quadriláteros ABHG, CDEF, y teniendo proporcionales los lados, que contienen án-
g 1. Def. VI. gulos iguales, serán entre sí semejantes [g].

Pero háyase de describir semejantemente sobre la recta dada AB, un pentágono semejante al pentágono dado CDKEF.

Tírese DE, y sobre la recta dada AB descríbase semejantemente el quadrilátero ABHG semejante al CDEF, y en los puntos B, H de la recta BH constrúyanse el ángulo HBL igual al EDK, y el BHL igual al DEK: el otro ángulo K será igual al otro L.

Siendo, pues, semejantes los quadriláteros ABHG, y CDEF, el ángulo GHB igual al FED, y el BHL al DEK: luego el total GHL será igual al total FEK: por la misma razon el ABL será igual al CDK: luego serán equiángulos los pentágonos AGHLB, CFEKD; y por ser semejantes los quadriláteros AGHB, CFED, será GH á HB, como FE á ED: pero HB es es [h] á HL, como ED á EK: luego por igualdad será GH á HL, como FE á EK: por la misma razon AB es á BL, como CD á DK, y BL á LH, como DK á KE, por ser equiángulos los triángulos BLH, DKE: luego siendo equiángulos los pentágonos AGHLB, CFEKD, y teniendo proporcionales los lados, que contienen ángulos iguales, serán semejantes entre sí [i]. Del mismo modo se puede describir semejantemente sobre una recta dada una figura rectilinea semejante á un hexâgono dado, ó á qualquier otro polígono. L. Q. D. H.

h 4. VI.

i 1. Def. VI.

PROP. XIX. TEOR.

LOS triángulos semejantes están entre sí en la razon duplicada de sus lados homólogos.

Sean semejantes los triángulos ABC, DEF, teniendo el ángulo B igual al E, y AB á BC, como DE á EF, de suerte que el lado BC sea homólogo al lado EF. Digo, que los triángulos ABC, y DEF estarán en la razon duplicada de BC á EF.

Tómese BG [a] tercera proporcional á BC, EF, de manera que BC sea á EF, como EF á BG, y tírese GA.

a 11. VI.

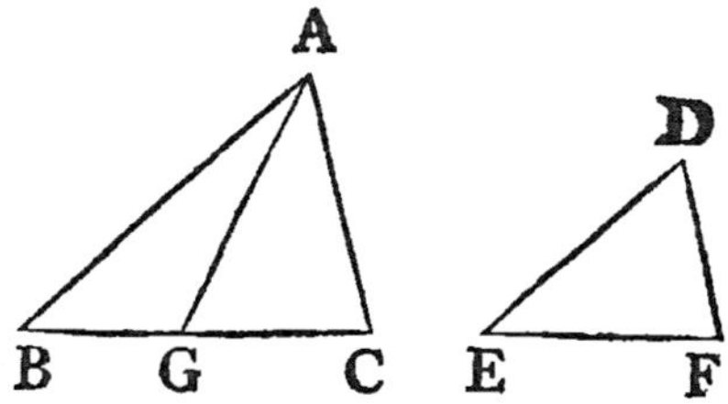

Siendo, pues, AB á BC, como DE á EF, será permutando [b] AB á DE, como BC á EF: pero BC es á EF, como EF á BG: luego AB será á DE, como EF á BG [c]: por consiguiente los lados de los triángulos ABG, DEF, que contienen iguales ángulos, son recíprocamente proporcionales: pero los triángulos equiángulos entre sí, y que tienen recíprocamente proporcionales los lados, que contienen ángulos iguales, son iguales [d]: luego el triángulo ABG será igual al DEF: y siendo BC á EF, como EF á BG, y quando tres rectas son proporcionales, tiene la primera á la tercera razon duplicada de la que tiene á la segunda [e], BC tendrá á BG razon duplicada de la que tiene BC

b 16. V.

c 11. V.

d 15. VI.

e 10. Def. V.

f 1. VI. BC á EF: es así que BC es [f] á BG, como el triángulo ABC al triángulo ABG: luego el triángulo ABC tendrá al ABG razon duplicada de la que BC tiene á EF: pero el triángulo ABG es igual al DEF: tendrá, pues, tambien el triángulo [g] ABC al DEF razon duplicada de la que tiene BC á EF. Por consiguiente los triángulos, &c. L. Q. D. D.

g 7. V.

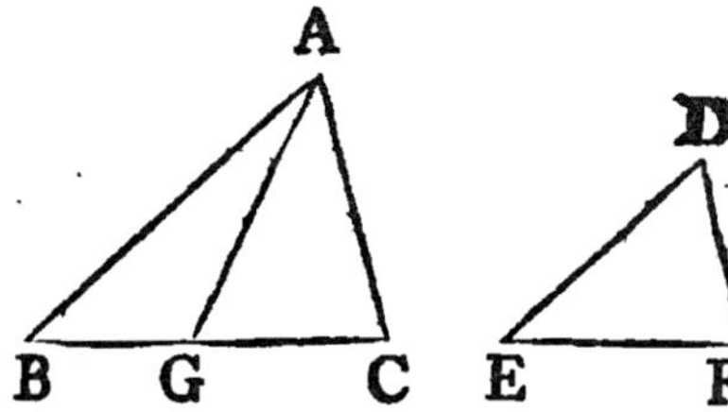

Cor. De aquí se sigue manifiestamente, que si tres rectas son proporcionales, la primera será á la tercera, como el triángulo descrito sobre la primera al triángulo semejante descrito semejantemente sobre la segunda, pues ya se demostró, que CB es á BG, como el triángulo ABC al DEF.

PROP. XX. TEOR.

Los polígonos semejantes se dividen en igual número de triángulos semejantes, y homólogos á sus todos; y están entre sí en razon duplicada de sus lados homólogos.

Sean los polígonos semejantes ABCDE, FGHKL, y el lado AB homólogo al FG. Digo, que los polígonos ABCDE, y FGHKL se dividirán en igual número de triángulos semejantes, y homólogos á sus todos; y estarán entre sí en razon duplicada de la de AB á FG.

Porque tiradas las lineas BE, EC, GL, LH, y siendo el polígono ABCDE semejante al FGHKL, el ángulo BAE será
a 1. Def. VI. igual [a] al GFL, y GF á FL [a], como BA á AE; siendo, pues, ABE, FGL dos triángulos, que tienen un ángulo igual á un ángulo, y proporcionales los lados, que contienen ángulos iguales,
b 6. VI. resultará el triángulo ABE equiángulo [b] al triángulo FGL: luego
c 4. VI. tambien será semejante á él [c]: será, pues, el ángulo ABE igual al FGL: pero el total ABC es igual al total FGH, por la semejan-

janza de los polígonos: luego el otro EBC será igual al otro LGH: y siendo por la semejanza de los triángulos ABD, FGL, EB á BA, como LG á GF, y por la semejanza de los polígonos, AB á BC, como FG á GH, será por igualdad EB á BC[d], como LG á GH; esto es que los lados, que contienen los ángulos iguales EBC, LGH, serán proporcionales: luego el triángulo EBC será equiángulo al LGH: luego tambien será semejante á él[e]: por la misma razon el triángulo ECD será semejante al triángulo LHK: los polígonos, pues, semejantes ABCDE, FGHKL se dividirán en igual número de triángulos semejantes. d 22. V. e 4. VI.

Añado, que serán homólogos á sus todos; esto es que los triángulos serán proporcionales entre sí, y á los polígonos sus todos, y que son antecedentes los ABE, EBC, ECD, y conseqüentes de estos los FGL, LGH, LHK; y que los polígonos ABCDE, y FGHKL están entre sí en razon duplicada de sus lados homólogos, esto es de AB á FG.

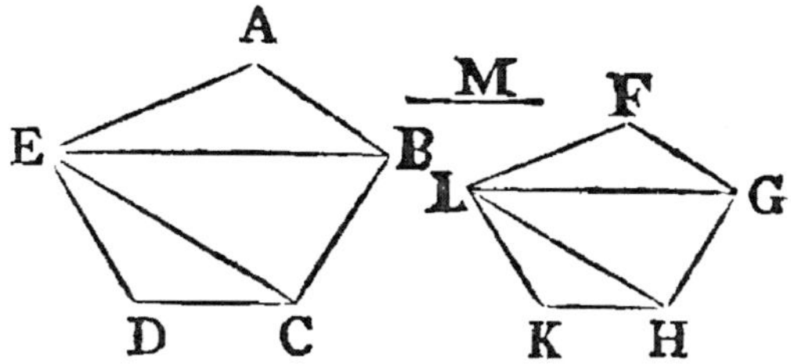

Porque siendo el triángulo ABE semejante al FGL, tendrá á él razon duplicada de la que BE tiene á GL[f]: por la misma razon el triángulo BEC tendrá al GLH razon duplicada de la que tiene BE á GL[g]: luego el triángulo ABE será al FGL[h], como el triángulo BEC al GLH: además de esto, siendo el triángulo EBC semejante al LGH, tendrá á él razon duplicada de la que CE tiene á HL: asimismo el triángulo ECD tendrá al triángulo LHK razon duplicada de la que CE tiene á HL: luego el triángulo EBC será al LGH, como el triángulo ECD al LHK: pero ya se demostró ser el triángulo EBC al LGH, como el triángulo ABE al FGL: luego el triángulo ABE será al FGL, como el triángulo EBC al LGH, como el triángulo ECD al LHK: es así que la suma de los antecedentes es á la suma de los conseqüentes, como qualquier antecedente á su conseqüente[i]: luego el polígono ABCDE será al polígono FGHKL, como el triángulo ABE al triángulo FGL: pero el triángulo ABE tiene al FGL razon dupli- f 19. VI. g 19. VI. h 11. V. i 12. V.

plicada de la que el lado homólogo AB tiene al lado homólogo
k 19. VI. FG [k]: luego tambien el polígono ABCDE tendrá al FGHKL razon duplicada de la que el lado homólogo AB tiene al lado homólogo FG. Por consiguiente los polígonos, &c. L. Q. D. D.

Cor. 1. De la misma manera se demostrará, que qualesquiera quadriláteros, y multiláteros semejantes están en razon duplicada de los lados homólogos: es así que lo mismo queda demostrado en los triángulos: luego en general las figuras rectilineas semejantes están en razon duplicada de sus lados homólogos.

Cor. 2. Si se toma M tercera proporcional á AB, y FG, tendrá AB á M razon duplicada de la que tiene á
l 10. Def. V. FG [l]: tambien el polígono sobre AB al polígono sobre FG, y el quadrilátero al quadrilátero tendrán razon duplicada de la que tiene el lado

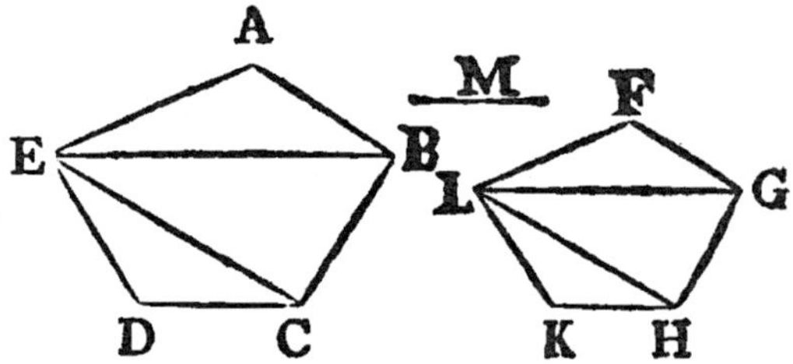

homólogo AB al lado homólogo FG: luego AB será á M, como la figura sobre AB á la figura sobre FG: es así que lo mismo se ha demostrado en los triángulos [m]: luego en general es
m Cor. 19. VI. evidente, que si tres rectas son proporcionales, la primera será á la tercera, como la figura rectilinea descrita sobre la primera á la figura rectilinea semejante, y semejantemente descrita sobre la segunda.

PROP. XXI. TEOR.

LAS figuras rectilineas semejantes á una misma son semejantes entre sí.

Sean ambas figuras rectilineas A, y B semejantes á C. Digo, que A será semejante á B.

Porque siendo la figura rectilinea A semejante á la C, tam-
a 1. Def. VI. bien será equiángula á ella, y tendrá proporcionales [a] los lados, que contienen ángulos iguales: además, siendo semejante la figura rectilinea B á la C, será equiángula á ella, y tendrá propor-

porcionales los lados, que contienen ángulos iguales: luego ambas figuras rectilineas A, y B serán equiángulas á C, y tendrán proporcionales los lados, que contienen ángulos iguales: luego la figura rectilinea A será equiángula á la B [b], y tendrá proporcionales [c] los lados, que contienen ángulos iguales; y por tanto A será semejante á B [d]. L. Q. D. D.

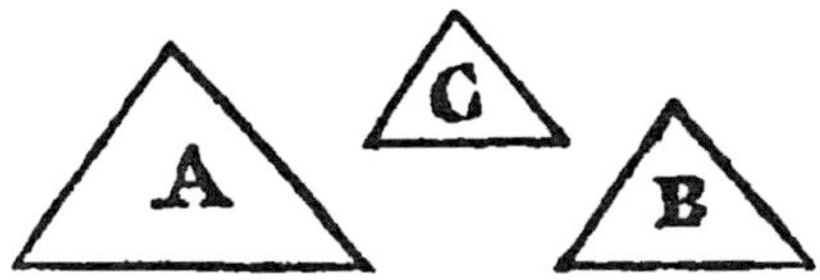

b 1. Axi. I.
c 11. V.
d 1. Def. VI.

PROP. XXII. TEOR.

SI quatro rectas son proporcionales; las figuras rectilineas semejantes, y semejantemente descritas sobre ellas serán proporcionales: y si son proporcionales quatro figuras rectilineas semejantes, y semejantemente descritas sobre quatro rectas; estas serán tambien proporcionales.

Sean las quatro rectas proporcionales AB, CD, EF, GH; esto es que AB sea á CD, como EF á GH, y estén semejantemente descritas las figuras rectilineas semejantes KAB, LCD sobre AB,

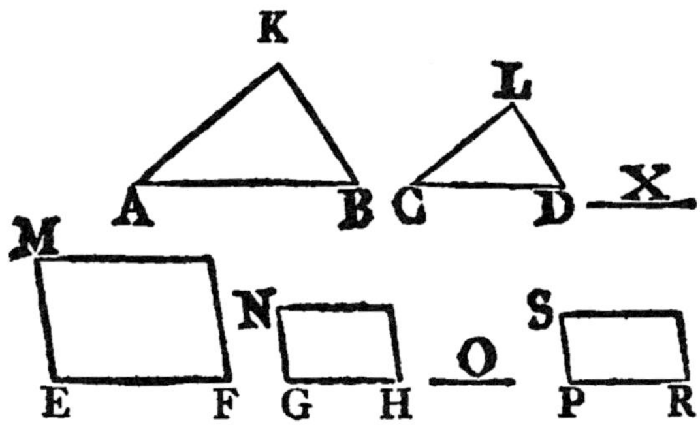

CD, y asimismo semejantemente descritas las figuras rectilineas semejantes MF, NH sobre EF, GH. Digo, que la figura rectilinea KAB será á la LCD, como la figura rectilinea MF á la NH.

Tó-

a 11. VI. Tómese X [a] tercera proporcional á AB, CD; y O tercera proporcional á EF, GH. Siendo AB á CD, como EF á GH,
b 11. V. será CD á X, como GH á O [b]: luego por igualdad [c] AB será
c 22. V. á X, como EF á O: es así que AB es á X [d], como la figura rectilinea
d 2. Cor. 20. VI. KAB á la LCD, y EF á O [d], como la figura rectilinea
e 11. V. MF á la NH: luego la figura rectilinea KAB será á la LCD [e], como la MF á la NH.

Pero sea la figura rectilinea KAB á la LCD, como la MF á la NH. Digo, que AB será á CD, como EF á GH. Hágase EF
f 12. VI. á PR [f], como AB á CD, y descríbase [g] semejantemente sobre
g 18. VI. PR la figura rectilinea SR semejante á MF, y NH.

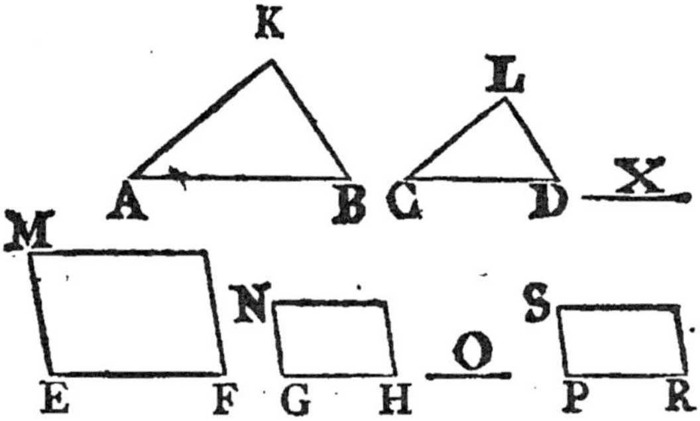

Siendo, pues, AB á CD, como EF á PR, y habiéndose descrito semejantemente sobre AB, CD las figuras rectilineas semejantes KAB, LCD, y descrito semejantemente sobre EF, PR las figuras rectilineas semejantes MF, SR; resultará, segun lo anteriormente demostrado, ser la figura rectilinea KAB á la LCD, como la figura rectilinea MF á la SR: pero se ha supuesto la figura rectilinea KAB á la LCD, como la MF á la NH: luego la figura rectilinea MF tendrá la misma razon á las NH, y SR: lue-
h 9. V. go la figura rectilinea NH será igual á la SR [h]: es así que es semejante, y semejantemente descrita: luego GH será igual á PR: y siendo AB á CD, como EF á PR, y PR igual á GH, será AB á CD, como EF á GH. Por consiguiente si quatro, &c. L. Q. D. D.

PROP.

PROP. XXIII. TEOR.

LOS paralelogramos equiángulos están entre sí en razon compuesta de las razones de sus lados.

Sean equiángulos los paralelogramos AC, CF, teniendo el ángulo BCD igual al ECG. Digo, que el paralelogramo AC estará al CF en razon compuesta de las razones de sus lados.

Colóquense de manera que BC esté directamente á CG, por consiguiente DC estará directamente [a] á CE: complétese el paralelogramo DG, tírese una recta qualquiera K, y hágase [b] K á L, como BC á CG, y L á M, como DC á CE: luego las razones de K á L, y de L á M serán las mismas, que las razones de los lados BC á CG, y DC á CE: es así que la razon de K á M está compuesta [c] de la razon de K á L, y de L á M: luego K tendrá á M razon compuesta de las razones de los lados: y siendo BC á CG, como el paralelogramo AC al CH [d], y como K á L, será K á L, como [e] el paralelogramo AC al CH. Ademas de esto, siendo DC á CE, como el paralelogramo CH al CF, y como L á M; será L á M, como el paralelogramo CH al CF: así habiéndose demostrado, que K es á L, como el paralelogramo AC al CH, y L á M, como el paralelogramo CH al CF, será por igualdad [f] K á M, como el paralelogramo AC al CF: pero K está á M en razon compuesta de las razones de los lados: luego tambien el paralelogramo AC estará al paralelogramo CF en razon compuesta de las razones de los lados. Por consiguiente los paralelogramos, &c. L. Q. D. D.

a 14. I.
b 12. VI.
c A. Def. V.
d 1. VI.
e 11. V.
f 22. V.

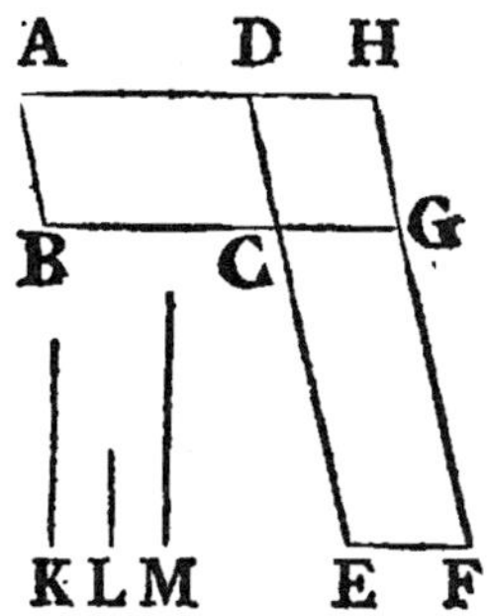

PROP. XXIV. TEOR.

EN qualquier paralelogramo, los paralelogramos, que están baxo su diagonal, son semejantes al total, y entre sí.

Sea

Sea el paralelogramo ABCD, y su diagonal AC, baxo la qual estén los paralelogramos EG, KH. Digo, que EG, KH serán semejantes al total ABCD, y entre sí.

a 29. I. Porque siendo paralelas DC, GF, el ángulo ADC será igual [a] al AGF: asimismo siendo paralelas BC, EF, el ángulo ABC será igual al AEF: es así que ambos ángulos BCD, EFG son
b 34. I. iguales [b] al DAB opuesto: por tanto serán iguales entre sí: luego los paralelogramos ABCD, AEFG serán equiángulos entre sí: y por ser el ángulo ABC igual al AEF, y el BAC comun, resultarán equiángulos entre sí los triángulos BAC, EAF: luego AB será á BC, como AE á EF: y

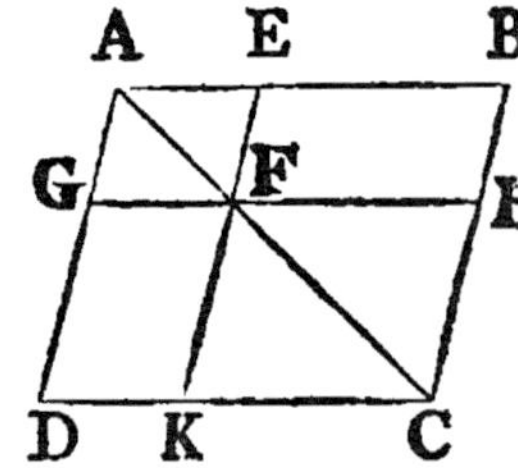

c 4. VI. siendo entre sí iguales [c] los lados opues-
d 7. V. tos de los paralelogramos, tambien será [d] AB á AD, como AE á AG; DC á CB, como GF á FE; y CD á DA, como FG á GA: luego los lados de los paralelogramos ABCD, AEFG, que contienen ángulos iguales, serán proporcionales; y por tanto el
e 1. Def. VI. paralelogramo ABCD será semejante [e] al AEFG: por la misma razon el paralelogramo ABCD será semejante al FHCK: luego entrambos paralelogramos GE, HK serán semejantes al DB: es así que las figuras rectilineas semejantes á una misma son semejan-
f 21. VI. tes entre sí [f]: luego el paralelogramo GE será semejante al HK. Por consiguiente en qualquier, &c. L. Q. D. D.

PROP. XXV. PROBL.

CONSTRUIR una figura rectilinea semejante á una figura rectilinea dada, é igual á otra dada.

Sea ABC la figura rectilinea dada, semejante á la qual se haya de construir la que se pide, y D la figura rectilinea dada, á que ha de ser igual la que se pide.

a Cor. 45. I. Aplíquese [a] sobre la recta BC el paralelogramo BE igual á la figura rectilinea ABC, y sobre la recta CE [a] el paralelogramo CM igual á la figura rectilinea D con el ángulo FCE igual al
b {29. I. 14. I. CBL; y BC estará directamente á CF [b], y LE á EM: tóme-

mese GH [c] media proporcional entre BC, CF, y sobre GH des- c 13. VI.
críbase [d] semejantemente la figura rectilinea KGH semejante á d 18. VI.
la ABC.

Siendo, pues, BC á GH, como GH á CF; y quando tres rectas son proporcionales, la primera á la tercera, como la figura descrita

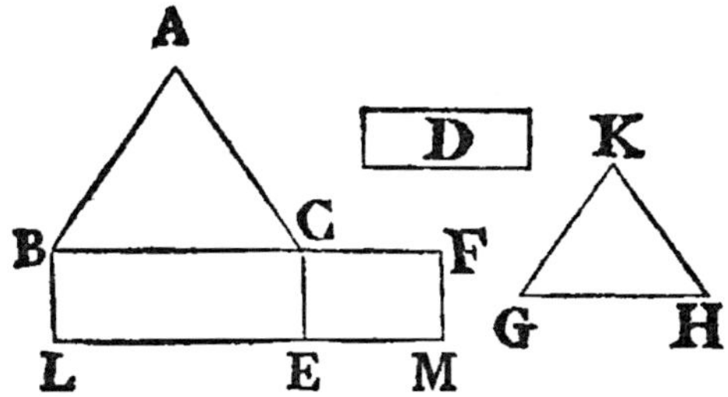

sobre la primera á la figura semejante, y semejantemente descrita
sobre la segunda [e]; será BC á CF, como la figura rectilinea ABC e 2. Cor.
á la KGH: pero BC es á CF, como el paralelogramo BE 20. VI.
al EF [f]: luego la figura rectilinea ABC será á la KGH, como [g] f 1. VI.
el paralelogramo BE al EF: pero la figura rectilinea ABC es g 11. V.
igual al paralelogramo BE: luego la figura rectilinea KGH será
igual [h] al paralelogramo EF: es así que el paralelogramo EF es h 14. V.
igual á la figura rectilinea D: luego tambien la figura rectilinea KGH será igual á la D: pero KGH es semejante á ABC. Por consiguiente se ha construido la figura ABC, &c. L. Q. D. H.

PROP. XXVI. TEOR.

SI de un paralelogramo se quita otro semejante á él, y semejantemente colocado, teniendo un ángulo comun; estará baxo la misma diagonal del total.

Quítese del paralelogramo ABCD el AEFG semejante, y semejantemente colocado, teniendo el ángulo DAB comun. Digo, que el paralelogramo ABCD estará baxo la misma diagonal del AEFG.

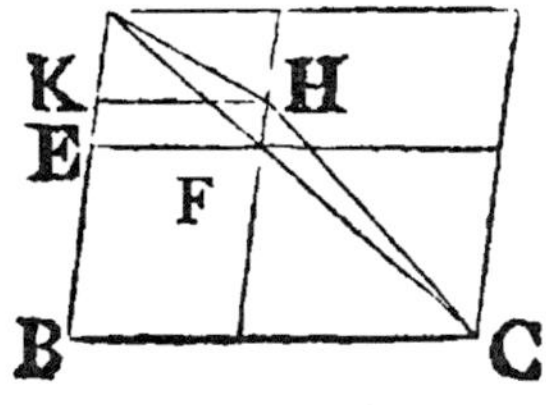

Porque á no estár, sea AHC la diagonal del

del paralelogramo BD, y encuentre GF á la diagonal AHC en H: por el mismo punto tírese HK paralela á AD, ó á BC.

Estando, pues, los paralelogramos ABCD, y AKHG baxo una misma diagonal, el paralelogramo ABCD

a 24. VI. será semejante [a] al AKHG: luego DA se-

b 1. Def. VI. rá á AB, como GA á AK [b]: es así que por la semejanza de los paralelogramos ABCD, y AEFG, DA es AB, como GA á AE:

c 11. V. luego tambien GA será á AE, como [c] GA á AK: así GA tendría la misma razon á

d 9. V. AE, y á AK: luego AE sería igual [d] á AK, la mayor á la menor; lo qual es imposible: luego el paralelogramo ABCD no estará baxo la misma diagonal con el paralelogramo AKHG: luego lo estará con el AEFG. Por consiguiente si de un, &c. L. Q. D. D.

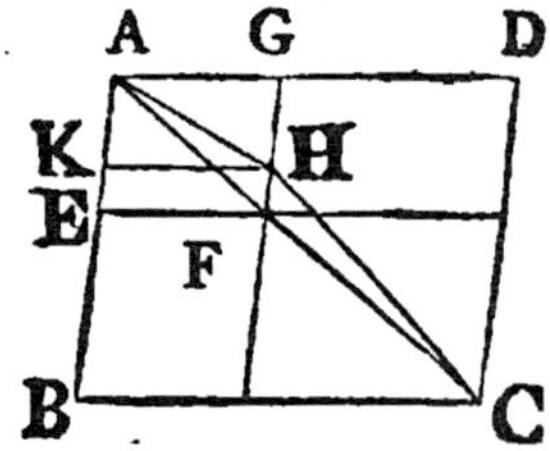

"Para mas facil inteligencia de las tres Proposiciones siguien»tes deben preceder algunas advertencias."

"1.ª Se dice, que un paralelogramo se aplica á una recta, »quando se describe sobre ella: v. g. el paralelogramo AC se »dice, que se aplica á la recta AB, quando sobre ella se des»cribe."

"2.ª Se dice, que se aplica á la recta AB el paralelogramo »AE deficiente en una figura paralelogra»ma, quando la base AD del paralelogra»mo AE es menor que la recta AB, á que »ella se aplica; y por tanto el paralelo»gramo AE está deficiente respecto del »AC descrito sobre la recta AB con el »mismo ángulo, y entre las mismas paralelas, en un paralelogra»mo DC, el qual se llama defecto del AE."

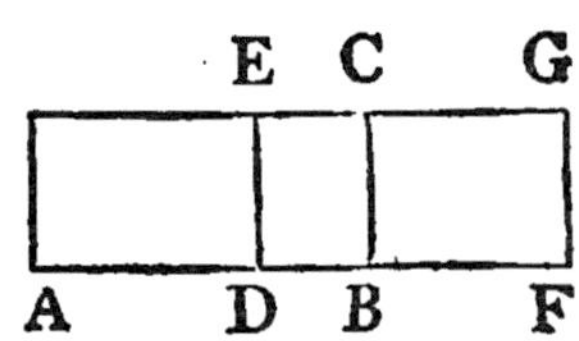

"3.ª Ultimamente se dice, que se aplica á una recta AB el pa»ralelogramo AG excedente en una figura paralelograma, quan»do la base AF del paralelogramo AG es mayor que la recta »AB, y por tanto AG excede á AC en un paralelogramo BG."

PROP. XXVII. TEOR.

DE todos los paralelogramos aplicados á una misma recta, y deficientes en figuras paralelogramas semejantes, y semejantemente colocadas á la descrita sobre la mitad de la recta; el aplicado á la mitad, siendo semejante al defecto, será el máxîmo.

Sea la recta AB, divídase por medio en C, y aplíquese á ella el paralelogramo AD deficiente en la figura paralelograma CE descrita sobre CB mitad de AB, á la qual es semejante AD. Digo, que de todos los paralelogramos aplicados á la recta AB, y deficientes en figuras paralelogramas semejantes, y semejantemente colocadas á CE, será AD el máxîmo.

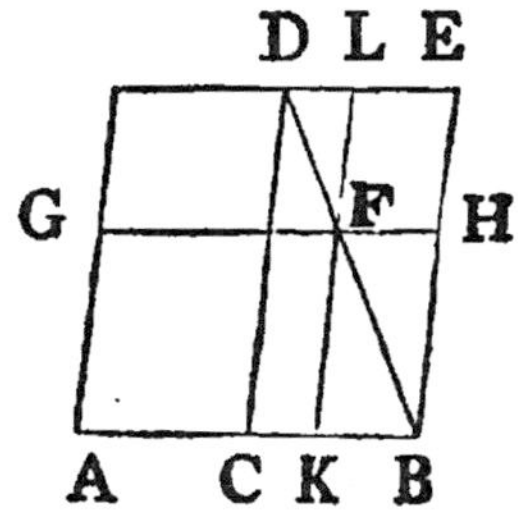

Aplíquese á la recta AB el paralelogramo AF deficiente en la figura paralelograma KH semejante, y semejantemente colocada á CE. Digo, que el paralelogramo AD será mayor que el AF.

Sea primeramente la recta AK base de AF mayor que AC: siendo el paralelogramo CE semejante al KH, por estár baxo la misma diagonal [a], tírese su diagonal DB, y descríbase la figura: siendo, pues, el paralelogramo CF igual al FE [b], añádase KH, y se tendrá el total CH igual al total KE: es así que CH es igual á CG [c], por ser la recta AC igual á CB: luego CG será igual á KE: añádase CF, y resultará el AF total igual al gnomon CHL: luego CE, esto es el paralelogramo AD, será mayor que el paralelogramo AF.

a 26. VI.
b 43. I.
c 36. I.

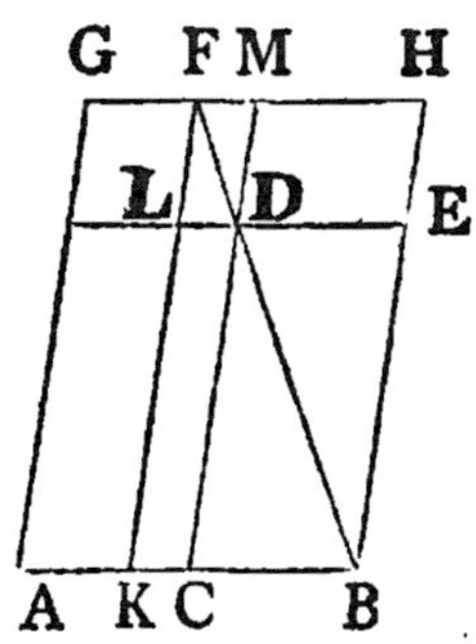

En segundo lugar sea AK base del paralelogramo AF menor que AC: supuesta la misma construccion, siendo el paralelogramo DH igual al DG [d], por ser HM igual [d] á MG,

d 34. I.

e 43. I. MG, será DH mayor que LG: pero DH es igual á DK [e]: luego DK será mayor que LG: añádase AL comun, y se tendrá el total AD mayor que el total AF. Por consiguiente de todos, &c. L. Q. D. D.

PROP. XXVIII. PROBL.

A UNA recta dada aplicar un paralelogramo igual á una figura rectilinea dada, y que sea deficiente en un paralelogramo semejante á otro dado; con tal que la figura rectilinea dada, á que ha de ser igual el paralelogramo, que se ha de aplicar, no sea mayor que el aplicado á la mitad de la recta; siendo semejantes los defectos, así del paralelogramo aplicado á la mitad, como del paralelogramo, á que debe ser semejante el deficiente.

Sea la recta dada AB, y C la figura rectilinea, á que debe ser igual la que se aplique sobre AB, pero no mayor que la aplicada á la mitad, siendo semejantes los defectos; y D la figura, á que debe ser semejante la deficiente: y háyase de aplicar á la recta AB un paralelogramo igual á la figura rectilinea C deficiente en un paralelogramo semejante á D.

a 10. I. Divídase por medio AB en el punto E [a], y sobre EB descríbase la figura EBFG semejante [b], y semejantemente á la figura
b 18. VI. dada D, y complétese el paralelogramo AG: será, pues, AG igual, ó mayor que C, de una cantidad determinada. Si es igual, se tiene lo que se pedia; pues sobre la recta AB se habrá aplicado igual á la figura rectilinea dada C el paralelogramo AG deficiente en la figura paralelograma EF semejante á D. Si AG no es igual á C, será mayor; pero EF es igual á AG: luego EF será
c 25. VI. mayor que C: constrúyase el paralelogramo [c] KLMN igual al exceso de EF á C, semejante, y semejantemente puesto á
d 21. VI. D: pero D es semejante á EF: luego KM será semejante [d] á EF. Sea, pues, la recta KL homóloga á la EG, y LM á GF.

Sien-

Siendo EF igual á C, y KM, será EF mayor que KM: luego la recta GE será mayor que la LK, y GF mayor que LM. Tómese GX igual á LK, y GO á LM, y complétese el paralelogramo XGOP: resultará XO igual, y semejante á KM: es así que KM es semejante á EF: luego tambien XO será semejante á EF [e]: sea su diagonal GPB, y descríbase la figura. Los paralelogramos XO, EF estarán baxo esta diagonal: siendo, pues, EF igual á C, y KM juntos, de los quales XO es igual á KM, será el gnomon restante ERO igual á la figura C: y siendo OR igual [f] á XS, añadiendo SR, resultará el OB total igual al XB total; pero XB es igual [g] á TE, por ser el lado AE igual al EB: luego será TE igual á OB: añádase XS; y se tendrá el paralelogramo TS igual al gnomon ERO: es así que ya se demostró ser el gnomon ERO igual á la figura C: luego TS será igual á C. Por consiguiente sobre la recta dada AB se ha aplicado igual á la figura rectilinea dada C el paralelogramo TS deficiente en la figura paralelograma SR semejante á D, por ser SR semejante á EF [h]. L. Q. D. D.

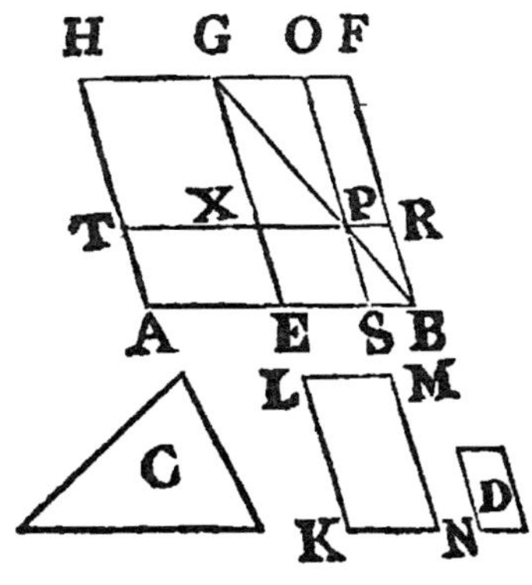

e 26. VI.

f 43. I.

g 36. I.

h 24. VI.

PROP. XXIX. PROBL.

Sobre una recta dada aplicar un paralelogramo igual á una figura rectilinea dada, excedente en un paralelogramo semejante á otro dado.

Sea la recta dada AB, y C la figura rectilinea dada, á que debe ser igual el paralelogramo, que se ha de aplicar sobre AB; y sea D el paralelogramo á que debe ser semejante el exceso; y háyase de aplicar sobre la recta AB un paralelogramo igual á la figura rectilinea dada C, excedente en un paralelogramo semejante á D.

Di-

a 18. VI. Divídase por medio AB en el punto E, y descríbase [a] sobre EB
el paralelogramo EL semejante, y semejantemente al paralelogra-
b 25. VI. mo D: asimismo constrúyase [b]
GH igual á EL, C, semejan-
te, y semejantemente al para-
lelogramo D: luego GH será
c 21. VI. semejante á EL [c]. Sea el lado
HK homólogo al FL, y KG
á FE: siendo el paralelo-
gramo GH mayor que el EL,
será la recta KH mayor que
la FL, y KG mayor que FE:
prolónguense FL, FE, y tó-
mese FLM igual á KH, y

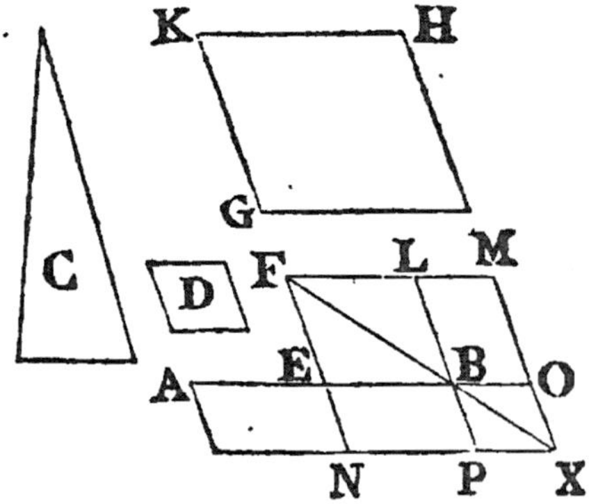

FEN á KG; complétese el paralelogramo MN: luego MN se-
rá igual, y semejante á GH: pero GH es semejante á EL: lue-
go MN será semejante á EL; y por tanto EL estará baxo la mis-
d 26. VI. ma diagonal que MN [d]: tírese su diagonal FX, y descríbase la
figura: siendo, pues, GH igual á EL, y C, pero GH igual á
MN; será MN igual á L, y á C: quítese EL comun, y resul-
tará el gnomon NOL igual á C: y por ser AE igual á EB,
e 43. I. tambien el paralelogramo AN será igual al NB, esto es al BM [e]:
añádase NO, y resultará el paralelogramo total AX igual al gno-
mon NOL: es así que el gnomon NOL es igual á C: luego tam-
bien AX será igual á C. Por consiguiente sobre la recta dada AB
se ha aplicado el paralelogramo AX igual á la figura rectilinea
dada C excedente en la figura paralelograma PO semejante á D;
f 24. VI. por ser EL semejante á PO [f]. L. Q. D. H.

PROP. XXX. PROBL.

DIVIDIR en extrema, y media razon una recta dada terminada.

Sea la recta dada AB, y háyase de dividir en extrema, y me-
dia razon.

a 46. I. Descríbase [a] sobre AB el quadrado BC, y sobre AC aplí-
que-

quese [b] el paralelogramo CD igual al BC excedente en la figu- b 29. VI.
ra AD semejante á la BC. Es BC un quadrado: luego tambien lo será AD: y siendo BC igual á CD, quítese CE comun, y la figura restante BF será igual á la restante AD: pero tambien es equiángula á ella: luego los lados de BF, y de AD, que contienen ángulos iguales, serán recíprocamente proporcionales [c]: c 14. VI.
así EF será á ED, como AE á EB: pero FE es igual á AC [d], esto es á AB, y ED á AE: d 34. I.
luego BA será á AE, como AE á EB: es así que AB es mayor que AE: luego AE será mayor [e] que EB; que- e 14. V.
da, pues, la recta AB dividida en E [f] en extrema, y media ra- f 3. Def.
zon. L. Q. D. H. VI.

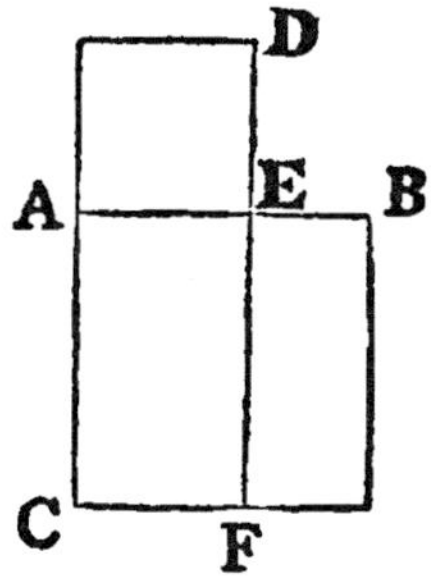

De otro modo.

Divídase AB en C, de manera que el rectángulo contenido por AB, BC sea igual al quadrado de AC [g]: siendo, pues, el rectángulo de AB, BC igual al quadrado de AC, será BA á AC, como [h] AC á CB: luego la recta AB se hallará dividida en C en extrema, y media razon. L. Q. D. H. g 11. II. h 17. VI.

PROP. XXXI. TEOR.

En el triángulo rectángulo la figura rectilinea descrita sobre el lado opuesto al ángulo recto, es igual á la suma de las figuras rectilineas semejantes, y semejantemente descritas sobre los otros lados.

Sea el triángulo rectángulo ABC, teniendo el ángulo BAC recto. Digo, que la figura rectilinea descrita sobre BC será igual á la suma de las figuras rectilineas semejantes, y semejantemente descritas sobre BA, y AC.

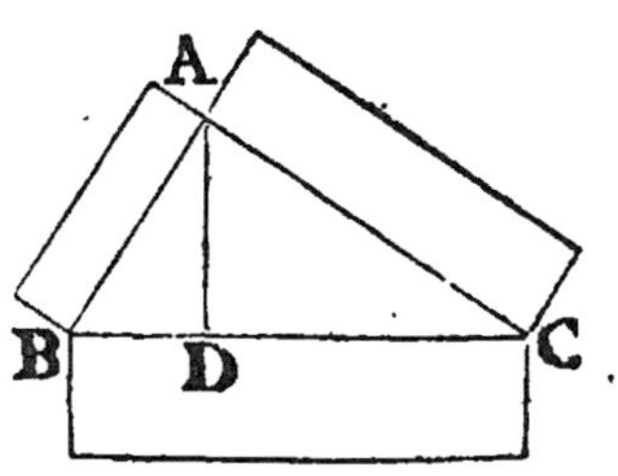

Tí-

Tírese la perpendicular AD; y habiéndose tirado en el triángulo rectángulo ABC del ángulo recto A á la base BC la perpendicular AD, resultarán los triángulos ABD, ADC semejan-
a 8. VI. tes [a] al ABC total, y entre sí: y siendo semejante el triángulo
b 4. VI. ABC al ABD, será CB á BA, como [b] BA á BD: y por ser las tres rectas proporcionales, la primera será á la tercera, co-
c 2. Cor. 20. VI. mo [c] la figura descrita sobre la primera á la figura semejante, y semejantemente descrita sobre la segunda: luego CB será á BD, como la figura descrita sobre CB á la figura semejante, y semejantemen-
d B. V. te descrita sobre BA; é invirtiendo [d] DB será á BC, como la figura descrita sobre BA á la descrita sobre BC: por la misma razon DC será á CB, como la figura descrita sobre CA á la descrita sobre CB: por consiguiente la suma de BD, y DC será
e 24. V. á BC [e], como la suma de las figuras descritas sobre BA, y AC á la figura descrita sobre BC: pero la suma de BD, y DC es
f A. V. igual á BC: luego la figura sobre BC será igual [f] á la suma de las figuras semejantes, y semejantemente descritas sobre BA, y AC. Por consiguiente en los triángulos, &c. L. Q. D. D.

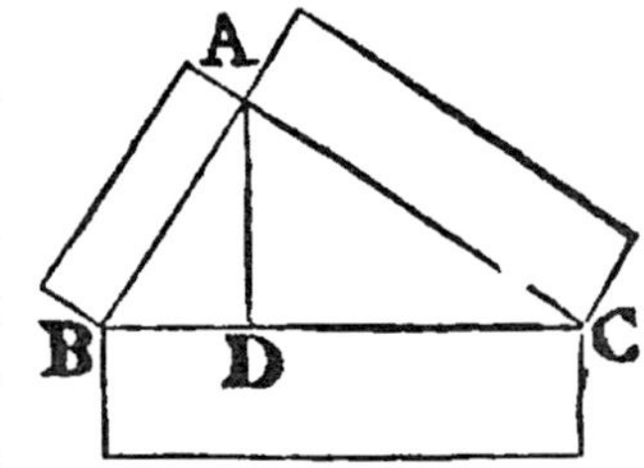

PROP. XXXII. TEOR.

SI dos triángulos tienen dos lados del uno proporcionales á dos lados del otro, y se componen segun un ángulo (*esto es que dos ángulos tengan un vértice comun*), de manera que los lados homólogos sean paralelos; tendrán directamente los otros lados.

Sean los dos triángulos ABC, DCE, teniendo los dos lados BA, AC proporcionales á los dos CD, DE, esto es BA á AC, como CD á DE: y sea AB paralela á CD, como asimismo AC á DE. Digo, que BC estará directamente á CE (ó que compondrá una recta con ella).

Porque siendo AB paralela á CD, y cayendo sobre ellas la recta AC, serán los ángulos alternos BAC, ACD entre sí iguales

les [a]: por la misma razon el ángulo CDE será igual al ACD; [a] 29. I. por consiguiente el BAC igual al CDE: y siendo ABC, DCE dos triángulos, que tienen el ángulo A igual al D, y proporcionales los lados, que contienen ángulos iguales, esto es BA á AC, como CD á DE; será el triángulo ABC equiángulo [b] al [b] 6. VI. DCE; luego el ángulo ABC será igual al DCE: es así que yá se demostró la igualdad del ángulo BAC al ACD: luego el ángulo total ACE será igual á la suma de ABC, y BAC: añádase el ACB; y resultarán iguales los ángulos ACE, ACB á los ABC, BAC, ACB: es así que los ABC, BAC, ACB son iguales [c] á dos rectos: luego tam- [c] 32. I. bien los ángulos ACE, ACB serán iguales á dos rectos: luego las dos rectas BC, CE, que concurren en el punto C de la recta AC ácia diferentes partes, forman los ángulos contiguos ACE, ACB iguales á dos rectos: luego BC compondrá una recta [d] con [d] 14. I. CE. Por consiguiente si dos, &c. L. Q. D. D.

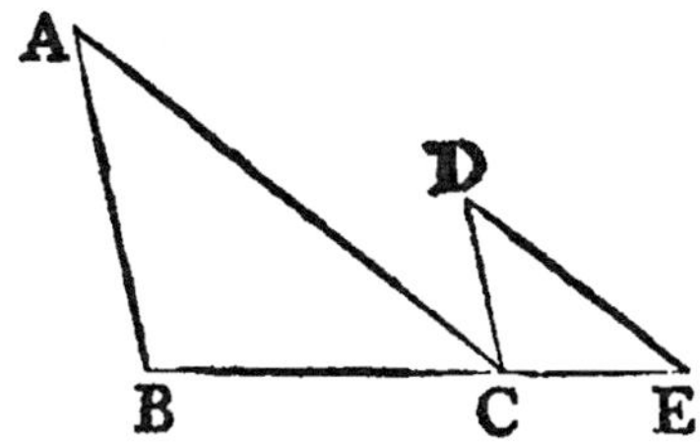

PROP. XXXIII. TEOR.

En círculos iguales, los ángulos, en el centro, ó en la circunferencia, tienen la misma razon que los arcos, sobre que insisten: y asimismo los sectores están en la razon de sus arcos.

Sean iguales los círculos ABC, DEF, y estén en sus centros

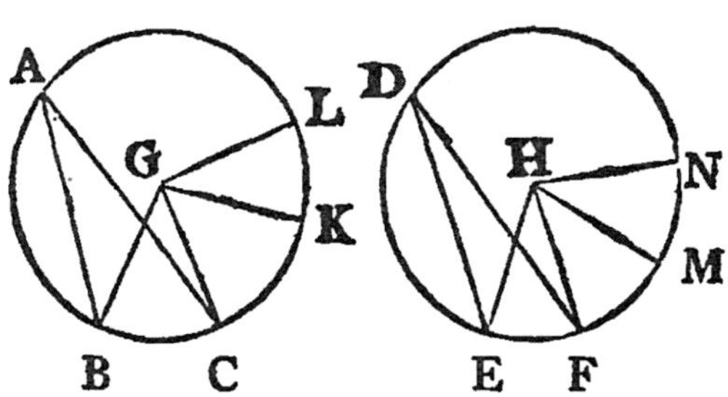

G, H los ángulos BGC, EHF; y en sus circunferencias los ángugulos BAC, EDF. Digo, que el arco BC será al EF, como el ángulo BGC al EHF, y como el ángulo BAC al EDF; y tambien como el sector BGC al sector EHF.

Tómense qualesquiera arcos CK, KL iguales al BC; y FM, MN iguales al EF, y tírense GK, GL, HM, HN.

Siendo, pues, los arcos BC, CK, KL entre sí iguales, tam-
a 27. III. bien lo serán entre sí los ángulos [a] BGC, CGK, KGL: luego quan multíplice sea el arco BL del BC, tan multíplice será el ángulo BGL del BGC: por la misma razon quan multíplice sea el arco EN del EF, tan multíplice será el ángulo EHN del EHF: y segun el arco BL sea igual, mayor, ó menor que el arco EN, será el ángulo BGL igual [a], mayor, ó menor que el ángulo EHN: luego dadas quatro cantidades, es á saber los dos arcos BC, EF, y los dos ángulos BGC, EHF,

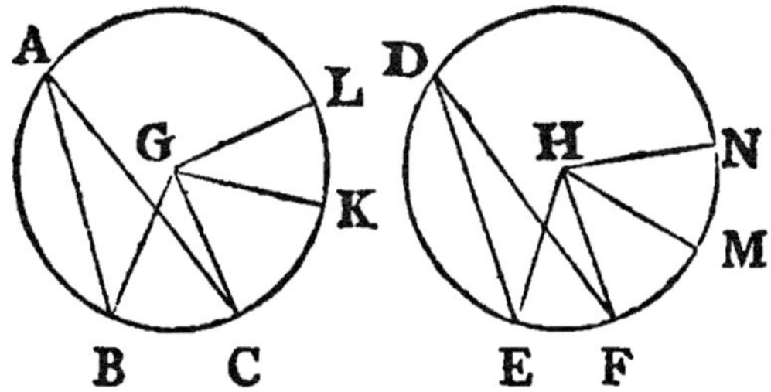

se han tomado el arco BL, y el ángulo BGL qualesquiera equimultíplices del arco BC, y del ángulo BGC; como tambien el arco EN, y el ángulo EHN otros qualesquiera equimultíplices del arco EF, y del ángulo EHF: pero se ha demostrado, que segun sea el arco BL mayor, igual, ó menor que el EN, será tambien el ángulo BGL mayor, igual, ó menor que el EHN:
b 5. Def. V. luego el arco BC será al EF, como [b] el ángulo BGC al EHF.
c 15. V. Siendo el ángulo BGC al EHF, como [c] el ángulo BAC al EDF;
d 20. III. por ser los dos primeros duplos [d] de los dos segundos; y el arco BC al arco EF, como el ángulo BGC al EHF; será el arco BC al EF, como el ángulo BAC al EDF. Por consiguiente en círculos iguales los ángulos, así en el centro, como en la circunferencia, tienen la misma razon de los arcos, sobre que insisten. L. Q. D. D.

Añado, que tambien el arco BC será al EF, como el sector

tor BGC al EHF. Tírense BC, CK, y tomados en los arcos BC, CK los puntos X, O tírense BX, XC, CO, OK.

Siendo, pues, las dos BG, GC iguales á las dos CG, GK, y conteniendo ángulos iguales, la base BC será igual á la base
CK, y el triángulo GBC será igual [e] al triángulo GCK: y sien- e 4. I.
do el arco BC igual al CK, tambien los demás arcos, que completan todo el círculo ABC, serán iguales á los demás, que comple-
tan el mismo círculo: por consiguiente el ángulo BXC será igual [f] f 27. III.
al COK: luego el segmento BXC será semejante al segmento
COK [g]; están sobre las rectas iguales BC, CK; y los segmen- g 11. Def. III.
tos semejantes de círculos, que están sobre rectas iguales, son
iguales entre sí [h]: luego el segmento BXC será igual al segmento h 24. III.
COK: pero el triángulo BGC es igual al CGK: luego todo el

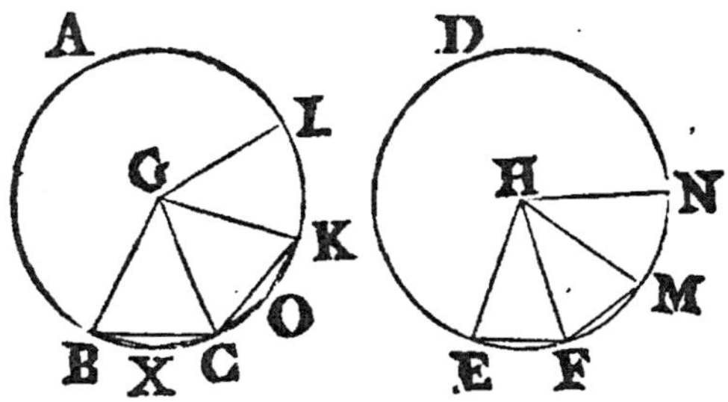

sector BGC será igual á todo el sector CGK: por la misma razon el sector KGL será igual á cada uno de los dos BGC, CGK: asimismo serán entre sí iguales los sectores EHF, FHM, MHN: luego quan multíplice sea el arco BL del BC, tan multíplice será el sector BGL del BGC: y asimismo quan multíplice sea el arco EN del EF, tan multíplice será el sector EHN del EHF; y segun sea el arco BL igual, mayor, ó menor que el EN, tambien el sector BGL será igual, mayor, ó menor que el EHN: luego dadas quatro cantidades, quales son los dos arcos BC, EF, y los dos sectores BGC, EHF, se han tomado el arco BL, y el sector BGL qualesquiera equimultíplices del arco BC, y del sector BGC, como tambien el arco EN, y el sector EHN qualesquiera equimultíplices del arco EF, y del sector EHF: pero yá se demostró, que segun sea el arco BL mayor,

igual,

igual, ó menor que el EN, será el sector BGL mayor, igual, ó menor que el EHN: luego el arco BC será al EF, como el sector BGC al EHF.

PROP. B. TEOR.

SI una recta tirada de un ángulo á la base de un triángulo divide el ángulo en dos partes iguales; el rectángulo contenido por los dos lados será igual á la suma del rectángulo contenido por los segmentos de la base, y del quadrado de la recta.

Sea ABC el triángulo, y divídase en dos partes iguales el ángulo BAC por la recta AD. Digo, que el rectángulo de BA, y AC será igual á la suma del rectángulo de BD, DC, y del quadrado de AD.

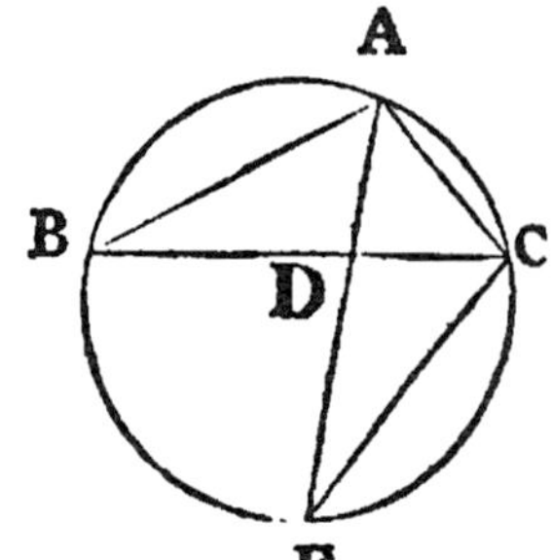

a 5. IV. Circunscríbase un círculo ABC [a] al triángulo, y prolónguese AD hasta encontrar la circunferencia en E, y tírese EC.

Siendo, pues, el ángulo BAD igual al
b 21. III. CAE, y el ABD al AEC [b], por estár en un mismo segmento, resultarán equiángulos entre sí los triángulos ABD, AEC:
c 4. VI. luego BA será á AD, como [c] EA á AC,
d 16. VI. y el rectángulo de BA, y AC será igual [d] al rectángulo de EA,
e 3. II. y AD, esto es á la suma del rectángulo [e] de ED, DA, y del
f 35. III. quadrado de AD: pero el rectángulo de ED, y DA es igual [f] al rectángulo de BD, y DC: luego el rectángulo de BA, y AC será igual á la suma del rectángulo de BD, y DC, y del quadrado de AD. Por consiguiente si una, &c. L. Q. D. D.

PROP.

PROP. C. TEOR.

SI de qualquier ángulo de un triángulo se tira una perpendicular á su base; el rectángulo contenido por los lados del triángulo será igual al contenido por la perpendicular, y por el diámetro del círculo circunscrito al triángulo.

Sea el triángulo ABC, y del ángulo A tírese la perpendicular AD á la base BC. Digo que el rectángulo de BA, y AC será igual al rectángulo contenido por AD, y por el diámetro del círculo circunscrito al triángulo.

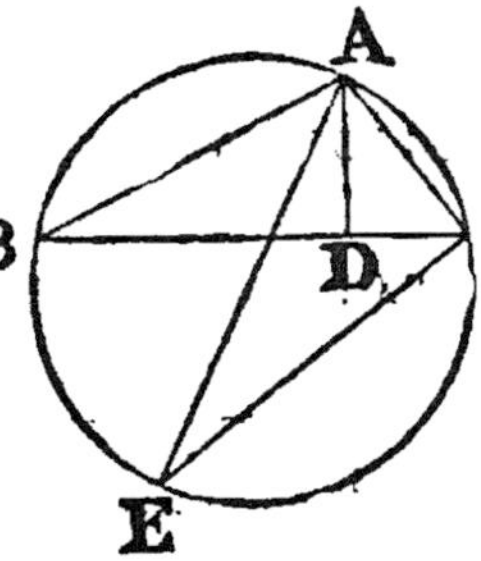

Circunscríbase [a] al triángulo el círculo ACB, y tírese el diámetro AE, y la linea EC. a 5. IV.

Siendo, pues, el ángulo recto BDA igual al ángulo ECA en el semicírculo [b], y el ángulo ABD igual [c] al AEC en el mismo segmento, serán equiángulos los triángulos ABD, AEC: luego BA será á AD, como [d] EA á AC, y por tanto el rectángulo de BA, y AC será igual [e] al rectángulo de EA, y AD. Por consiguiente si se tira, &c. L. Q. D. D.

b 31. III.
c 21. III.
d 4. VI.
e 16. VI.

ELEMENTOS DE EUCLIDES.

LIBRO UNDECIMO.

DEFINICIONES.

I.

Sólido es lo que tiene longitud, latitud, y grueso.

II.

Los extremos, ó términos del sólido son superficies.

III.

Una recta es perpendicular á un plano, quando es perpendicular á todas las rectas que la tocan, y están en el mismo plano.

IV.

Un plano es perpendicular á otro, quando las rectas tiradas en uno de ellos perpendiculares á la seccion comun son tambien perpendiculares al otro plano.

V.

La inclinacion de una recta á un plano es el ángulo agudo contenido por ella, y otra recta tirada en el mismo plano del punto, en que lo encuentra al punto, en que la perpendicular al plano baxada del extremo superior de la misma recta encuentra al plano.

VI.

La inclinacion de un plano á otro es el ángulo agudo contenido por dos rectas tiradas, una en cada plano, perpendiculares á la seccion comun en un mismo punto.

VII.

Planos semejantemente inclinados son aquellos, cuyos ángulos de inclinacion son iguales.

Pla-

VIII.

Planos paralelos son los que continuados nunca se encontrarán.

IX.

Angulo sólido es el contenido por mas de dos ángulos planos, que concurren en un punto, y no están en un mismo plano.

X.

"Se omite por las razones, que se hallarán en las Notas."

XI.

Figuras sólidas semejantes son las que tienen los ángulos sólidos respectivamente iguales, y están contenidas por igual número de planos semejantes.

XII.

Pirámide es la figura sólida contenida por planos, que salen de los extremos de otro, y concurren en un punto.

XIII.

Prisma es la figura sólida contenida por planos, en que dos opuestos son iguales, semejantes, y paralelos; y los demas paralelogramos.

XIV.

Esfera es la figura descrita por la rotacion de un semicírculo, que gira al rededor de su diámetro inmobil, hasta volver al lugar de donde salió.

XV.

Exe de la esfera es la recta fixa, ó inmobil, al rededor de la qual gira el semicírculo.

XVI.

Centro de la esfera es el mismo que el del semicírculo.

XVII.

Diámetro de la esfera es la recta tirada por su centro, y terminada por ambas partes en su superficie.

XVIII.

Cono es la figura descrita por la rotacion de un triángulo rectángulo, que gira al rededor de un lado inmobil de los que contienen el ángulo recto, hasta volver al lugar de donde salió.

Si el lado fixo, ó inmobil fuese igual al otro lado, que con él contiene el ángulo recto, esto es al que gira; el cono será orthogonio; si fuere menor, el cono será ambligonio; y si mayor, oxîgonio.

Exe

XIX.

Exe del cono es la recta fixa, al rededor de la qual gira el triángulo.

XX.

Base del cono es el círculo descrito por la recta que gira.

XXI.

Cilindro es la figura descrita por la rotacion de un paralelogramo rectángulo, que gira al rededor de uno de sus lados inmobil, hasta volver al lugar de donde salió.

XXII.

Exe del cilindro es la recta fixa, al rededor de la qual gira el paralelogramo.

XXIII.

Bases del cilindro son los círculos descritos por los dos lados opuestos, que giran.

XXIV.

Conos, y cilindros semejantes son aquellos, cuyos exes, y diámetros de las bases son proporcionales.

XXV.

Cubo es la figura sólida contenida por seis quadrados iguales.

XXVI.

Tetraedro es la figura sólida contenida por quatro triángulos iguales, y equiláteros.

XXVII.

Octaedro es la figura sólida contenida por ocho triángulos iguales, y equiláteros.

XXVIII.

Dodecaedro es la figura sólida contenida por doce pentágonos iguales, equiláteros, y equiángulos.

XXIX.

Icosaedro es la figura sólida contenida por veinte triángulos iguales, y equiláteros.

DEF. A.

Paralelepipedo es la figura sólida contenida por seis figuras quadriláteras, en que cada dos opuestas son paralelas.

PROP.

PROP. I. TEOR.

UNA recta no puede estár parte en un plano, y parte en otro diferente *

Si pudiese la parte AB de la recta ABC estár en un plano, y la parte BC en otro, resultaría, que una recta continuada en el plano de AB estaría directamente á AB. Séalo DB: luego dos rectas ABC, ABD tendrian un comun segmento AB; lo qual es imposible [a]. Por consiguiente si una recta, &c. L. Q. D. D. a Cor. 11. I.

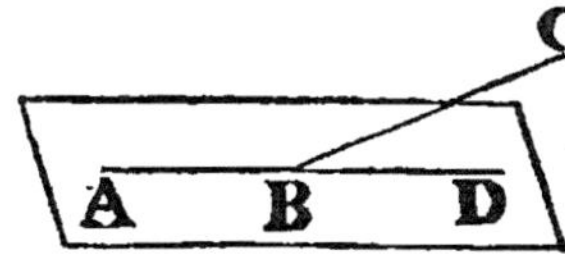

PROP. II. TEOR.

SI dos rectas se cortan una á otra; estarán en un plano: y tres rectas qualesquiera, que se encuentran mútuamente, están en un plano.

Córtense mútuamente en E las dos rectas AB, CD; estarán en un mismo plano; y las tres rectas EC, CB, BE, que mútuamente se encuentran, estarán tambien en un plano.

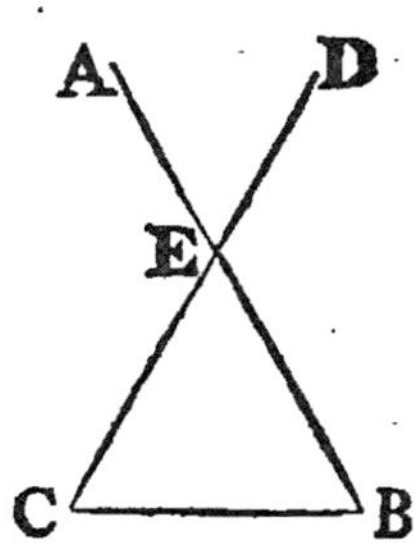

Tírese por la recta EB qualquier plano, y al rededor de EB continuada, si fuere necesario, muévase el plano hasta pasar por el punto C. Estando, pues, los puntos E, C en este plano, en el mismo estará [a] la recta EC: por la misma razon la recta BC estará en el mismo plano; y en el mismo está por hipótesis la recta EB: luego las tres rectas EC, CB, BE estarán en un plano: es así que las rectas CD, AB están [b] en el mismo plano, en que se hallan EC, EB: luego las rectas AB, CD estarán en un mismo plano. Por consiguiente si dos, &c. L. Q. D. D.

a 7. Def. I.

b 1. XI.

PROP.

* N. T. Omitimos decir plano inferior, y superior; entendiendo por planos diferentes los que encontrándose forman ángulo, ó no componen un mismo plano, y los que nunca se encuentran.

PROP. III. TEOR.

SI dos planos se cortan mútuamente; su seccion comun será una linea recta.

Córtense mútuamente los dos planos AB, BC, y sea DB su comun seccion. Digo, que la linea DB será recta.

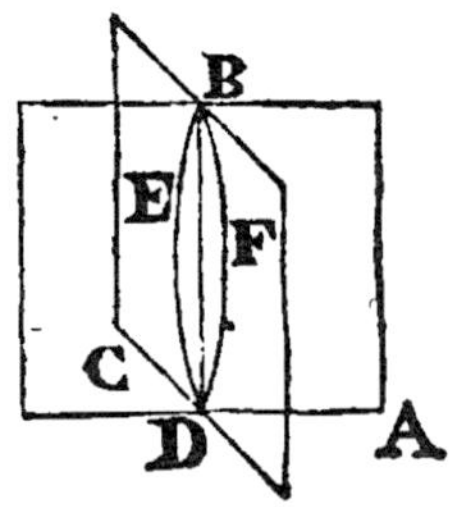

Porque si no lo fuese, tírese del punto D al
B en el plano AB la recta DEB; y en el plano EC la recta DFB: luego estas encerrarian
a 10. Axi. I. espacio, lo qual es absurdo [a]: luego la comun
seccion BD de los planos AB, BC no puede dexar de ser una recta: luego lo será. Por consiguiente si dos, &c. L. Q. D. D.

PROP. IV. TEOR.

SI una recta es perpendicular, en la seccion comun, á dos rectas, que se cortan mútuamente; será tambien perpendicular al plano, que pasa por ellas.

Sea la recta EF perpendicular en E á las dos rectas AB, CD, que se cortan mútuamente en el punto E. Digo, que EF será tambien perpendicular al plano, que pasa por AB, CD.

Tómense las rectas AE, EB, CE, ED iguales entre sí; y por el punto E tírese en el plano, que pasa por AB, CD, qualquiera recta GEH; júntense A, D; C, B; y de qualquier punto F de la recta EF tírense FA, FG, FD, FC, FH, FB.

Siendo, pues, iguales las dos rectas AE, ED á las dos BE,
a 15. I. EC, y conteniendo [a] los ángulos iguales AED, BEC, la base
b 4. I. AD será igual á la CB, y el ángulo DAE al EBC [b]: pero el
ángulo AEG es tambien igual al BEH [a]: luego AGE, BHE
son dos triángulos, que tienen dos ángulos del uno respectivamente iguales á dos ángulos del otro, é iguales los lados AE,
EB adyacentes á ángulos iguales: consiguientemente tendrán los
c 26. I. demás lados iguales [c] entre sí: luego GE será igual á EH, y
AG á BH. Siendo AE igual á EB, y FE comun, y perpendi-

dicular á estas rectas, resultará la base AF igual [d] á la FB. Por la misma razon CF será igual á FD. A mas, siendo AD igual á BC, y AF á FB, las dos FA, AD serán respectivamente iguales á las dos FB, BC: pero ya se demostró, que la base DF es igual á la FC: luego el ángulo FAD será igual [e] al FBC. Ademas se demostró la igualdad de AG á BH; y que AF es igual á FB: luego las dos FA, AG son iguales á las dos FB, BH: pero se ha demostrado la igualdad del ángulo FAG al FBH: luego la base FG será igual [d] á la FH: quedando tambien demostrada la igualdad de GE á EH, y siendo EF comun, las dos GE, EF serán iguales á las dos HE, EF: pero la base GF es igual á la FH: luego el ángulo GEF será igual [e] al HEF; y por tanto rectos ambos ángulos GEF, HEF [f]: luego la recta FE será perpendicular á una recta GH tirada por un punto qualquiera E: semejantemente se demuestra, que FE es perpendicular á todas las rectas que la tocan, y están en un mismo plano: es así que una recta es perpendicular á un plano, quando lo es á todas las rectas que la tocan, y están en el mismo [g]: luego FE será perpendicular al dicho plano. Por consiguiente si una, &c. L. Q. D. D.

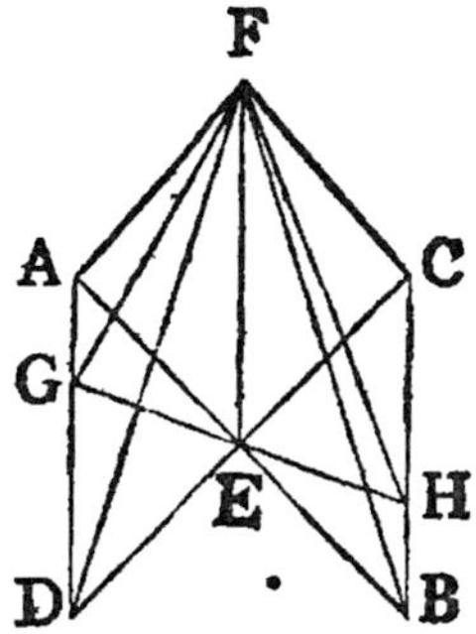

d 4. I.

e 8. I.

f 10. Def. I.

g 3. Def. XI.

PROP. V. TEOR.

SI una recta es perpendicular, en la seccion comun, á tres rectas que se tocan; las tres estarán en un mismo plano.

Sea una recta qualquiera AB perpendicular en el punto de concurso B á tres rectas BC, BD, BE. Digo, que BC, BD, BE estarán en un mismo plano.

Porque á no estár las tres en un mismo plano, BC se hallaria en un plano elevado sobre el de las BD, BE: continúese el

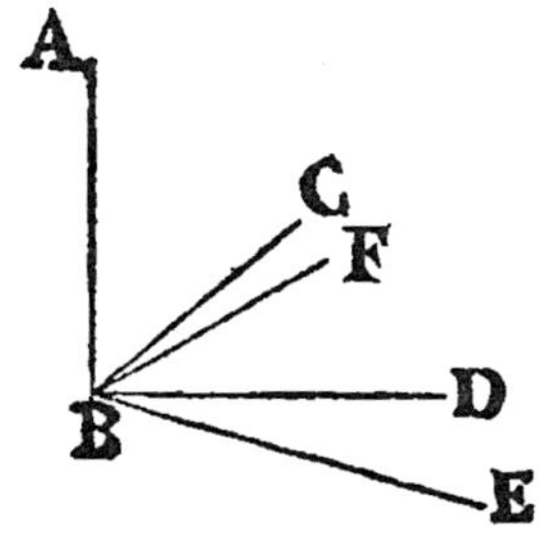

el plano, que pasa por AB, y BC, la comun seccion de este, y del plano de las BD, BC será una linea recta [a] BF: estarían las tres rectas AB, BC, BF en el plano, que pasa por AB, BC: y siendo AB perpendicular á BD, BE, tambien lo será al plano, que pase por ellas [b]: por consiguiente será perpendicular [c] á todas las rectas que la tocan, y están en el mismo plano: es así que BF se halla en el mismo plano, y la toca: luego el ángulo ABF será recto: pero se ha supuesto recto el ángulo ABC: luego el ángulo ABF sería igual al ABC: pero esto es imposible; por hallarse los dos en un mismo plano: luego la recta BC no estará en diferente plano: luego las tres rectas BC, BD, BE estarán en un plano. Por consiguiente si una, &c. L. Q. D. D.

a 3. XI.
b 4. XI.
c 3. Def. XI.

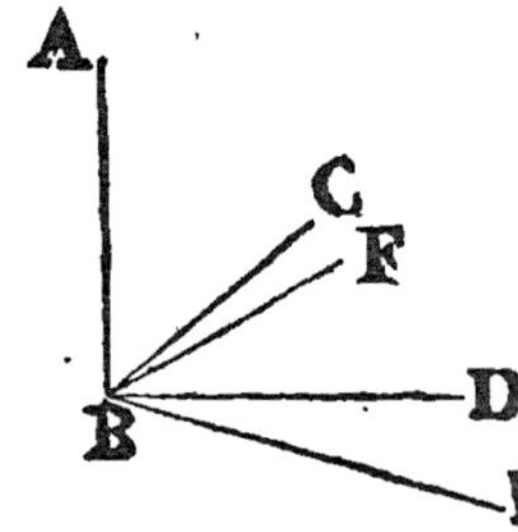

PROP. VI. TEOR.

SI dos rectas son perpendiculares á un mismo plano; serán paralelas entre sí.

Sean las dos rectas AB, CD perpendiculares á un mismo plano. Digo, que AB será paralela á CD.

Encuentren al plano en los puntos B, D, tírese la recta BD; y DE perpendicular á esta en el mismo plano, tómese DE igual á AB, y tírense BE, AE, AD: siendo, pues, AB perpendicular al plano, lo será [a] tambien á todas las rectas que la tocan, y están en el mismo: es así que AB encuentra á las dos BD, BE, que están en el plano: luego ambos ángulos ABD, ABE serán rectos: por la misma razon serán rectos los dos ángulos CDB, CDE: y siendo AB igual á DE, y BD comun, resultarán las dos AB, BD iguales á las dos ED, DB: pero contienen ángulos rectos: luego la base AD será igual [b] á la BE. A mas, siendo AB

a 3. Def. XI.
b 4. I.

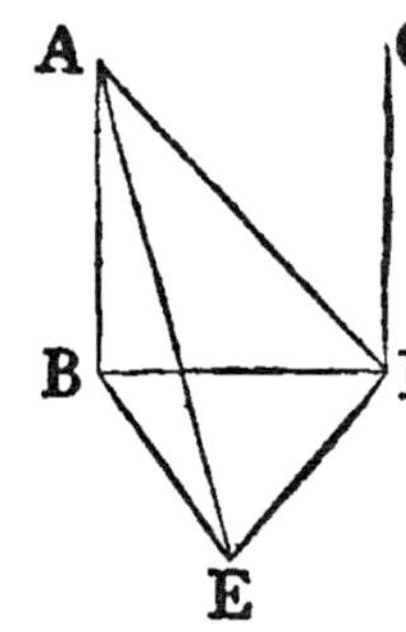

AB igual á DE, y BE á AD, las dos AB, BE serán iguales á las dos ED, DA, y la base AE comun: luego el ángulo ABE será igual [c] al EDA: es así que ABE es recto: luego tambien EDA será recto; y por tanto ED perpendicular á DA: pero tambien lo es á las dos BD, DC: por consiguiente ED será perpendicular en el punto de concurso á las tres rectas BD, DA, DC: luego BD, DA, DC estarán en un plano [d]: pero AB está en el mismo plano de BD, DA; y tres rectas qualesquiera, que mútuamente se encuentran, están en un plano [e]: luego AB, BD, DC estarán en un plano, y serán rectos ambos ángulos ABD, BDC: luego AB será paralela á CD [f]. Por consiguiente si dos, &c. L. Q. D. D.

c 8. I.
d 5. XI.
e 2. II.
f 28. I.

PROP. VII. TEOR.

SI dos rectas son paralelas; la recta, que junta dos puntos qualesquiera de ellas, estará en el mismo plano, en que se hallan las paralelas.

Sean dos rectas paralelas AB, CD, y tómense dos puntos qualesquiera E, F. Digo, que la recta EF, que los junta, estará en el mismo plano, en que se hallan las paralelas AB, CD.

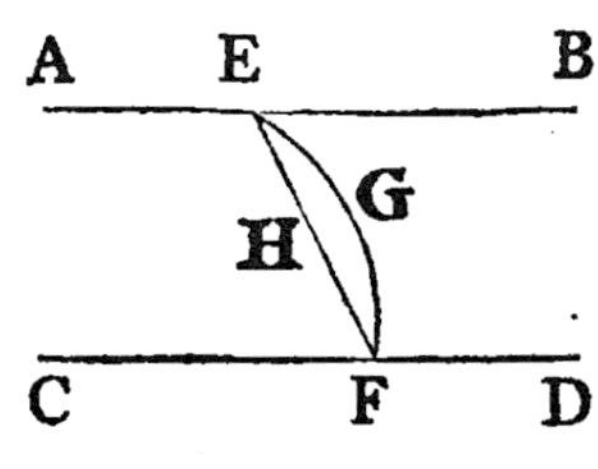

Porque á no ser así, esté la linea EGF, que los junta, en un plano elevado sobre el de las paralelas, y en el plano ABCD, en que están las paralelas, tírese del punto E al F la recta EHF: pero se supone ser una recta la linea EFG: luego las dos rectas EHF, EGF contendrían espacio, lo qual es imposible [a]: luego la recta tirada de E á F no estará en un plano elevado: estará, pues, en el plano, que pasa por las paralelas AB, CD. Por consiguiente si dos, &c. L. Q. D. D.

a 10. Axi. I.

PROP.

PROP. VIII. TEOR.

SI de dos rectas paralelas la una es perpendicular á un plano; tambien lo será la otra.

Sean dos rectas paralelas AB, CD, y la AB perpendicular á un plano. Digo, que CD será perpendicular al mismo plano.

Encuentren AB, CD al plano en los puntos B, D: tírese BD: tírese tambien DE perpendicular á BD en el mismo plano: tómese DE igual á AB, y tírense BE, AE, ED: luego AB, CD, BD estarán en un mismo plano: y por ser AB perpendicular á un
a 3. Def. XI. plano, tambien lo será [a] á todas las rectas, que la tocan, y están en el mismo: por consiguiente los dos ángulos ABD, ABE serán rectos: y cayendo la recta BD sobre las rectas paralelas AB, CD, resultarán los ángu-
b 29. I. los ABD, CDB iguales á dos rectos [b]: es así que ABD es recto: luego tambien lo será CDB, y por tanto CD será perpendicular á BD. Siendo AB igual á DE, y BD comun, las dos AB, BD serán iguales á las dos ED, DB, y el ángulo ABD igual al EDB, por ser ambos
c 4. I. rectos: luego la base AD será igual [c] á la BE: á mas, siendo AB igual á DE, y BE á AD, serán las dos AB, BE iguales á las dos ED, DA, y la base AE comun: por consiguiente el ángulo ABE
d 8. I. será igual al EDA [d]: pero ABE es recto: luego tambien lo será EDA: y por tanto ED será perpendicular á DA: es así que tam-
e 4. XI. bien lo es BD: luego ED será perpendicular [e] al plano, que
f 3. Def. XI. pasa por BD, DA, y á todas las rectas [f], que la encuentran en el mismo plano: pero DC está en el plano, que pasa por BD, DA, por hallarse todas tres en el plano, en que están las rectas paralelas AB, CD: por consiguiente ED será perpendicular á CD; y por tanto CD perpendicular á DE: pero tambien lo es á DB: luego CD será perpendicular en la comun seccion D á las dos rectas DE, DB, que mutuamente se cortan; y por tanto al plano, que pasa por DE, DB; pero este es el plano, á que es perpendicular AB: luego CD será perpendicular al mismo plano. L. Q. D. D.

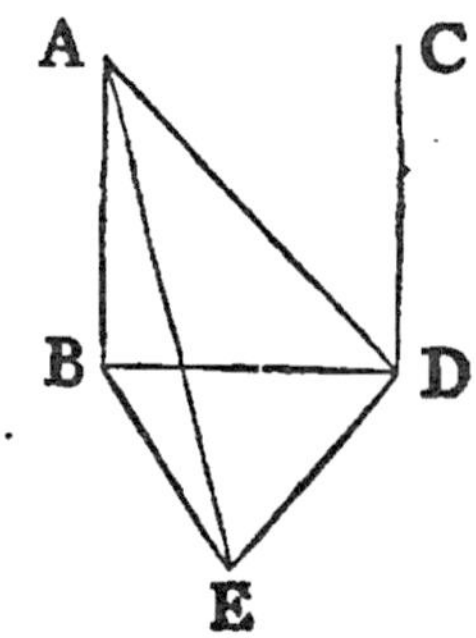

PROP.

PROP. IX. TEOR.

LAS rectas paralelas á otra, aun no estando todas en un mismo plano, son entre sí paralelas.

Sean las dos AB, CD paralelas á EF, y no se hallen las tres en un mismo plano. Digo, que AB será paralela á CD.

Tómese en EF qualquier punto G, del qual tírese GH perpendicular á EF en el plano, que pasa por EF, AB; y en el que pasa por EF, CD tírese GK perpendicular á EF: siendo, pues, EF perpendicular á las dos GH, GK, tambien lo será al plano, que pasa [a] por ellas: pero EF es paralela á AB: luego AB será perpendicular [b] al plano, que pasa por HGK: por la misma razon CD será perpendicular al plano, que pasa por HGK: luego las dos AB, CD serán perpendiculares al mismo plano: pero si dos rectas son perpendiculares á un plano, son entre sí paralelas [c]: luego AB será paralela á CD. Por consiguiente las rectas, &c. L. Q. D. D.

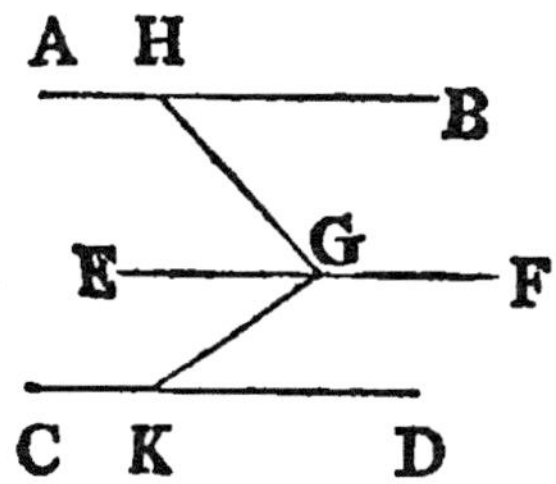

a 4. XI.
b 8. XI.
c 6. XI.

PROP. X. TEOR.

SI dos rectas, que se tocan, son paralelas á otras dos, que se tocan no estando en el mismo plano; contendrán ángulos iguales.

Sean las dos rectas, que se tocan AB, BC paralelas á las dos rectas, que se tocan DE, EF, no estando en un mismo plano. Digo, que el ángulo ABC será igual al DEF.

Tómense BA, BC, ED, EF iguales entre sí, y tírense AD, CF, BE, AC, DF: siendo, pues, BA igual, y paralela á ED, tambien AD será igual, y paralela á BE [a]: por la misma razon CF será igual, y paralela á BE: luego las dos AD, CF serán iguales, y paralelas á BE: es

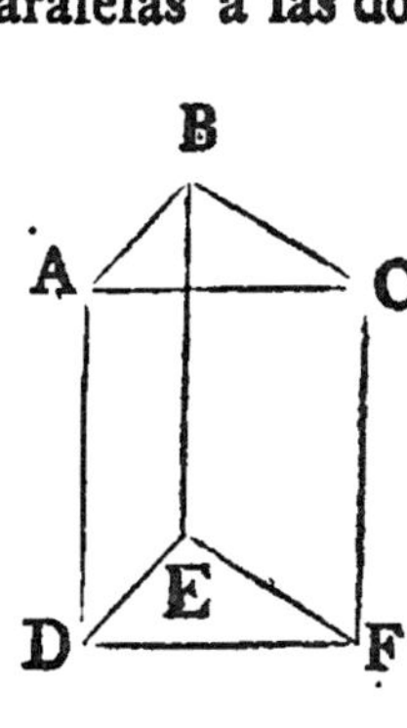

a 33. I.

es así que las rectas paralelas á otra, aun no estando todas en un mismo plano, son para-
b 9. XI. lelas [b] entre sí: luego AD será paralela á CF:
c 1. Ax. I. pero es igual [c] á ella; y AC, DF las juntan: luego AC será igual, y paralela [d] á DF.
d 33. I. Siendo, pues, las dos rectas AB, BC iguales á las dos DE, EF, y la base AC á la DF, será
e 8. I. el ángulo ABC igual [e] al DEF. Por consiguiente si dos, &c. L. Q. D. D.

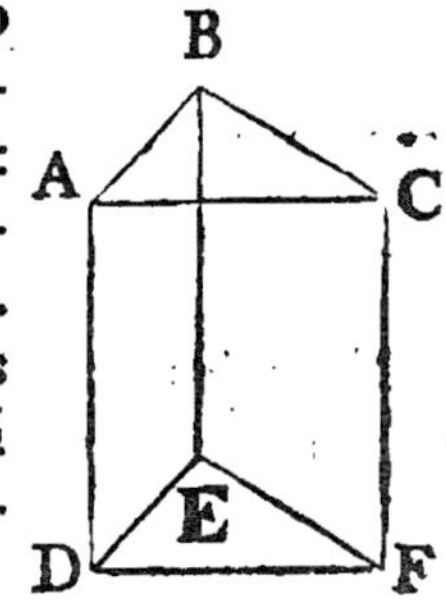

PROP. XI. PROBL.

DE un punto dado elevado baxar una recta perpendicular al plano.

Sea A el punto dado elevado, y BH el plano, y háyase de baxar de A á BH una recta perpendicular.

Tírese en el plano qualquiera recta BC, y del punto A á la
a 12. I. linea BC báxese la perpendicular AD [a]. Si esta es perpendicular al plano, se tendrá lo que se pedia; pero si no lo fuese, tí-
b 11. I. rese del punto D, la DE [b] perpendicular á BC, y del punto A báxese AF perpendicular á DE, y lo será al plano. Por F tírese GH
c 31. I. paralela á BC [c]: siendo BC perpendi-
d 4. XI. cular á las dos ED, DA, lo será [d] tambien al plano que pasa por ellas: es así que GH es paralela á BC; y si de dos rectas paralelas la una es perpendicular á un
e 8. XI. plano, tambien lo es la otra [e]: luego GH será perpendicular al plano, que pasa por ED, DA; y consiguientemente á todas las rectas, que la tocan, y están en el mis-
f 3. Def. XI. mo [f]: pero la toca la recta AF, que está en el mismo plano, que pasa por ED, DA: luego GH será perpendicular á AF, y por tanto AF perpendicular á GH: pero AF es perpendicular á DE: luego AF será perpendicular á las dos GH, DE: es así que si una recta es perpendicular en la seccion comun á otras dos, que
g 4. XI. se dividen mutuamente, lo es tambien al plano tirado por ellas [g]: lue-

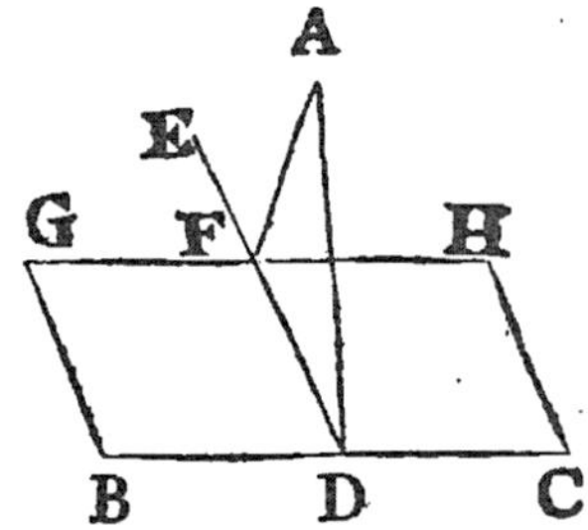

luego AF será perpendicular al plano tirado por ED, GH: es así que este es el plano dado: luego AF será perpendicular al plano dado. Por consiguiente de un punto, &c. L. Q. D. H.

PROP. XII. PROBL.

EN un punto dado de un plano dado, elevar una perpendicular al plano.

Sea A el punto dado en el plano dado, y háyase de elevar en él una perpendicular al plano.

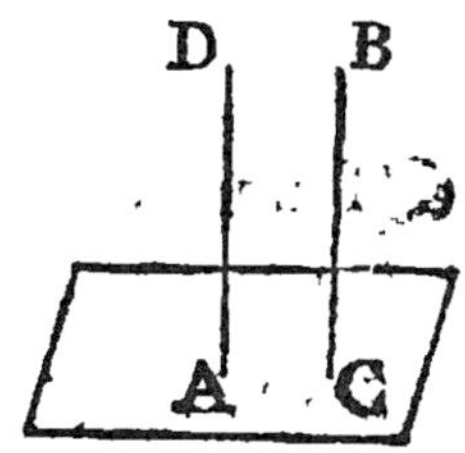

Supóngase algun punto elevado B, del qual al plano inferior báxese la perpendicular BC [a], y por A tírese AD paralela [b] á BC. Siendo, pues, AD, CB dos rectas paralelas, y una de ellas BC perpendicular al plano, tambien lo será [c] al mismo la otra AD. Por consiguiente se ha elevado, &c. L. Q. D. H.

a 11. XI.
b 31. I.
c 8. XI.

PROP. XIII. TEOR.

EN un punto dado de un plano no se pueden elevar dos perpendiculares al plano: y de un punto elevado sobre un plano únicamente se puede baxar una perpendicular al plano.

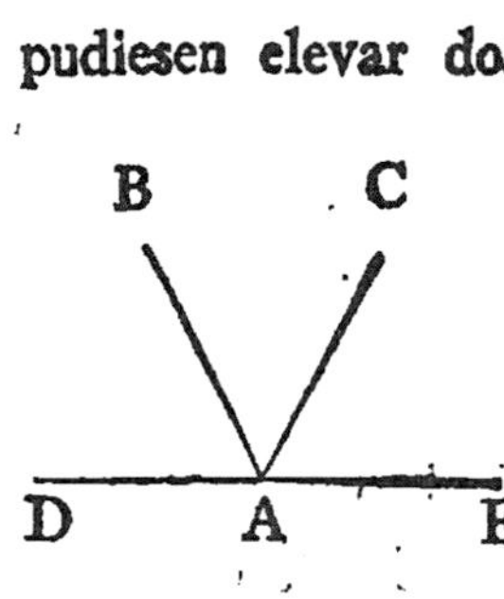

Si en un punto dado A de un plano se pudiesen elevar dos rectas perpendiculares al plano, serían AB, AC. Sea la recta DE la seccion [a] del plano, que pasa por AB, AC, y del plano dado: luego las rectas AB, AC, DAE estarán en un mismo plano: y siendo CA perpendicular al plano, tambien lo será á todas las rectas, que la tocan, y están en el mismo: es así que la toca la DAE, que está en el mismo plano: luego el ángulo CAE será recto: por la

a 3. XI.

la misma razon lo sería el BAE: luego CAE sería igual á BAE; pero esto es imposible, pues están en un mismo plano: por consiguiente en un punto dado de un plano no se pueden elevar dos perpendiculares al plano. De un punto elevado sobre un plano solo se puede baxar una perpendicular al plano; porque si se pudiesen baxar dos del mismo punto, serían entre sí paralelas; lo qual es absurdo. Por consiguiente de un punto, &c. L. Q. D. D.

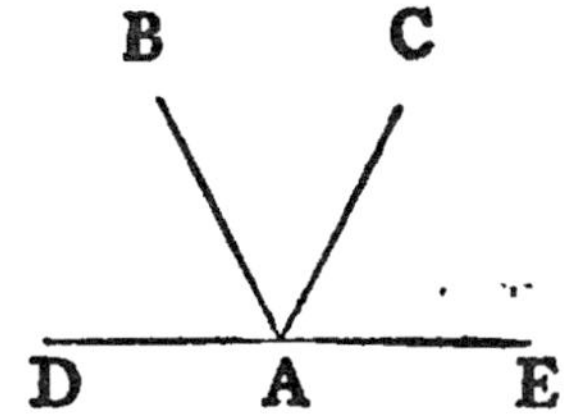

PROP. XIV. TEOR.

SI una recta es perpendicular á dos planos; estos serán paralelos.

Sea la recta AB perpendicular á los dos planos CD, EF. Digo, que estos serán paralelos.

Porque á no ser así, continuados se encontrarían: encuéntrense; la comun seccion será una recta: sea, pues, esta GH, y tómese en ella qualquier punto K, tírense AK, BK. Siendo, pues, AB perpendicular al plano EF, lo será tambien á la recta BK, que
a 3. Def. XI. está [a] en el plano EF continuado: luego el ángulo ABK será recto: asimismo será recto el BAK: luego los dos ángulos ABK, BAK del triángulo ABK serían iguales á dos rec-
b 17. I. tos, lo qual es imposible [b]: luego los planos CD, EF continuados no se encontrarán: serán, pues, para-
c 8. Def. XI. lelos [c]. Por consiguiente si un, &c. L. Q. D. D.

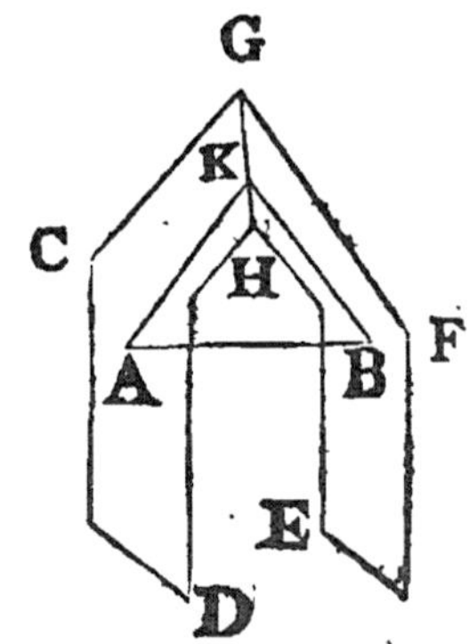

PROP. XV. TEOR.

SI dos rectas, que se tocan en un plano, son paralelas á otras dos que se tocan en otro; tambien serán paralelos los planos, que pasan por ellas.

Sean

Sean las dos rectas AB, BC, que se tocan en un plano, paralelas á las DE, EF, que se tocan en otro. Digo, que continuados los planos, que pasan por ABC, DEF, nunca se encontrarán.

Tírese * del punto B al plano, que pasa por DEF, la perpendicular BG, que encuentra al plano en G, y por este punto tírese * GH paralela á ED, y asimismo GK paralela á EF: siendo, pues, BG perpendicular al plano, que pasa por DE, EF, tambien lo será [a] á todas las rectas, que la tocan, y están en el mismo: pero la tocan las dos GH, GK, que están en el mismo plano: luego los dos ángulos BGH, BGK serán rectos: y siendo BA paralela á GH *, (por ser las dos paralelas á DE, y no estár en el mismo plano que ella) resultarán los dos ángulos GBA, BGH iguales [b] á dos rectos: pero BGH es recto: luego tambien lo será GBA; y por tanto GB será perpendicular á BA: por la misma razon será GB perpendicular á BC: siendo, pues, la recta GB perpendicular á las dos rectas BA, BC, que mutuamente se dividen, lo será [c] tambien al plano, que pasa por ellas: pero lo es asimismo al plano, que pasa por DE, EF: luego BG será perpendicular á los dos planos, que pasan por ABC, DEF: es así que si una recta es perpendicular á dos planos, estos son paralelos [d]: luego el plano, que pasa por AB, BC, será paralelo al que pasa por DE, EF. Por consiguiente si dos, &c. L. Q. D. D.

* 11. XI.
* 31. I.
a 3. Def. XI.
* 9. XI.
b 29. I.
c 4. XI.
d 14. XI.

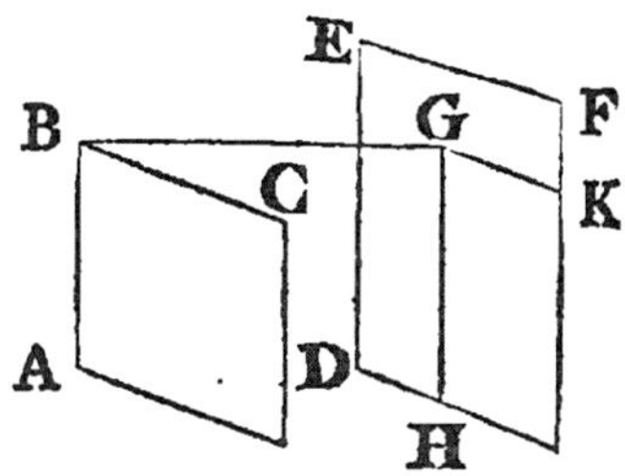

PROP. XVI. TEOR.

SI dos planos paralelos se cortan por otro; las comunes secciones serán paralelas.

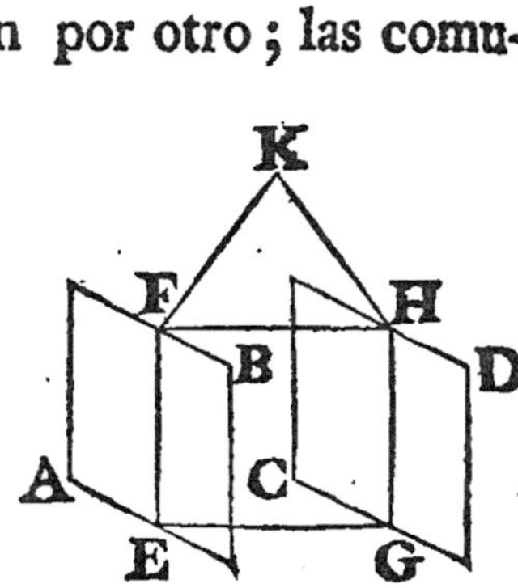

Córtense los dos planos paralelos AB, CD por el plano EFHG, y sean las comunes secciones EF, GH. Digo, que EF será paralela á GH.

Porque á no serlo, continuadas se encontrarían, ó ácia la parte FH, ó ácia

ácia la EG: continúense ácia FH, y encuéntrense en K. Estando, pues, la EFK en el plano AB, en el mismo estarán todos sus puntos: pero K es uno de los puntos de EFK: luego K estará en el plano AB: por la misma razon K estará en el plano CD: luego los planos AB, CD continuados se encontrarían, lo que no puede ser, por suponerse paralelos: luego las rectas EF, GH continuadas no se encontrarán ácia FH: semejantemente se demuestra, que continuadas tampoco se encontrarán ácia EG: es así que las lineas, que estando en un mismo plano continuadas nunca se encuentran, son paralelas: luego EF será paralela á GH. Por consiguiente si dos planos, &c. L. Q. D. D.

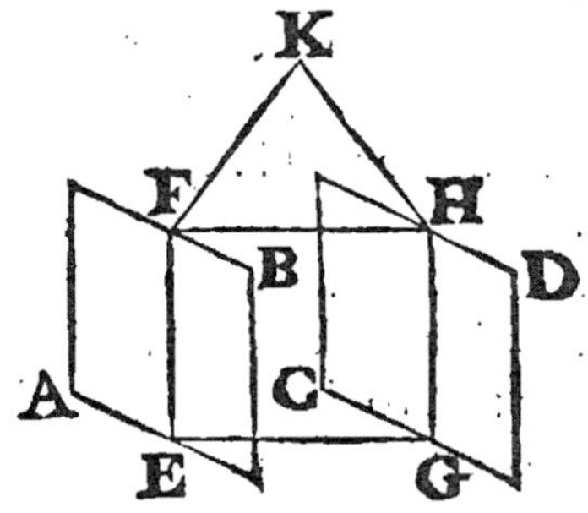

PROP. XVII. TEOR.

SI dos rectas se cortan por planos paralelos; quedarán divididas en una misma razon.

Divídanse las dos rectas AB, CD por los planos paralelos GH, KL, MN en los puntos A, E, B; C, F, D. Digo, que la recta AE será á la EB, como CF á FD.

Tírense AC, BD, AD, y encuentre AD al plano KL en el punto X, y tírense EX, XF. Dividiendo, pues, el plano EBDX á los dos planos paralelos KL, MN, sus comunes

a 16. XI. secciones EX, BD serán paralelas [a]: por la misma razon dividiendo el plano AXFC á los dos planos paralelos GH, KL, sus comunes secciones AC, XF serán paralelas: y por ser EX paralela al lado BD del triángulo ABD,

b 2. VI. será AE á EB, como [b] AX á XD: ademas de esto por ser XF paralela al lado AC del triángulo ADC, será AX á XD, como CF á FD: es

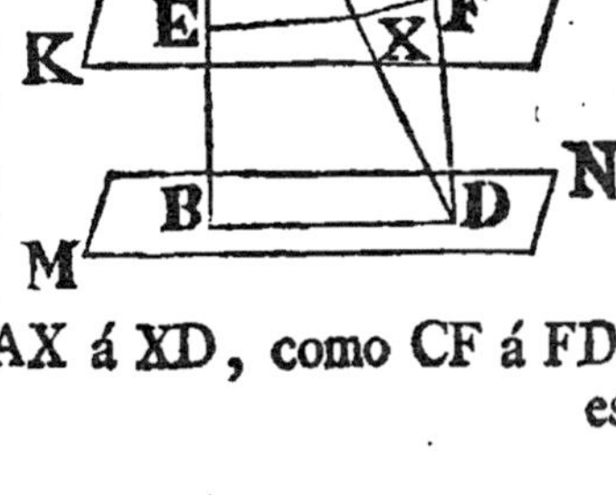

es así que ya se demostró ser AX á XD, como AE á EB: luego AE será á EB, como [c] CF á FD. Por consiguiente si dos rectas, &c. L. Q. D. D. c 11. V.

PROP. XVIII. TEOR.

SI una recta es perpendicular á un plano; todos los planos, que pasen por ella, serán perpendiculares al mismo plano.

Sea la recta AB perpendicular al plano CK. Digo, que serán tambien perpendiculares al mismo plano todos los planos, que pasen por AB.

Pase por AB el plano DE, y sea CE la comun seccion de dichos planos, y tómese en CE qualquier punto F, en el qual tírese en el plano DE la FG perpendicular á CE: siendo, pues, AB perpendicular al plano CK, lo será [a] tambien á todas las rectas, a 3. Def. XI. que la tocan, y están en el mismo plano, por consiguiente á CE: luego el ángulo ABF será recto: pero tambien lo es GFB: luego AB será paralela á FG [b]: pero AB es perpendicular al b 28. I. plano CK: luego FG será perpendicular [c] al mismo: es así que un plano es c 8. XI. perpendicular á otro, quando las rectas tiradas en uno de ellos perpendiculares á la seccion comun son perpendiculares al otro plano [d]: y ya d 4. Def. XI. se demostró, que FG tirada en el plano DE perpendicular á la seccion comun CE es perpendicular al plano CK: luego al mismo será perpendicular el plano DE: del mismo modo se puede demostrar, que todos los planos que pasan por AB, son perpendiculares al plano CK. Por consiguiente si una, &c. L. Q. D. D.

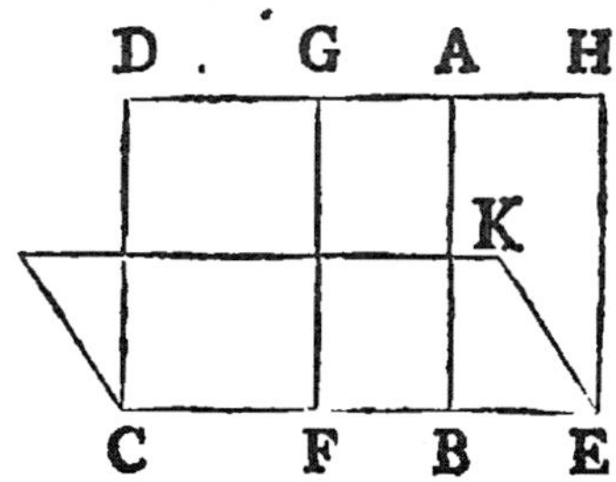

PROP.

PROP. XIX. TEOR.

SI dos planos, que mútuamente se cortan, son perpendiculares á otro; será tambien perpendicular al mismo plano la comun seccion de entrambos.

Sean los dos planos AB, BC, que mútuamente se cortan perpendiculares al plano ADC; y BD su comun seccion. Digo, que BD será perpendicular al plano ADC.

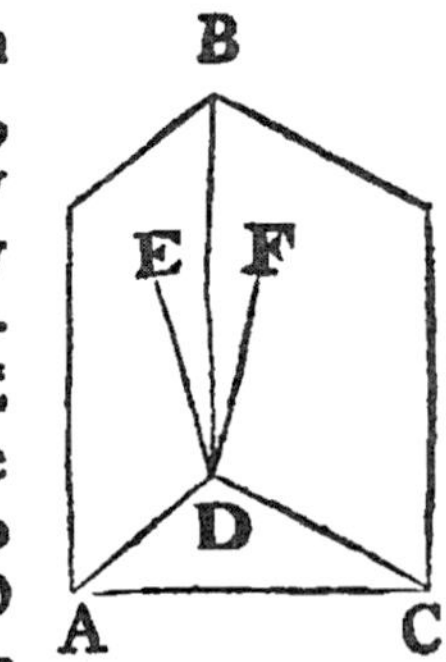

Porque si no lo fuese; en el punto D tírese en el plano AB la DE perpendicular á la recta AD, y en el plano BC la DF perpendicular á CD; y siendo el plano AB perpendicular al ADC, y habiéndose tirado en el plano AB la DE perpendicular á la comun seccion AD, será DE
a 4. Def. XI. perpendicular [a] al plano ADC: semejantemente se demuestra ser DF perpendicular al plano ADC: consiguientemente en el mismo punto D se habrian tirado ácia la misma parte dos rectas
b 13. XI. perpendiculares al plano ADC; lo qual es imposible [b]: luego no se tirará en el punto D otra recta perpendicular al plano ADC, fuera de la DB comun seccion de los planos AB, BC: luego DB será perpendicular al plano ADC. Por consiguiente si dos, &c. L. Q. D. D.

PROP. XX. TEOR.

SI un ángulo sólido está contenido por tres ángulos planos; la suma de dos qualesquiera será mayor que el otro.

Esté el ángulo sólido A contenido por los tres ángulos planos BAC, CAD, DAB. Digo, que la suma de dos qualesquiera de ellos será mayor que el otro.

Porque si fuesen entre sí iguales los ángulos BAC, CAD, DAB, es evidente, que la suma de dos qualesquiera sería mayor que

que el otro: pero si no fuesen iguales, sea BAC no menor que uno, y otro, y mayor que el DAB; y sobre la recta AB en el punto A constrúyase el ángulo BAE igual [a] al DAB en el plano, que pasa por BA, AC: tómese AE igual á AD, y BEC tirada por E divida las rectas AB, AC en los puntos B, C, y tírense BD, DC: siendo, pues, DA igual á AE, y AB comun, las dos DA, AB serán iguales á las dos EA, AB, y el ángulo DAB igual al BAE: luego la base DB será igual [b] á la BE; y siendo BD, DC mayores [c] que CB, de las quales DB se ha demostrado ser igual á BE, la otra BC será mayor que la otra EC, y por ser DA igual á AE, AC comun, y la base DC mayor que la EC, será el ángulo DAC mayor [d] que el EAC: es así que el ángulo DAB es por construccion igual al BAE: luego los ángulos DAB, DAC serán mayores que el BAC: pero BAC no es menor que uno, y otro de los DAB, DAC: luego la suma del BAC, y de uno de ellos será mayor que el otro. Por consiguiente si un, &c. L. Q. D. D.

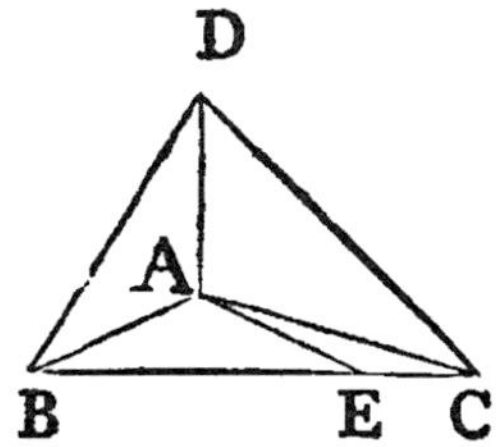

a 23 I.
b 4. I.
c 20. I.
d 25. I.

PROP. XXI. TEOR.

La suma de todos los ángulos planos, que contienen un ángulo sólido, es menor que quatro rectos.

1.º Esté contenido el ángulo sólido A por tres ángulos planos BAC, CAD, DAB. Digo, que la suma de estos ángulos será menor que quatro rectos.

Tómense en cada una de las lineas AB, AC, AD qualesquiera puntos B, C, D; y tírense BC, CD, DB: hallándose, pues, el ángulo sólido B contenido por tres ángulos planos CBA, ABD, DBC, la suma de dos qualesquiera será mayor [a] que el otro: luego la suma de los ángulos CBA, ABD será mayor que el ángulo DBC: por la misma razon la suma de los ángulos BCA, ACD será mayor que el ángulo DCB, y la de los CDA, ADB mayor

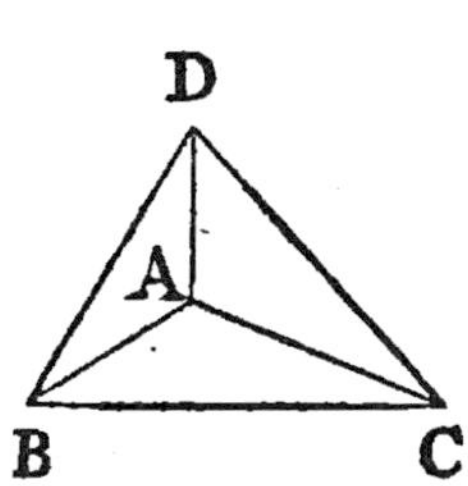

a 20. XI.

yor que el BDC: luego la suma de los seis ángulos CBA, ABD, BCA, ACD, CDA, ADB será mayor que la suma de los tres ángulos DBC, BCD, CDB: es así que la suma de los tres DBC,
b 32. I. BCD, CDB es igual [b] á dos rectos: luego la suma de los seis ángulos CBA, ABD, BCA, ACD, CDA, ADB será mayor que dos rectos: y siendo la suma de los tres ángulos de cada uno de los triángulos ABC, ACD, ADB igual á dos rectos, será la suma de los nueve ángulos CBA, BAC, ACB, ACD, CDA, DAC, ADB, DBA, BAD de los triángulos igual á seis rectos; de los quales la suma de los seis ángulos CBA, ACB, ACD, CDA, ADB, DBA es mayor que dos rectos: luego la suma de los otros tres ángulos BAC, CAD, DAB, que contienen el ángulo sólido, será menor que quatro rectos.

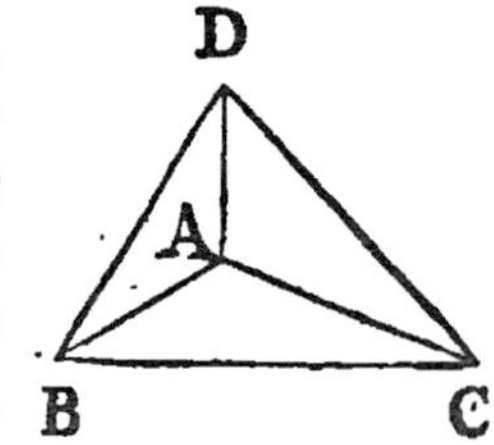

2.º Esté el ángulo sólido A contenido por qualquier número de ángulos planos BAC, CAD, DAE, EAF, FAB: la suma de todos ellos será menor que quatro rectos.

Encuentre algun plano á los planos, en que están los ángulos, y sean sus secciones comunes con estos planos las rectas BC, CD, DE, EF, FB: estando, pues, el ángulo sólido B contenido por los tres ángulos planos CBA, ABF, FBC, la suma de dos qualesquiera será mayor [c] que el otro: luego la su-
c 20. XI. ma de los ángulos CBA, ABF será mayor que el ángulo FBC: por la misma razon la suma de los dos ángulos planos terminados en qualquiera de los puntos C, D, E, F, los quales están en las bases de los triángulos, cuyo vértice comun es A, será mayor que el otro ángulo en el mismo punto, el qual es el ángulo del polígono BCDEF: luego la suma de todos los ángulos, que están en las bases de los triángulos, será mayor que todos los ángulos del polígono: siendo, pues, la suma de todos los ángulos de los triángulos igual al duplo de tantos rectos, quantos son los trián-
d 32. I. gulos [d]; esto es quantos son los lados del polígono BCDEF, y

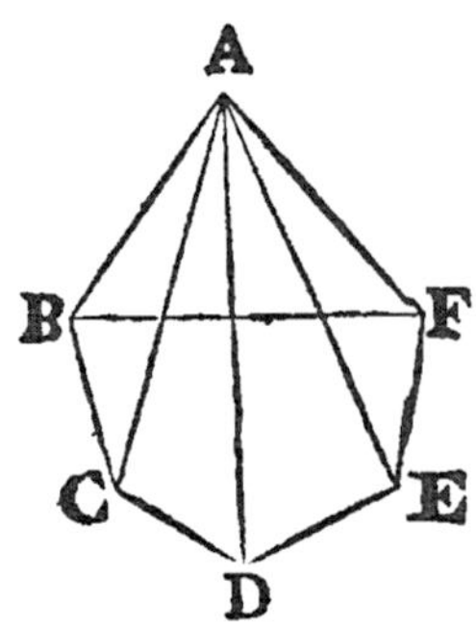

la

la suma de todos los ángulos del polígono juntos con quatro rectos tambien igual al duplo de tantos rectos, quantos son los lados del polígono [e], será la suma de todos los ángulos de los triángulos igual á la de todos los ángulos del polígono juntos con quatro rectos: pero ya se demostró, que la suma de todos los ángulos, que están en las bases de los triángulos, es mayor que la de todos los ángulos del polígono: luego la suma de los otros ángulos de los triángulos, es á saber de los que contienen el ángulo sólido A, será menor que quatro rectos. Por consiguiente la suma, &c. L. Q. D. D.

e 1. Cor. 32. I.

PROP. XXII. TEOR.

SI tres ángulos planos, siendo la suma de dos qualesquiera mayor que el otro, se hallan contenidos por rectas iguales; se podrá construir un triángulo de las lineas, que juntan dichas rectas.

Sean tres ángulos planos ABC, DEF, GHK contenidos por las rectas iguales AB, BC, DE, EF, GH, HK, siendo la suma de dos qualesquiera de ellos mayor que el otro; y tírense las lineas AC, DF, GK. Digo, que se podrá construir un triángulo de rectas iguales á AC, DF, GK; esto es que la suma de dos qualesquiera será mayor que la otra.

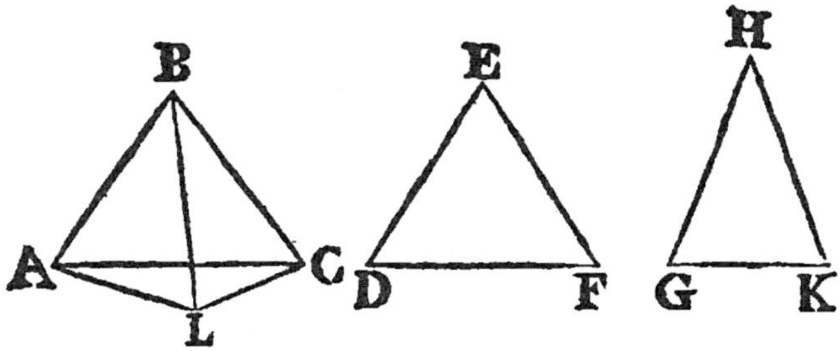

Porque si los ángulos B, E, H son iguales, tambien lo serán [a] las lineas AC, DF, GK, y la suma de las dos mayor que la otra; y si no, sean desiguales los ángulos, que concurren en dichos pun-

a 4. I.

puntos, y no sea el ángulo B menor que uno, y otro de los E, y H: luego la recta AC no será menor que una, y otra de las
b 4.6 24. I. DF, GK [b]: y es evidente, que la suma de AC, y de una de las DF, GK es mayor que la otra. Digo, que tambien la suma
c 23. I. de DF, GK será mayor que AC. Construyase [c] sobre el punto B la recta AB en el ángulo ABL igual al GHK, y tómese BL igual á una de las AB, BC, DE, EF, GH, HK, y tírense AL,

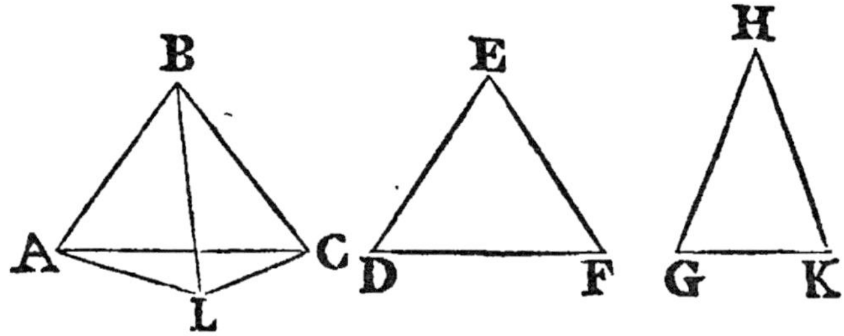

LC. Siendo, pues, las dos AB, BL respectivamente iguales á las dos GH, HK, y conteniendo ángulos iguales, la base AL será
d 4. I. igual [d] á la base GK: y por ser los ángulos E, H mayores que el ABC, de los quales el GHK es igual al ABL, será el ángulo E, mayor que el ángulo LBC; y siendo las dos LB, BC respectivamente iguales á las dos DE, EF, y el ángulo DEF
e 24. I. mayor que el LBC, será la base DF mayor [e] que la LC: es así que ya se demostró la igualdad de GK á AL: luego DF, GK serán mayores que AL, LC: pero AL, LC son mayores que
f 20. I. AC [f]: luego la suma de dos qualesquiera de las rectas AC, DF, GK será mayor que la otra: y por consiguiente se podrá cons-
g 22. I. truir un triángulo de rectas iguales [g] á AC, DF, GK. L.Q.D.D.

PROP. XXIII. PROBL.

CONSTRUIR un ángulo sólido de tres ángulos planos dados, de los quales la suma de dos qualesquiera sea mayor que el otro, y la suma de todos menor que quatro rectos.

Sean

Sean tres ángulos planos dados ABC, DEF, GHK, de los quales la suma de dos qualesquiera sea mayor que el otro, y la suma de los tres menor que quatro rectos, y háyase de construir un ángulo sólido de tres ángulos iguales á los ABC, DEF, GHK.

Córtense iguales las lineas AB, BC, DE, EF, GH, HK, y tírense AC, DF, GK: luego se podrá construir [a] un triángulo a 22. XI.

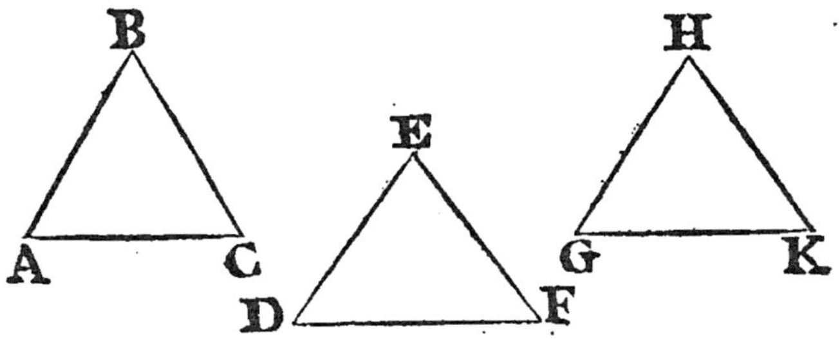

de rectas iguales á AC, DF, GK: constrúyase [b], pues, el b 22. I. LMN, de manera que AC sea igual á LM, DF á MN, y GK á NL; y circunscríbase [c] al triángulo LMN un círculo LMN, c 5. IV. y sea su centro X, el qual estará dentro del triángulo LMN, ó en uno de sus lados, ó fuera.

I.º Supóngase dentro, y tírense LX, MX, NX. Digo, que AB será mayor que LX; porque á no ser así, AB sería igual á LX, ó menor que ella. Sea primeramente igual: siendo, pues, AB igual á LX, AB á DC, y LX á XM, las dos AB, BC serán respectivamente iguales á las dos LX, XM: pero la base AC se supone igual á la LM: luego el ángulo ABC será igual [d] al LXM: por la misma razon el ángulo DEF será igual al MXN, y el GHK al NXL: luego la suma de los tres ángulos ABC, DEF, GHK será igual á la de los tres LXM, MXN, NXL: es así que la suma de LXM, MXN, NXL es igual [e] á quatro rectos: luego tambien la suma de los tres ABC, DEF, GHK sería igual á

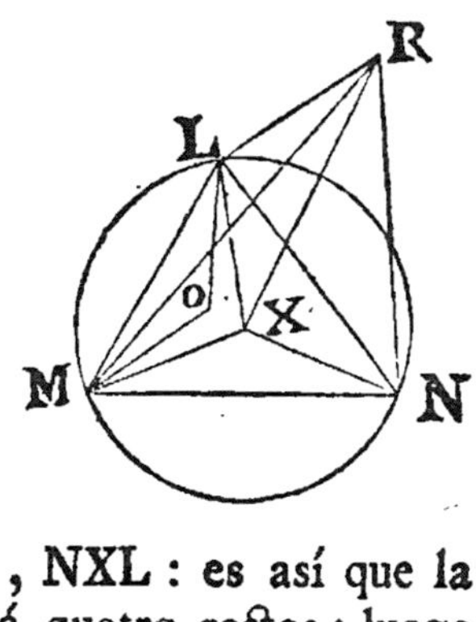

d 8. I.

e 2. Cor. 15. I.

qua-

quatro rectos; lo qual es absurdo, por haberse supuesto menor
que quatro rectos: luego AB no será igual á LX; ni tampoco
menor; pues si lo fuese, sobre la recta LM ácia la parte, en
que está el centro X, constrúyase el triángulo LOM, cuyos la-
f 22. I. dos LO, OM sean iguales á los AB, BC [f]; y siendo la base LM
g 8. I. igual á la AC, será el ángulo LOM igual al ABC [g]: pero se
ha supuesto la recta AB, esto es LO menor que LX: luego LO,
MO caerán dentro del triángulo LXM, porque si ajustáran á
los LX, XM, ó cayesen fuera, serían
h 21. I. iguales, ó mayores que LX, XM [h]: lue-
go el ángulo LOM, esto es ABC, será
mayor que el LXM [h]: de la misma ma-
nera se demostrará ser el ángulo DEF
mayor que el MXN, y el GHK mayor
que el NXL: luego la suma de los tres án-
gulos ABC, DEF, GHK sería mayor que
la de los tres LXM, MXN, NXL, esto
es que quatro rectos, lo qual es absur-
do; pues se supone la suma de los ángulos ABC, DEF, GHK
menor que quatro rectos: luego AB no será menor que LX; y
yá se demostró, que tampoco es igual: luego AB será mayor
que LX.

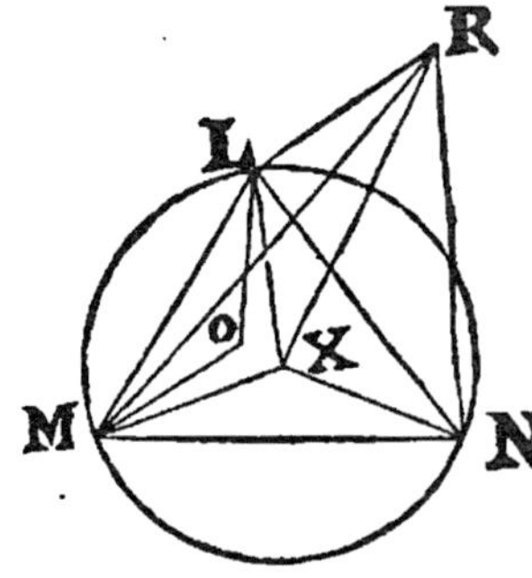

II.° Pero supóngase el centro del círculo en uno de los la-
dos del triángulo, es á saber en MN,
sea X, y tírese XL. Digo, que AB se-
rá mayor que LX; pues á no ser así,
sería igual, ó menor: sea primeramente
igual: luego la suma de las dos AB,
BC, esto es DE, EF, será igual á las
dos MX, XL, esto es á MN; pero MN
se supone igual á DF: luego la suma
de DE, EF será igual á DF, lo que
* 20. I. es imposible *: luego AB no será igual
á LX: ni tampoco menor, pues se seguiría mucho mayor ab-
surdo: luego será mayor AB que LX.

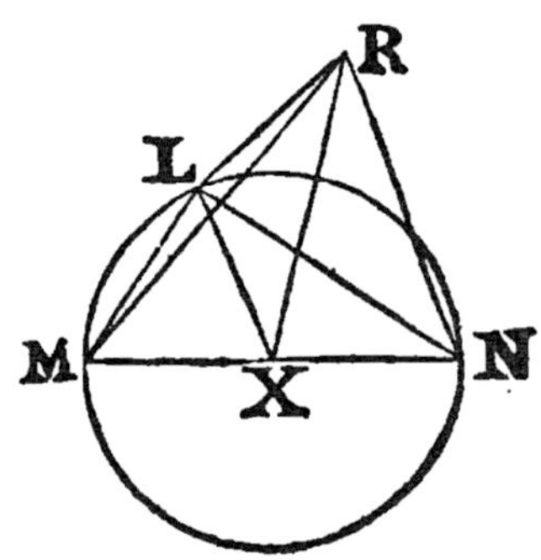

III.° Si el centro X del círculo cae fuera del triángulo LMN,
y se tiran LX, MX, NX, tambien AB será mayor que LX;
pues

pues á no serlo, sería igual, ó menor. Sea primeramente igual; y se demostrará, como en el primer caso, la igualdad del ángulo ABC al MXL, y del GHK al LXN: luego MXN total será igual á la suma de los dos ABC, GHK: es así que la suma de ABC, GHK es mayor que DEF: luego tambien MXN será mayor que DEF: siendo, pues, la suma de las dos DE, EF igual á la de las dos MX, XN, y la base DF igual á la

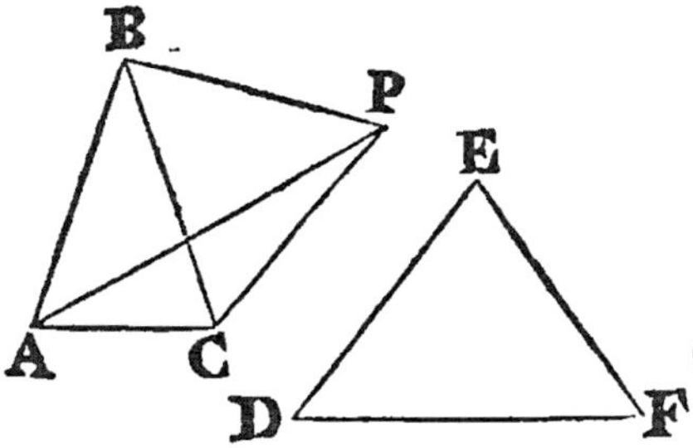

MN, resultará el ángulo MXN igual [i] al DEF; lo qual es absurdo, pues se demostró mayor: luego AB no será igual á LX: tampoco es menor, porque si lo fuese, resultaría, como se demostró en el primer caso, el ángulo ABC mayor que el MXL, y el GHK mayor que el LXN: constrúyase sobre la recta BC en el punto B el ángulo CBP igual al GHK, tómese BP igual á HK, y tírense CP, AP; y siendo CB igual á GH, las dos CB, BP serán iguales á las dos GH, HK, y contendrán ángulos iguales; consiguientemente la base CP será igual á la GK, ó á la LN: y siendo en los triángulos isósceles ABC, MXL el ángulo ABC mayor que el MXL, será el ángulo MLX en la base mayor que el ángulo ACB [k] en la base: por la misma razon, siendo el ángulo GHK, esto es el CBP mayor que el LXN, tambien XLN será mayor que BCP: luego el total MLN será mayor que el total ACP: y por ser las dos ML, LN iguales á las dos AC, CP, y el ángulo MLN mayor que

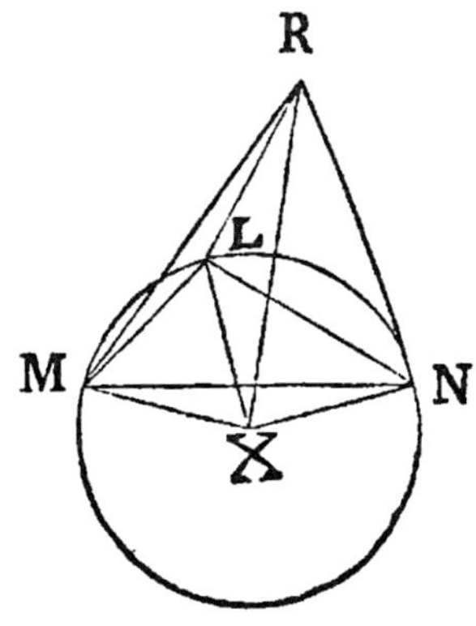

i 8. I.

k 32. I.

l 24. I. que el ACP, será tambien la base MN mayor [l] que la AP: es así que MN es igual á DF: luego DF será tambien mayor que AP: siendo, pues, las dos DE, EF respectivamente iguales á las dos AB, BP, y la base DF mayor que la AP, se-
m 25. I. rá el ángulo DEF mayor [m] que el ABP: pero el ABP es igual á los ABC, CBP, esto es á los ABC, GHK: luego DEF será mayor que ABC, GHK; lo qual es imposible, por ser menor:

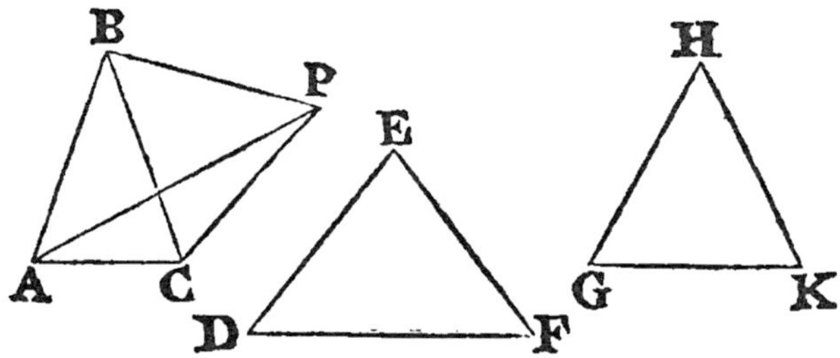

no será, pues, AB menor que LX; y antes se demostró no ser igual: luego AB será mayor que LX.

n 12.XI. Tírese del punto X la XR perpendicular [n] al plano del círculo LMN; y habiéndose demostrado en todos casos ser AB mayor que LX, tómese RX tal, que su quadrado sea igual al exceso del quadrado de AB sobre el de LX, y tírense las lineas RL, RM, RN: siendo, pues, RX perpendicular al plano LMN del círculo, tambien
o 3. Def. XI. lo será [o] á qualquiera de las LX, MX, NX: y por ser LX igual á XM, y XR comun, y perpendicular, será la base RL igual á la RM: por la misma razon RN será igual á las dos RL, RM: luego las tres RL, RM, RN serán iguales entre sí: y porque se ha supuesto el quadrado de XR igual al exceso del quadrado de AB sobre el de LX, resultará el quadrado de AB igual á los de LX, XR: pero
p 47. I. el quadrado de RL es igual [p] á los de LX, XR, por ser recto el ángulo LXR: luego el quadrado de AB será igual al de RL,

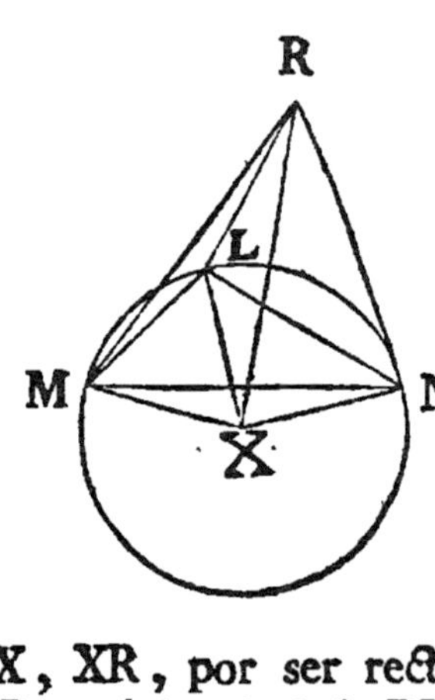

y

y por tanto AB igual á RL : pero cada una de las BC , DE, EF , GH , HK es igual á AB ; y las dos RM , RN son iguales á RL : luego qualquiera de las AB , BC , DE , EF, GH, HK será igual á qualquiera de las RL , RM , RN: y siendo las dos RL, RM iguales á las dos AB , BC , y la base LM igual á la AC , será el ángulo LRM igual al ABC : por la misma razon el ángulo MRN será igual al DEF , y el NRL al GHK. Por consiguiente se ha construido el ángulo sólido R , de los ángulos planos LRM , MRN , NRL iguales á los tres ángulos dados ABC , DEF , GHK. L. Q. D. H.

PROP. A. TEOR.

SI dos ángulos sólidos se hallan ambos contenidos por tres ángulos planos respectivamente iguales entre sí ; los planos , en que se hallan los ángulos iguales, estarán semejantemente inclinados uno á otro.

Sean los dos ángulos sólidos A , B , y esté contenido el ángulo A por los tres ángulos planos CAD , CAE , EAD ; y el ángulo B por los tres ángulos planos FBG , FBH , HBG , de los quales el ángulo CAD es igual al FBG , el CAE al FBH, y el EAD al HBG. Digo , que los planos , en que se hallan los ángulos iguales , estarán semejantemente inclinados uno á otro.

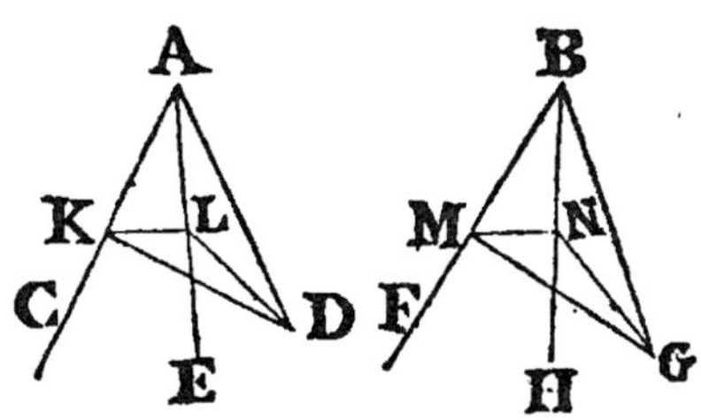

Tómese en la recta AC qualquier punto K , de donde tírense en el plano CAD la recta KD, y en el plano CAE la recta KL perpendiculares á AC : luego el ángulo DKL será la inclinacion del plano CAD al CAE [a]. En la recta BF tómese BM igual á AK ; y del punto M tírense en los planos FBG , FBH las rectas MG , MN perpendiculares á BF : luego el ángulo GMN será la inclinacion del plano FBH al FBG [a] ; tírense LD , NG. Siendo en los triángulos KAD , MBG iguales los ángulos KAD, MBG,

a 6. Def. XI.

MBG, como asimismo los AKD, BMG, por ser ambos rectos; y siendo los lados AK, BM, adyacentes á ángulos iguales, igua-
b 26. I. les entre sí, será KD igual á MG, y AD á BG [b]: por la misma razon en los triángulos KAL, MBN será KL igual á MN, y AL á BN: pero queda demostrado, que en los triángulos LAD, NBG las dos LA, AD son respectivamente iguales á las dos NB, BG, y contienen ángulos iguales: luego la base LD será
c 4. I. igual [c] á la NG: últimamente en los triángulos KLD, MNG las dos DK, KL son iguales á los dos GM, MN, y la base LD

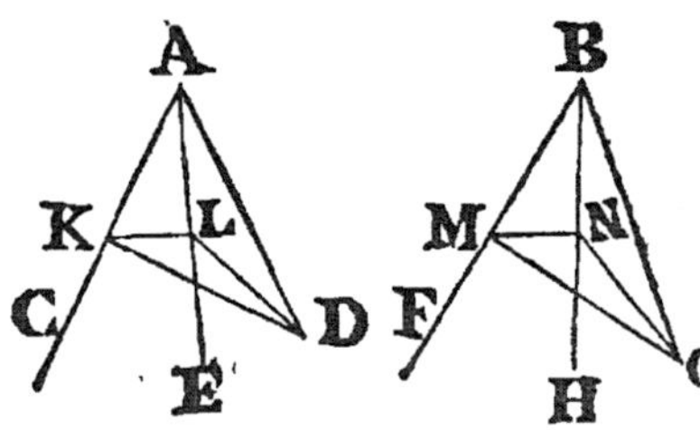

d 8. I. á la NG: luego el ángulo DKL será igual [d] al GMN; pero el ángulo DKL es la inclinacion del plano CAD al plano CAE, y el ángulo GMN la inclinacion del plano FBG al plano FBH: luego los planos de los ángulos iguales CAD, FBG están semejantemente inclinados á los de los ángulos iguales CAE, FBH
e 7. Def. XI. respectivamente [e]. Del mismo modo se demuestra, que los demás planos, en que se hallan ángulos iguales, están semejantemente inclinados uno á otro. Por consiguiente si dos, &c. L. Q. D. D.

PROP. B. TEOR.

SI dos ángulos sólidos se hallan ambos contenidos por tres ángulos planos respectivamente iguales entre sí, y semejantemente colocados; serán entre sí iguales.

Sean los ángulos sólidos A, B; y esté contenido el ángulo A por los tres ángulos planos CAD, CAE, EAD; y el ángulo B por los tres FBG, FBH, HBG, de los quales CAD es igual á FBG, CAE á FBH, y EAD á HBG. Digo, que el ángulo sólido A será igual al ángulo sólido B.

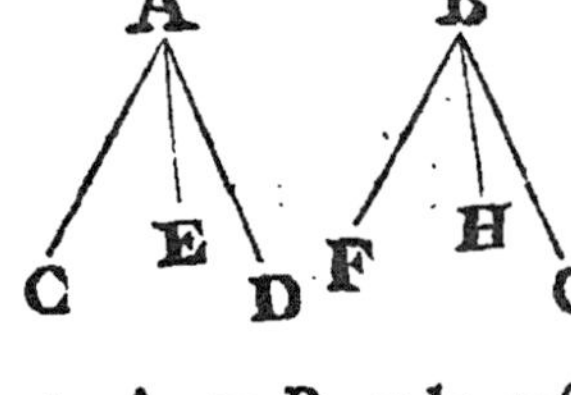

Porque aplicado el ángulo sólido A al B, y primeramente aplicado el ángulo plano CAD al FBG, colocado el punto A en B, y la recta AC

AC sobre BF; la recta AD se ajustará á la recta BG, por ser el ángulo CAD igual al FBG: siendo, pues, la inclinacion del plano CAE al CAD igual á la inclinacion del plano FBH al FBG [a], y ajustando el plano CAD al FBG, tambien ajustará el plano CAE al FBH, y por tanto la recta AE se ajustará á la BH, por ser el ángulo CAE igual al FBH: es así que yá se demostró, que la recta AD se ajusta á la BG; por consiguiente el plano EAD se ajustará al HBG: luego el ángulo sólido A se ajustará al ángulo sólido B, y serán entre sí iguales [b]. L. Q. D. D.

a Ax. 11.
b 8. Ax. I.

PROP. C. TEOR.

LAS figuras sólidas contenidas por igual número de planos semejantes, é iguales, semejantemente colocados, y cuyos ángulos sólidos están comprehendidos por solos tres ángulos planos, son iguales, y semejantes entre sí.

Sean las figuras sólidas AG, KQ contenidas por igual número de planos semejantes, é iguales, y semejantemente colocados; sea el plano AC semejante, é igual al KM, el AF al KP, el BG al LQ, el GD al QN, el DE al NO, y finalmente el FH al PR. Digo, que la figura sólida AG será igual, y semejante á la KQ.

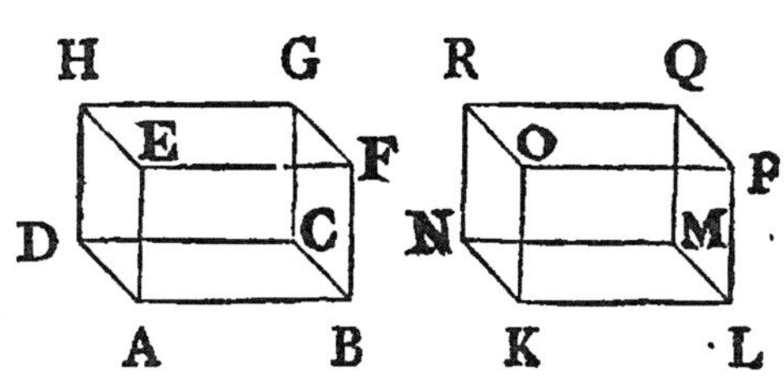

Porque estando el ángulo sólido A contenido por los tres ángulos planos BAD, BAE, EAD, que son por hipótesis respectivamente iguales á los ángulos planos LKN, LKO, OKN, que contienen el ángulo sólido K, resultará el ángulo sólido A igual [a] al ángulo sólido K: semejantemente se demostrará, que los demás ángulos sólidos de las figuras son iguales entre sí: luego aplicada la figura sólida AG á la KQ, y aplicada primeramente la figura plana AC á la KM, esto es colocada la recta AB sobre KL,

a B. XI.

KL, las figuras AC, KM se ajustarán, por ser iguales, y semejantes: luego las rectas AD, DC, CB se ajustarán respectivamente á las KN, NM, ML; los puntos A, D, C, B á los
b B. XI. K, N, M, L, y el ángulo sólido A al K [b]: consiguientemente se ajustarán los planos AF, KP, y las figuras AF, KP, por ser iguales, y semejantes entre sí: luego las rectas AE, EF, FB se ajustarán á las rectas KO, OP, PL, y los puntos E, F á los O, P: semejantemente se demostrará, que la figura AH se ajusta con la KR; la recta DH con la recta NR, y el punto H con el R: y siendo el ángulo sólido B igual al L, se demostrará de la misma suerte, que la figura BG se ajusta con la LQ; la recta CG con la MQ; y el punto G con el Q. Ajustándose, pues, todos los planos, y lados de la figura sólida AG á los planos, y lados de la figura sólida KQ, será AG igual, y semejante á KQ. Asimismo se demuestra, que qualesquiera otras figuras sólidas, que estén contenidas por igual número de planos semejantes, é iguales, semejantemente colocados, hallándose contenidos sus ángulos sólidos por solos sus ángulos planos, serán iguales, y semejantes entre sí. L. Q. D. D.

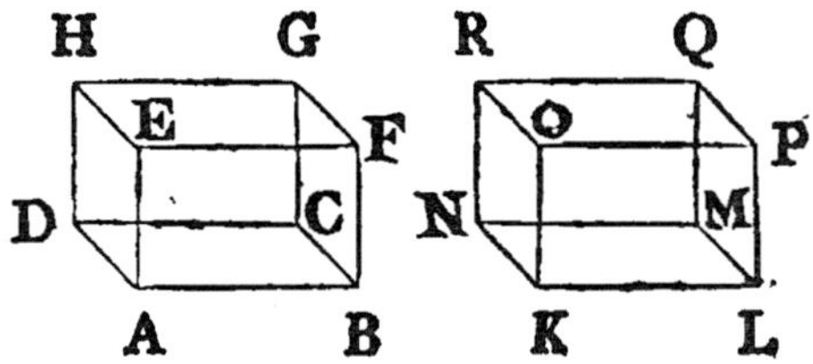

PROP. XXIV. TEOR.

SI un sólido está contenido por seis planos paralelos; sus planos opuestos serán paralelogramos semejantes iguales.

Supóngase el sólido CDGH contenido por los planos paralelos AC, FG; BG, CE; FB, AE. Digo, que sus planos opuestos serán paralelogramos semejantes, é iguales.

Porque cortando el plano AC á los dos planos paralelos BG,
a 16. XI. CE, sus comunes secciones serán paralelas [a]: luego AB será paralela á CD: ademas cortando el mismo plano AC á los dos planos BF, AE, resultarán sus comunes secciones paralelas [a]: lue-

luego AD será paralela á BC: pero ya se demostró ser AB paralela á CD: luego AC será un paralelogramo: semejantemente se demuestra, que cada una de las figuras CE, FG, GB, BF, AE es un paralelogramo. Tírense AH, DF: por ser AB paralela á DC, y BH á CF, resultarán las dos rectas AB, BH, que se tocan, paralelas, y en diferentes planos de las dos DC, CF, que se tocan; consiguientemente contendrán ángulos iguales [b]: luego el ángulo ABH será igual al DCF: y siendo las dos AB, BH iguales á las dos DC, CF, y el ángulo ABH igual al DCF, será la base AH igual á la DF, y el triángulo ABH igual [c] al DCF: es así que el paralelogramo BG es duplo [d] del triángulo ABH, y el paralelogramo CE duplo del triángulo DCF: luego el paralelogramo BG será igual, y semejante al paralelogramo CE: semejantemente se demuestra ser el paralelogramo AC igual, y semejante al GF; y el AE al BF. Por consiguiente si un, &c. L. Q. D. D.

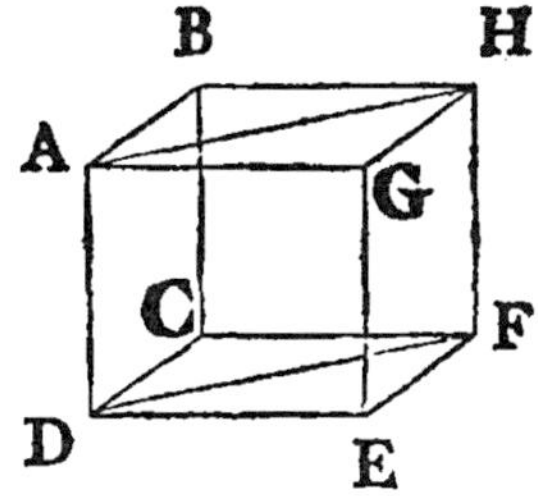

b 10. XI.

c 4. I.

d 34. I.

PROP. XXV. TEOR.

SI un paralelepípedo se corta por un plano paralelo á dos opuestos; los segmentos estarán entre sí en la razon de sus bases.

Este dividido el paralelepípedo ABCD por el plano EV paralelo á los planos opuestos AR, HD. Digo, que los segmentos

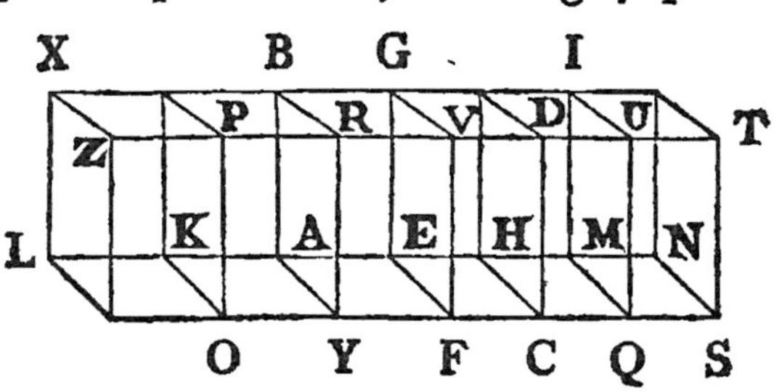

ABFV, y EGCD estarán entre sí en la razon de sus bases AEFY, EHCF.

Pro-

Prolónguese por ambas partes AH, y tómense quantas partes se quieran HM, MN iguales á EH, y otras AK, KL iguales á EA; complétense los paralelogramos LO, KY, HQ, MS, y los sólidos LP, KR, HU, MT. Siendo, pues, las rectas LK, KA,
a 36. I. AE entre sí iguales, tambien serán iguales [a] entre sí los paralelogramos LO, KY, AF: como asimismo iguales entre sí los
b 24. XI. paralelogramos KX, KB, AG; y tambien iguales entre [b] sí los paralelogramos LZ, KP, AR; por ser opuestos: por la misma razon serán iguales [a] entre sí los paralelogramos EC, HQ, MS; como asimismo iguales entre sí los paralelogramos HG, HI, IN; y tambien [b] los HD, MU, NT: luego los tres planos del sólido LP serán iguales, y semejantes á los tres planos del sólido KR, y tambien del sólido AV: es así que los tres son iguales, y semejantes á los tres opuestos, y ninguno de sus ángulos sóli-

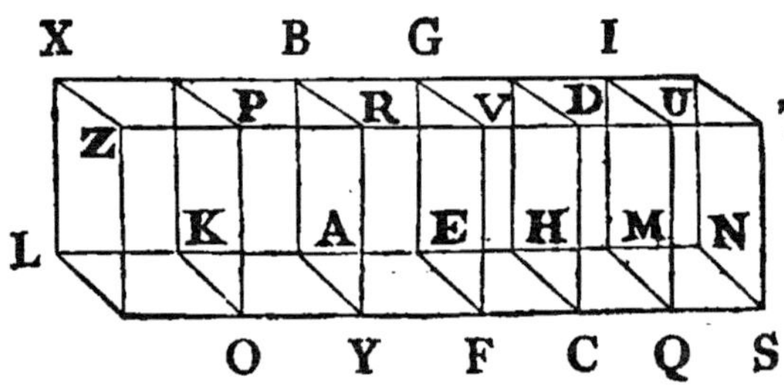

dos se halla contenido por mas de tres ángulos planos: luego
c C. XI. los tres sólidos LP, KR, AV serán iguales [c] entre sí: por la misma razon serán tambien iguales entre sí los tres sólidos ED, HU, MT: luego quan multíplice sea la base LF de la AF, tan multíplice será el sólido LV del sólido AV: por la misma razon quan multíplice sea la base NF de la HF, tan multíplice será el sólido NV del ED; y segun sea la base LF igual, mayor, ó menor que la NF; será tambien el sólido LV igual [c], mayor, ó menor que el sólido NV: luego dadas quatro cantidades, es á saber las dos bases AF, FH, y los dos sólidos AV, ED, se han tomado la base LF, y el sólido LV qualesquiera equimultíplices de la base AF, y del sólido AV; como asimismo la base FN, y el sólido NV qualesquiera equimultíplices de la base HF, y del sólido ED: es así que ya se demostró, que segun sea la base LF ma-

mayor, igual, ó menor que la FN, tambien el sólido LV será mayor, igual, ó menor que el NV: luego el sólido AV será al ED, como la base AF á la FH. Por consiguiente si un paralelepípedo, &c. L. Q. D. D.

PROP. XXVI. PROBL.

En un punto dado de una recta dada construir un ángulo sólido igual á otro dado contenido por tres ángulos planos.

Sea la recta dada AB, A el punto dado en ella, y D el ángulo sólido dado contenido por los ángulos planos EDC, EDF, FDC; y háyase de construir en el punto A de la recta AB un ángulo sólido igual al D.

Tómese en la recta DF qualquier punto F, de donde tírese al plano, que pasa por ED, DC la perpendicular FG [a], que encuentre al plano en el punto G; tírese DG; y sobre la recta AB en el punto dado A constrúyase el ángulo BAL igual al EDC, y el BAK [b] igual al EDG: tómese AK igual á DG, y en el punto K elévese HK [c] perpendicular al plano BAL: tómese KH igual á GF, y tírese HA. Digo, que el ángulo sólido A contenido por los ángulos planos BAL, BAH, HAL será igual al ángulo sólido D contenido por los ángulos planos EDC, EDF, FDC.

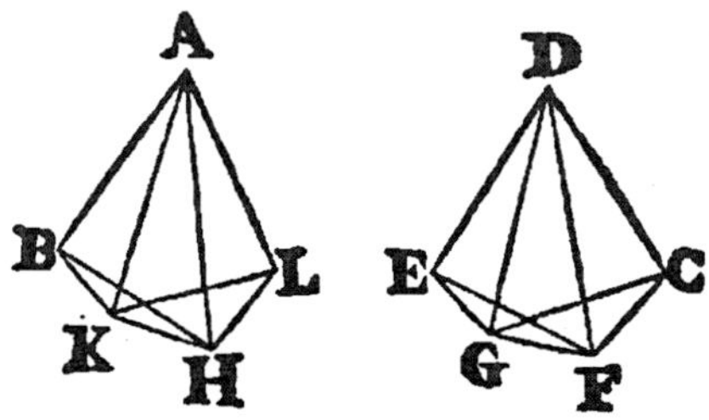

[a] 11. XI. [b] 23. I. [c] 12. XI

Tómense iguales las rectas AB, DE, y tírense las lineas HB, KB, FE, GE. Siendo, pues, FG perpendicular al plano EDC, lo será [d] igualmente á todas las rectas, que toca, y están en el mismo plano: luego ambos ángulos FGD, FGE serán rectos: por la misma razon serán tambien rectos los dos ángulos HKA, HKB: y siendo las KA, AB respectivamente iguales á las dos GD, DE, y conteniendo ángulos iguales, será la base BK igual [e] á la EG: es así que KH es igual á GF, y contienen ángu-

[d] 3. Def. XI. [e] 4. I.

f 4. I. gulos rectos: luego HB será igual [f] á FE. A mas, siendo las dos AK, KH iguales á las dos DG, GF, y conteniendo ángulos rectos, será la base AH igual á la DF: pero AB es igual á DE: luego las dos HA, AB serán iguales á las dos FD, DE; es así
g 8. I. que HB es igual á FE: luego el ángulo BAH será igual [g] al EDF: por la misma razon el ángulo HAL será igual al FDC; por lo tanto si se toman iguales AL, DC, y se tiran KL, HL, GC, FC, siendo el ángulo total BAL igual al total EDC, de los quales el BAK se ha tomado igual al EDG, será el otro KAL igual al otro GDC: y por ser las dos KA, AL iguales á las dos GD, DC, y contener ángulos iguales, la base KL será igual [f] á la GC: pero HK es igual á GF: luego las dos LK, KH serán iguales á las dos CG, GF, y contendrán ángulos rectos: luego la base HL será igual á la FC: ademas de esto, siendo las dos rectas HA, AL iguales á las dos FD, DC, y la base HL á la FC, será el ángulo HAL igual al FDC [f]: siendo, pues, los ángulos planos BAL, BAH, HAL, que contienen el ángulo sólido A, respectivamente iguales á los tres ángulos planos EDC, EDF, FDC, que contienen el ángulo sólido D, y estando
h B. XI. colocados semejantemente, resultará el ángulo sólido A igual [h] al D. Por consiguiente en un punto, &c. L. Q. D. H.

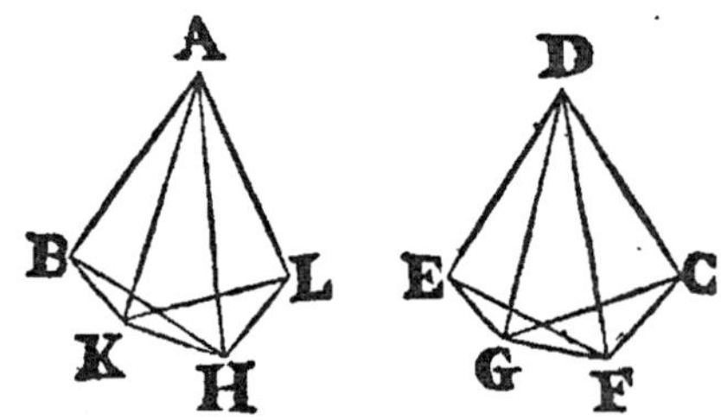

PROP. XXVII. PROBL.

SObre una recta dada describir semejantemente un paralelepípedo semejante á otro dado.

Sea la recta AB, y el paralelepípedo dado CD; y háyase de describir semejantemente sobre AB un paralelepípedo semejante al CD.

a 26. XI. Constrúyase sobre la recta AB en el punto dado A un ángulo [a] sólido igual al ángulo sólido C, y que esté contenido por tres ángulos planos BAK, KAH, HAB, tales que el ángulo BAK sea igual al al ECG, el KAH al GCF, y el HAB al FCE; y tómese EC á CG, como BA á AK; y GC á CF, como [b] KA á AH: será por igualdad EC á CF, como [c] BA á AH: complétense el paralelogramo BH, y el sólido AL. Siendo, pues, EC á CG, como BA á AK, los lados, que comprehenden á los ángulos iguales ECG, BAK, son proporcionales: luego el paralelogramo BK será semejante al paralelogramo EG: por la misma razon el paralelogramo KH será semejante al GF, y el HB al FE: luego los tres paralelogramos del sólido AL serán semejantes á los tres del sólido CD: pero los tres son semejantes, é iguales [d] á los tres opuestos: y siendo los ángulos planos, que contienen los ángulos sólidos de las figuras sólidas iguales entre sí, y estando semejantemente colocados, serán tambien los ángulos sólidos iguales [e] entre sí: luego el sólido AL será semejante [f] al CD. Por consiguiente sobre la recta dada AB se ha descrito el paralelepípedo AL semejante, y semejantemente puesto al CD. L.Q.D.H.

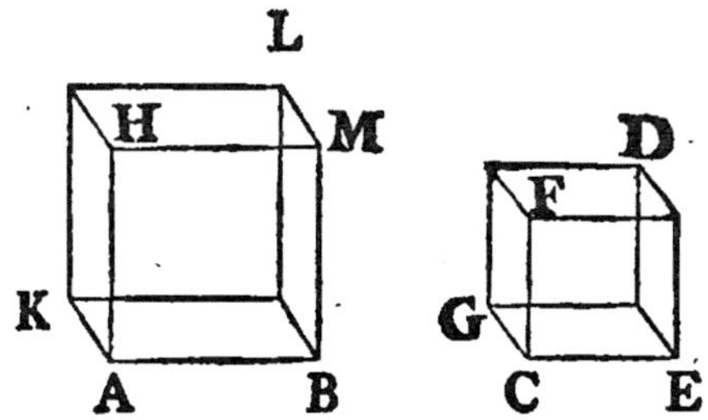

b 12. VI.
c 22. V.
d 24. XI.
e B. XI.
f 11. Def. XI.

PROP. XXVIII. TEOR.

SI un paralelepípedo se corta por un plano, que pase por las diagonales de dos planos opuestos; quedará dividido en dos partes iguales.

Sea el paralelepípedo AB, y DE, CF las diagonales de dos planos opuestos AH, GB, las quales están tiradas de los ángulos iguales de los paralelogramos AH, GB. Siendo las dos CD, FE paralelas á GA, y estando en diferentes planos, serán CD, FE paralelas [a] entre sí: consiguientemente las diagonales CF, DE estarán en el plano, en que se hallan las paralelas, y lo serán [b] entre sí. Digo, que el pla-

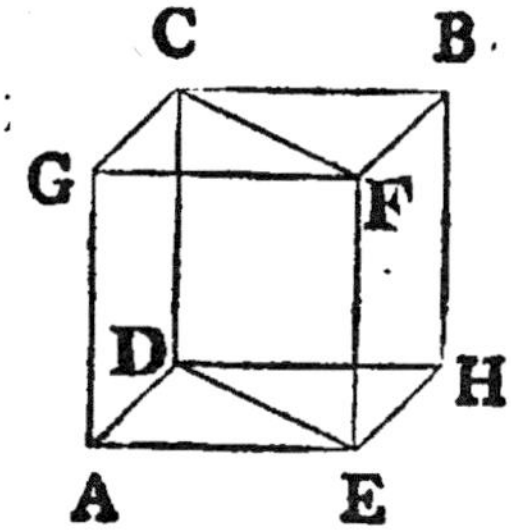

a 9. XI.
b 16. XI.

plano CDEF cortará en dos partes iguales al sólido AB.

Porque siendo el triángulo CGF igual al CBF, y el DAE al DHE [c], y el paralelogramo CA igual [d] al BE, por ser opuesto, y el paralelogramo GE al CH, resultará el prisma contenido por los triángulos CGF, DAE, y por los tres paralelogramos CA, GE, EC, igual al prisma contenido por los dos triángulos CBF, DHE, y por los tres paralelogramos BE, CH, EC [e]: pues están contenidos por igual número de planos semejantes, é iguales, y semejantemente colocados, y por hallarse cada uno de sus ángulos sólidos contenidos por solos tres ángulos planos: luego el sólido AB total quedará dividido en dos partes iguales por el plano CDEF. L. Q. D. H.

c 34. I.
d 24. XI.
e C. XI.

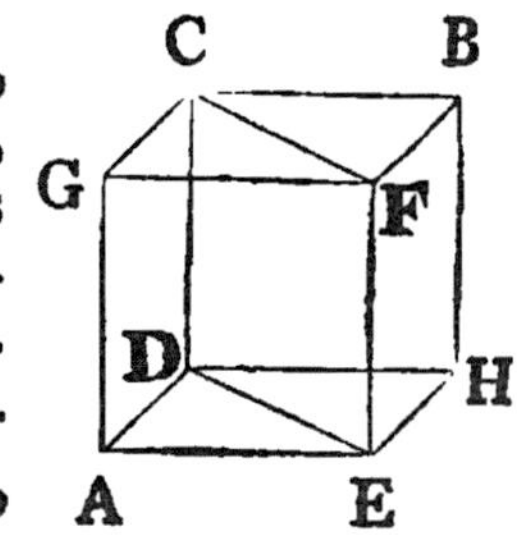

PROP. XXIX. TEOR.

LOS paralelepípedos, que tienen una misma base, y altura, y cuyas rectas insistentes están en unas mismas rectas, son iguales entre sí.

Véanse las figuras 2. y 3.

Tengan la misma base AB los paralelepípedos AH, AK, y una misma altura; y las rectas insistentes AF, AG, LG, LN, CD, CH, BH, BK estén en las mismas rectas FN, DK. Digo, que el sólido AH será igual al sólido AK.

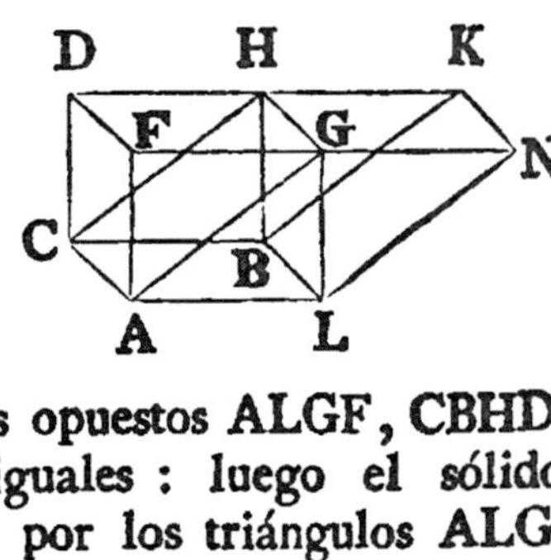

Primeramente tengan los paralelogramos DG, HN opuestos á la base AB el lado comun HG. Cortando, pues, el plano AGHC al sólido AH por las diagonales AG, CH de los planos opuestos ALGF, CBHD, quedará dividido [a] en dos partes iguales: luego el sólido AH será duplo del prisma contenido por los triángulos ALG, CBH: por la misma razon cortando el plano LGHB al sólido AK por las diagonales LG, BH de los planos opuestos ALNG, CBKH,

a 28. XI.

CBKH, será el sólido AK duplo del prisma contenido por los triángulos ALG, CBH: luego el sólido AH será igual al sólido AK.

Pero supongamos, que los paralelogramos opuestos á la base, es á saber DM, EN, no tengan lado comun: siendo, pues, CH, CK dos paralelogramos, CB será igual [b] á las dos rectas b 34. I.
DH, EK: luego DH será igual á EK: añádase, ó quítese HE comun, y resultará DE igual á HK; consiguientemente el triángulo CDE será igual [c] al BHK; y el paralelogramo DG igual c 38. I.

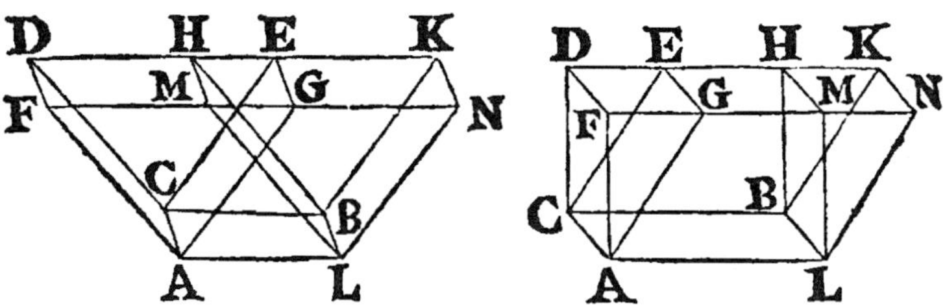

al HN [d]: por la misma razon el triángulo AFG será igual al d 36. I.
LMN; el paralelogramo CF igual al BM, y el CG al BN [e], e 24. XI.
por ser opuestos: luego tambien el prisma contenido por los dos triángulos AFG, CDE, y por los tres paralelogramos AD, DG, GC será igual [f] al prisma contenido por los dos trián- f C. XI.
gulos LMN, BHK, y por los tres paralelogramos BM, MK, KL: por consiguiente quitando el prisma LMNBHK del sólido, cuya base es el paralelogramo AB, y la opuesta el paralelogramo FDKN, y quitando del mismo sólido el prisma AFGCDE, será el paralelepípedo residuo AH igual al paralelepípedo restante AK. Por consiguiente los paralelepípedos, que tienen una misma base, y altura, y cuyas rectas insistentes están en unas mismas rectas, son iguales entre sí. L. Q. D. D.

PROP.

PROP. XXX. TEOR.

LOS paralelepípedos, que tienen una misma base, y altura, y cuyas rectas insistentes no están en unas mismas rectas, son iguales entre sí.

Tengan los paralelepípedos CM, CN la misma base AB, y la misma altura; y no estén sus rectas insistentes AF, AG, LM, LN, CD, CE, BH, BK en unas mismas rectas. Digo, que el sólido CM será igual al sólido CN.

Prolónguense FD, MH, y NG, KE, y encuéntrense en los puntos O, P, Q, R, y tírense las lineas AO, LP, BQ, CR. Siendo, pues, el plano LBHM paralelo al plano opuesto ACDF, y estando en el plano LBHM las rectas paralelas LB, MHPQ, y tambien la figura BLPQ; y en el plano ACDF las paralelas

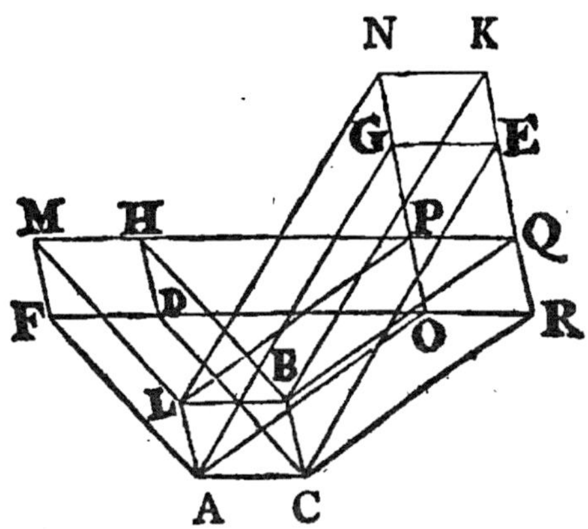

AC, FDOR, y la figura CAOR, estarán las figuras BLPQ, CAOR en planos paralelos entre sí. Semejantemente siendo el plano ALNG paralelo al opuesto CBKE, y estando en el plano ALNG las paralelas AL, OPGN; y en él tambien la figura ALPO; como asimismo en el plano CBKE las paralelas CB, RQEK, y la figura CBQR, estarán las figuras ALPO, CBQR en planos entre sí paralelos: luego el sólido CP será paralelepípedo: es así que el sólido CM, cuya base es ACBL, y el pa-

paralelogramo opuesto á ella FDHM, es igual [a] al sólido CP, cuya base es el paralelogramo ACBL, y el opuesto á él ORQP, por estár en una misma base, y estár sus reƈtas insistentes AF, AO, CD, CR; LM, LP, BH, BQ en las mismas reƈtas FR, MQ: es así que el sólido CP es igual al CN; por estár en la misma base ACBL, y estár las reƈtas insistentes AO, AG, LP, LN; CR, CE, BQ, BK en las mismas reƈtas ON, RK: luego el sólido CM será igual al CN. Por consiguiente los paralelepípedos, &c. L. Q. D. D. a 29. XI.

PROP. XXXI. TEOR.

LOS paralelepípedos, que tienen iguales bases, y una misma altura, son iguales entre sí.

Tengan los paralelepípedos AE, CF, *las bases iguales* AB, CD, *y la misma altura. Digo, que el sólido* AE *será igual al sólido* CF.

Sean primeramente las reƈtas insistentes perpendiculares á las bases AB, CD. Colóquense los sólidos, de manera que las bases se hallen en un mismo plano, y los lados CL, LB estén direƈtamente: luego la reƈta LM, que insiste en el punto L, será comun á los sólidos AE, CF [a]; y sean las otras reƈtas insistentes AG, HK, BE; DF, OP, CN. Primeramente sea el ángulo ALB igual al CLD: luego AL, LD estarán direƈtamente. Prolónguense OD, HB, y encuéntrense en Q; y complétese el paralelepípedo LR, cuya base es el paralelogramo LQ, y LM una de sus reƈtas insistentes. Siendo, pues, el paralelogramo AB igual al CD, será la base AB á la LQ, como [b] la base CD á la misma LQ; y cortando el plano LMEB paralelo á los planos opuestos AK, DR al paralelepípedo AR, será la base AB á la LQ, como el segmento AE al LR [c]: por la misma razon cortando el a 13. XI. b 7. V. c 25. XI.

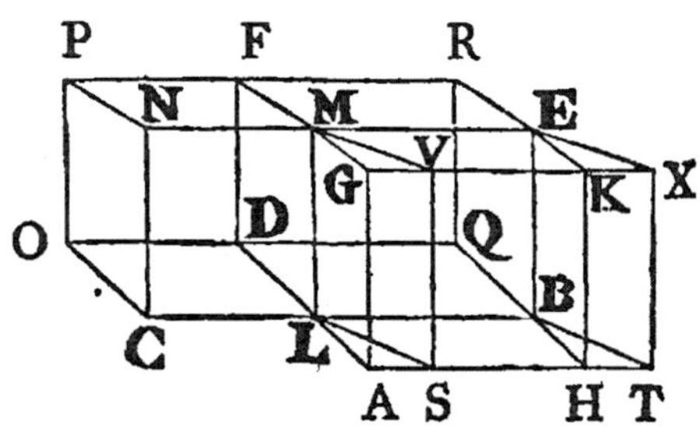

el plano LF paralelo á los planos opuestos CP, BR al paralelepípedo CR, será la base CD á la LQ, como el segmento CF al LR: pero ya se demostró que es AB á LQ, como la base CD á la misma LQ: luego el sólido AE será al LR, como el
d 9. V. CF al LR: por consiguiente será el sólido AE igual [d] al CF.

Supongamos ahora, que los paralelepípedos SE, CF tengan las bases iguales SB, CD, y la misma altura, y sean las rectas insistentes perpendiculares á las bases; pero puestas las bases SB, CD en un mismo plano, de forma que CL, LB estén directamente, no sea el ángulo SLB igual al CLD; será tambien el sólido SE igual al CF. Prolónguense DL, TS, y encuéntrense en A, por B tírese BH paralela á DA; HB, y OD prolongadas se encontrarán en Q: complétense los sólidos AE, LR: luego el sólido AE, cuya base es el paralelogramo LE, y su opuesto el AK, será igual al sólido SE, cuya base es
e 29. XI. el LE, y su opuesto SX [e]: pues tienen la misma base LE, la misma altura, y sus rectas insistentes, es á saber LA, LS, BH, BT; MG, MV, EK, EX están en las mismas rectas AT, GX. Siendo, pues,
f 35. I. el paralelogramo AB igual al SB [f], pues tienen la misma base LB, y están en unas mismas paralelas LB, AT; la base SB será igual á la CD; consiguientemente la base AB será igual á la CD: pero el ángulo ALB es igual al CLD: luego, segun lo ya demostrado, el sólido AE será igual al CF, pero se demostró que AE es igual á SE: luego el sólido SE será igual al CF.

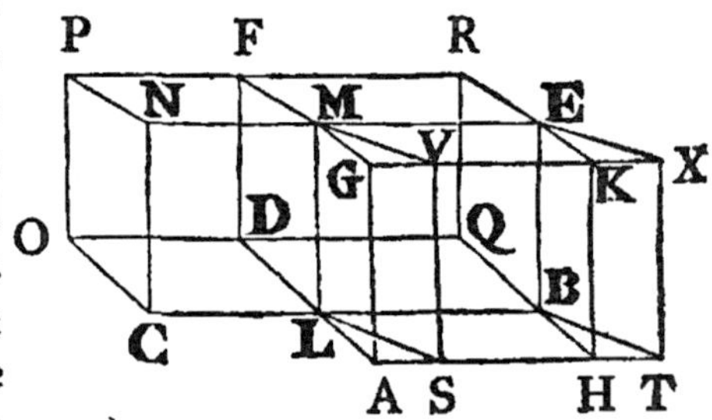

Ultimamente las rectas insistentes AG, HK, BE, LM; CN, RS, DF, OP no sean perpendiculares á las bases AB, CD. Digo, que
g 11. XI. tambien el sólido AE será igual al CF. Tírense [g] de los puntos G, K, E, M; N, S, F, P perpendiculares al plano inferior las GQ, KT, EV, MX; NY, SZ, FI, PU, y encuentren al plano en los puntos Q, T, V, X; Y, Z, I, U; y tírense las lineas QT, TV, VX, XQ; YZ, ZI, IU, UY. Siendo, pues,
h 6. XI. GQ, KT perpendiculares á un mismo plano, serán paralelas [h] entre

tre sí: pero tambien lo son MG, EK: luego los planos MQ, ET, uno de los quales pasa por MG, GQ, y otro por EK, KT, que son paralelas á aquellas, y están en diferente plano, serán entre sí paralelos [i]: por la misma razon los planos MV, GT serán entre sí paralelos: luego el sólido QE será paralelepípedo: semejantemente se demuestra ser el sólido i 15. XI.

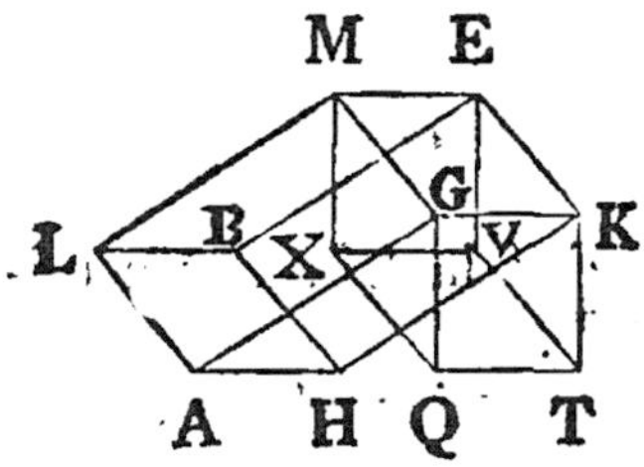

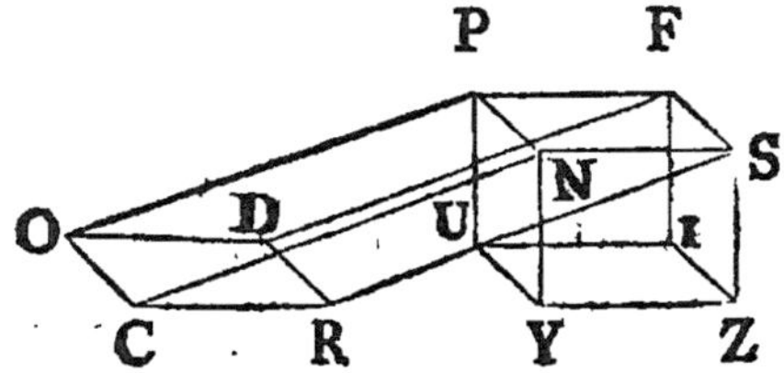

YF paralelepípedo; pero segun lo precedente el sólido EQ es igual al FY, pues tienen las bases iguales MK, PS, la misma altura, y son sus rectas insistentes perpendiculares á las bases: pero el sólido EQ es igual [k] al AE, y el sólido FY al CF [k], pues están en una misma base, y tienen la misma altura: luego tambien el sólido AE será igual al CF. Por consiguiente los paralelepípedos, &c. L. Q. D. D. k 29. ó 30. XI.

PROP. XXXII. TEOR.

LOS paralelepípedos, que tienen una misma altura, son entre sí como sus bases.

Tengan los paralelepípedos AB, CD una misma altura. Digo, que el sólido AB será al CD, como la base AE á la CF.

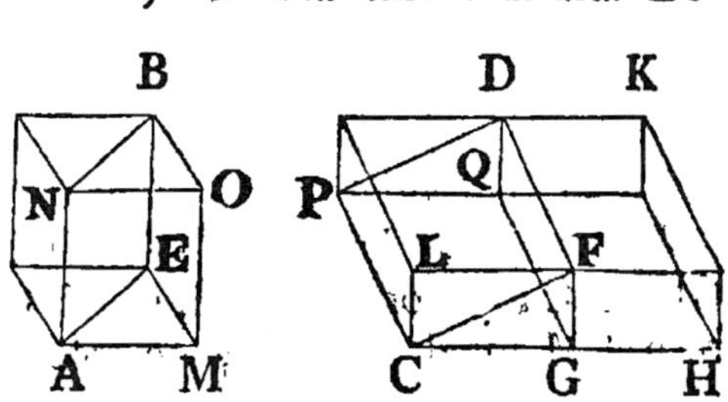

Aplíquese sobre la recta FG el paralelogramo FH igual al AE, de suerte que el ángulo FGH sea igual [a] al LCG; y complétese el paralelepípedo GK, cuya base sea FH; y sea una de las rectas a Cor. 45. I.

b 31. XI. tas insistentes FD: luego el sólido AB será igual al GK [b], por tener las bases iguales AE, FH, y la misma altura. Cortando, pues, el plano DG, paralelo á los planos opuestos, al paralelepípedo CK; será la base HF á la FC,

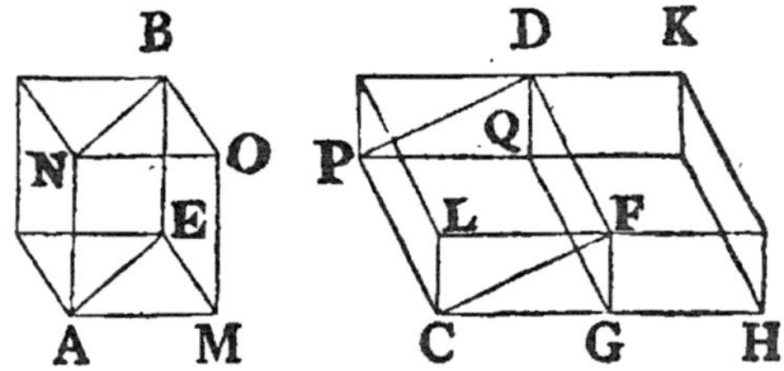

c 25. XI. como [c] el sólido HD al DC: pero la base FH es igual á la AE, y el sólido GK al AB: luego el sólido AB será al CD, como la base AE á la CF. Por consiguiente los paralelepípedos, &c. L. Q. D. D.

Cor. De aquí se infiere, que los prismas triangulares, y de una misma altura son entre sí como sus bases.

Tengan una misma altura los prismas, cuyas bases son los triángulos AEM, CFG, y sus opuestos NBO, PDQ, y complétense los paralelogramos AE, CF, y tambien los paralepídedos AB, CD, en el primero de los quales sea MO una de las rectas insistentes, y en el otro GQ. Teniendo, pues, una misma altura los paralelepípedos AB, CD, serán entre sí como la base AE á la CF: por consiguiente los prismas, que son sus d 28. XI. mitades [d], serán entre sí, como la base AE á la CF, esto es como el triángulo AEM al CFG.

PROP. XXXIII. TEOR.

Los paralelepípedos semejantes están entre sí en la razon triplicada de sus lados homólogos.

Sean semejantes los paralelepípedos AB, CD, y el lado AE sea homólogo al CF. Digo, que el sólido AB estará al CD en la razon triplicada del lado AE al CF.

Prolónguense las rectas EK, EL, EM directamente á las AE, GE, HE; y tómese EK igual á CF, y EL á FN, como tambien EM igual á FR; y complétense el paralelogramo KL, y el sólido KO. Siendo, pues, las dos KE, EL iguales á las dos CF, FN, y asimismo el ángulo KEL igual al CFN, pues el ángugulo AEG es igual al CFN, por la semejanza de los sólidos AB, CD, será el paralelogramo KL semejante, é igual al CN: por la misma razon el paralelogramo MK será igual, y semejante al CR, y tambien el paralelogramo OE al FD: luego los tres paralelogramos del sólido KO serán iguales, y semejantes á los tres paralelogramos del sólido CD: pero los tres son iguales, y semejantes [a] á los tres opuestos: luego el sólido KO será igual, y semejante al CD [b]. Complétese el paralelogramo GK, y con las bases GK, KL paralelogramas; y con la misma altura que AB, complétense EX, LP, de manera que la recta EH sea una de las insistentes. Siendo por la semejanza de los sólidos AB, CD, y permutando, AE á CF, como EG á FN, y EH á FR; y siendo FC igual á EK, FN á EL, y FR á EM, resultará AE á EK, como EG á EL, y como HE á EM: pero AE es á EK, como [c] el paralelogramo AG al paralelogramo GK; y GE á EL, como GK á KL; y HP á EM, como PE á KM: luego tambien el paralelogramo AG será al GK, como GK á KL, y PE á KM: pero AG es á GK, como [d] el sólido AB al EX; GK á KL, como el sólido EX al PL; últimamente PE á KM, como el sólido PL al KO; será, pues, el sólido AB al EX, como EX á PL, y PL á KO: es así que dadas quatro cantidades continuo proporcionales, la primera tiene á la quarta razon triplicada de la que tiene á la segunda: luego el sólido AB tendrá al KO razon triplicada de la que AB tiene á EX: pero AB es á EX, como el paralelogramo AG al GK, y como la recta AE á la EK: luego el sólido AB tendrá al KO razon triplicada de la que AE tiene á EK: es así que el sólido KO es igual al sólido CD, y la recta EK á la recta CF. Por consiguiente el sólido AB tendrá al CD razon triplicada de la que el lado homólogo AE tiene al lado homólogo CF. L. Q. D. D.

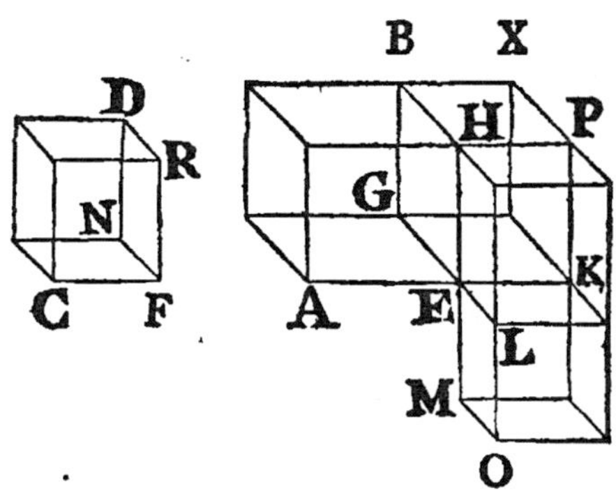

a 24. XI.
b C. XI.
c 1. VI.
d 25. XI.

Cor. De donde se infiere manifiestamente, que si quatro rectas son continuo proporcionales, la primera será á la quarta, como el paralelepípedo descrito sobre la primera al paralelepípedo semejante, y semejantemente descrito sobre la segunda; por tener la primera á la quarta razon triplicada de la que tiene á la segunda [e].

e 11. Def. V.

PROP. D. TEOR.

Los paralelepípedos contenidos por paralelogramos respectivamente equiángulos, esto es cuyos ángulos sólidos son entre sí iguales, están uno á otro en la razon compuesta de las razones de los lados.

Sean los paralelepípedos AB, CD; el primero de los quales esté contenido por los paralelogramos AE, AF, AG respectivamente equiángulos á los paralelogramos CH, CK, CL, que contienen el sólido CD. La razon del sólido AB al CD estará compuesta de las razones de los lados AM á DL, AN á DK, y AO á DH. Prolónguense MA, NA, OA hasta los puntos P, Q,

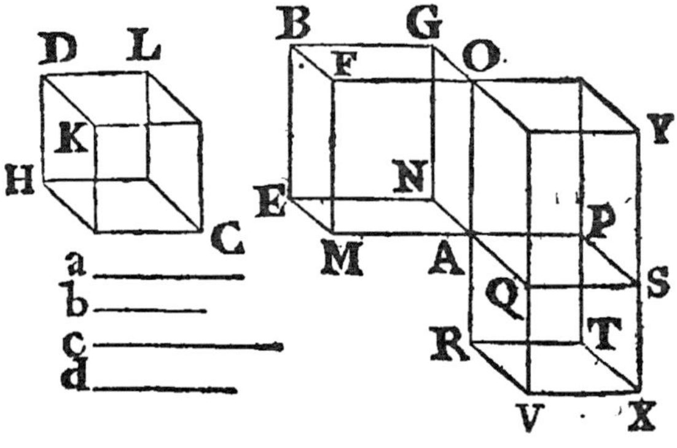

R, de forma, que AP sea igual á DL, AQ á DK, y AR á DH: y complétese el paralelepípedo AX contenido por los paralelogramos AS, AT, AV respectivamente semejantes, é iguales á los paralelogramos CH, CK, CL: luego el sólido AX será igual [a] al CD. Complétese el sólido AY, cuya base es AS,

a C. XI.

y

y una de las rectas insistentes AO: tírese qualquiera recta a, y hágase MA á AP, como a á la recta b, y NA á AQ, como b á c; últimamente OA á AR, como c á d. Siendo, pues, el paralelogramo AE equiángulo al paralelogramo AS, será AE á AS, como la recta a á la c, segun se demostró en la Proposicion XXIII. del Libro VI: es así que los sólidos AB, AY construidos entre los planos paralelos BOY, EAS tienen una misma altura: luego el sólido AB será al AY, como la base AE á la AS [b]; esto es como la recta a á la recta c: y el sólido AY será al AX, como la base OQ á la QR [c]; esto es como la recta OA á la AR; esto es como la recta c á la d. Siendo, pues, el sólido AB al AY, como la recta a á la c; y el sólido AY al AX, como la recta c á la d, será por igualdad el sólido AB al AX, ó CD, como la recta a á la d: es así que la razon de a á d está compuesta [d] de las razones de a á b, de b á c, y de c á d, que son respectivamente iguales á las razones de los lados MA á AP, NA á AQ, y OA á AR: pero los lados AP, AQ, AR son respectivamente iguales á los lados DL, DK, DH. Por consiguiente el sólido AB estará al CD en la razon compuesta de las razones de los lados AM á DL, AN á DK, y AO á DH. L. Q. D. D.

b 32. XI.

c 25. XI.

d A. Def. V.

PROP. XXXIV. TEOR.

LAS bases de los paralelepípedos iguales son recíprocamente proporcionales á las alturas: y los paralelepípedos, cuyas bases son recíprocamente proporcionales á las alturas, son iguales entre sí.

Sean iguales los paralelepípedos AB, CD. Digo, que sus bases serán recíprocamente proporcionales á las alturas; esto es la base EH á la base NP, como la altura del sólido CD á la altura del sólido AB.

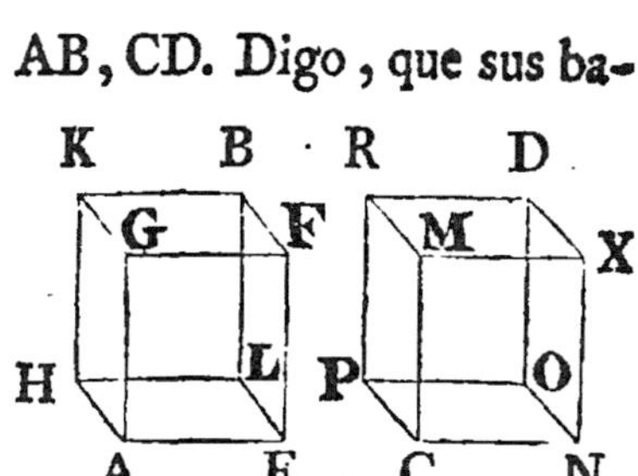

I.º Sean las insistentes AG, EF, LB, HK; CM, NX, QD, PR perpenpendiculares á sus bases. Digo, que la base EH será á la NP, como CM á AG. Si la base EH es igual á la base NP, siendo tambien el sólido AB igual al CD, resultará CM igual á AG: porque si siendo iguales las bases EH, NP, no lo fueran las alturas AG, CM, tampoco el sólido AB sería igual al CD: pero se supone igual: luego la altura CM no será desigual á la altura AG: luego será igual: y por tanto la base EH será á la NP, como CM á AG.

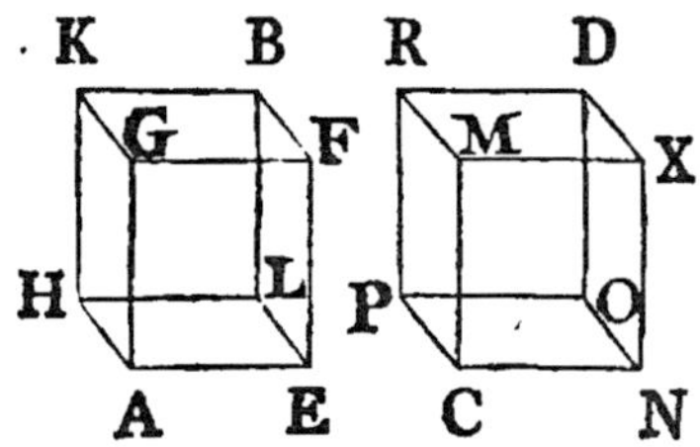

Pero si no es la base EH igual á la NP, sino mayor; siendo el sólido AB igual al CD; será CM mayor que AG; pues si no lo fuese, tampoco serían iguales los sólidos AB, CD contra lo supuesto. Tómese CT igual á AG, y complétese el paralelepípedo CV con la base NP, y con la altura CT: siendo, pues, el sólido AB igual al CD, será

a 7. V. AB á CV, como [a] CD á CV: es así que el sólido AB es al CV, como

b 32. XI. mo [b] la base EH á la NP, por ser AB, CV dos sólidos de igual altura: ademas de esto el sólido

c 25. XI. CD es al CV, como la base MP á la PT [c], y como la recta

d 1. VI. MC á la CT [d]: luego MC será á CT, como la base EH á la NP: pero CT es igual á AG: luego la base EH será á la NP, como MC á AG: por consiguiente las bases de los paralelepípedos AB, CD serán recíprocamente proporcionales á sus alturas.

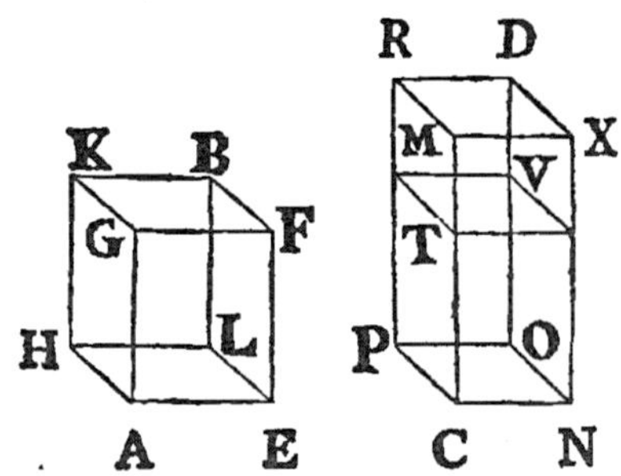

II.º Sean las bases de los paralelepípedos AB, CD recíprocamente proporcionales á sus alturas, y la base EH á la NP, como la altura del sólido CD á la del AB. Digo, que el sólido AB será igual al CD. Sean primero las insistentes perpendiculares á las bases: y respecto de ser la base EH igual á la

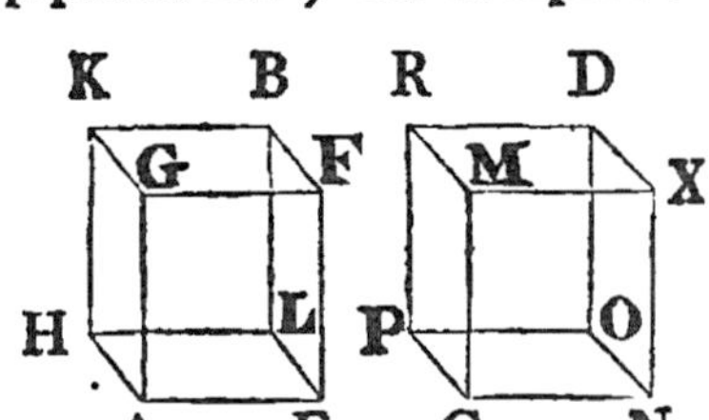

la NP, y como la altura del sólido CD á la del AB, resultará la altura del sólido CD igual [e] á la altura del sólido AB: es así que los paralelepípedos, que tienen iguales bases, y una misma altura son iguales [f] entre sí: luego el sólido AB será igual al CD. e Ax. 5. f 31. XI.

No sea la base EH igual á la base NP, sino mayor que ella. Siendo, pues, la base EH á la base NP, como la altura CM del sólido CD á la altura AG del sólido AB, será CM mayor que AG: tómese CT igual á AG, y complétese semejantemente el sólido CV. Siendo, pues, la base EH á la NP, como CM á AG, y AG igual á CT, será la base EH á la NP, como MC á CT: es así que la base EH es á la NP, como [g] el sólido AB al CV; por ser de igual altura los dos sólidos AB, CV; y MC á CT, como [h] la base MP á la PT, y el sólido CD al CV: luego AB será á CV, como el sólido CD al CV: luego el sólido AB será igual al CD. L. Q. D. D. g 32. XI. h 25. XI.

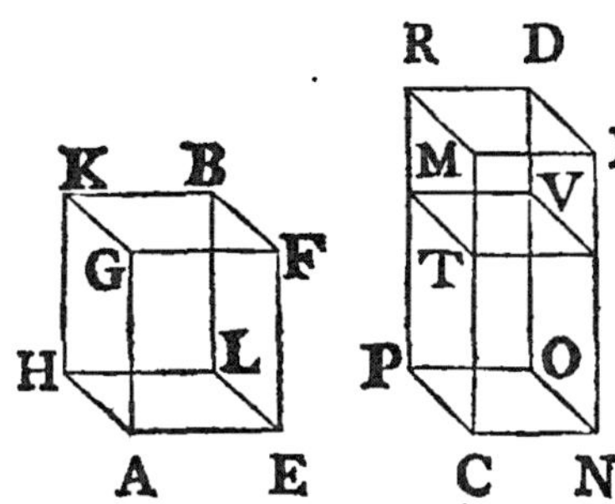

Mas demos, que las insistentes FE, BL, GA, KH; XN, DO, MC, RP no sean perpendiculares á las bases de los sólidos, y

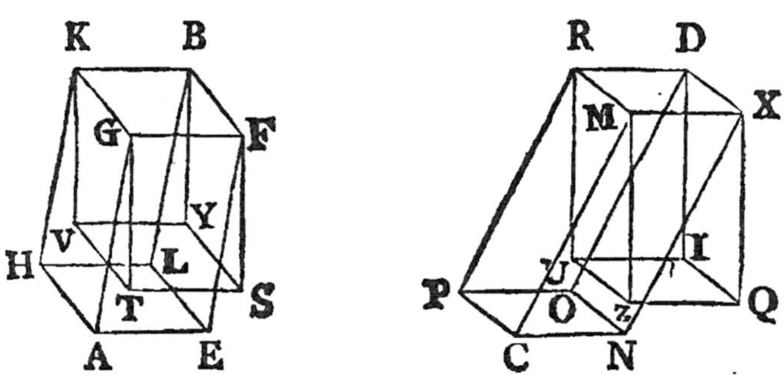

de los puntos F, B, K, G; X, D, R, M tírense á los planos de las bases EH, NP perpendiculares, que encuentren á los planos en los puntos S, Y, V, T; Q, I, U, Z, y complétense los sólidos FV,

FV, XU, que serán paralelepípedos, como se demostró en el último caso de la Proposicion XXXI. de este Libro. Digo, que tambien así, siendo iguales los sólidos AB, CD, las bases serán recíprocamente proporcionales á las alturas; es á saber la base EH á la NP, como la altura del sólido CD á la del AB: por-
i 29. 6 que siendo el sólido AB igual al CD, y el BT i al AB, por
30. XI. tener la misma base FK, y la misma altura; como asimismo el sólido DC igual i al DZ, por tener tambien la misma base XR, y la misma altura, resultará el sólido BT igual al DZ: es así que las bases de paralelepípedos iguales, cuyas insistentes son perpendiculares á las bases de los mismos, son recíprocamente proporcionales á las alturas, como se demostró: luego la base FK será á la base XR, como la altura del sólido DZ á la altura del

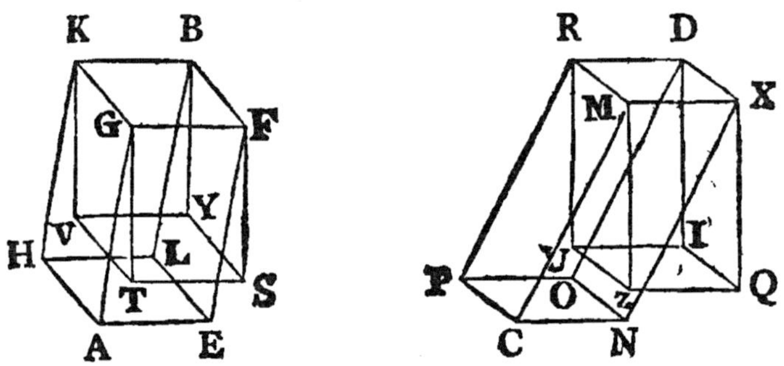

sólido BT: pero la base FK es igual á la EH, y la base XR á la NP: por consiguiente la base EH será á la NP, como la altura del sólido DZ á la del BT: es así que las alturas de los sólidos DZ, DC, como tambien las de los BT, BA son las mismas: luego la base EH será á la NP, como la altura del sólido DC á la del BA: las bases, pues, de los paralelepípedos AB, CD serán recíprocamente proporcionales á sus alturas.

Ademas de esto sean las bases de los paralelepípedos AB, CD recíprocamente proporcionales á sus alturas, y la base EH á la NP, como la altura del sólido CD á la del AB. Digo, que el sólido AB será igual al CD: porque supuesta la misma construccion, siendo la base EH á la NP, como la altura del sólido CD á la del AB, y la base EH igual á la FK, como tambien

bien la NP á la XR, será la base FK á la XR, como la altura del sólido CD á la del AB: es así que las alturas de los sólidos AB, BT, y de los CD, DZ son las mismas: luego la base FK será á la XR, como la altura del sólido DZ á la del BT: consiguientemente las bases de los paralelepípedos BT, DZ serán recíprocamente proporcionales á sus alturas: pero sus insistentes son perpendiculares á las bases: luego el sólido BT será, como ya se demostró, igual al DZ: es así que BT es igual [k] á BA, y DZ [k] á DC, por tener las mismas bases, y altura: luego el sólido AB será igual al CD. L. Q. D. D. k 29. 6 30. XI.

PROP. XXXV. TEOR.

SI en los vértices de dos ángulos planos iguales se elevan dos rectas sobre los planos de los ángulos, de manera que con los lados de ellos contengan ángulos respectivamente iguales, y si de los extremos de estas rectas se baxan perpendiculares á los planos, y de los puntos, donde los encuentran, se tiran rectas á los vértices; estas lineas con las elevadas contendrán ángulos iguales.

Sean los dos ángulos planos iguales BAC, EDF, y en los vértices A, D elévense las rectas AG, DM sobre los planos, que con

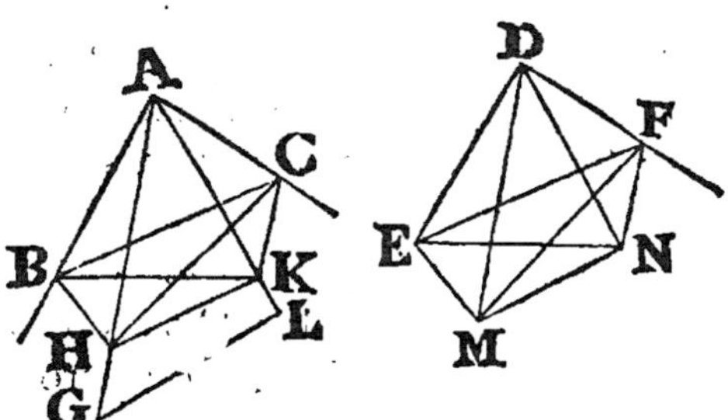

los lados de los ángulos contengan ángulos respectivamente iguales, es á saber GAB igual á MDE, y GAC á MDF; tómense

en

en AG, DM qualesquiera puntos G, M, de los quales báxense á los planos, que pasan por BAC, EDF, las perpendiculares GL, MN, que encuentren á los planos en los puntos L, M; y tírense las lineas LA, ND. Digo, que el ángulo GAL será igual al MDN.

Tómese AH igual á DM; y por H tírese HK paralela á GL: es así que GL es perpendicular al plano BAC: luego tambien HK será perpendicular [a] al plano BAC. Tírense de los puntos K, N á las rectas AB, AC, DE, DF las perpendiculares KB, KC, NE, NF; y tírense HB, BC, ME, EF. Siendo, pues, HK perpendicular al plano BAC, tambien el plano HBK, que pasa

a 8. XI.

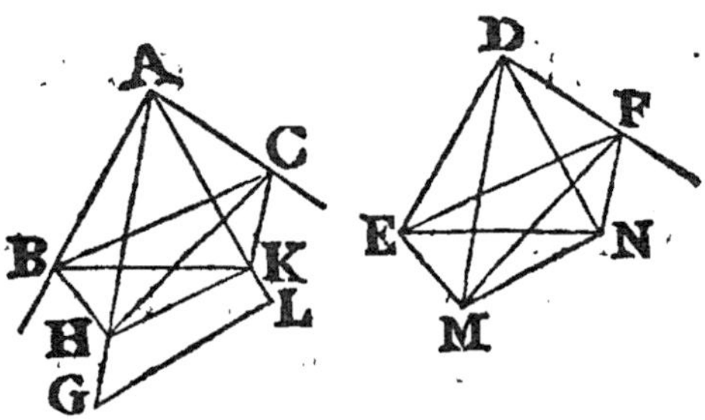

por HK, será perpendicular al plano BAC [b]: es así que se halla en el plano BAC la recta AB perpendicular á la BK, comun seccion de los planos: por consiguiente AB será perpendicular al plano HBK [c], y á todas las rectas, que la tocan en el mismo plano [d]: es así que la toca la recta BH, que está en el mismo plano: luego el ángulo ABH será recto: por la misma razon será tambien recto el ángulo DEM: luego el ángulo ABH será igual al DEM; pero HAB es igual á MDE: luego HAB, MDE son dos triángulos, que tienen dos ángulos respectivamente iguales á dos ángulos, y un lado opuesto á ángulos iguales igual á otro, es á saber HA á DM: luego tendrán los demás lados respectivamente iguales entre sí [e]: consiguientemente AB será igual á DE. Del mismo modo tiradas HC, MF se demuestra ser AC igual á DF. Siendo, pues, AB igual á DE, y AC á DF, serán las dos BA, AC iguales á las dos ED, DF: pero el ángulo BAC es igual al EDF: luego la base BC será igual á la EF, y los demas ángulos respectivamente iguales [f] entre sí: luego el ángulo ABC será igual al DEF: es así que el recto ABK es tambien igual

b 18. XI.
c 4. Def. XI.
d 3. Def. XI.
e 26. I.
f 4. I.

igual al recto DEN; por consiguiente los otros ángulos CBK, FEN serán iguales entre sí: por la misma razon el ángulo BCK será igual al EFN: luego BCK, EFN son dos triángulos, que tienen dos ángulos respectivamente iguales á dos ángulos, y un lado igual á otro, adyacentes los dos á ángulos iguales; es á saber BC á EF: por consiguiente tendrán iguales g los demás lados: g 26. I.
así BK será igual á EN; pero AB es igual á DE: luego siendo las dos AB, BK iguales á las dos DE, EN, y conteniendo ángulos rectos; será la base AK igual á la DN; y por ser AH igual á DM, será el quadrado de AH igual al quadrado de DM: es así que los quadrados de AK, KH son iguales h al quadrado de AH; por ser recto el ángulo AKH: y los quadrados de DN, NM son iguales al quadrado de DM; por ser recto el ángulo DNM: luego los quadrados de AK, KH son iguales á los de DN, NM, de los quales el quadrado de AK es igual al de DN: luego el quadrado de KH será igual al de NM; y por tanto la recta HK igual á la MN: y siendo las dos HA, AK respectivamente iguales á las dos MD, DN, y la base HK igual á la MN, como ya se ha demostrado, será el ángulo HAK igual i al MDN. L. Q. D. D.

g 26. I. h 47. I. i 8. I.

Cor. Es evidente, que si en los vértices de dos ángulos planos iguales se elevan rectas iguales, que contengan ángulos respectivamente iguales con los lados de los ángulos, las perpendiculares baxadas de ellas á los planos de los ángulos serán iguales entre sí.

Otra demostracion del Corolario.

Sean los dos ángulos planos BAC, EDF entre sí iguales; y con-

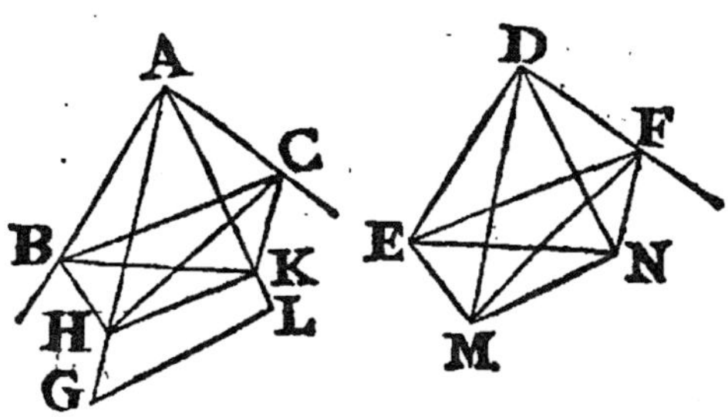

tengan las rectas elevadas, é iguales AH, DM con las BA, AC, y ED,

ED, DF ángulos respectivamente iguales, es á saber el ángulo HAB igual al MDE, y el HAC al MDF: y báxense á los planos BAC, EDF las perpendiculares HK, MN: será HK igual á MN.

Porque estando el ángulo sólido A contenido por los tres ángulos planos BAC, BAH, HAC respectivamente iguales á los

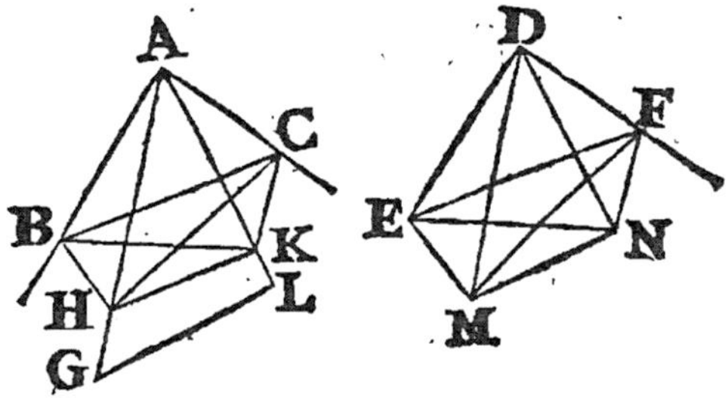

tres ángulos planos EDF, EDM, MDF, que contienen el ángulo sólido D, serán los ángulos sólidos A, y D entre sí iguales, y se ajustarán mútuamente; esto es si se aplica el ángulo BAC al EDF, la recta AH ajustará con la DM, como se demostró en la Proposicion B de este Libro: y siendo AH igual á DM, el punto H se ajustará al M: por consiguiente HK perpen-
k 13. XI. dicular al plano BAC se ajustará [k] á MN perpendicular al plano EDF; respecto de que estos planos se ajustan mútuamente entre sí: luego la recta HK será igual á la recta MN. L. Q. D. D.

PROP. XXXVI. TEOR.

SI tres rectas son proporcionales; el paralelepípedo de las tres será igual al paralelepípedo equilátero de la media, siendo los dos equiángulos, esto es que qualquiera de los ángulos sólidos del un paralelepípedo esté contenido por tres ángulos planos respectivamente iguales á los que contienen un ángulo sólido del otro.

Sean proporcionales las tres rectas A, B, C, esto es A á B, cocómo B á C. Digo, que el paralelepípedo de A, B, C será igual al paralelepípedo equilátero, y equiángulo de B.

Constrúyase un ángulo sólido en D contenido por los tres ángulos planos EDF, FDG, GDE, y tómese cada una de las lineas ED, DF, DG igual á B, complétese el paralelepípedo DH, tómese la recta LK igual á A, y en su punto K constrúyase [a] un ángulo a 26. XI.
sólido contenido por tres ángulos planos LKM, MKN, NKL respectivamente iguales á los EDF, FDG, GDE; tómese la recta KN igual á B, y KM igual á C, y complétese el paralelepípedo KO.

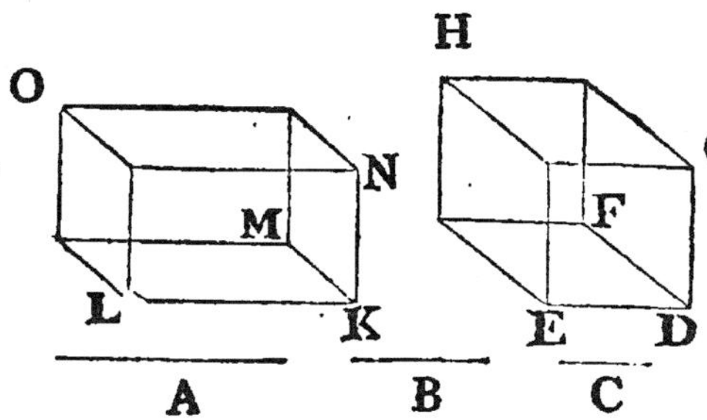

Siendo, pues, A á B, como B á C, y A igual á LK, y B á cada una de las dos DE, DF, y C igual á KM, resultará LK á ED, como DF á KM: siendo, pues, los lados, que contienen ángulos iguales recíprocamente proporcionales; el paralelogramo LM será igual [b] al EF: y siendo iguales los dos ángulos planos EDF, b 14. VI.
LKM; y hallándose en ellos las rectas elevadas DG, KN iguales entre sí, y que con las primeras rectas contienen ángulos respectivamente iguales, serán iguales entre sí [c] las perpendicula- c Cor. 35. XI.
res baxadas de los puntos G, N á los planos EDF, LKM: luego los sólidos KO, DH tendrán una misma altura: es así que los paralelepípedos, que tienen iguales bases, y una misma altura, son iguales entre sí [d]: luego el sólido KO será igual al DH: pe- d 31. XI.
ro KO está formado por las tres lineas A, B, C, y el sólido DH por la B. Por consiguiente si tres, &c. L. Q. D. D.

PROP. XXXVII. TEOR.

SI quatro rectas son proporcionales; lo serán tambien los paralelepípedos semejantes, y semejantemente descritos sobre ellas: y si los paralelepípedos semejantes, y semejantemente descritos sobre quatro rectas son proporcionales; tambien lo serán las quatro rectas.

Sean

Sean proporcionales las quatro rectas AB, CD, EF, GH, de manera, que AB sea á CD, como EF á GH; y descríbanse semejantemente sobre ellas los paralelepípedos semejantes AK, CL, EM, GN. Digo, que AK será á CL, como EM á GN.

a 11. VI. Háganse continuo proporcionales [a] AB, CD, O, P, y ásimismo EF, GH, Q, R. Siendo, pues, AB á CD, como EF á GH, será tambien CD á O, como GH á Q; y O á P, como
b 11. V. Q á R [b]: luego por igualdad AB será á P, como EF á R [c]: es
c 22. V. así que AB es á P, como [d] el sólido AK al CL, y EF á R,
d Cor. 33. XI. como [d] el sólido EM al GN: luego AK [b] será á CL, como el sólido EM al sólido GN.

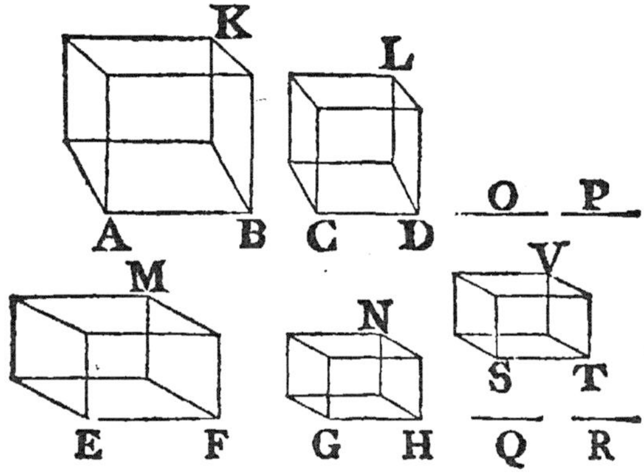

Pero sea el sólido AK al CL, como el sólido EM al GN. Digo, que la recta AB será á la CD, como la recta EF á la GH.

e 27. XI. Hágase AB á CD, como EF á ST, y sobre ST descríbase [e] semejantemente el paralelepípedo SV semejante á uno de los EM, GN. Siendo, pues, AB á CD, como EF á ST, y habiéndose descrito semejantemente sobre AB, CD los paralelepípedos semejantes AK, CL, y sobre EF, ST los paralelepípedos semejantes EM, SV; será AK á CL, como EM á SV: pero se supuso
f 9. V. AK á CL, como EM á GN: luego el sólido GN será igual [f] al SV: es así que es semejante, y semejantemente colocado á él: luego los planos, que contienen estos sólidos, serán semejantes, y sus lados homólogos GH, ST iguales entre sí: siendo, pues, AB á CD, como EF á ST, y ST igual á GH, será AB á CD,

co-

como EF á GH. Por consiguiente si quatro, &c. L. Q. D. D.

PROP. XXXVIII. TEOR.

"SI un plano es perpendicular á otro, y de algun punto
» tomado en uno de ellos se baxa una perpendicular
»al otro; caerá en la comun seccion de entrambos.

»Sea el plano CD perpendicular al AB, y AD su comun sec»cion: y tómese qualquier punto E en el plano CD. Digo, que la »perpendicular baxada del punto E al plano AB caerá so»bre AD.

»Porque á no ser así, caiga fuera, como EF, y encuentre al »plano AB en el punto F, del qual á »DA tírese en el plano AB la perpen»dicular FG [a], que será perpendicular [b] »al plano CD: y tírese EG. Siendo, pues, »FG perpendicular á CD, y encontrán»dola la recta EG, que está en el mis»mo plano CD, resultará el ángulo FGE »recto [c]: es así que tambien EF es per»pendicular al plano AB: luego el ángulo EFG será recto: por »consiguiente dos ángulos del triángulo EFG serían iguales á »dos rectos, lo qual es absurdo: luego la perpendicular baxada »del punto E al plano AB no caerá fuera de la recta AD: luego »caerá en ella. Por consiguiente si un plano, &c. L. Q. D. D."

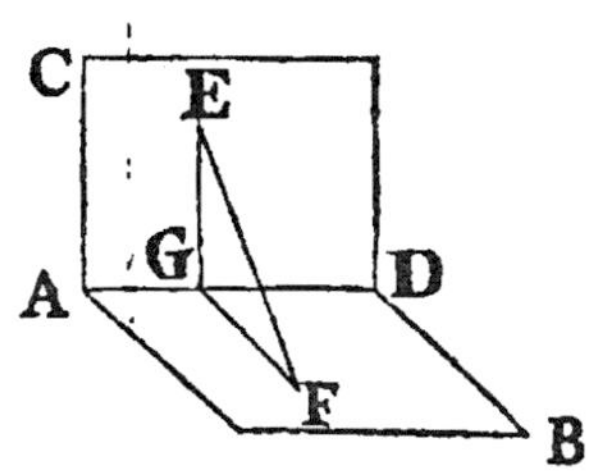

a 12. I.
b 4. Def. XI.
c 3. Def. XI.

PROP. XXXIX. TEOR.

SI cada dos lados de los planos opuestos de un paralelepípedo se dividen en dos partes iguales, y por las secciones se tiran planos; la comun seccion de los planos, y la diagonal del paralelepípedo mútuamente se dividirán en dos partes iguales.

Divídanse en dos partes iguales los lados de los planos opuestos

tos CF, AH del paralelepípedo AF en los puntos K, L, M, N; X, O, P, R; y tírense las lineas KL, MN, XO, PR. Siendo DK, CL iguales, y paralelas, KL, DC serán paralelas [a]: por la misma razon serán paralelas MN, BA: pero BA es paralela á DC: luego siendo, pues, las dos KL, BA paralelas á DC, y no estando en el mismo plano que ella; será tambien KL paralela [b] á BA: y siendo las dos KL, MN paralelas á BA, y no estando en el mismo plano que ella, será KL paralela [b] á MN: consiguientemente KL, MN estarán en un plano: semejantemente se demostrará, que XO, PR están en un mismo plano. Sea YS la comun seccion de los planos KN, XR, y DG la diagonal del

a 33. I.
b 9. XI.

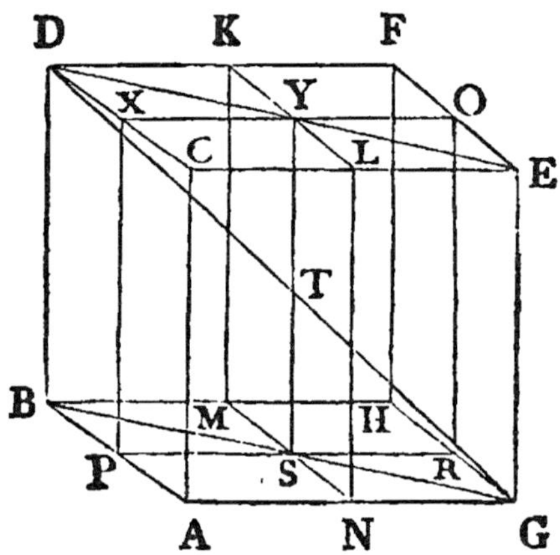

paralelepípedo AF. Digo, que YS, y DG se encontrarán mútuamente, y se cortarán en dos partes iguales.

Tírense DY, YE, BS, SG. Siendo, pues, DX paralela á OE, los ángulos alternos DXY, YOE serán iguales [c] entre sí: y siendo DX igual á OE, y XY á YO, y conteniendo ángulos iguales, la base DY será igual á la YE, y los demás ángulos iguales entre sí [d]: luego el ángulo XYD será igual al OYE, y por tanto la linea DYE es recta [e]: por la misma razon la BSG será recta: y BS es igual á SG: y siendo CA igual, y paralela á DB, y á EG, tambien DB será igual, y paralela [b] á EG: pero las juntan las rectas DE, BG: luego DE será paralela [a], é igual á BG: es así que se han tomado en las dos ciertos puntos D,

c 29. I.
d 4. I.
e 14. I.

D, Y, G, S, y se han tirado DG, YS: luego DG, YS estarán en un mismo plano: por tanto es manifiesto, que se encontrarán mútuamente: encuéntrense en T. Siendo DE paralela á BG, el ángulo EDT será igual [f] al BGT, por ser alternos: pero f 29. I.
el ángulo DTY es igual [g] al GTS: luego DTY, GTS son dos g 15. I.
triángulos, que tienen dos ángulos iguales á dos ángulos, y un lado igual á otro opuesto á uno de los ángulos iguales, es á saber DY igual á GS; por ser mitades de DE, BG: luego tendrán tambien iguales entre sí [h] los demás lados: luego DT será igual h 26. I.
á TG, y YT á TS. Por consiguiente si los lados, &c. L. Q. D. D.

PROP. XL. TEOR.

DOS prismas triangulares de igual altura, uno de los quales tenga por base un paralelogramo, y el otro un triángulo, siendo el paralelogramo duplo del triángulo, serán iguales entre sí.

Sean de igual altura los prismas ABCDEF, GHKLMN; el primero contenido por los dos triángulos ABE, CDF, y por los tres paralelogramos AD, DE, EC; y el segundo contenido por los dos triángulos GHK, LMN, y los tres paralelogramos LH, HN, NG, y tenga el uno por base al paralelogramo AF, y el

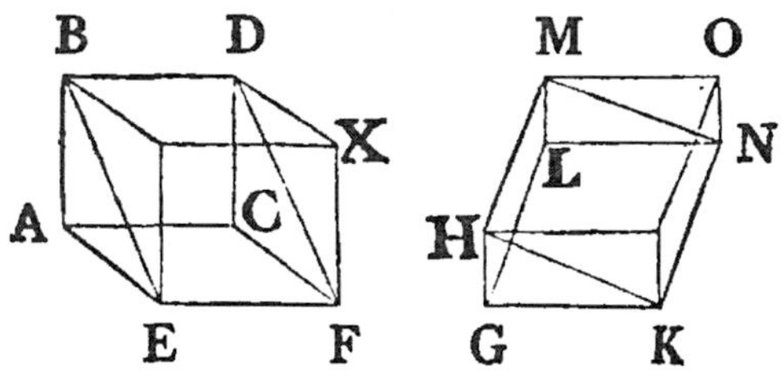

otro al triángulo GHK, siendo el paralelogramo AF duplo del triángulo GHK. Digo, que el prisma ABCDEF será igual al prisma GHKLMN.

Complétense los sólidos AX, GO. Siendo el paralelogramo AF duplo del triángulo GHK, y el paralelogramo HK duplo [a] del a 34. I.

del triángulo GHK, será el paralelogramo AF igual al HK: es así que los paralelepípedos, que tienen iguales bases, y la mis-
b 31. XI. ma altura, son iguales entre sí [b]: luego el sólido AX será igual

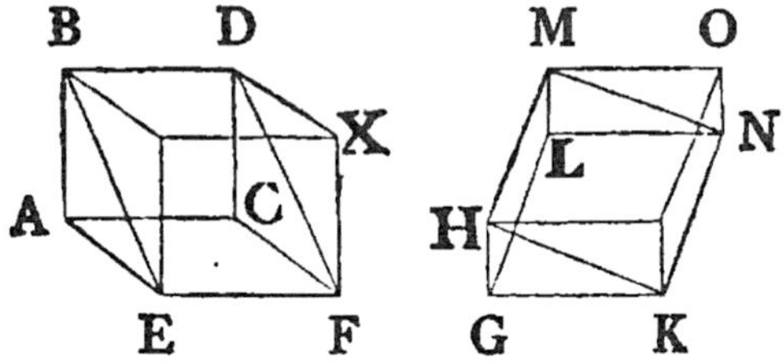

al sólido GO: pero el prisma ABCDEF es la mitad del sólido
c 28. XI. AX; y el prisma GHKLMN la mitad [c] del sólido GO: luego el prisma ABCDEF será igual al GHKLMN. Por consiguiente dos prismas, &c. L. Q. D. D.

ELE-

ELEMENTOS DE EUCLIDES.

LIBRO DUODECIMO.

LEMA I.

(Necesario para algunas Proposiciones de este Libro; y es la Proposicion I. del Libro X.)

SI de la mayor de dos cantidades desiguales dadas se quita una parte mayor que su mitad, y del residuo se quita tambien otra parte mayor que su mitad; continuando siempre la misma operacion, llegará á resultar una parte menor que la cantidad menor propuesta.

Sean las dos cantidades desiguales dadas AB, C, siendo AB la mayor. Digo, que si de ellas se quita una parte mayor que la mitad, de su residuo otra parte mayor que la mitad, y se prosigue la misma operacion, llegará al fin á resultar una parte menor que la cantidad C.

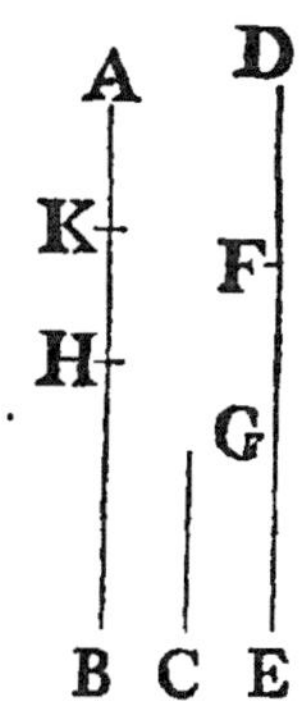

Porque C multiplicada llegará á ser mayor que AB: multiplíquese, y sea DE multíplice de C, y mayor que AB: divídase DE en partes DF, FG, GE iguales á C, y de AB quítese una parte BH mayor que la mitad, y de AH una parte HK mayor que la mitad, y continúese la misma operacion, hasta que el número de divisiones de AB llegue á igualar al número de divisiones de DE. Sea, pues, el número de de divisiones AK, KH, HB igual al número de divisiones DF, FG, GE. Siendo DE mayor que AB, y habiéndose quitado de DE la parte EG menor que la mitad DG, y de AB la parte BH mayor que la mitad AB, será GD restante mayor que la restante HA. Además, siendo GD mayor que HA, y habiéndose quitado de GD la mitad GF, y de HA mas de la mitad HK: la FD restante será mayor que la AK restante: es así que FD es igual á C: luego C será mayor que AK: luego AK menor que C. Por consiguiente de la cantidad AB queda la parte AK menor que la cantidad menor propuesta C. L. Q. D. D.

PROP. I. TEOR.

Los polígonos semejantes inscritos en círculos son entre sí como los quadrados de sus diámetros.

Sean los círculos ABCDE, FGHKL, y en ellos inscritos los polígonos semejantes ABCDE, FGHKL; y sean BM, GN los diámetros de los círculos. Digo, que el polígono ABCDE será al polígono FGHKL, como el quadrado de BM al de GN.

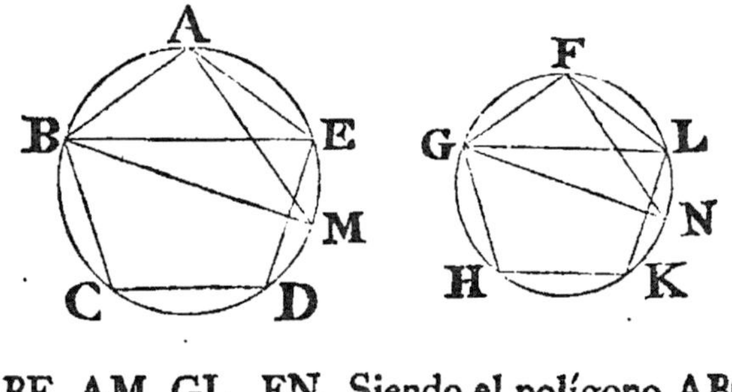

Tírense BE, AM, GL, FN. Siendo el polígono ABCDE semejante al polígono FGHKL, será el ángulo BAE igual [a] al GFL, y BA á AE, como GF á FL: luego BAE, GFL son dos triángulos, que tienen un ángulo del uno igual á un ángulo del otro, esto es el

a 1. Def. VI.

BAE

BAE al GFL, y proporcionales los lados, que contienen estos ángulos: por consiguiente el triángulo ABE será equiángulo [b] al triángulo GFL, y por tanto el ángulo AEB será igual [c] al ángulo FLG: pero el ángulo AEB es igual al AMB, por insistir ambos en un mismo arco; y el ángulo FLG es igual al FNG [c]: luego el ángulo AMB será tambien igual al ángulo FNG: pero el recto BAM es igual al recto GFN [d]: consiguientemente los demás ángulos serán iguales entre sí: luego el triángulo ABM será equiángulo al triángulo FGN: luego BM será á GN, como [e] BA á GF: y la razon duplicada de BM á GN será igual [f] á la razon duplicada de la razon de BA á GF: es así que la razon duplicada de BM á GN es la razon del quadrado de BM al de GN [g]; y la razon duplicada de BA á GF es la razon del polígono ABCDE al polígono FGHKL [g]: luego el polígono ABCDE será al FGHKL, como el quadrado de BM al de GN. Por consiguiente los polígonos, &c. L. Q. D. D.

b 6. VI.
c 21. III.
d 31. III.
e 4. VI.
f 10. Def. V. y 22. V.
g 20. VI.

PROP. II. TEOR.

LOS círculos están entre sí en la razon de los quadrados de sus diámetros.

Sean los círculos ABCD, EFGH; y BD, FH sus diámetros. Digo, que el círculo ABCD será al círculo EFGH, como el quadrado de BD al de FH.

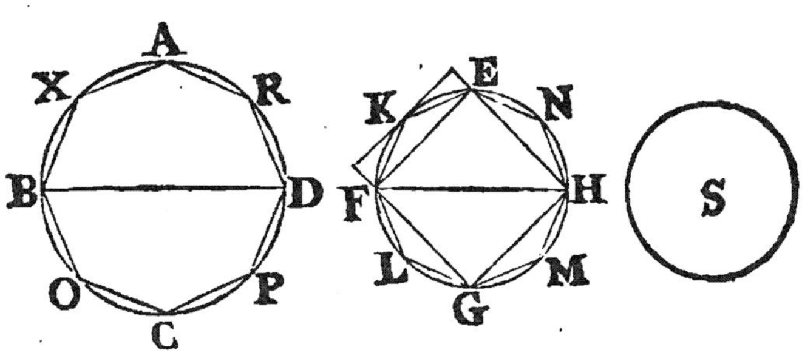

Pues á no ser así, el quadrado de BD sería al de FH, como el círculo ABCD á un espacio menor, ó mayor que el círculo EFGH.

EFGH. * Sea primeramente á uno menor S; é inscríbase en el círculo EFGH el quadrado EFGH, el qual así descrito será mayor que la mitad del mismo círculo, pues si se tiran por los puntos E, F, G, H tangentes al círculo, resultará, que el quadrado
a 41. I. EFGH [a] es la mitad del quadrado circunscrito al círculo: pero el círculo es menor que el quadrado circunscrito á él: luego el quadrado EFGH será mayor que la mitad del círculo EFGH: córtense en dos partes iguales los arcos EF, FG, GH, HE en los puntos K, L, M, N, y tírense las lineas rectas EK, KF, FL, LG, GM, MH, HN, NE: qualquiera de los triángulos EKF, FLG,

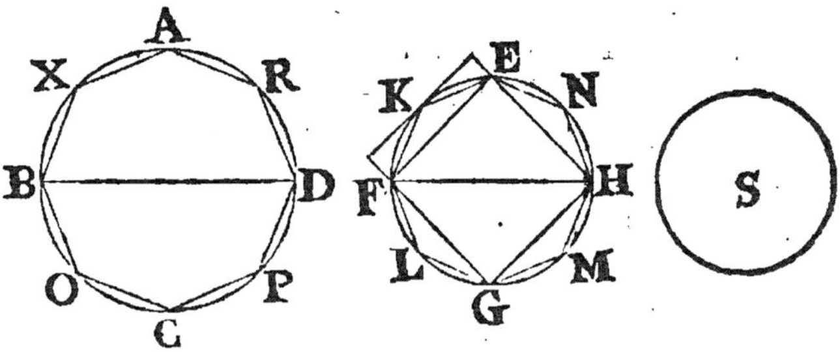

GMH, HNE será mayor que la mitad del segmento del círculo, en que se halla; pues tiradas tangentes al círculo por los puntos K, L, M, N, y completados los paralelogramos formados sobre las rectas EF, FG, GH, HE, resultará cada uno de los triángulos EKF, FLG, GMH, HNE la mitad de su paralelogramo [a]: es así que el segmento es menor que el paralelogramo: consiguientemente qualquiera de los triángulos EKF, FLG, GMH, HNE será mayor que la mitad del segmento del círculo, en que se halla: luego cortando en dos partes iguales estos arcos, tirando rectas, y prosiguiendo siempre la misma operacion, resultarán al fin ciertos segmentos de círculo menores que el exceso del círculo EFGH sobre el espacio S; pues queda demostrado en el Lema anterior, que si de la mayor de dos cantidades desiguales da-

* Hay algun cierto quadrado igual al círculo ABCD: sea su lado P: luego podrá haber una quarta proporcional á las tres BD, FH, y P, que sea Q: luego los quadrados de estas serán proporcionales; esto es á los quadrados de BD, FH, y al círculo ABCD puede haber una quarta proporcional, que sea S: semejantemente se demostrarán ciertas cosas en las siguientes Proposiciones.

dadas se quita una parte mayor que su mitad, y del residuo se quita tambien otra parte mayor que su mitad, continuando siempre la misma operacion, llega á resultar una parte menor que la cantidad menor propuesta. Queden, pues, los segmentos EK, KF, FL, LG, GM, MH, HN, NE menores que el exceso del círculo EFGH sobre el espacio S: luego el polígono restante EKFLGMHN será mayor que el espacio S. Descríbase tambien en el círculo ABCD el polígono AXBOCPDR semejante al polígono EKFLGMHN: luego aquel polígono será [b] á este, como el quadrado de BD al de FH: pero el círculo ABCD es al espacio S, como el quadrado de BD al de FH: luego el círculo ABCD será al espacio S, como [c] el polígono AXBOCPDR al polígono EKFLGMHN: es así que el círculo ABCD es mayor que el polígono inscrito en él: consiguientemente el espacio S sería mayor que el polígono EKFLGMHN [d]; lo qual es imposible, pues se ha demostrado ser menor: luego el quadrado de BD no será al de FH, como el círculo ABCD á un espacio menor que el círculo EFGH; de la misma manera se demostrará, que tampoco el quadrado de FH es al de BD, como el círculo EFGH á un espacio menor que el círculo ABCD. Añado, que el quadrado de BD no será al de FH, como el círculo ABCD á algun espacio mayor que el círculo EFGH: porque si fuera posible, séalo

b 1. XII.
c 11. V.
d 14. V.

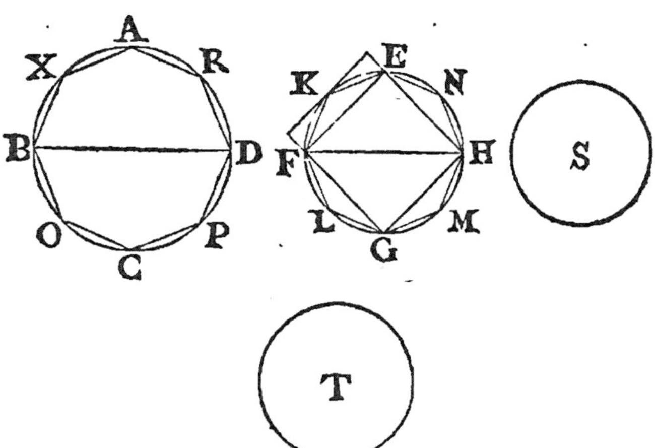

al espacio mayor T, é invirtiendo será el quadrado de FH al de

BD,

BD, como el espacio T al círculo ABCD: pero el espacio † T es al círculo ABCD, como el círculo EFGH á un espacio menor que el círculo ABCD [d], por ser el espacio T mayor que el círculo EFGH: luego el quadrado de FH será al de BD, como el círculo EFGH á algun espacio menor que el círculo ABCD;

d 14. V.

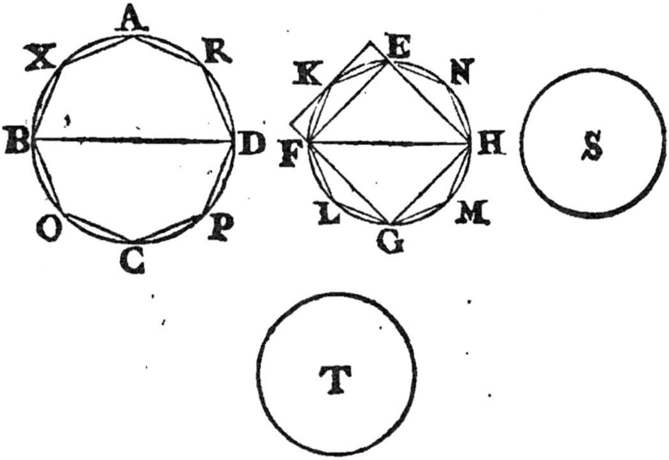

la imposibilidad de lo qual se demostró antes: luego el quadrado de AB no será al de FH, como el círculo ABCD á algun espacio mayor que el círculo EFGH: pero se ha demostrado, que tampoco lo será á algun espacio menor: luego el círculo ABCD será al ‡ círculo EFGH, como el quadrado de BD al de FH. Por consiguiente los círculos, &c. L. Q. D. D.

† En la Nota anterior * se demostró, que puede haber una quarta proporcional á los quadrados de BD, FH, y al círculo ABCD, la qual sea S; y que del mismo modo puede haber una quarta proporcional al espacio T, y á los círculos ABCD, EFGH. En el mismo sentido se debe entender lo que ocurriere semejante en algunas de las siguientes Proposiciones.

‡ Porque puede haber una quarta proporcional á los quadrados de BD, FH, y al círculo ABCD; la qual no puede ser mayor, ni menor que el círculo EFGH, como se demostró: luego será necesariamente igual á dicho círculo.

PROP.

PROP. III. TEOR.

TODA pirámide de base triangular se divide en dos pirámides semejantes á la total, é iguales, y semejantes entre sí, las quales tienen bases triangulares; y en dos prismas mayores que la mitad de toda la pirámide.

Sea una pirámide, que tenga por base el triángulo ABC, y por vértice el punto D. Digo, que la pirámide ABCD se dividirá en dos pirámides iguales, semejantes entre sí, y á la total, que tendrán las bases triangulares; y en dos prismas mayores que la mitad de toda la pirámide.

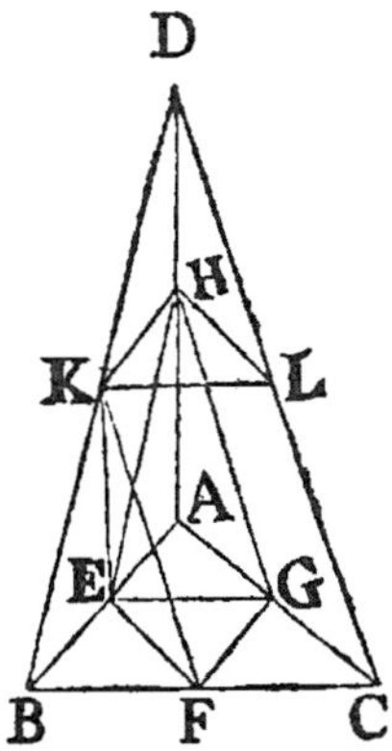

Córtense en dos partes iguales en los puntos E, F, G, H, K, L los lados AB, BC, CA, AD, DB, DC, y tírense las lineas EH, EG, GH, HK, KL, LH, EK, KF, FG. Siendo, pues, AE igual á EB, y AH á HD, será HE paralela [a] á DB: por la misma razon HK será paralela á AB: luego la figura HEBK será un paralelogramo; consiguientemente HK será igual [b] á EB: es así que EB es igual á AE: luego AE será igual á HK: tambien AH es igual á HD: luego las dos EA, AH serán respectivamente iguales á los dos KH, HD, y el ángulo EAH igual [c] al KHD: luego la base EH será igual á la KD, y el triángulo AEH igual [d], y semejante al triángulo HKD. Por la misma razon el triángulo AGH será igual, y semejante al triángulo HLD; y siendo las dos rectas EH, HG, que se tocan, paralelas á las dos rectas KD, DL, que se tocan, y no estando en el mismo plano, contendrán ángulos iguales [e]: luego el ángulo EHF será igual al KDL. Ademas, siendo las dos rectas EH, HG respectivamente iguales á las dos KD, DL, y el ángulo EHG igual al KDL, será la base EG igual á la KL, y el triángulo EHG igual [d], y semejante al triángulo KDL. Por la misma razon el triángulo AEG será igual, y semejante al triángulo-

a 2. VI.
b 34. I.
c 29. I.
d 4. I.
e 10. XI.

gulo HKL : consiguientemente la pirámide, cuya base es el trián-
gulo AEG, y vértice el punto H, será igual, y semejante á la
f C. XI. pirámide, cuya base es el triángulo KHL, y vértice el punto D [f]:
y respecto de haberse tirado HK paralela al lado AB del trián-
gulo ADB, este será equiángulo al triángulo HDK; consiguien-
g 4. VI. temente tendrán los lados proporcionales [g]: luego el triángulo
ADB será semejante al HDK, y por la misma razon el triángulo
DBC semejante al DKL; el ADC al HDL; y asimismo el ABC
al AEG: es así que se demostró ser el triángulo AEG semejante
h 21. VI. al triángulo HKL: luego tambien será semejante [h] á HKL el
triángulo ABC. Ultimamente, la pirámide, cuya
base es el triángulo ABC, y vértice el punto D,
será semejante á la pirámide, cuya base es el
i B. XI. y 11. Def. XI. triángulo HKL, y vértice el punto D [i]: pero ya
se demostró ser semejante la pirámide, que tiene
por base el triángulo HKL, y vértice el punto
D á la pirámide, que tiene por base el triángulo
AEG, y vértice al punto H: consiguientemente
la pirámide, cuya base es el triángulo ABC, y
vértice el punto D, será semejante á la que tie-
ne por base el triángulo AEG, y por vértice el
punto H: luego ambas pirámides AEGH, HKLD
serán semejantes á la pirámide total ABCD: y

k 41. I. siendo BF igual á FC, el paralelogramo EBFG será duplo [k] del
triángulo GFC; y respecto, que si de dos prismas de igual al-
tura uno tiene por base un paralelogramo, y otro un triángulo,
l 40. XI. siendo aquel duplo de este, los prismas son iguales entre sí [l]:
resultará el prisma, cuya base es el paralelogramo EBFG, y la
recta HK opuesta á él, igual al prisma, cuya base es el triángulo
FGC, y el triángulo HKL opuesto á él; pues son de igual al-
m 15. XI. tura, por estár entre los planos paralelos [m] ABC, HKL. Es ma-
nifiesto, que ambos prismas, así el que tiene por base el para-
lelogramo EBFG, y la recta HK opuesta á él, como el que
tiene por base el triángulo GFC, y el triángulo HKL opuesto á
él, son mayores que las dos pirámides, cuyas bases son los trián-
gulos AEG, HKL, y vértices los puntos H, D; porque tirada la
recta EF, el prisma, cuya base es el paralelogramo EBFG, y
la

la recta HK opuesta á él, será mayor que la pirámide, cuya base es el triángulo EBF, y vértice el punto K: pero esta es igual [n] á la pirámide, que tiene por base el triángulo AEG, y por vértice el punto H; por estár contenidas de planos iguales, y semejantes: consiguientemente el prisma, que tiene por base el paralelogramo EBFG, y la recta HK opuesta á él, será mayor que la pirámide, que tiene por base el triángulo AEG, y vértice el punto H: es así que el prisma, cuya base es el paralelogramo EBFG, y la recta HK opuesta á él, es igual al prisma, cuya base es el triángulo GFC, y el triángulo HKL opuesto á él; y la pirámide, cuya base es el triángulo AEG, y vértice el punto H, es igual á la que tiene por base el triángulo HKL, y por vértice D: luego los dos prismas mencionados serán mayores que las dos pirámides propuestas, cuyas bases son los triángulos AEG, HKL, y vértices los puntos H, D: luego la pirámide total, cuya base es el triángulo ABC, se ha dividido en dos pirámides entre sí iguales, y semejantes; y semejantes á la total; y en dos prismas iguales mayores que la mitad de toda la pirámide. L. Q. D. D.

n C. XI.

PROP. IV. TEOR.

SI dos pirámides de iguales alturas, y de bases triangulares se dividen cada una en dos pirámides iguales entre sí, y semejantes á la total, y en dos prismas iguales; y las pirámides, que resultaren, se subdividen del mismo modo; prosiguiendo la subdivision en todas las pirámides resultantes hasta donde se quiera; será la base de una pirámide á la base de la otra, como la suma de todos los prismas de la una pirámide á la suma de todos los prismas de la otra.

Sean dos pirámides de igual altura, que tengan las bases triángulares ABC, DEF, y por vértices los puntos G, H; divídanse ambas en dos pirámides iguales entre sí, y semejantes á la total, como asimismo en dos prismas iguales: supónganse divi-

di-

didas de la misma suerte las dos pirámides resultantes en cada una, y continuada siempre la misma operacion hasta donde se quiera. Digo, que la base ABC será á la base DEF, como la suma de todos los prismas de la pirámide ABCG á la de los prismas de la pirámide DEFH.

Supóngase la misma construccion precedente. Siendo BX igual
a 2. VI. á XC, y AL á LC, será XL paralela [a] á AB, y el triángulo ABC semejante al triángulo LXC: por la misma razon el triángulo DEF será semejante al triángulo RVF: y por ser BC dupla de CX, y EF dupla de FV, será BC á CX, como EF á FV: es así que sobre BC, CX se han descrito semejantemente

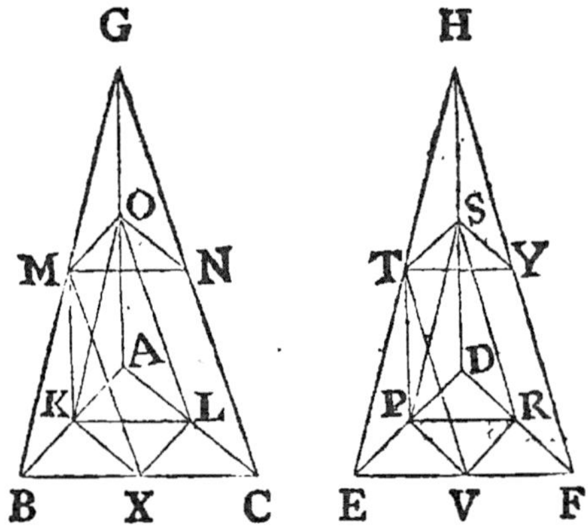

las figuras rectilineas semejantes ABC, LXC; y sobre EF, FV se han descrito semejantemente las figuras rectilineas semejantes
b 22. VI. DEF, RVF: luego el triángulo ABC será al LXC, como [b] el DEF al RVF; y alternando el triángulo ABC será al DEF, como el LXC al RVF. Siendo, pues, paralelos los planos ABC,
c 15. XI. OMN [c], como tambien los DEF, STY [c], las perpendiculares tiradas de los puntos G, H á las bases ABC, DEF, que son igua-
d 17. XI. les entre sí, quedarán divididas [d] en dos partes iguales por los planos OMN, STY; pues las rectas GC, HF están cortadas en dos partes iguales por los mismos planos en los puntos N, Y: luego los prismas LXCOMN, RVFSTY serán de igual altura; y por tanto la base LXC á la base RVF, esto es el triángu-

gulo ABC al triángulo DEF, como el prisma, cuya base es el triángulo LXC, y su opuesto OMN, al prisma, cuya base es el triángulo RVF, y su opuesto STY [e]: y siendo los dos prismas, que están en la pirámide ABCG, iguales entre sí; como tambien los dos, que están en la pirámide DEFH, será el prisma [f], cuya base es el paralelogramo KBXL, y su opuesta la recta MO, al prisma, cuya base es el triángulo LXC, y su opuesta OMN, como el prisma, cuya base es el paralelogramo PEVR, y su opuesta la recta TS, al prisma, cuya base es el triángulo RVF, y su opuesto el triángulo STY: por consiguiente componiendo, los prismas KBXLMO, LXCOMN serán al prisma LXCOMN, como los prismas PEVRTS, RVFSTY al prisma RVFSTY; y permutando, serán los prismas KBXLMO, LXCOMN á los prismas PEVRTS, RVFSTY, como el prisma LXCOMN al prisma RVFSTY: es así que se ha demostrado ser el prisma LXCOMN al RVFSTY, como la base ABC á la DEF: luego la base ABC será á la DEF, como los dos prismas, que están en la pirámide ABCG, á los dos prismas, que están en la pirámide DEFH. Semejantemente si se dividen del mismo modo las pirámides resultantes, será OMNG á STYH, como la base OMN á la STY, como los dos prismas, que están en la pirámide OMNG, á los dos, que están en la pirámide STYH: pero la base OMN es á la STY, como la base ABC á la DEF: luego la base ABC será á la DEF, como los dos prismas, que están en la pirámide ABCG, á los dos, que están en la pirámide DEFH, y los dos, que están en la pirámide OMNG, á los dos, que están en la STYH; y los quatro á los quatro. Lo mismo se demostrará en los prismas formados de la division de los pirámides AKLO, DPRS, y de todos los iguales en número. L. Q. D. D.

e Cor. 32. XI.

f 7. V.

PROP.

PROP. V. TEOR.

LAS pirámides de una misma altura, y de bases triangulares son entre sí, como sus bases.

Sean de la misma altura las pirámides, cuyas bases son los triángulos ABC, DEF, y vértices los puntos G, H. Digo, que la pirámide ABCG será á la pirámide DEFH, como la base ABC á la base DEF.

Porque á no ser así, sería la base ABC á la DEF, como la pirámide ABCG á un sólido mayor *, ó menor que la pirámide DEFH. Séalo primeramente á un sólido menor Q; y divídase la pirámide DEFH en dos pirámides entre sí iguales, y semejan-

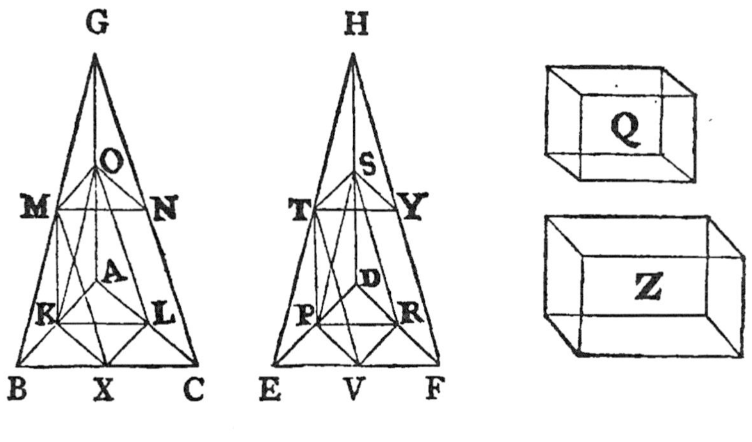

tes á la total, y en dos prismas iguales: luego los dos prismas
a 3. XII serán mayores [a] que la mitad de toda la pirámide: además, divídanse semejantemente las pirámides resultantes de la division, y prosígase haciendo lo mismo, hasta que queden ciertas pirámides en la DEFH menores que su exceso sobre el sólido Q. Sean por exemplo las pirámides DPRS, STYH; serán los prismas restantes en la pirámide DEFH mayores que el sólido Q. Divídase tambien la

* Esto se puede demostrar como en la Proposicion II. á la nota *.

la pirámide ABCH semejantemente, y en tantas partes, como la pirámide DEFH: luego la base ABC será á la DEF, como [b] los prismas de la pirámide ABCG á los de la DEFH: es así que la base ABC es á la DEF, como la pirámide ABCG al sólido Q: luego la pirámide ABCG será al sólido Q, como los prismas de la pirámide ABCG á los de la DEFH: pero la pirámide ABCG es mayor que sus prismas: luego tambien el sólido Q será mayor [c] que los prismas de la pirámide DEFH; lo que es imposible, pues se ha supuesto menor: luego la base ABC no será á la DEF, como la pirámide ABCG á algun sólido menor que la pirámide DEFH. Del mismo modo se demuestra, que tampoco es la base DEF á la ABC, como la pirámide DEFH á algun sólido menor que la pirámide ABCG. Añado, que tampoco la base ABC será á la DEF, como la pirámide ABCG á algun sólido mayor que la pirámide DEFH: porque si fuese posible, séalo á alguno mayor Z: luego invirtiendo, será la base DEF á la ABC, como el sólido Z á la pirámide ABCG, y el sólido Z á la pirámide ABCG, como [c] la pirámide DEFH á algun sólido † menor que la pirámide ABCG, por ser el sólido Z mayor que la pirámide DEFH: luego la base DEF será á la ABC, como la pirámide DEFH á algun sólido menor que la pirámide ABCG; lo qual es absurdo: luego la base ABC no será á la DEF, como la pirámide ABCG á algun sólido menor que la pirámide DEFH: es así que ya se demostró, que tampoco lo es á alguno menor: luego la pirámide ABCG será á la DEFH, como la base ABC á la DEF. Por consiguiente las pirámides, &c. L. Q. D. D.

b 4. XII.

c 14. V.

PROP. VI. TEOR.

LAS pirámides de una misma altura, y de bases polígonas tienen entre sí la razon de sus bases.

Sean de la misma altura las pirámides, que tengan las bases po-

† Esto se demostrará, como en la Proposicion II. en la Nota †.

polígonas ABCDE, FGHKL, y por vértices los puntos M, N. Digo, que la pirámide ABCDEM será á la pirámide FGHKLN, como la base ABCDE á la base FGHKL.

Divídase la base ABCDE en los triángulos ABC, ACD, ADE; y la base FGHKL en los triángulos FGH, FHK, FKL: y concíbanse sobre cada triángulo ABC, ACD, ADE pirámides, cuyo vértice comun sea el punto M; y sobre los triángulos FGH, FHK, FKL pirámides, cuyo vértice comun sea el punto N. Sien-
a 5. XII. do, pues, el triángulo ABC al FGH, como [a] la pirámide ABCM á la FGHN, el triángulo ACD al FGH, como la pirámide

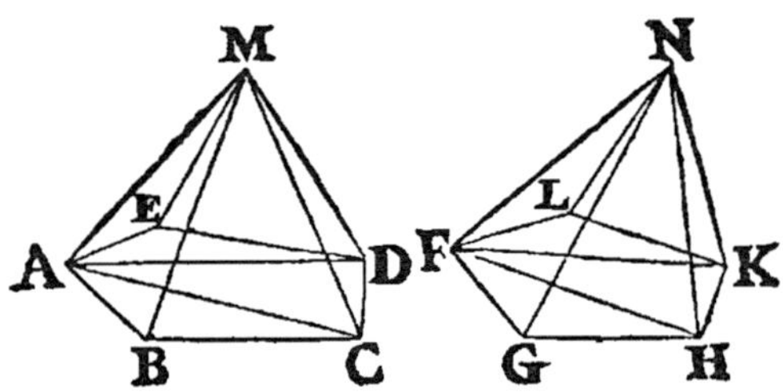

ACDM á la FGHN, y el triángulo ADE al FGH, como la pirámide ADEM á la FGHN; será la suma de todos los primeros
b 2. Cor. 24. V. antecedentes al conseqüente comun, como [b] la suma de todos los demás antecedentes al conseqüente comun: esto es la base ABCDE á la FGH, como la pirámide ABCDEM á la FGHN; y por la misma razon la base FGHKL á la FGH, como la pirámide FGHKLN á la FGHN, é invirtiendo. Siendo, pues, la base ABCDE á la FGH, como la pirámide ABCDEM á la FGHN, y la base FGH á la FGHKL, como la pirámide FGHN á la FGHKLN,
c 22. V. será por igualdad [c] la base ABCDE á la FGHKL, como la pirámide ABCDEM á la FGHKLN. Por consiguiente las pirámides, &c. L. Q. D. D.

PROP. VII. TEOR.

LOS prismas de base triangular se dividen en tres pirámides iguales entre sí, que tienen bases triangulares.

Sea

Sea un prisma, que tenga por base el triángulo ABC, y DEF su opuesto. Digo, que el prisma ABCDEF se dividirá en tres pirámides entre sí iguales, que tengan bases triangulares.

Tírense las lineas BD, EC, CD. Siendo la figura ABED un paralelogramo, cuya diagonal es BD, el triángulo ABD será igual [a] al triángulo EBD: luego la pirámide, cuya base es el triángulo ABD, y vértice el punto C, será igual [b] á la pirámide, que tiene por base el triángulo EBD, y por vértice C: pero esta última pirámide es la misma que la que tiene por base el triángulo EBC, y por vértice D; pues se halla contenida por los mismos planos: luego tambien la pirámide, que tiene por base el triángulo ABD, y por vértice C, será igual á la que tiene por base el triángulo EBC, y por vértice D. Además de esto, siendo la figura FCBE un paralelogramo, cuya diagonal es CE; el triángulo ECF será igual [a] al ECB: luego tambien la pirámide, que tiene por base al triángulo ECB, y por vértice D, será igual á la que tiene por base el triángulo ECF, y por vértice D: es así que ya se demostró la igualdad de la pirámide, que tiene por base al triángulo ECB, y por vértice D, á la que tiene por base al triángulo ABD, y por vértice C: consiguientemente la pirámide, cuya base es el triángulo ECF, y vértice el punto D, será igual á la que tiene por base el triángulo ABD, y vértice el punto C: luego el prisma ABCDEF se divide en tres pirámides entre sí iguales, y que tienen bases triangulares; es á saber en las ABDC, EBDC, ECFD. Siendo la pirámide, que tiene por base el triángulo ABD, y por vértice C, la misma que la que tiene por base el triángulo ABC, y por vértice D, pues están contenidas por los mismos planos; y haberse ya demostrado, que la pirámide, cuya base es el triángulo ABD, y vértice C, es la tercera parte del prisma, cuya base es el triángulo ABC, y su opuesto DEF; tambien la pirámide, cuya base es el triángulo ABC, y vértice D, será la tercera parte del prisma, que tiene la misma base; es á saber el triángulo ABC, y su opuesto DEF. L. Q. D. D.

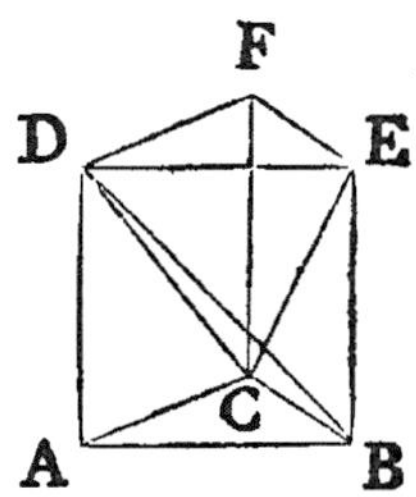

a 34. I.
b 5. XII.

Cor.

Cor. 1. De aquí se infiere, que toda pirámide es la tercera parte del prisma, que tiene la misma base, é igual altura; porque si la base del prisma tuviera qualquiera otra figura rectilínea, podria dividirse en otros prismas de bases triangulares.

Cor. 2. Los prismas de igual altura son entre sí como sus bases: pues las pirámides, que tienen las mismas bases, y alturas, son entre sí como sus bases.

PROP. VIII. TEOR.

LAS pirámides semejantes de bases triangulares están en la razon triplicada de sus lados homólogos.

Sean semejantes, y semejantemente colocadas las pirámides, que tienen por bases los triángulos ABC, DEF, y por vértices los puntos G, H. Digo, que la pirámide ABCG estará á la DEFH en la razon triplicada de la del lado BC al lado homólogo EF.

Complétense los paralelogramos ABCM, GBCN, ABGK, y el paralelepípedo BGML contenido por estos planos, y sus opues-

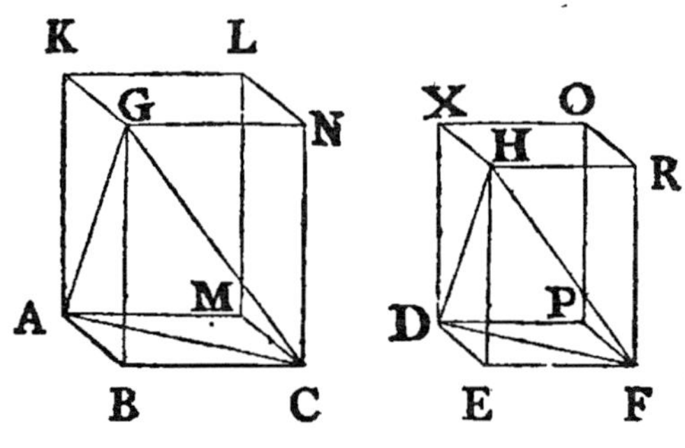

tos: complétese igualmente el paralelepípedo EHPO contenido por los tres paralelogramos DEFP, HEFR, DEHX, y por sus opuestos; y siendo la pirámide ABCG semejante á la DEFH,

a 11. Def. XI. el ángulo ABC será igual [a] al DEF, el GBC al HEF, y el ABG al DEH: pero AB es á BC, como [b] DE á EF; pues

b 1. Def. VI. los lados, que contienen ángulos iguales, son proporcionales: luego el paralelogramo BM será semejante al EP: por la mis-

misma razon el paralelogramo BN es semejante al ER, y el BK al EX: luego los tres paralelogramos BM, BN, BK son semejantes á los tres EP, ER, EX: es así que los tres BM, BN, BK son iguales, y semejantes [c] á sus tres opuestos; y los tres EP, ER, EX, iguales, y semejantes á sus opuestos: luego los sólidos BGML, EHPO están contenidos por igual número de planos semejantes; y tienen iguales [d] los ángulos sólidos; por consiguiente el sólido BGML será semejante al EHPO [e]: es así que los paralelepípedos semejantes están entre sí en la razon triplicada de los lados homólogos [f]: luego la razon del sólido BGML al EHPO será triplicada de la que el lado homólogo BC tiene al lado homólogo EF: pero el sólido BGML es al EHPO, como [g] la pirámide ABCG á la DEFH: pues la pirámide es la sexta parte del sólido; por ser el prisma, que es la mitad del paralelepípedo [h], triplo de la pirámide [i]. Por consiguiente la pirámide ABCG tendrá á la DEFH razon triplicada de la que BC tiene á EF. L. Q. D. D.

c 24. XI.
d B. XI.
e 11. Def. XI.
f 33. XI.
g 15. V.
h 28. XI.
i 7. XII.

Cor. De aquí se deduce claramente, que las pirámides semejantes, que tienen bases polígonas, están tambien entre sí en la razon triplicada de los lados homólogos: porque divididas en pirámides de bases triangulares, quedan divididos los polígonos semejantes, que están en las bases, en igual número de triángulos semejantes, y homólogos á los todos; será una de las pirámides de base triangular en la primera pirámide á una pirámide de base triangular, y semejante en la segunda, como la suma de todas las pirámides de bases triangulares en la primera á la suma de todas las pirámides de bases triangulares en la segunda; esto es como la primera pirámide de base polígona á la segunda de base polígona: es así que las pirámides semejantes de bases triangulares están en la razon triplicada de sus lados homólogos: luego las pirámides semejantes de bases polígonas tendrán entre sí la razon triplicada de sus lados homólogos.

PROP.

PROP. IX. TEOR.

LAS pirámides iguales de bases triangulares, tienen sus bases recíprocamente proporcionales á sus alturas: y las pirámides de bases triangulares, que tienen las bases recíprocamente proporcionales á sus alturas, son iguales entre sí.

Sean dos pirámides iguales, que tengan las bases triángulares ABC, DEF, y cuyos vértices sean los puntos G, H. Digo, que las bases, y alturas de las pirámides ABCG, DEFH serán recíprocamente proporcionales; esto es la base ABC á la DEF, como la altura de la pirámide DEFH á la altura de la pirámide ABCG.

Complétense los paralelogramos AC, AG, GC, y tambien los DF, DH, HF; como asimismo los paralelepípedos BGML, EHPO contenidos por aquellos planos, y sus opuestos: y siendo la pirámide ABCG igual á la DEFH, y el sólido BGML séxtupla de la pirámide ABCG; como asimismo el sólido EHPO séxtuplo de la pirámide DEFH; será el sólido BGML igual [a] al EHPO: es así que las bases, y alturas de paralelepípedos iguales son recíprocamente proporcionales [b]: luego la base BM será á la EP, como la altura del sólido EHPO á la del BGML: pero la base BM es á la EP, como el triángulo ABC al DEF: luego el triángulo ABC será al DEF, como la altura del sólido EHPO á la del BGML: es así que la altura del sólido EHPO es la misma que la de la pirámide DEFH; y la altura del sólido BGML la misma que la de la pirámide ABCG: luego la base ABC será á la DEF, como la altura de la pirámide DEFH á la de la piramide ABCG: por con-

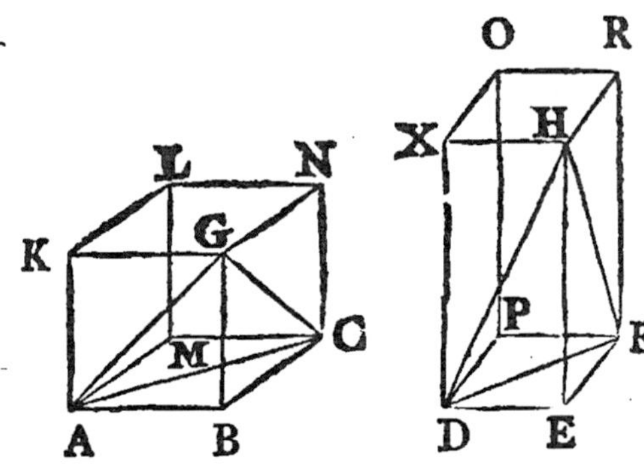

a 1. Ax. V.

b 34. XI.

consiguiente las bases, y alturas de las pirámides ABCG, DEFH serán recíprocamente proporcionales.

Pero supuesto, que las bases, y alturas de las pirámides ABCG, DEFH sean recíprocamente proporcionales, esto es la base ABC á la DEF, como la altura de la pirámide DEFH á la de la pirámide ABCG; digo, que la pirámide ABCG será igual á la DEFH.

Porque supuesta la misma construccion, siendo la base ABC á la DEF, como la altura de la pirámide DEFH á la de la ABCG; y la base ABC á la DEF, como el paralelogramo BM al EP; será el paralelogramo BM al EP, como la altura de la pirámide DEFH á la de la ABCG: es así que la altura de la pirámide DEFH es la misma que la del paralelepípedo EHPO; y la altura de la pirámide ABCG la misma que la del paralelepípedo BGML: y los paralelepípedos, cuyas bases, y alturas son recíprocamente proporcionales, son iguales entre sí c: luego el paralelepípedo BGML será igual al EHPO: pero la pirámide ABCG es la sexta parte del sólido BGML; y la pirámide DEFH la sexta parte del sólido EHPO: luego la pirámide ABCG será igual á la DEFH. Por consiguiente las pirámides, &c. L. Q. D. D.

c 34. XI.

PROP. X. TEOR.

TODO cono es la tercera parte del cilindro, que tiene la misma base, é igual altura.

Tenga el cono la misma base que el cilindro; es á saber el círculo ABCD, é igual altura. Digo, que el cono será la tercera parte del cilindro; esto es, que el cilindro será triplo del cono.

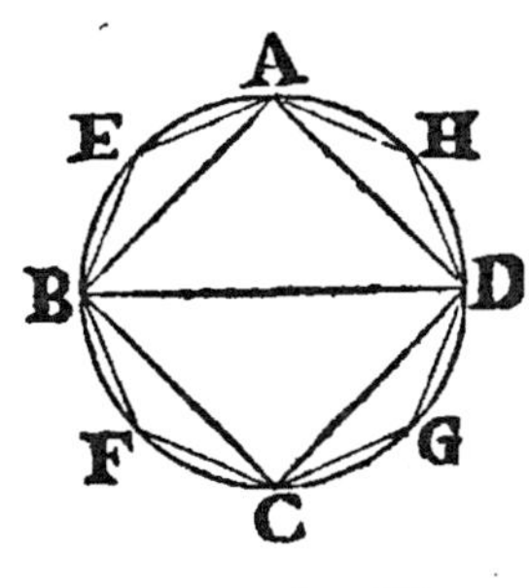

Porque á no ser así, el cilindro sería mayor, ó menor que el triplo del cono. Sea primeramente mayor, é inscríbase en el círculo ABCD el quadrado ABCD: luego el quadrado ABCD será mayor que la mitad del círculo ABCD: elévese sobre el quadrado ABCD un pris-

prisma de igual altura que el cilindro, el qual será mayor que la mitad del cilindro; porque circunscrito al círculo ABCD un quadrado, y elevando sobre este un prisma de igual altura á la del cilindro, el quadrado inscrito será la mitad del circunscrito: pero sobre estas bases quadradas se han elevado paralelepípedos de igual altura; es á saber los prismas: luego el prisma elevado sobre el quadrado ABCD será la mitad del prisma elevado sobre el quadrado circunscrito al círculo ABCD; por estár
a 32. XI. entre sí como sus bases [a]: pero el cilindro es menor que el prisma elevado sobre el quadrado circunscrito al círculo ABCD: luego el prisma elevado sobre el quadrado ABCD de igual altura á la del cilindro será mayor que la mitad de él. Córtense en dos partes iguales los arcos AB, BC, CD, DA en los puntos E, F, G, H, y tírense las lineas AE, EB, BF, FC, CG, GD, DH, HA: luego cada uno de los triángulos AEB, BFC, CGD, DHA será mayor que la mitad del segmento del círculo ABCD, en que se halla; como se demostró en la Proposicion II. de este Libro. Elévense sobre cada uno de los

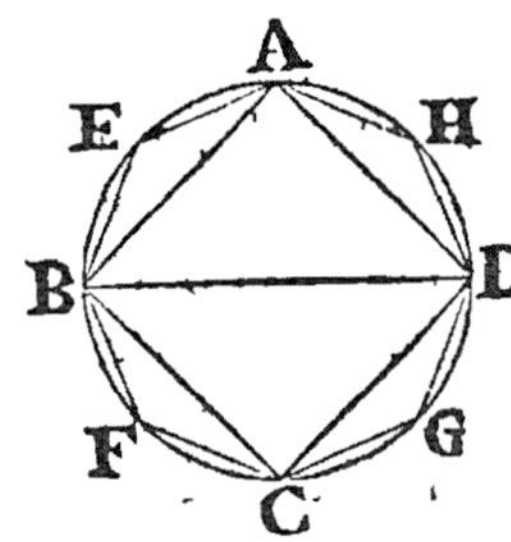

triángulos AEB, BFC, CGD, DHA prismas de iguales alturas á la del cilindro; cada uno será mayor, que la mitad de la porcion de cilindro, que le contiene; pues tiradas por los puntos E, F, G, H paralelas á AB, BC, CD, DA, y completando sobre AB, BC, CD, DA los paralelogramos, y elevando sobre ellos paralelepípedos de iguales alturas á la del cilindro, será cada uno
b 2. Cor. 7. XII. de los prismas [b], que están sobre los triángulos AEB, BFC, CGD, DHA, la mitad de cada uno de dichos sólidos elevados; pero las porciones de cilindro son menores que los paralelepípedos elevados: luego los prismas, que están sobre los triángulos AEB, BFC, CGD, DHA, serán mayores que la mitad de las porciones de cilindro, que los contienen. Así cortando en dos partes iguales los demas arcos, juntando las secciones, y elevando sobre cada uno de los triángulos, prismas de iguales alturas á la del cilindro; prosiguiendo siempre la operacion, vendrán al fin á quedar ciertas porciones de cilindro menores que el exceso del

ci-

cilindro sobre el triplo del cono [c]. Sean las que están sobre los segmentos AE, EB, BF, FC, CG, GD, DH, HA del círculo: luego el otro prisma, cuya base es el polígono AEBFCGDH, y que tiene la misma altura que el cilindro, será mayor que el triplo del cono: pero este prisma es triplo de la pirámide, cuya base es el polígono AEBFCGDH, y vértice el mismo que el del cono [d]: luego la pirámide, que tiene por base el polígono AEBFCGDH, y el mismo vértice que el cono, será mayor que el cono, cuya base es el círculo ABCD: lo qual es imposible, por ser menor, pues está contenida en él. Añado, que tampoco el cilindro será menor que el triplo del cono; porque si lo fuese, sería inversamente el cono mayor que la tercera parte del cilindro. Inscríbase en el círculo ABCD el quadrado ABCD, y será mayor que la mitad del círculo: sobre el quadrado ABCD elévese una pirámide, que tenga el mismo vértice que el cono, y será mayor que la mitad de él; porque, como demostramos antes, si se circunscribe un quadrado al círculo, el quadrado ABCD será la mitad de él; y elevando sobre los quadrados paralelepípedos de iguales alturas á la del cono, los quales al mismo tiempo son prismas, el paralelepípedo elevado sobre el quadrado ABCD será la mitad del elevado sobre el quadrado circunscrito al círculo, por estár entre sí como sus bases [e], en cuya razon están las terceras partes de ellas: luego la pirámide, cuya base es el quadrado ABCD, será la mitad de la pirámide elevada sobre el quadrado circunscrito al círculo: pero esta es mayor que el cono, pues lo contiene: luego la pirámide, cuya base es el quadrado ABCD, y vértice el mismo que el del cono, será mayor que la mitad del cono. Córtense en dos partes iguales los arcos AB, BC, CD, DA en los puntos E, F, G, H, tírense las líneas AE, EB, BF, FC, CG, GD, DH, HA, y resultará cada uno de los triángulos AEB, BFC, CGD, DHA mayor que la mitad del segmento del círculo, en que se halla. Elévense sobre cada uno de los triángulos AEB, BFC, CGD, DHA pirámides, que tengan el mismo vértice que el cono; y

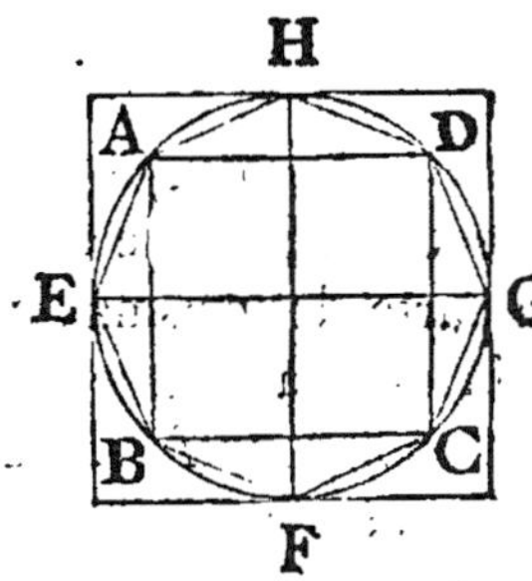

c Lema.

d 1. Cor. 7. XII.

e 32. XI.

y cada una de las pirámides elevadas de este modo será mayor que la mitad de la porcion de cono, que la contiene; lo qual se demostrará del mismo modo, que se executó tratando de los prismas, y segmentos del cilindro. Cortando, pues, en dos partes iguales los demas arcos, juntando las secciones, levantando sobre cada uno de los triángulos pirámides, que tengan el mismo vértice que el cono, y prosiguiendo la misma operacion, se tendrán al fin ciertas porciones del cono menores que su exceso sobre la tercera parte del cilindro [f].

f Lema.

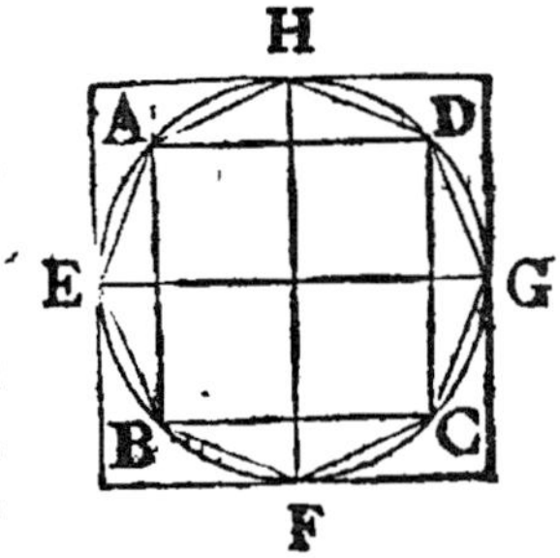

Sean las que están sobre los segmentos AE, EB, BF, FC, CG, GD, DH, HA del círculo: luego la otra pirámide, cuya base es AEBFCGDH, y vértice el mismo que el del cono, será mayor que la tercera parte del cilindro: es así que la pirámide, cuya base es el polígono AEBFCGDH, y vértice el mismo que el del cono, es la tercera parte del prisma, que tiene por base el polígono AEBFCGDH, y la misma altura que el cilindro: luego el prisma, cuya base es el polígono AEBFCGDH, y que tiene la misma altura que el cilindro, sería mayor que el cilindro, cuya base es el círculo ABCD: lo qual es imposible, por ser menor, pues está contenido en él: luego el cilindro no será menor que el triplo del cono: y ya antes se demostró no ser tampoco mayor: luego el cilindro será triplo del cono: por tanto el cono la tercera parte del cilindro. Por consiguiente todo cono, &c. L. Q. D. D.

PROP. XI. TEOR.

LOS conos, y los cilindros de una misma altura son entre sí como sus bases.

Sean de la misma altura los conos, y cilindros, cuyas bases son los círculos ABCD, EFGH, sus exes KL, MN, y los diámetros de sus bases AC, EG. Digo, que el cono AL será al cono EN, como el círculo ABCD al círculo EFGH.

Porque á no ser así, el círculo ABCD sería al EFGH, como el

el cono AL á algun sólido mayor, ó menor que el cono EN. Sea primeramente á uno menor X; y sea el sólido Z la diferencia del sólido X al cono EN: luego el cono EN será igual á los sólidos X, Z. Inscríbase en el círculo EFGH el quadrado EFGH, y este resultará mayor que la mitad del círculo. Elévese sobre el mismo quadrado una pirámide de igual altura á la del cono *, y será mayor que la mitad de este; porque circunscribiendo un quadrado al círculo, y elevando sobre él una pirámide de igual al-

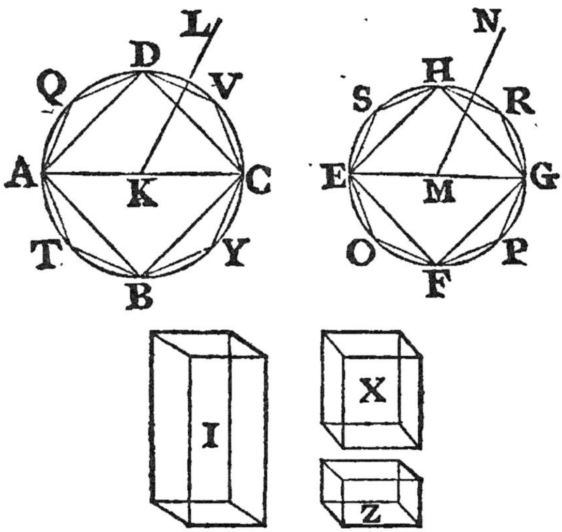

tura á la del cono, la pirámide inscrita será la mitad de la circunscrita, por tener entre sí la razon de sus bases [a]: pero el cono es menor que la pirámide circunscrita: luego la pirámide, cuya base es el quadrado EFGH, y vértice el mismo que el del cono, será mayor que la mitad del cono. Divídanse en dos partes iguales los arcos EF, FG, GH, HE en los puntos O, P, R, S: tírense las lineas EO, OF, FP, PG, GR, RH, HS, SE: y resultará cada uno de los triángulos EOF, FPG, GRH, HSE mayor que la mitad del segmento del círculo, en que se halla. Elé-

a 6. XII.

* O por mejor decir, teniendo el mismo vértice que el cono; y lo mismo se entenderá en adelante.

Elévese sobre cada uno de los triángulos EOF, FPG, GRH, HSE una pirámide de igual altura á la del cono: luego cada una de las pirámides elevadas será mayor que la mitad de la porcion de cono que la contiene. Así cortando los demas arcos en dos partes iguales, tirando rectas, elevando pirámides de iguales alturas á la del cono en cada triángulo, y continuando la misma ope-
b Lema. racion, quedarán algunas porciones de cono menores [b] que el sólido Z. Sean las que se hallan sobre los segmentos EO, OF,

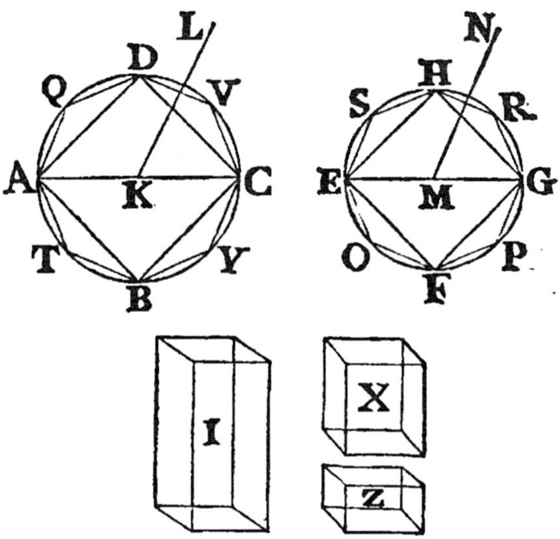

FP, PG, GR, RH, HS, SE del círculo: luego la otra pirámide, cuya base el polígono EOFPGRHS, y que tiene la misma altura que el cono, será mayor que el sólido X. Descríbase en el círculo ABCD el polígono ATBYCVDQ semejante al polígono EOFPGRHS, y sobre él elévese una pirámide de igual altura á la del cono AL. Siendo, pues, el polígono ATBYCVDQ al
c 1. XII. EOFPGRHS [c], y el círculo ABCD al EFGH [d], como el qua-
d 2. XII. drado de AC al de EG, será el círculo ABCD al EFGH, co-
e 11. V. mo [e] el polígono ATBYCVDQ al EOFPGRHS; es así que el círculo ABCD es al EFGH, como el cono AL al sólido X, y el
f 6. XII. polígono ATBYCVDQ al EOFPGRHS, como [f] la pirámide, que tiene por base el polígono ATBYCVDQ, y por vértice el pun-

punto L, á la que tiene por base el polígono EOFPGRHS, y por vértice el punto N: luego la pirámide, cuya base es ATBYCVDQ, y vértice L, es á la pirámide, cuya base es EOFPGRHS, y vértice N, como el cono AL al sólido X: es así que el cono AL es mayor que la pirámide, que está en él: luego el sólido X sería mayor que la pirámide, que está en el cono EN g: lo qual es absurdo, por ser menor; luego el cono AL no será á algun sólido menor que el cono EN, como el círculo ABCD al EFGH. Semejantemente se demostrará, que tampoco el círculo EFGH es al ABCD, como el cono EN á algun sólido menor que el cono AL. Añado, que tampoco el círculo ABCD será al EFGH, como el cono AL á algun sólido mayor que el cono EN; porque si lo fuera, sea I el sólido mayor: luego invirtiendo, será el círculo EFGH al ABCD, como el sólido I al cono AL, y el sólido I al cono AL, como el cono EN á algun sólido menor que el cono AL g; pues el sólido I es mayor que el cono EN: luego el círculo EFGH será al ABCD, como el cono EN á algun sólido menor que el cono AL; lo qual es imposible, como ya se demostró: no será, pues, el círculo ABCD al EFGH, como el cono AL á algun sólido mayor que el cono EN: es así que se ha demostrado no serlo tampoco á alguno menor: luego el círculo ABCD será al EFGH, como el cono AL al EN: pero el cono es al cono, como h el cilindro al cilindro; por ser los cilindros triplos i de los conos: luego los cilindros de igual altura, que están sobre los círculos ABCD, EFGH, serán entre sí, como los mismos círculos. Por consiguiente los conos, &c. L. Q. D. D.

g 14. V.

h 15. V.

i 10. XII.

PROP. XII. TEOR.

LOS conos, y cilindros semejantes están entre sí en la razon triplicada de los diámetros de sus bases.

Sean semejantes los conos, y cilindros, cuyas bases son los círculos ABCD, EFGH; AC, EG los diámetros de sus bases; y KL, MN los exes de los conos, ó cilindros. Digo, que el cono, cuya base es el círculo ABCD, y vértice el punto L, estatará al cono, cuya base es el círculo EFGH, y vértice el punto N, en la razon triplicada de la de AC á EG.

Porque si el cono ABCDL no tuviese al cono EFGHN razon triplicada de la que AC tiene á EG, la tendría á algun solido mayor, ó menor que el cono EFGHN. Téngala primeramente á uno menor X, y supuesta la misma construccion de la Proposicion antecedente, se demostrará, como en ella, que la pirámide, cu-

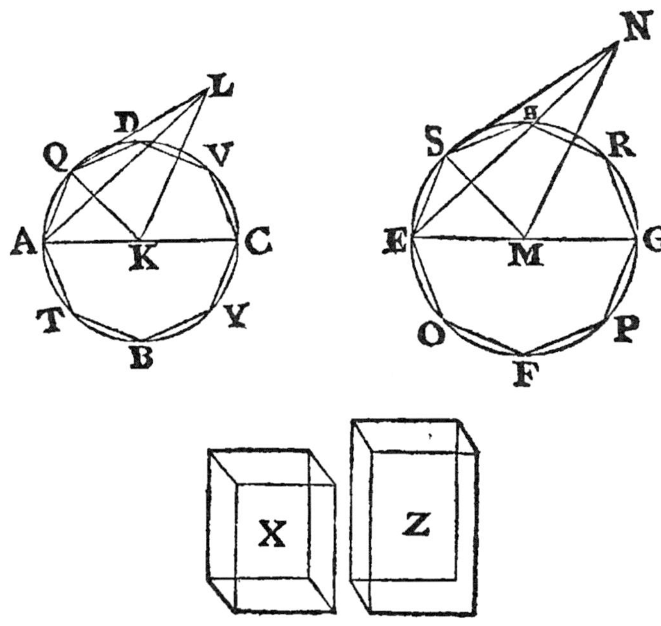

ya base es el polígono EOFPGRHS, y vértice el punto N, será mayor que el sólido X.

Inscríbase en el círculo ABCD el polígono ATBYCVDQ semejante á el EOFPGRHS, sobre el qual elévese una pirámide, que tenga el mismo vértice que el cono: y sea LAQ uno de los triángulos, que contienen la pirámide, cuya base es ATBYCVDQ, y vértice L, é igualmente NES uno de los triángulos, que contienen la pirámide, cuya base es EOFPGRHS, y vértice N; y tírense las lineas KQ, MS. Siendo, pues, el cono ABCDL

ABCDL semejante al cono EFGHN; será AC á EG, como el exe KL al MN [a], pero es AC á EG [b], como AK á EM: consiguientemente AK será á EM, como KL á MN; y permutando AK á KL, como EM á MN: pero los ángulos AKL, EMN son iguales, por ser ambos rectos, y los lados, que comprehenden los ángulos iguales, son proporcionales: luego el triángulo AKL será semejante [c] al triángulo EMN. Además, siendo AK á KQ, como EM á MS, y comprehendiendo los ángulos iguales AKQ, EMS; por ser el ángulo AKQ la misma parte de los quatro rectos, que concurren en el centro K, que es el ángulo EMS de los quatro rectos, que concurren en el centro M; el triángulo AKQ será semejante [c] al EMS: y habiéndose demostrado, que AK es á KL, como EM á MN, AK igual á QK, y EM á MS, resultará ser QK á KL, como SM á MN: luego serán proporcionales los lados, que comprehenden á los ángulos iguales QKL, SMN; pero estos son rectos: luego el triángulo LKQ será semejante al triángulo NMS: y siendo LA á AK, como NE á EM, por la semejanza de los triángulos AKL, EMN; y KA á AQ, como ME á ES, por la semejanza de los triángulos AKQ, EMS; será por igualdad [d] LA á AQ, como NE á ES. Además de esto, siendo LQ á QK, como NS á SM, por la semejanza de los triángulos LQK, NSM; y KQ á QA, como MS á SE, por la semejanza de los triángulos KAQ, MES, será por igualdad [d] LQ á QA, como NS á SE: pero se ha demostrado ser QA á AL, como SE á EN: luego por igualdad QL será á LA, como SN á NE: luego serán proporcionales los lados de los triángulos LQA, NSE; y por tanto los triángulos equiángulos [e], y semejantes entre sí. Por consiguiente la pirámide, cuya base es el triángulo AKQ, y vértice el punto L, será semejante á la que tiene por base el triángulo EMS, y por vértice el punto N; por ser iguales entre sí sus ángulos [f] sólidos, y estár ellas contenidas por igual número de planos semejantes: es así que las pirámides semejantes, y de bases triangulares están en la razon triplicada de los lados homólogos [g]: luego la pirámide AKQL tendrá á la EMSN razon triplicada de la que AK tiene á EM: semejantemente tirando rectas de los puntos D, V, C, Y, B, T á K, y de los pun-

a 24. Def. XI.
b 15. V.
c 6. VI.
d 22. V.
e 5. VI.
f B. XI.
g 8. XII.

puntos H, R, G, P, F, O á M, y elevando sobre los triángulos pirámides, que tengan los mismos vértices que los conos, demostrarémos, que cada una de las primeras pirámides tendrá á su correspondiente de las segundas razon triplicada de la que el lado AK tiene á su lado homólogo EM; esto es de la de AC á EG: pero la suma de todos los antecedentes es á la suma de todos
h 12. V. los conseqüentes, como [h] uno de los antecedentes á su conseqüente: será, pues, la pirámide AKQL á la EMSN, como la

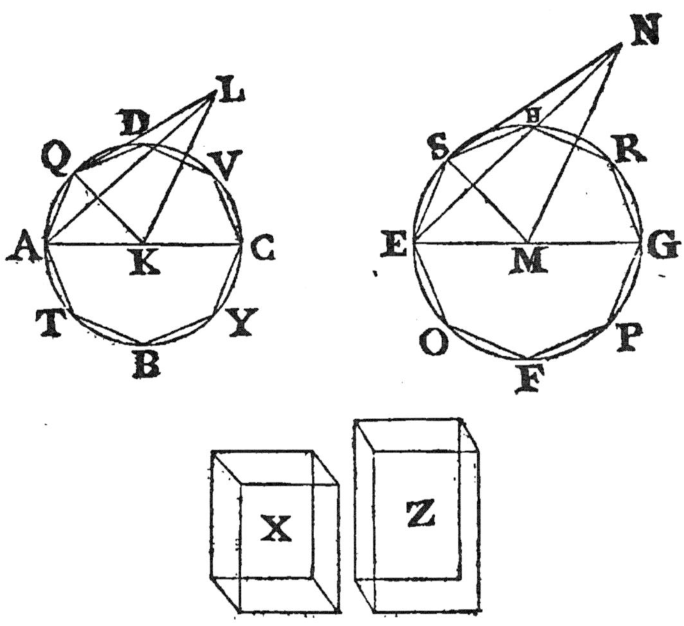

pirámide total, cuya base es el polígono ATBYCVDQ, y vértice el punto L, á la pirámide total, cuya base es el polígono EOFPGRHS, y vértice el punto N: por consiguiente la pirámide, cuya base es ATBYCVDQ, y vértice L, tendrá á la pirámide, cuya base es EOFPGRHS, y vértice N, razon triplicada de la de AC á EG: pero se ha supuesto, que el cono, cuya base es el círculo ABCD, y vértice el punto L, tiene al sólido X razon triplicada de la de AC á EG: luego el cono, cuya base es el círculo ABCD, y vértice L, será al sólido X, como mo la pirámide, cuya base es ATBYCVDQ, y vértice L, á la pirámide, cuya base es EOFPGRHS, y vértice N: pero el cono, cuya base es el círculo ABCD, y vértice L, es mayor que la pirámide, que está en él, pues la contiene: luego el sólido X será mayor que la pirámide, cuya base es EOFPGRHS, y vértice N [i]; lo qual es imposible, por ser menor: luego dicho cono no tendrá á algun sólido menor que el cono, cuya base es el círculo EFGH, y vértice N, razon triplicada de la que AC tiene á EG. De la misma manera demostrarémos, que tampoco el cono EFGHN tendrá á algun sólido menor que el cono ABCDL razon triplicada de la de EG á AC. Añado, que tampoco el cono ABCDL tendrá á algun sólido mayor que el cono EFGHN razon triplicada de la que AC tiene á EG: porque si la tuviese, sea al sólido mayor Z; y resultará, que invirtiendo el sólido Z tendrá al cono ABCDL razon triplicada de la que EG tiene á AC: es así que el sólido Z es al cono ABCDL, como el cono EFGHN á algun sólido menor [i] que el cono ABCDL; por ser el sólido Z mayor que el cono EFGHN: luego tambien el cono EFGHN tendrá á algun sólido menor que el cono ABCDL razon triplicada de la de EG á AC; lo qual se ha demostrado imposible: luego el cono ABCDL no tendrá á algun sólido mayor que el cono EFGHN razon triplicada de la que AC tiene á EG: pero se demostró, que tampoco á alguno menor: consiguientemente el cono ABCDL tendrá al EFGHN razon triplicada de la de AC á EG: es así que el cono es al cono, como [k] el cilindro al cilindro; pues se ha demostrado, que todo cono es la tercera parte del cilindro de la misma base, é igual altura: luego un cilindro tendrá á otro razon triplicada de la que AC tiene á EG. Por consiguiente los conos, &c. L.Q.D.D.

i 14. V.

k 15. V.

PROP. XIII. TEOR.

SI un cilindro se corta por un plano paralelo á los planos opuestos, estarán sus segmentos en la razon de los segmentos del exe.

Córtese el cilindro AD por el plano GH paralelo á los planos

nos

nos opuestos AB, CD; encuentre al exe EF en K; y sea GH la comun seccion del plano GH, y de la superficie del cilindro AD. Sea en qualquiera posicion AEFC el paralelogramo rectángulo; por cuya revolucion al rededor de la recta EF se describe el cilindro AD: y sea la recta GK comun seccion de los planos GH, AEFC: estando, pues, los planos paralelos AB, GH cortados por el plano AEKG, sus comunes secciones AE, GK serán paralelas [a]: luego AK será un paralelogramo; por tanto KG igual á EA, que es radio del círculo AD. De la misma manera se demostrará, que todas las rectas tiradas del punto K á la linea GH son iguales á los radios del círculo AB, y por lo mismo iguales entre sí: luego GH será igual á la circunferencia del círculo [b], cuyo centro es K: luego el plano GH dividirá al cilindro AD en los cilindros AH, GD: pues son los mismos, que describirían los paralelogramos AK, GF, si girasen al rededor de las rectas EK, KF. Digo, pues, que el cilindro AH será al cilindro HC, como el exe EK al exe KF.

a 16. XI.

b 15. Def. I.

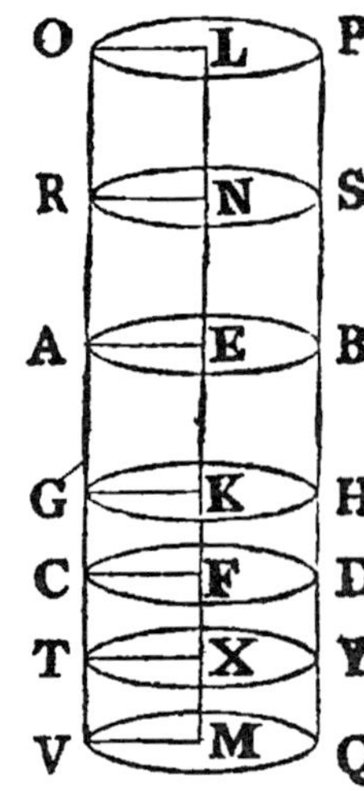

Prolónguese el exe EF por ambas partes hasta los puntos L, M: tómense qualesquiera lineas EN, NL iguales al exe EK; é igualmente FX, XM iguales al exe FK; y por los puntos L, N, X, M tírense planos paralelos á AB, CD: luego los círculos, cuyos centros son L, N, X, M, serán comunes secciones de los planos, y de la superficie continuada del cilindro, como se demostró del plano GH: y los planos cortarán á los cilindros PR, RB, DT, TQ: así siendo iguales entre sí los exes LN, NE, EK, los cilindros PR, RB, BG, serán entre sí, como sus bases [c]: pero las bases son iguales: luego tambien serán iguales entre sí los cilindros PR, RB, BG. Siendo, pues, iguales entre sí los exes LN, NE, EK; é iguales entre sí los cilindros PR, RB, BG, y el número de exes igual al de cilindros, quan multíplice sea el exe KL del KE, tan multíplice será el cilindro PG del GB: asimismo quan multíplice sea el exe MK del KF, tan multíplice será el cilindro

c 11. XII.

dro

dro QG del GD, y segun sea el exe KL igual, mayor, ó menor que el exe KM, será el cilindro PG igual, mayor, ó menor que el cilindro GQ: luego dadas quatro cantidades, esto es los exes EK, KF, y los cilindros BG, GD, se han tomado el exe KL, y el cilindro PG qualesquiera equimultíplices del exe KF, y del cilindro BG; como tambien el exe KM, y el cilindro GQ qualesquiera equimultíplices del exe KF, y del cilindro GD: pero se ha demostrado, que segun sea el exe KL mayor, igual, ó menor que el exe KM, será el cilindro PG mayor, igual, ó menor que el cilindro GQ: luego el exe [d] EK será al KF, como el cilindro BG al GD. Por consiguiente si un, &c. L. Q. D. D. d 5. Def. V.

PROP. XIV. TEOR.

LOS conos, y cilindros de bases iguales están entre sí en la razon de sus alturas.

Tengan los cilindros EB, FD las bases AB, CD iguales. Digo, que el cilindro EB será al FD, como el exe GH al KL.

Prolónguese el exe KL hasta el punto N; tómese LN igual al exe GH, y concíbase el cilindro CM descrito al rededor del exe LN. Siendo, pues, de una misma altura los cilindros EB, CM, estarán entre sí en la razon de sus bases [a]: pero estas son iguales: luego tambien lo serán entre sí los cilindros EB, CM: así estando cortado el cilindro FM por el plano CD paralelo á los planos opuestos, el cilindro CM será al FD, como [b] el exe LN al KL: es así que el cilindro CM es igual al EB, y el exe LN al GH: luego el cilindro EB será al FD, como el exe GH al KL: pero el cilindro EB es al FD, como [c] el cono ABG al CDK; por ser los cilindros triplos de los conos [d]: luego el cono ABG será al CDK; y el cilindro EB al FD, como el exe GH al KL. Por consiguiente los conos, &c. L. Q. D. D.

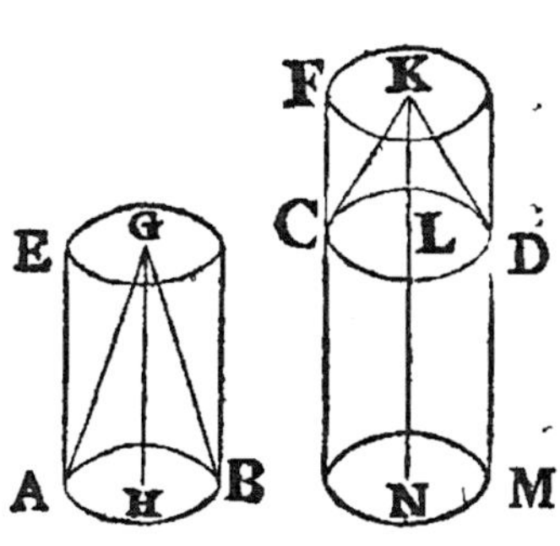

a 11.XII.
b 13.XII.
c 15.V.
d 10.XII.

PROP.

PROP. XV. TEOR.

LAS bases, y alturas de conos, y cilindros iguales son recíprocamente proporcionales: y los conos, y cilindros, cuyas bases, y alturas son recíprocamente proporcionales, son iguales entre sí.

Sean iguales los conos ALC, ENG, y los cilindros AX, EO, cuyas bases son los círculos ABCD, EFGH; diámetros AC, EG; y exes KL, MN, los quales son las alturas de los conos, y cilindros. Digo, que las bases, y alturas de los cilindros AX, EO serán recíprocamente proporcionales; esto es la base ABCD á la base EFGH, como la altura MN á la altura KL.

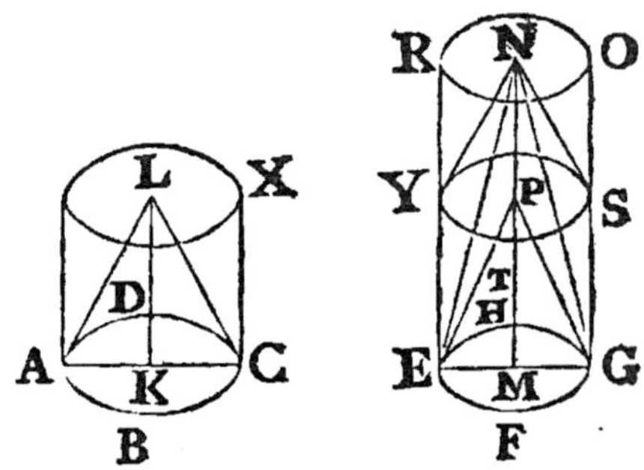

La altura KL ó es igual á la MN, ó no. Sea primeramente igual: tambien el cilindro AX será igual al EO: es así que los conos, y cilindros de una misma altura tienen entre
a 11.XII. sí la razon de sus bases [a]: lue-
* A. V. go la base ABCD será igual *
á la base EFG: luego la base ABCD será á la EFGH, como la altura MN á la KL. Pero suponiendo, que la altura KL no sea igual á la MN, sino mayor, tómese de MN la MP igual á la altura KL, y por el punto P córtese el cilindro EO por el plano TYS paralelo á los planos opuestos de los círculos EFGH, RO, y resultará un círculo la comun seccion del plano TYS, y del cilindro EO; y un cilindro ES, cuya base es el círculo EFGH, y su altura MP. Siendo, pues, el cilindro AX igual
b 7. V. al EO, será AX al ES, como [b] EO á ES: es así que el cilindro AX es á ES, como [a] la base ABCD á la EFGH; por tener una misma altura los cilindros AX, ES; y el cilindro EO
c 13.XII. al ES, como [c] la altura MN á la MP; pues está el cilindro EO cortado por el plano TYS paralelo á los planos opuestos: luego la base ABCD será á la EFGH, como la altura MN á la MP:

es

es así que la altura MP es igual á la KL: luego la base ABCD será á la EFGH, como la altura MN á la KL: por consiguiente las bases, y alturas de los cilindros AX, EO serán recíprocamente proporcionales.

Supuesto, que las bases, y alturas de los cilindros AX, EO son recíprocamente proporcionales, esto es la base ABCD á la EFGH, como la altura MN á la KL. Digo, que el cilindro AX será igual al cilindro EO.

Primeramente sea la base ABCD igual á la EFGH; y respecto de ser la base ABCD á la base EFGH, como la altura MN á la KL, será MN igual * á KL; consiguientemente el cilindro AX * A. V. será igual [a] al cilindro EO. Pero demos, que la base ABCD a 11.XII. no sea igual á la EFGH, sino mayor; y resultará, que siendo la base ABCD á la EFGH, como la altura MN á la KL, será MN mayor * que KL; y supuesta la misma construccion, por ser la base ABCD á la EFGH, como la altura MN á la KL; y la altura KL igual á la MP, la base ABCD será á la EFGH, como el cilindro AX al ES, pues tienen la misma altura [a]; y la altura MN á la MP, ó KL, como el cilindro EO al ES: luego el cilindro AX será al ES, como el cilindro EO al ES: luego el cilindro AX será igual al EO. Asimismo se demostrará en los conos. L. Q. D. D.

PROP. XVI. PROBL.

DADOS dos círculos concéntricos, inscribir en el mayor un polígono de un número par de lados, que no toquen al círculo menor.

Sean los dos círculos dados ABCD, EFGH, que tengan un mismo centro K; y háyase de inscribir en el mayor un polígono equilátero de un número par de lados, que no toquen al círculo menor.

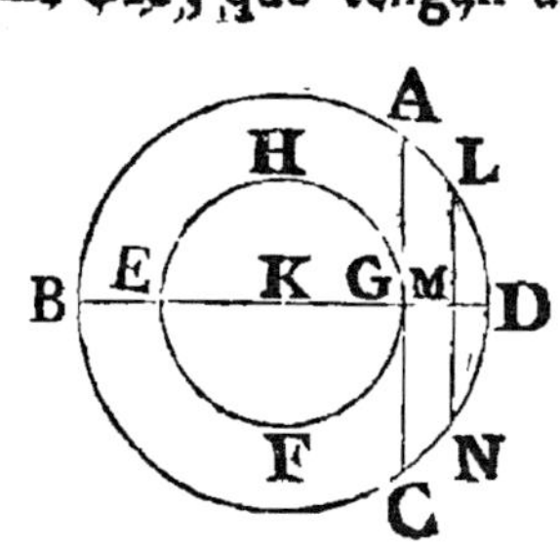

Tírese por el centro K la recta BD, y del punto G la GA perpendicular á BD, prolongándola hasta C: luego AC tocará al círculo EFGH [a]. Dividiendo despues a 16. III.

pues en dos partes iguales el arco BAD, repitiendo la misma operacion con su mitad, y así sucesivamente, quedará al fin un
b Lema. arco menor que el AD [b]. Sea LD, y del punto L á la linea BD tírese la perpendicular LM, y alárguese hasta N: tírense las lineas LD, DN: resultará
c 3. III. y 4. I. LD igual [c] á DN: y siendo LN paralela á AC, y tocando AC al círculo EFGH, no lo tocará el LM; luego tampoco lo tocarán las rectas LD, DN; y si despues se aplican al círculo ABCD lineas iguales á LD, quedará inscrito en él un polígono equilátero de un número par de lados, que no tocan al círculo menor. L. Q. D. H.

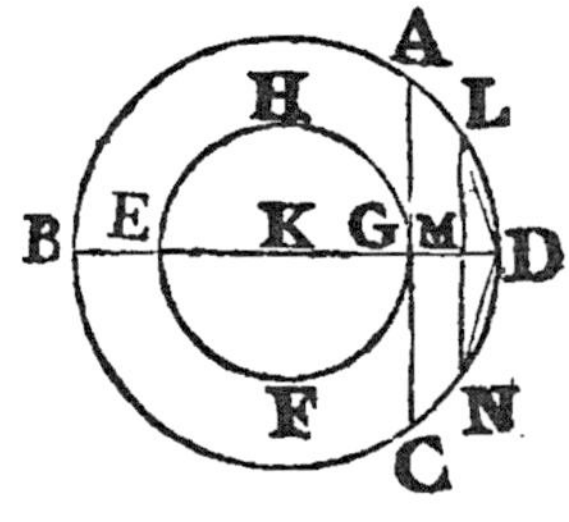

LEMA II.

SI dos trapecios ABCD, EFGH están inscritos en círculos, que tengan por centros los puntos K, L, y tienen los lados AB, DC paralelos entre sí, y lo mismo los EF, HG, y los otros quatro AD, BC, EH, FG iguales entre sí, y el lado AB mayor que el EF, como asimismo el DC mayor que el HG; será el radio KA del círculo circunscrito al trapecio de lados mayores mayor que el radio LE del círculo circunscrito al otro trapecio.

No sea, si es posible, KA mayor que LE; será, pues, KA igual, ó menor que LE; sea primeramente igual. Siendo, pues, en círculos iguales las rectas AD, BC iguales á las EH, FG, se-
a 28. III. rán los arcos AD, BC iguales á los EH, FG [a]: siendo, pues, las rectas AD, DC respectivamente mayores que las EF, HG, serán los arcos AB, DC mayores que los EF, HG: luego toda la circunferencia ABCD será mayor, que toda la circunferencia EFGH; lo qual es imposible: luego KA no será igual á LE.

Pero suponiendo KA menor que LE; tómese LM igual á KA; y con

con centro L, é intervalo LM descríbase el círculo MNOP, el qual tiradas las lineas LF, LG, LH, las encontrará en los puntos N, O, P, M: tírense MN, NO, OP, PM, que serán respectivamente paralelas [b] á EF, FG, GH, HE, y respectivamente menores que ellas. Así siendo EH mayor que MP, tambien AD será mayor que MP: es así que los círculos ABCD, MNOP son iguales: luego el arco AD será mayor que el MP: é igualmente el arco BC será mayor que el NO: y respecto de ser AB b 2. VI.

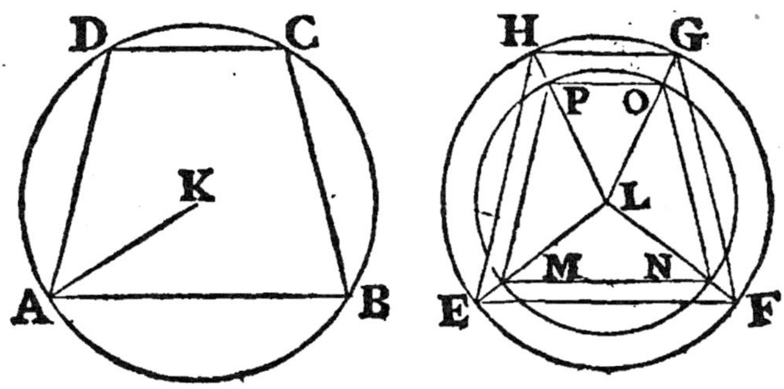

mayor que EF, la qual es mayor que MN, será AB mucho mayor que MN: luego AB será mayor que MN: y por la misma razon BC mayor que PO: luego toda la circunferencia ABCD sería mayor que la MNOP: lo que es imposible, por ser igual; luego KA no será menor que LE: es así que tampoco es igual: luego KA será necesariamente mayor que LE. L. Q. D. D.

Cor. De aquí es, que si fuese un triángulo isósceles, cuyos lados sean iguales á AD, BC, y la base menor que AB, linea mayor de las AB, DC; se demostrará de la misma manera, que el radio KA será mayor que el radio del círculo circunscrito al tal triángulo.

PROP.

PROP. XVII. PROBL.

DADAS dos esferas concéntricas, inscribir en la mayor un poliedro, cuya superficie no toque á la menor.

Supónganse dos esferas, que tengan el mismo centro A: y háyase de inscribir en la mayor un poliedro, cuya superficie no toque á la menor.

Córtense las esferas por algun plano, que pase por el centro:

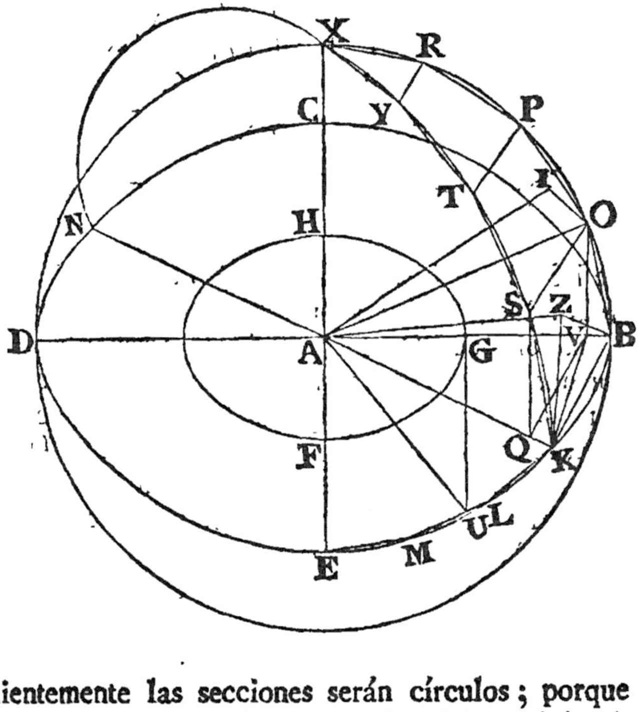

consiguientemente las secciones serán círculos; porque estando fixo el diámetro, y girando al rededor del semicírculo, se generará la esfera: luego en qualquiera posicion, que concibamos el semicírculo, el plano, que pase por él, formará en la superficie de la esfera un círculo, y este será el máximo, por ser el diá-

diámetro de la esfera, el qual lo es tambien del círculo, la mayor de todas las rectas, que se pueden tirar en el círculo, ó en la esfera [a]. Sea, pues, BCDE el círculo de la esfera mayor, y FGH el círculo de la esfera menor; y tírense los dos diámetros BD, CE perpendiculares entre sí: y siendo concéntricos los dos círculos BCDE, FGH, inscríbase [b] en el mayor BCDE un polígono equilátero de un número par de lados, que no toquen al círculo menor FGH; cuyos lados BK, KL, LM, ME estén en el quadrante BE del círculo; y tirada KA, prolónguese hasta N, y del punto A tírese AX perpendicular al plano del círculo BCDE, que encuentre á la superficie de la esfera en el punto X: tírense asimismo por la linea AX, y por las dos BD, KN planos, los quales, segun lo ya dicho, formarán en la superficie de la esfera círculos máximos; y sean BXD, KXN los semicírculos; y BD, KN sus diámetros. Siendo, pues, XA perpendicular al plano del círculo BCDE, todos los planos, que pasan por XA, serán perpendiculares [c] al plano del círculo BCDE: consiguientemente tambien los semicírculos BXD, KXN serán perpendiculares al mismo plano: y respecto de que son iguales los semicírculos BED, BXD, KXN, por estár sobre los diámetros iguales BD, KN, sus quadrantes BX, KX serán tambien iguales entre sí: luego quantos lados del polígono haya en el quadrante BE, tantos lados habrá en los quadrantes BX, KX iguales á los lados BK, KL, LM, ME. Descríbanse, y sean BO, OP, PR, RX; KS, ST, TY, YX, y tírense OS, PT, RY, como tambien de los puntos O, S á las rectas AB, AK las perpendiculares OV, SQ. Siendo, pues, el plano BOXD perpendicular al plano BCDE, y habiéndose tirado en BOXD la OV perpendicular á AB comun seccion de los planos, será OV perpendicular al plano BCDE [d]. Así tambien SQ será perpendicular al mismo plano; por ser el plano KSXN perpendicular al BCDE. Tírese VQ, y por quanto en los semicírculos iguales BXD, KXN se han tomado los arcos iguales BO, KS, y se han tirado las perpendiculares OV, SQ á los diámetros de los círculos, resultará OV igual á SQ, y BV á KQ: es así que la total BA es igual á la total KA: luego la parte VA será igual QA: luego BV será á VA, como KQ á QA: y por tanto VQ será paralela [e] á BK. Por ser las

a 15. III.
b 16. XII.
c 18. XI.
d 4. Def. XI.
e 2. VI.

las dos OV, SQ perpendiculares al plano del círculo BCDE,
f 6. XI. será OV paralela [f] á SQ: pero ya se demostró serle igual: luego
g 33. I. QV, SO serán iguales, y paralelas [g]: y siendo QV paralela á
h 9. XI. SO, como tambien á KB, será OS paralela [h] á BK: luego BO, KS, que las juntan, estarán en el mismo plano de las paralelas OS, BK; y el quadrilátero KBOS estará en un plano: pero si se juntan PB, TK, y de los puntos P, T se tiran perpendiculares á

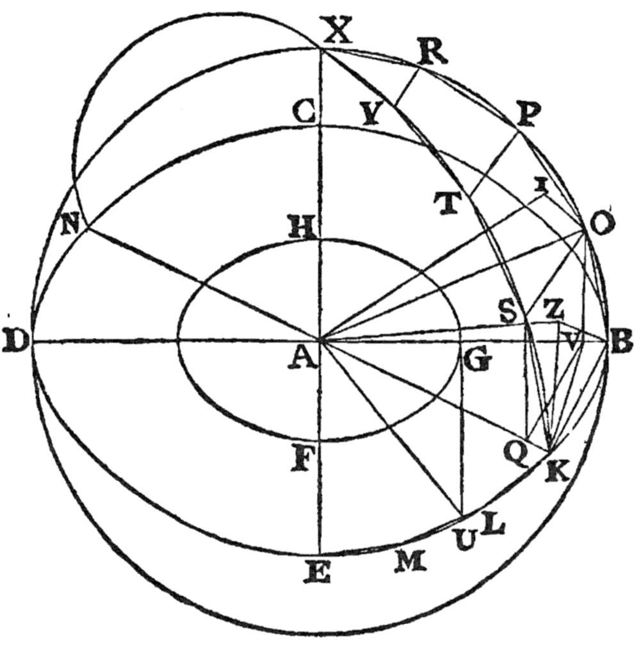

las rectas AB, AK, se demostrará, que la recta TP será paralela á la KB, del mismo modo que se demostró SO paralela á KB: por consiguiente TP será paralela á SO: y por tanto el quadrilátero SOPT estará en un plano: asimismo el quadrilátero
i 2. XI. TPRY estará en un plano: es así que la figura YRX está [i] en un plano: luego si concebimos rectas tiradas de los puntos O, S, P, T, R, Y á A, resultará una figura poliedra entre las circunferencias BX, KX, compuesta de las pirámides, cuyas bases son los quadriláteros KBOS, SOPT, TPRY, y el triángulo YRX,

y

y vértice el punto A; y si en cada uno de los lados KL, LM, ME se construyen pirámides, como en BK; y lo mismo en los otros tres quadrantes, y en el otro hemisferio; resultará una figura poliedra inscrita en la esfera, y compuesta de pirámides, que tienen por bases quadriláteros iguales á KBOS, SOPT, TPRY, y el triángulo YRX, en el mismo orden, y por vértice al punto A: y la superficie de dicha figura poliedra no tocará á la esfera menor generada por el círculo FGH. Tírese del punto A al plano del quadrilátero KBOS la perpendicular AZ [k], que lo encontrará en el punto Z; y tírense las lineas BZ, ZK. Siendo, pues, AZ perpendicular al plano del quadrilátero KBOS, lo será tambien á todas las rectas, que toca, y están en el mismo plano: luego AZ será perpendicular á las dos BZ, ZK; y por ser AB igual á AK, y tambien los quadrados de AZ, ZB iguales al quadrado de AB, como asimismo los quadrados * de AZ, ZK iguales al de AK, serán los quadrados de AZ, ZB iguales á los de AZ, ZK. Quítese el quadrado comun de AZ, y los otros dos de BZ, y KZ serán iguales entre sí: y por tanto la recta BZ igual á la recta ZK. Semejantemente demostrarémos, que las lineas tiradas del punto Z á los O, S son iguales á las dos BZ, ZK: luego el círculo descrito con centro Z, é intervalo ZB pasará por los puntos K, O, y estará inscrito en el círculo el quadrilátero KBOS: y siendo KB mayor que QV, y QV igual á SO, resultará KB mayor que SO: pero KB es igual á las dos BO, KS: luego cada uno de los arcos iguales, á que subtenden las rectas KB, BO, KS en el círculo KBOS, será mayor que el arco, á que subtende la recta OS: por consiguiente aquellos tres arcos juntos con el quarto igual á uno de ellos serán mayores que los tres juntos con el arco, á que subtende la recta OS, esto es mayores que toda la circunferencia: luego el arco KB en el círculo KBOS será mayor que la quarta parte de toda la circunferencia del mismo círculo; y por tanto el ángulo BZK en el centro será mayor que un recto. Siendo, pues, el mismo ángulo obtuso, el quadrado de BK será mayor que los de BZ, ZK [l], esto es mayor que el duplo del quadrado de BZ. Tírese KV, y por ser en los triángulos KBV, OBV, KB, BV iguales á OB, BV, y contener ángulos iguales; será el ángulo KVB igual [m] al OVB:

[k] 11. XI.

* 47. I.

[l] 12. II.

[m] 4. I.

OVB: pero OVB es recto: luego tambien KVB lo será: y siendo BD menor que el duplo de DV, será el rectángulo contenido por DB, BV menor que el duplo del rectángulo de DV, VB, esto
n 8. VI. es el quadrado [n] de KB será menor que el duplo del quadrado de KV: pero el quadrado de KB es mayor que el duplo del quadrado de BZ: luego el quadrado de KV será mayor que el de BZ: y por ser BA igual á AK, y los quadrados de BZ, ZA

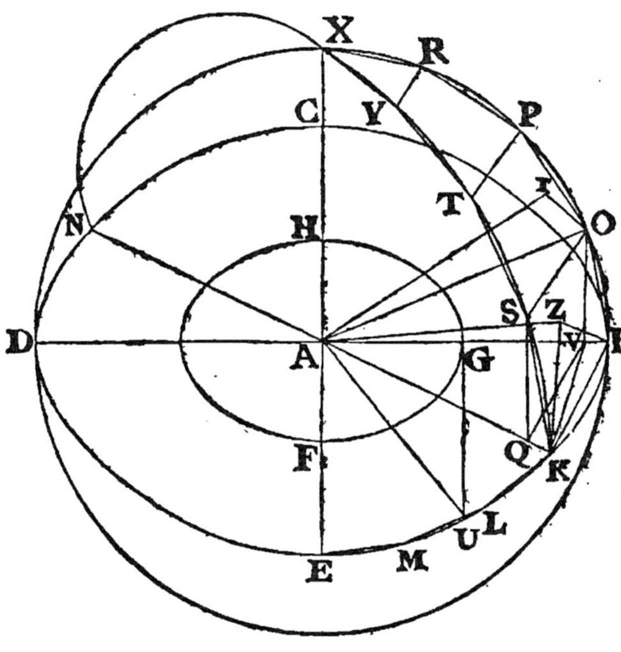

iguales al de BA, como asimismo los de KV, VA iguales al de AK, resultarán los quadrados de BZ, ZA iguales á los de KV, VA; de los quales el quadrado de KV es mayor que el de BZ: luego el quadrado restante de VA será menor que el de ZA, y por tanto la recta AZ mayor que la recta AV: será, pues, AZ mucho mayor que AG; pues se demostró en la Proposicion antecedente, que la recta KV cae fuera del círculo FGH: es así que AZ es perpendicular al plano KBOS, y por tanto la mínima de quantas se pueden tirar del centro de la esfera á aquel pla-

plano: luego el plano KBOS caerá fuera de la esfera menor.

Del modo siguiente se demuestra, que caen fuera de la esfera menor los demás planos, que están entre los quadrantes BX, KX. Tírese del punto A al plano del quadrilátero SOPT la perpendicular AI, y tírese la linea IO; y en la misma forma que se demostró del plano KBOS, y del punto Z, se demostrará del punto I, que es centro del círculo circunscrito al quadrilátero SOPT; y que la recta OS es mayor que la recta PT, la qual se demostró paralela á OS. Teniendo, pues, los trapecios KBOS, SOPT inscritos en círculos los lados BK, OS, y tambien los OS, PT paralelos; y los demás BO, KS, OP, ST iguales entre sí; el lado BK mayor que el OS, y OS que PT; la recta ZB será mayor que la recta IO o: tírese AO que será igual á AB: y siendo rectos los ángulos AIO, AZB, los quadrados de AI, IO serán iguales al de AO, ó AB; esto es á los de AZ, ZB: pero el de ZB es mayor que el de IO: luego el otro de AZ será menor que el de AI: será, pues, la recta AZ menor que la AI: es así que ya se demostró ser mayor que AG: luego AI será mucho mayor que la recta AG: luego el plano SEPT caerá fuera de la esfera menor. De la misma suerte se demostrará, que el plano TPRY caerá fuera de la misma esfera, como tambien el plano del triángulo YRX, es á saber por el Corolario del Lema II: y semejantemente se demostrará, que caerán fuera de la esfera menor todos los demás planos, que contienen el poliedro. Por consiguiente dadas dos esferas concéntricas se ha inscrito en la mayor un poliedro, cuya superficie no toca á la menor. L. Q. D. H.

o Lema II.

De otro modo, y mas breve se demostrará, sin valerse de la Proposicion XVI, que la recta AZ es mayor que la AG. Tírese del punto G la GU perpendicular á AG, y tírese la linea AU: cortando en dos partes iguales la circunferencia BE, haciendo lo mismo con su mitad, y continuando la propia operacion, quedará al fin un arco menor que el arco del círculo BCDE subtendido por una recta igual á GU: sea KB el tal arco; será la recta KB menor que GU; y respecto de ser obtuso el ángulo BZK, como se demostró, será BK mayor que BZ: pero GU es mayor que BK: luego GU será mucho mayor que BZ; y el qua-

quadrado de GU mayor que el de BZ: es así que AU es igual á AB: luego el quadrado de AU, esto es los quadrados de AG, GU, será igual al quadrado de AB; esto es á los quadrados

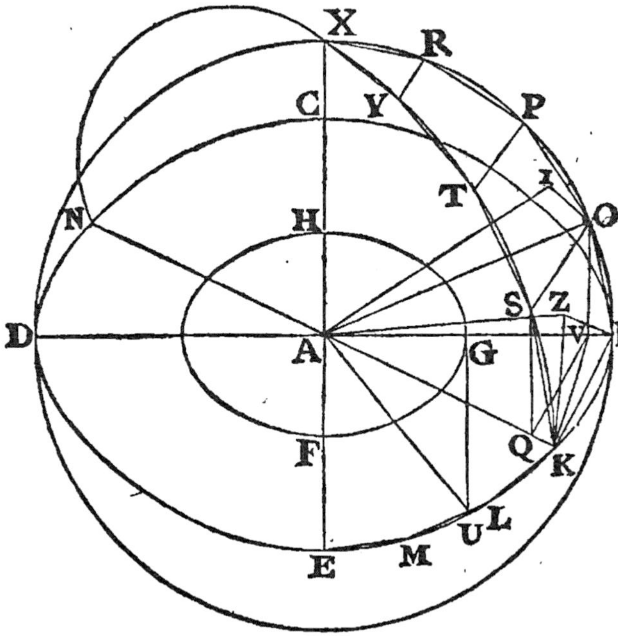

de AZ, ZB: pero el quadrado de BZ es menor que el de GU: luego el de AZ será mayor que el de AG: y consiguientemente la recta AZ mayor que la AG.

Cor. Si en la esfera menor se inscribe un poliedro, juntando por rectas los puntos, en que los radios tirados del centro de las esferas á todos los ángulos del poliedro inscrito en la esfera mayor encuentran á la superficie de la menor, en el mismo orden en que se juntan por medio de rectas los puntos, en que los radios encuentran á la superficie de la esfera mayor; tendrá el poliedro, que está en la esfera BCDE, al que está en la otra esfera razon triplicada de la del diámetro de la esfera BCDE al diámetro de la otra esfera: porque divididos los sólidos en igual número de pirámides, y de un mismo orden; serán estas semejantes, por tener comunes los ángulos sólidos, que concurren

ren en el vértice, centro de la esfera, é iguales [a] entre sí los demás ángulos sólidos en las bases; pues se hallan contenidos por tres ángulos planos respectivamente iguales entre sí, y las mismas pirámides están contenidas por igual número de planos semejantes; y por consiguiente son semejantes [b] entre sí: es así que las pirámides semejantes tienen entre sí razon triplicada de sus lados homólogos [c]: luego la pirámide, cuya base es el quadrilátero KBOS, y vértice el punto A, tendrá á la pirámide del mismo orden, que está en la otra esfera, razon triplicada de la que un lado homólogo tiene á otro; esto es de la que AB tirada del centro de la esfera mayor tiene á la tirada del centro de la otra. Semejantemente cada una de las pirámides, que están en la esfera mayor, tendrá á cada una de las pirámides del mismo orden, que están en la otra esfera, razon triplicada de la que tiene AB á la linea tirada del centro de la otra esfera: es así que la suma de los antecedentes es á la de los conseqüentes, como un antecedente á su conseqüente: luego todo el poliedro, que está en la esfera mayor, tendrá á todo el poliedro, que está en la esfera menor, razon triplicada de la que el radio AB tiene al radio de la otra esfera; esto es de la que el diámetro BD tiene al diámetro de la otra esfera.

a B. XI.
b 11. Def. XI.
c Cor. 8. XII.

PROP. XVIII. TEOR.

LAS esferas están entre sí en la razon triplicada de sus diámetros.

Concíbanse las esferas ABC, DEF, cuyos diámetros sean BC,

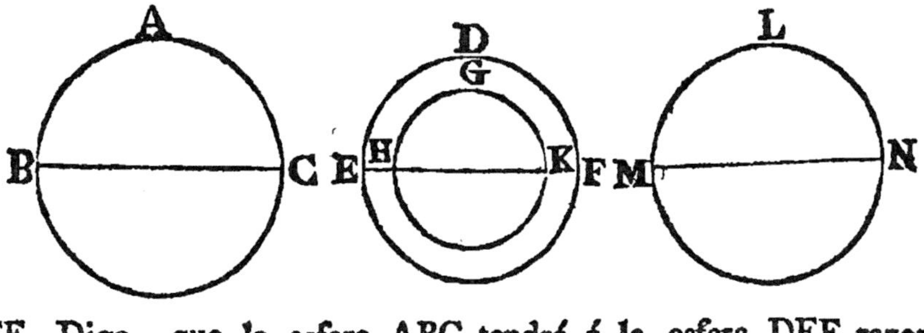

EF. Digo, que la esfera ABC tendrá á la esfera DEF razon triplicada de la que BC tiene á EF.

Por-

Porque á no ser así, la esfera ABC tendría á alguna mayor, ó menor que la DEF razon triplicada de la que BC tiene á EF. * Téngala primeramente á alguna menor, esto es á GHK; concíbase la esfera DEF concéntrica con la GHK, é inscríba-
a 17.XII. se [a] en la esfera mayor DEF un poliedro, cuya superficie no toque á la esfera menor GHK; y en la esfera ABC un poliedro semejante al inscrito en la DEF: luego el poliedro inscrito en la esfera ABC tendrá al poliedro inscrito en la DEF razon
b Cor. 17. XI. triplicada de la que BC tiene á EF [b]: es así que la esfera ABC tiene á la GHK razon triplicada de la que BC tiene á EF: luego la esfera ABC será á la DEF, como el poliedro de la esfe-

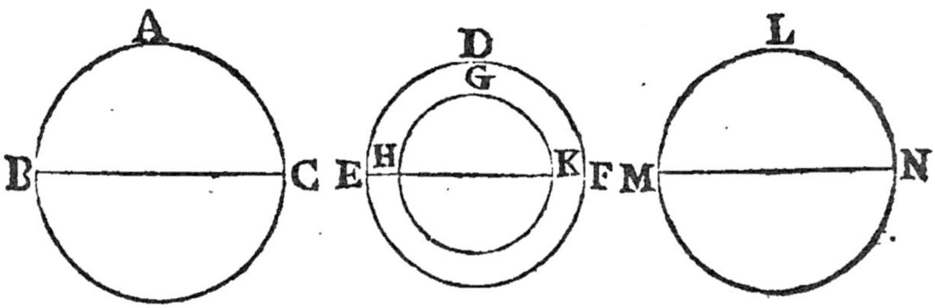

ra ABC al de la esfera GHK: es así que la esfera ABC es
c 14. V. mayor que su poliedro inscrito: luego la esfera GHK [c] será mayor que el poliedro inscrito en la esfera DEF; lo qual es imposible, pues es menor, por hallarse contenida por él: luego la esfera ABC no tendrá á alguna menor que DEF razon triplicada de la que BC tiene á EF. Semejantemente demostrarémos, que tampoco la esfera DEF tiene á alguna menor que ABC razon triplicada de la que EF tiene á BC. Añado, que tampoco la esfera ABC tendrá á alguna mayor que DEF razon triplicada de la que BC tiene á EF: porque si fuera posible, téngala á la LMN mayor: y resultará, que invirtiendo, la esfera LMN tendrá á la ABC razon triplicada de la que el diámetro EF tiene al diámetro BC; es así que la esfera LMN es á la ABC, como la esfera DEF á otra qualquiera menor, que la ABC

* Véase la Nota * de la Proposicion II.

ABC [d]; por ser la esfera LMN mayor que la DEF : luego la esfera DEF tendrá á alguna menor que la ABC razon triplicada de la que EF tiene á BC; lo qual es imposible, segun se ha demostrado: la esfera, pues, ABC no tendrá á alguna mayor que DEF razon triplicada de la que BC tiene á EF: es así que se demostró, que ni tampoco á alguna menor. Por consiguiente la esfera ABC tendrá á la DEF razon triplicada de la que BC tiene á EF. L. Q. D. D.

d 14. V.

F I N.

NOTAS
CRÍTICAS Y GEOMÉTRICAS

SOBRE

LA EDICION PRECEDENTE,

Donde se dá razon de los pasages en que varía del Texto Griego de los Elementos de Euclides; y se insertan algunas observaciones sobre ciertas Proposiciones.

SU AUTOR

Roberto Simson Profesor de Matematica en la Universidad de Glasgow.

MADRID.

Por D. Joachin Ibarra Impresor de Cámara de S. M.

M. DCC. LXXIV.

NOTAS
CRÍTICAS Y GEOMÉTRICAS.

Sobre la DEFINICION VII. del LIBRO I.

EN lugar de la Definicion, que traen los Códices Griegos, substituimos otra mas clara, y que contiene una propiedad de la superficie plana mencionada expresamente en los Elementos, es á saber que de un punto qualquiera de la superficie plana á otro qualquiera de la misma se puede tirar una recta, que esté toda en la misma superficie.

Sobre la DEF. VIII. del LIB. I.

Parece, que el Autor de esta intentó definir el ángulo plano en general; esto es, no solo el contenido por dos rectas, sino tambien el que algunos conciben comprehendido por una linea recta, y una curva, ó por dos curvas, que están en un plano, y se encuentran mútuamente: pues aunque el sentido de aquellas palabras del original ἐπ' εὐθείας *directamente* es claro aplicadas á dos rectas, que están directamente; no se alcanza qué inteligencia deban tener, quando se afirma, que una recta, y otra curva, ó dos curvas están directamente; y esto no se aclara en este pasage: así es muy verosimil, que tanto la mencionada Definicion, como la del ángulo del segmento, y las del ángulo del semicírculo, y de los ángulos de los segmentos, que se hallan en las Proposiciones XVI, y XXXI del Libro III, sean adiciones de algun editor poco inteligente: por cuya razon, y especialmente por ser del todo inútiles, las notamos con comillas, á fin de distinguirlas de las demás.

So-

Sobre la DEF. XVII. del LIB. I.

A esta añaden todos los exemplares las siguientes palabras; "*que divide el círculo en dos partes iguales*": nosotros las omitimos, por no ser parte de la Definicion, sino Corolario suyo. Proclo lo demuestra concibiendo uno de los segmentos, en que el diámetro divide al círculo, aplicado al otro; pues en tal caso es manifiesto, que necesariamente se ajustarán; porque á no ser así, las rectas tiradas del centro á la circunferencia no fueran entre sí iguales. Lo mismo se demuestra facilmente por las Proposiciones XXXI, y XXIV del Libro III: de la primera de ellas se infiere, que los semicírculos son segmentos semejantes del círculo; y de la otra, que dichos segmentos son iguales.

Sobre la DEF. XXXIII. del LIB. I.

Contiene una propiedad del definido superflua; pues toda figura quadrilátera, que tiene los lados opuestos iguales entre sí, tiene tambien los ángulos opuestos iguales entre sí; y por el contrario.

Supóngase en el quadrilátero ABCD el lado AB igual al CD, y el AD al BC: resultarán AD, DB iguales á CB, BD, y la base AB igual á la base CD: luego por la Proposicion VIII del Libro I el ángulo ADB será igual al DBC; de donde se infiere por la Proposicion IV del Libro I, que el ángulo BAD será igual al BCD, y el ABD al BDC; y por consiguiente el ángulo ADC igual al ABC.

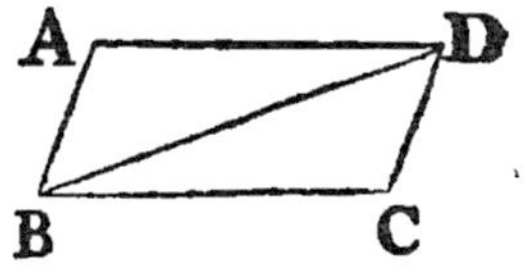

Pero si fuese el ángulo BAD igual al BCD, y el ABC igual al ADC, tambien los lados opuestos serán iguales entre sí; porque constando de la Proposicion XXXII del Libro I, que todos los ángulos del quadrilátero ABCD juntos componen quatro rectos, de los quales siendo los BAD, ADC juntos iguales á los BCD, ABC, se infiere, que tambien los ángulos BAD, ADC juntos serán iguales á dos rectos: luego AB, CD serán paralelas, por la Proposicion XXVIII del Libro I. Del mismo modo siendo los án-

ángulos DAB, ABC iguales á dos rectos, serán AD, BC paralelas: así resulta ABCD un paralelogramo; y por consiguiente sus lados opuestos serán iguales entre sí, segun la Proposicion XXXIV del Libro I.

Por la expresada razon se omitió una de dichas propiedades en la Definicion.

Sobre la PROP. VII. del LIB. I.

Su demostracion tiene dos casos, y de ellos el omitido no es menos necesario, que el único que se halla en el Texto Griego: siendo claro, que primitivamente estuvo en él; pues la segunda parte de la Proposicion V, del Libro I, necesaria para la demostracion del caso omitido, no tiene ningun otro uso, y manifiestamente se infiere de la primera parte, y de la Proposicion XIII del mismo Libro: así es de creer, que se añadiría á causa de alguna de las Proposiciones intermedias entre la V, y XIII; y ninguna de ellas la necesita, sino la VII: á mas, la Version de la Lengua Arábiga trahe expresamente demostrado este caso; y Proclo reconoce, que la segunda parte de la Proposicion V se añadió á causa de la VII, aunque alega la ridícula razon de que fue para dár salida á los reparos contra las Proposiciones VII, y XVI del Libro I: como si el caso omitido fuera, segun él juzga, reparo contra la misma Proposicion. Consulte quien quiera al mismo Proclo sobre las Proposiciones V, y VII; porque nos fastidiamos de referir sus delirios.

Ademas de esto variamos la enunciacion de la Proposicion VII, conservando enteramente su sentido; porque traducida literalmente, sería su inteligencia dificil para los principiantes.

Sobre la PROP. XI. del LIB. I.

Le añadimos un Corolario necesario para la Proposicion I del Libro XI, y otras.

Sobre las PROP. XX, y XXI. del LIB. I.

Proclo en sus Comentarios sobre la primera nos refiere, que los Epicureos la impugnaron como notoria aun al mas negado, y por consiguiente como ociosa toda demostracion, y él mismo les responde diciendo, que aunque salta á los sentidos, que los dos lados de un triángulo son mayores que el otro; sin embargo pertenece á la Geometría hacer ver, cómo sucede esto: pero la verdadera respuesta á dicha objecion, que milita así contra esta, como contra la siguiente, y algunas otras Proposiciones, es que nunca se ha de multiplicar sin necesidad el número de Axîomas. El célebre Mr. Clairaut en el Prólogo, que precede á sus Elementos de Geometría publicados en París en 1741, dice, que Euclides se empeñó en demostrar, que juntos los dos lados de un triángulo incluso en otro son menores que los lados del *includente*; pero se olvida de añadir la condicion precisa, de que los triángulos estén sobre una misma base, sin cuya circunstancia pueden los lados de un triángulo incluso en otro ser mayores que él en qualquiera razon dada menor que la dupla, como demuestra Papo Alexandrino en la Proposicion III del Libro III de sus Colecciones Matemáticas.

Sobre la PROP. XXII. del LIB. I.

Algunos culpan á Euclides de no demostrar, que los círculos descritos en la construccion de este Problema se encuentran mútuamente; pero esto se evidencia con claridad de haber determinado, que dos qualesquiera de las rectas DF, FG, GH juntas deben ser mayores que la otra. ¿Pues qué principiante habrá tan torpe, que con lo dicho no comprehenda, que el círculo descrito con centro F, é intervalo FD encuentra á la recta FH entre los puntos F, y H? pues la linea FD es menor que la FH; y que semejantemente el círculo descrito con centro G, é intervalo GH, ó GM encuentra á la recta DG entre los puntos G, D. ¿Y que los mismos círculos se en-

encuentran mútuamente, respecto de que las lineas FD, GH juntas son mayores que la otra FG? Esta resolucion es mas sencilla, que la que en su lugar, y deducida de ella pone Tomás Simpson en los Elementos de Geometría, pág. 49, para suplir la omision, que imputa á Euclides, y es esta: que qualquiera de las tres rectas debe ser menor que la suma, y mayor que la diferencia de las otras; de donde demuestra, que los círculos se encuentran mútuamente en un caso; añadiendo, que en qualquier otro se puede demostrar de la misma forma; pero la recta GM, que previene se quite de la recta GF, puede ser mayor que ella; en cuyo caso habrá que mudar su demostracion.

PROP. XXIV. del LIB. I.

Muy al principio añadimos: "Supóngase, que de las rec»tas DE, DF no es DE la mayor": esto es, tómese de dichas rectas DE, DF la que no sea mayor que la otra, para formar con ella el ángulo EDG igual al BAC: sin esta precaucion serían tres diversos los casos de esta demostracion, como sucede en Campano, y otros.

PROP. XXIX. del LIB. I.

La Proposicion llamada vulgarmente Postulado V, ó Axîoma XI, y por algunos XII, de la qual pende principalmente esta XXIX, ha dado no poco que hacer á los Geómetras, así antiguos, como modernos, y á la verdad no parece que debia colocarse entre las sentencias comunes, ó Axîomas, no siendo por sí manifiesta; pero tampoco hablando en rigor admite demostracion, lo que necesita es alguna explicacion, que la aclare mas, y esta procurarémos darla á los principiantes con el método mas facil, que nos sea posible.

Primeramente qualquiera puede concebir con facilidad, que dos rectas AB, CD en un mismo plano, y perpendiculares á una misma recta AC, sean tambien equidistantes; esto es, que en ninguna parte se acerquen, ni aparten mútuamente por mas que se prolonguen; ó por mejor decir, es imposible formar otra idea de de dichas rectas; porque no se puede concebir, que AB una de ellas se incline, por poco que sea, ácia la otra CD, sin concebir al mismo tiempo, que AB se inclina mas ácia las partes de la recta AC, en que está la recta CD, que ácia las contrarias; lo qual es imposible, por ser la recta

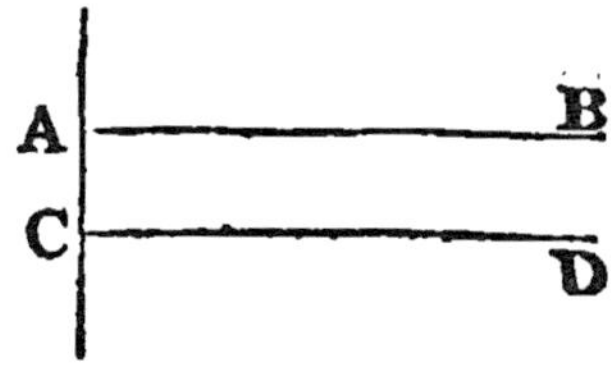

AB perpendicular á AC. Lo mismo deberá decirse de dos rectas, qualesquiera AB, CD, que contengan con alguna recta EAC ángulos iguales EAB, ECD ácia las mismas partes, por ser perpendiculares á alguna recta. Pues córtese AC en dos partes iguales en F, y tírese FG perpendicular á AB, la qual encontrará á la recta CD en H. Siendo, pues, en los triángulos AFG, CGH los ángulos GAF, AFG respectivamente iguales á los HCF, CFH, conforme á la hipótesis, y á la Proposicion XV del

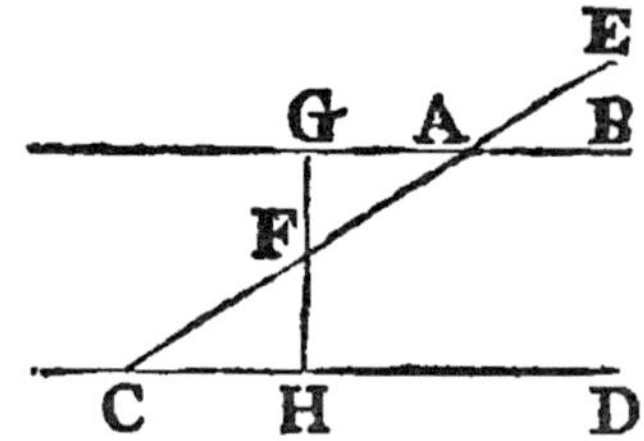

Libro I; y el lado AF igual al FC, tambien el ángulo AGF será igual al CHF, segun la Proposicion XXVI del Libro I: pero el ángulo AGF es recto: luego tambien será recto el ángulo CHF: consiguientemente las rectas BG, DH serán perpendiculares á una misma recta GH.

En segundo lugar se infiere claramente, que dos rectas, que salen de un mismo punto, son *divergentes*, esto es se ván apartando mútuamente una de otra mas y mas, de manera, que la distancia mínima de ellas entre el fin de una, y la otra llega á ser mayor que qualquiera recta dada. Pongo por exemplo, si en la longitud de diez pies, tomada sobre una de las rectas desde el punto de donde salen, la distancia de una á otra fuese de un pie, prolongada la recta otros diez pies, la distancia de dichas lineas se aumentará otro pie en la misma razon, que en la primera longitud; y así progresivamente mas y mas. Esto pende de la naturaleza, ó definicion de la recta, que siempre guarda una misma direccion; y no se puede demostrar rigurosamente por lo precedente.

Esto supuesto, sean AB, FD las dos rectas, y córtelas otra rec-

recta EFH, formando los ángulos internos, y ácia una misma parte, es á saber BEF, EFD juntos menores que dos rectos: se encontrarán AB, FD ácia B, D, á cuya parte los ángulos son menores que dos rectos.

Constrúyase [a] en el punto F de la recta FH el ángulo externo GFH igual al interno BEF ácia la misma parte de la recta FH: luego segun los supuestos las rectas paralelas EB, FG serán [b] equidistantes: y respecto de ser los ángulos HFG, GFE juntos iguales á dos rectos [c], lo serán tambien los ángulos BEF, EFG juntos: es así que BEF, EFD juntos son menores que dos rectos: por consiguiente el ángulo EFG será mayor que el EFD; y la linea FD caerá entre las equidistantes, ó rectas paralelas EB, FG: pero prolongadas FG, FD, que salen del mismo punto F, distarán al fin entre sí mas que las rectas equidistantes FG, EB: y por lo tanto la recta FD estará ácia las partes de EB contrarias á aquellas, en que está el punto F; esto es encontrará á la EB.

a 23. I.

b 28. I.

c 13. I.

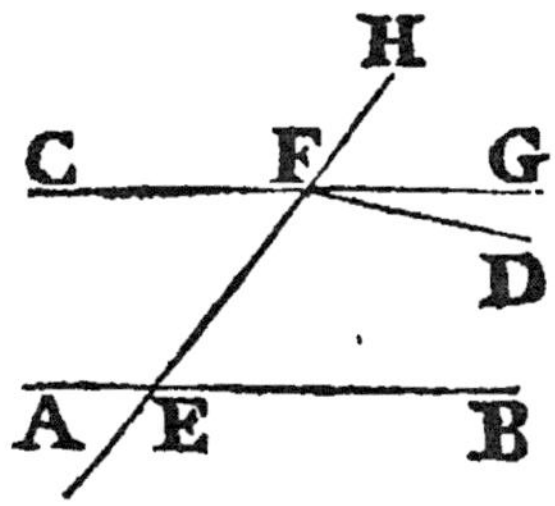

PROP. XXXV. del LIB. I.

Mudamos su demostracion; pues para usar del argumento, que trahe el Autor, habria que demostrar separadamente tres casos, que se encuentran en la traduccion hecha del Arabe; porque en unos Elementos no se puede omitir ningun caso de los que requieren diversas demostraciones. Así hemos seguido otro rumbo, que Mr. Clairaut fue el primero que mostró, á lo menos, que sepamos, en sus Elementos de Geometría, pág. 21: y despues se ha valido de él en los suyos Tomás Simpson, pág. 32, bien que este cita la Proposicion XXVI del Libro I de Euclides, de la qual sola no se deduce la igualdad de los triángulos, sino que es preciso recurrir tambien á la Proposicion IV del Libro I, como lo vemos practicado en un caso del todo semejante en la Proposicion XXXIV del Libro V de los Elementos: por lo qual es mejor usar de sola la IV.

PROP.

PROP. XLV. del LIB. I.

Cerca del fin de la demostracion se demuestra ser la recta KM paralela á la recta FL, con el auxîlio de la Proposicion XXXIII; es, pues, la KH por construccion paralela á la FG: y se demostró ser lineas rectas KHM, FGL. Añadimos un Corolario de Comandino de mucho uso.

PROP. XIII. del LIB. II.

HABLA únicamente de los triángulos acutángulos, aunque es verdadera en todo triángulo: por eso se añade la demostracion para los demas casos. Comandino, y Clavio dieron igualmente las suyas.

PROP. XIV. del LIB. II.

Alguno por ignorancia interpoló en la demostracion estas voces: "pero si no, una de las BE, ED será mayor; séalo BE, y »prolónguese hasta el punto F"; como si hiciese al caso, que fuese la mayor, ó la menor la prolongada: así en vez de dichas cláusulas, solo se ha de leer: "prolónguese la recta BE hasta F."

PROP. I. del LIB. III.

ALGUNOS Autores, en particular de los modernos, claman con excesivo rigor, y aun tal vez por efecto de ignorancia contra las demostraciones Apagógicas, ó indirectas; sin advertir, que hay cosas, que no se pueden demostrar por otro rumbo, de lo qual tenemos un exemplo evidente en esta Proposicion, que no tiene ninguna demostracion directa; pues fuera de la definicion del círculo ningun otro principio hay acerca de él, en que poder fundar demostracion directa, ni indirecta: así es necesario valerse de la expresada definicion, y de las Proposiciones demostradas antes, para demostrar, que el punto hallado por la construccion es el centro del círculo. Habiendo, pues, que usar en la demostracion de esta Proposicion: "las rectas tiradas del »cen-

»centro á la circunferencia son iguales entre sí", y no pudiendo suponerse, que el punto hallado por la construccion sea el centro, por ser esto justamente lo que se vá á demostrar, es forzoso recurrir á suponer por centro algun otro punto; y si de semejante suposicion se siguiese algun absurdo, como manifiesta Euclides que se sigue, no será cierto, que el punto supuesto sea el centro; y como se ha tomado un punto qualquiera, se inferirá, que ninguno es el centro, sino el hallado por la construccion: de donde se evidencia la necesidad de la demostracion indirecta, ó por absurdo.

PROP. XIII. del LIB. III.

Siendo mucho mas facil de imaginar, que dos círculos pueden tocarse entre sí interiormente en muchos puntos que en uno, y ácia unas mismas partes, que ácia partes contrarias; pareció conveniente no omitir la figura de este caso; y no adaptándose á ella la construccion del Texto Griego, segun la qual habria que poner los centros de los círculos cerca de sus circunferencias, nos valemos de otra construccion, y demostracion, que es la parte posterior de la que trahe Campano, conforme á los Códices Arabes, aunque la divide sin fundamento en dos partes.

PROP. XV. del LIB. III.

Falta la inversa de la parte segunda, con todo de que en la anterior en semejante caso se enuncia, y demuestra la inversa; así la añadimos. Fuera de esto, en la demostracion de la primera parte se demuestra (en la figura de Comandino) ser el diámetro AD mayor que la recta BC, con el auxîlio de la recta MN; quando sin ella podia demostrarse muy bien: por eso ponemos otra demostracion semejante á la que Euclides usa en la XIV precedente, y la misma que trahe Teodosio en la Proposicion VI del Libro I de los Esféricos en un caso enteramente semejante.

PROP.

PROP. XVI. del LIB. III.

Dámosle su verdadero sentido, sin hacer mencion del ángulo del semicírculo, ni del que algunos conciben contenido por la circunferencia, y por la tangente; sobre los quales han disputado mucho Clavio, Pelletier, y otros modernos, deduciendo paradoxas muy estrañas, á que no se dá asa alguna en la enunciacion que proponemos. Asimismo en la Proposicion XXXI de este Libro nada decimos del ángulo del segmento mayor, ó menor; contentándonos con explicar su sentido sin ninguna de estas cosas, que sin temeridad se pueden sospechar adulteradas, dice Vieta en la pág. 386. de sus Obras Matemáticas.

PROP. XVII. del LIB. III.

Añadimos el caso, en que el punto dado, de donde se ha de tirar la recta tangente al círculo, esté en la circunferencia del mismo.

PROP. XX. del LIB. III.

Briggs, y Gregory traducen mal las palabras que se hallan al principio de la segunda parte de esta demostracion "κεκλάσθω δὴ πάλιν" por estas: "*inclínese BDC*," que debian vertir con Comandino así: *Dóblese*, ó *inflectase*; pues se dice, que una recta se dobla, ó *inflecte* ácia otra linea recta, ó curva, quando desde un punto á aquella linea se ha tirado una recta, y desde el punto de concurso á otro se ha tirado otra recta, que con la antecedente forma un ángulo, como es manifiesto por la Proposicion XC de los Datos: pues de esta manera toda la linea entre el punto primero, y último está doblada, *inflexâ*, ó quebrada en el punto de concurso, encuentro, ó inflexion; en semejante sentido se dice, que dos rectas se *inflecten* de dos puntos á otro tercero, quando forman un ángulo en este punto; como puede verse en la descripcion de los Lugares planos de Apolonio en el Prefacio de Papo Alexandrino á su Libro VII. Esta locucion la aclaramos con la Proposicion XC de los Datos.

PROP.

PROP. XXI. del LIB. III.

Tiene dos casos; el segundo, que es quando los ángulos están en un segmento menor que el semicírculo, no se halla en el Texto Griego, y para él hemos añadido una demostracion mas sencilla, que la que dió Comandino; como derivada únicamente del primer caso, sin recurrir á los triángulos.

PROP. XXIII. y XXIV. del LIB. III.

En la XXIV se demuestra, que el segmento AEB (véase la figura de Comandino) no puede dexar de ajustarse al segmento CFD, y tener una situacion diversa de la de este, como el CGD, encontrándose mútuamente uno á otro los arcos en el punto G: pues á no ser así, un círculo cortaría á otro en mas de dos puntos; la imposibilidad de lo qual, y de que uno de los segmentos caiga dentro del otro, debió demostrarse en la Proposicion XXIII: así esto se ha quitado de la XXIV; y restituido á la XXIII, que es su propio lugar.

PROP. XXV. del LIB. III.

Se divide en tres casos; dos de ellos tienen la misma construccion, y demostracion, por lo qual solo la dividimos en dos partes.

PROP. XXXIII. del LIB. III.

Tambien se halla dividida en el Texto Griego en tres casos: de los quales dos; es á saber quando el ángulo dado es agudo, y quando es obtuso, tienen construccion, y demostracion enteramente las mismas: por lo qual hemos quitado de los Elementos la demostracion última como superflua, y añadida por algun ignorante: además de esto, la demostracion del caso, en que el ángulo dado es recto, está mal, y por rodeos: así le hemos substituido otra mas simple, siguiendo á Clavio.

PROP.

PROP. XXXV. del LIB. III.

Así como las Proposiciones XXV, y XXXIII se hallan divididas en mas casos de los precisos, la presente lo está en menos: ni se debe juzgar, que Euclides los omitiese, por su sencillez, quando dió el mas facil de todos, á saber aquel, en que ambas rectas pasan por el centro; y en la Proposicion XXXVI siguiente demuestra separadamente el caso, en que la recta pasa por el centro: así es de creer, que Theon lo suprimió por la brevedad, lo que de ningun modo debió hacer en una institucion Elemental, como dexamos advertido: por tanto añadimos los casos omitidos, que tambien se encuentran en las versiones del Arábigo.

PROP. XXXVII. del LIB. III.

Aquellas palabras, que están al fin: "semejantemente se de»mostrará, si el centro estuviere en AC" las borramos, como añadidas ignorantemente por algun editor.

Sobre algunas DEFINICIONES del LIBRO IV.

QUANDO en una recta, ó en otra qualquiera linea exîste algun punto, dicen los Geómetras Griegos, que aquel punto ἅπτεσθαι, *tangit*, *toca* á la linea: y quando una recta, ó un círculo encuentra á otro de qualquiera manera, se dice tambien que lo toca: pero quando una recta, ó círculo encuentra á otro de tal suerte que no lo corta, entonces dicen, ἐφάπτεσθαι, *contingit*, *que se tocan mútuamente*; y nunca equivocan estas voces, usándolas promiscuamente: así en la Definicion V del Libro IV se debe leer ἐφάπτηται en lugar de ἅπτηται; en las Definiciones I, II, III, y VI de la version de Comandino debe leerse *toca*, en vez de *toca mútuamente*. La misma mutuacion hay que hacer en la II, y III del Libro III: y por el contrario en el Texto Griego se debe poner el verbo compuesto en lu-

lugar del simple en las Proposiciones XVIII, y XIX del Libro III *.

PROP. IV. del LIB. IV.

Así aquí, como en las Proposiciones VIII, y XIII de este Libro, se demuestra por absurdo, que el círculo toca á las rectas: siendo así que lo mismo se halla demostrado directamente en las Proposiciones XVII, XXXIII, y XXXVII del Libro III: cuyo método por mas breve, y expedito seguimos en estas Proposiciones del presente Libro.

PROP. V. del LIB. IV.

Alguno debió viciar esta demostracion, pues no demuestra, que concurren en un punto las rectas que cortan por medio, y perpendicularmente los lados del triángulo: y además divide neciamente la Proposicion en tres casos, quando para todos sirven una misma construccion, y demostracion, como notó Campano: por eso suprimimos estas repeticiones. Tambien está manifiestamente viciado el Texto Griego en el Corolario, en que se hace mencion del ángulo dado, siendo así que en la Proposicion nada hay, ni puede haber del ángulo dado.

PROP. XV. y XVI. del LIB. IV.

En el Corolario de la primera faltan en el Texto Griego las voces "equilátero, y equiángulo:" y en la segunda está la palabra *círculo* en lugar de *circunferencia*, quando se dice: "Si la »circunferencia ABCDF se concibe dividida."

* N. T. En todo el contexto de la Obra, quando una recta encuentra á otra, ó á una circunferencia de círculo, terminándose en ellas, de qualquiera manera que sea, hemos dicho, que las *encuentra*, en vez de decir, como en el Texto, que las *toca*; pero quando una recta, ó un círculo encuentra á otro círculo, sin cortarse, entonces diximos que lo *toca*, en lugar de decir, que lo *toca mútuamente*.

DEFINICION III. del LIBRO V.

MUCHOS modernos la reprueban, como nada exâcta. El sabio Isaác Barrow la explicó latamente al fin de la Leccion III del año de 1666; deshaciendo, en quanto lo permite el asunto, las dificultades, que hay contra ella; y remata dicha Leccion, exponiendo en el epílogo su sentencia en los términos siguientes.

"Añadiré, que quizás el Autor de los Elementos no se pro»pondría otra cosa al formar esta Definicion Metafísica, sino dár »con ella á los principiantes una idea general, ó razon univer»sal, que sirviese para complemento, y adorno de su método, y »como preludio de las exâctas Definiciones, que despues trae »de la razon mayor, y menor: llámola Metafísica, porque pro»piamente no es Matemática, pues en esta Facultad nada pende, »ni se deduce de ella, ni en mi juicio se puede deducir. De la »misma naturaleza se debe reputar la Definicion de la Analo»gía, que sigue despues, diciendo, que es la semejanza de las »razones; la qual no tiene uso alguno matemático, ni otro ob»jeto en mi dictamen, que el de dár á los principiantes alguna »nocion, aunque imperfecta, y confusa de la Analogía. De muy »distinta naturaleza son las exquisitas Definiciones Matemáticas, »que entran despues: pues en ellas estriba toda la doctrina de »las razones, y todo el edificio de las Matemáticas: y así se »deben llevar nuestra principal atencion, como que aclaran per»fectamente todo el punto de las razones: al mismo paso que »las otras se podrían omitir sin notable perjuicio de la Facul»tad, como lo vemos practicado en el Libro VII de los Ele»mentos, donde se define, y trata de la Analogía de los núme»ros, sin dár definicion alguna de la razon, que convenga al nú»mero, aunque allí era no menos necesaria, y util semejante de»finicion: lo cierto es, que ni en una, ni en otra parte harían »gran falta: pero no obstante creo, que una cosa tan general, y »abstracta, y por consiguiente de tan ardua explicacion, con di»ficultad admitiría otra mas oportuna, que la que el Autor dá »aquí: por cuya razon me ha parecido conveniente explicarla »mas extensamente, y no dexarla indefensa contra los sofismas de »sus impugnadores." Nada se me ofrece añadir, sino que convencido por las razones expuestas de la inutilidad de dicha Definicion, como tambien de la VIII siguiente, me persuado firmemente no ser de Euclides, sino de algun editor menos inteligente.

DEF. XI. del LIB. V.

Fue indispensable añadir la voz "deinceps", *continuo* antes de "proporcionales"; y así se cita en la Proposicion XXXIII del Libro XI.

Despues de esta Definicion tuvimos por conveniente colocar, como en su propio lugar, la de la razon compuesta, de la qual son especies la razon duplicada, triplicada, &c. que se definen en esta, y en la antecedente: pero Theon la puso V del Libro VI, donde dá una Definicion de la razon compuesta totalmente inutil, y absurda. Así substituimos entre las Definiciones XI, y XII de este Libro otra conforme sin duda á la que dió Euclides, pues la cita expresamente en la Proposicion XXIII del Libro VI, y á la que traen Clavio, Herigonio, y Barrow; bien que estos conservan la de Theon, que debieron excluir de sus Elementos.

DEF. XIII. del LIB. V.

Esta, y la siguiente se dirigen á explicar algunos términos, que ocurren en este Libro, y en los siguientes; cuyo sentido, á excepcion del de poquísimos, es muy inteligible por las mismas Proposiciones de este Libro, que es donde primeramente se usan: así dichas Definiciones parecen añadidas por Theon, ó algun otro; sin embargo he tenido por conveniente conservarlas con separacion para comodidad de los principiantes.

PROP. IV. del LIB. V.

En la construccion, que precede á la demostracion, omiten dos veces el Texto Griego, y la version latina la voz "qualesquiera": nosotros la añadimos, como absolutamente necesaria.

En

En la misma demostracion, en el Texto Griego, en la version latina de Comandino, y en la de Henrique Briggs publicada en Londres en 1620, juntamente con el Texto Griego de los seis primeros Libros, y seguida en este pasage por David Gregory en su edicion de las Obras de Euclides, se hallan las siguientes palabras: "Se han tomado K, L equimultíplices de A, C; y M, N »otras qualesquiera equimultíplices (ἃ ἔτυχε) de B, D": que de ningun modo son verdaderas: por lo qual hubo que borrar la voz "qualesquiera": siendo de admirar, que ni Briggs, que con razon omitió la misma voz en un pasage de la Proposicion XIII; ni Gregory, que la mudó en la palabra "algunas" en quatro lugares de la misma Proposicion XIII, la omitiesen en el presente lugar de la Proposicion IV, ni en el segundo, en que se halla de la Proposicion XVII: quando en ambos no puede subsistir, salva la verdad: y en ninguno de dichos lugares borraron los editores del Texto Griego la voz ἃ ἔτυχε, como debian haber executado.

Las mismas palabras se hallan en quatro lugares de la Proposicion XI de este Libro; en el primero, y último son necesarias; pero en los otros dos superfluas, aunque verdaderas; como tambien lo son en el segundo lugar, en que se hallan de la XII de este Libro.

COR. de la PROP. IV. del LIB. V.

Es adicion de algun ignorante en lugar de la demostracion legítima, que Theon, ú otro editor quitó sin duda, no de este lugar, sino del suyo propio en este Libro: el Autor de este Corolario intentaba demostrar, que las cantidades proporcionales E, G, F, H, tambien lo son inversamente; esto es que G es á E, como H á F: lo qual, aunque cierto, de ningun modo se deduce de esta Proposicion, ni de su demostracion. Donde se dice: "Estando, pues, demostrado, que si K excede á M, excederá L á N, &c.": esto demostró en la demostracion de la Proposicion, pero no deduciéndolo, de que son proporcionales E, G, F, H; pues esto es la conclusion de la Proposicion: por consiguiente dichas palabras son fuera de propósito: pues de-

debió demostrar, que si K excede á M; L excederá á N, por la hipótesis de que E, G, F, H son proporciones, y por la Definicion V de este Libro; lo qual no hace: nosotros lo executamos en la Proposicion B, que pusimos en su propio lugar en vez de este Corolario: y substituimos otro á la Proposicion IV necesario para la demostracion de la XVIII, y utilísimo para otras muchas ocasiones, cuya demostracion se incluye en la de la Proposicion.

PROP. V. del LIB. V.

En la construccion precedente á la demostracion, que se halla en el Texto Griego, y en sus versiones latinas, se requiere, que EB se haga tántupla de CG, quántupla es AE de CF; esto es que EB se divida en tantas partes iguales, quantas hay en AE iguales á CF: de donde se evidencia no ser esta construccion de Euclides, el qual hasta la Proposicion IX del Libro VI no enseña el modo de dividir las rectas, ni otras magnitudes en partes iguales; y segun su método nunca previene hacer en la construccion cosa alguna, que antes no haya enseñado á practicar: por eso mudamos la construccion; substituyendo la que sin duda dió Euclides, en la qual nada se pide, sino que se añada algunas veces una cantidad á sí misma: y es la que traen las traducciones hechas sobre el Arabe, sin embargo de estár en ellas torpemente viciadas la enunciacion, y demostracion de la Proposicion. El primero, que tengo noticia observase este error, fue Jacobo Pelletier, quien en su Euclides dá la legítima construccion, despues de puesta la erronea, diciendo que no quería omitirla por sutil, y capaz de aguzar el ingenio para hallar otras semejantes; siendo así, que entre las dos demostraciones no hay diferencia, sino en la construccion, la qual es muy verosimil fuese parto de algun Copista ignorante. Tambien Clavio pone ambas construcciones, la vulgar, y la genuina; pero ni él, ni Pelletier indican la razon, que hay para preferir una á otra.

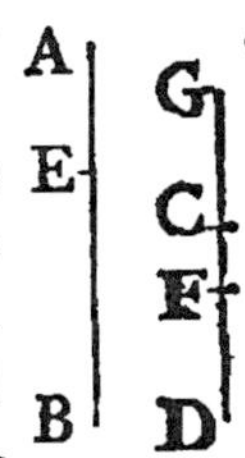

PROP. VI. del LIB. V.

Tiene dos casos: Los exemplares Griegos solo mencionan el primero, que es mas obvio: siendo verosimil, que Theon juzgaría bastaba uno, pues ni uno, ni otro sirve para demostracion alguna en su mutilada edicion del Libro V: bien que por la misma razon podia omitir el caso que pone, y la Proposicion V: nosotros hemos añadido la demostracion del segundo caso; pues así aquel, como este, y la Proposicion V son necesarias para la demostracion de la Proposicion XVIII de este Libro, y las traducciones de la Lengua Arábiga expresan ambos brevemente.

PROP. A. del LIB. V.

Los Geómetras usan freqüentísimamente de esta Proposicion, de que tambien se usa en la XXV del presente Libro, en la XXXI del VI, en la XXXIV del XI, y en la XV del XII, y parece que Theon la quitaría de los Elementos, por parecerle harto evidente á él, y á otros, que substituyen la confusa, y vaga idea de las proporcionales, recibida en el vulgo, en lugar de la exácta, que resulta de la Definicion V del Libro V: no siendo posible, que Eudoxô, ó Euclides, que corroboraron con demostracion las Proposiciones VII, y IX de este Libro, nada mas dificiles que la presente, omitiesen esta en sus Elementos.

De aquí tomó ocasion Alfonso Borelli para censurar grave, pero iniquamente la Definicion V de este Libro por estas palabras, que se hallan á la pág. 126 de su Euclides restablecido, Edicion de Pisa de 1658: "De dicha propiedad (la especificada »en la Definicion V del Libro V) no se puede deducir ni el »mas leve conocimiento, de que si quatro cantidades son propor»cionales, y la primera excede á la segunda, la tercera deba ne»cesariamente exceder á la quarta, como confiesa Clavio en la »Proposicion XVI del Libro V de los Elementos." No está expresa tal confesion en Clavio; pero si dió fundamento á Borelli para afirmarlo así, quando reprehende á Comandino, y con razon por haber demostrado esta Proposicion por la XVI del Libro

bro V, bien que sin asignar ninguna demostracion, juzgándola clarísima por la naturaleza de las proporciones, como se explica al fin de las Proposiciones XIV, y XVI del Libro V de su Edicion: y le sigue Pedro Herigonio en el Escolio I de la Proposicion XIV del Libro V; como si las proporcionales tuviesen alguna naturaleza anterior á la que se concibe por su misma definicion: y aunque la demostracion de la Proposicion es sumamente facil, no sé que ninguno la haya dado hasta ahora, sino el Doctísimo Barrow, que en su respuesta á las objeciones de Borrelli la demuestra, pág. 322 de sus Lecciones Matemáticas breve, y clara, aunque indirectamente por la Definicion V del presente Libro: pero con facilidad se demuestra directamente por la misma Definicion; por lo qual la colocamos despues de las Proposiciones de las cantidades equimultíplices.

PROP. B. del LIB. V.

Tambien se deduce facilmente de la Definicion V, y así con razon se coloca despues de la antecedente, y muy fuera de propósito se halla, como Corolario de la Proposicion IV de este Libro. Véase la Nota al Corolario de dicha Proposicion.

PROP. C. del LIB. V.

Es de freqüente uso entre los Geómetras, y necesaria para las Proposiciones V, y VI del Libro X. Clavio en las Notas siguientes á la Definicion VIII del Libro V la demuestra solo por números con auxîlio de algunas Proposiciones del Libro VII, y de la Definicion V de este; en quanto conviene á los números, para demostrar con ella lo que de los números proporcionales, se halla en la Definicion XX del Libro VII. Muchos Comentadores creen dificil de demostrar, que quatro cantidades, que son proporcionales, segun la Definicion XX del Libro VII, lo sean tambien conforme á la Definicion V del Libro V; pero es facil como se sigue.

I.º Sean A, B, C, D quatro cantidades, de las quales la primera A sea equimultíplice, ó la misma parte de la segunda B, que

la

la tercera C de la quarta D. Serán A, B, C, D proporcionales: esto se demuestra en la Proposicion C.

II.º Si la primera AB fuese la misma parte de la segunda CD, que la tercera EF de la quarta GH: tambien en este caso será AB á CD, como EF á GH.

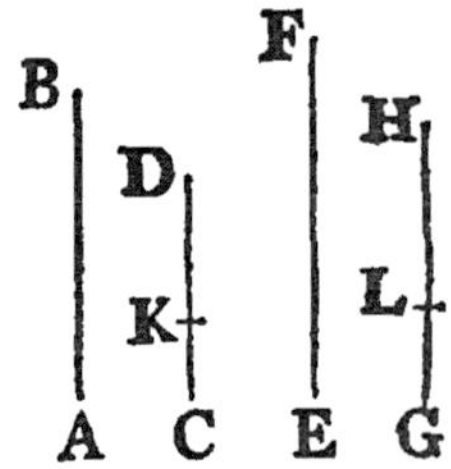

Sea CK parte de CD, GL la misma parte de GH, y AB equimultíplice de CK, como es EF de GL: luego por la Proposicion C de este Libro AB será á CK, como EF á GL: es así que CD, GH son equimultíplices de CK, GL: luego por el Corolario de la Proposicion IV del Libro V. AB será á CD, como EF á GH.

PROP. D. del LIB. V.

Se usa varias veces para demostrar otras, y es necesaria para la Proposicion IX del Libro VI: siendo de creer, que Theon la omitiría por la razon mencionada en las Notas á la Proposicion A.

PROP. VIII. del LIB. V.

En su demostracion, qual se halla hoy en el Texto Griego hay dos casos. (Véase la demostracion en la Edicion de Hervagio, ó en la de Gregory.) El primero es, quando AE es menor que EB, y entonces se infiere necesariamente, que HΘ, multíplice de EB, es mayor, que ZH, equimultíplice de AE, la qual multíplice de AE es por construccion mayor que Δ: por consiguiente tambien HΘ será mayor que Δ. Pero en el segundo caso, en que EB es menor que AE, aunque ZH sea mayor que Δ, puede no obstante HΘ ser mayor que Δ; por consiguiente no se puede tomar multíplice de Δ, que sea el primero mayor que K, ó HΘ; porque la misma Δ es mayor: por tanto le fue preciso al Autor de esta demostracion mudar una parte de la construccion, bien que no tenia

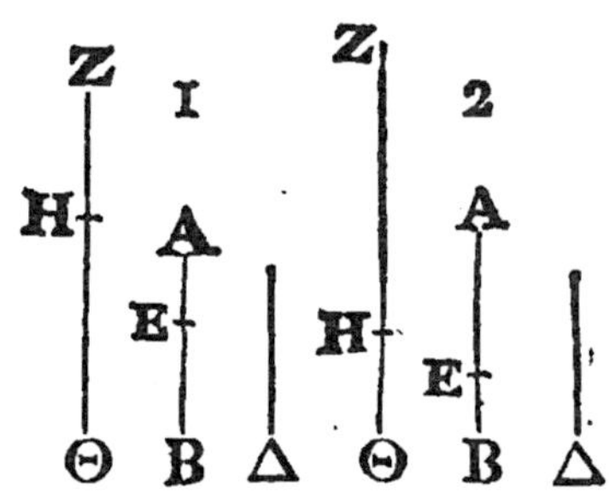

ne-

necesidad de mudar en este segundo caso, añadida otra parte de la construccion al primero, pues quando previene que se tome N multíplice de Δ el primero mayor que ZH; podia tomar el multíplice de Δ, que es el primero mayor que HΘ, ó K, como se hizo en el primer caso. Tambien K es impertinente en la demostracion de uno, y otro caso; pues de nada sirve, sino de hacerla mas prolixa. Otro tercer caso hay omitido en esta demostracion; es á saber quando AE en el primer caso, ó EB en el segundo es mayor que Δ, en el qual se tomarán qualesquiera equimultíplices de AE, y EB, v. g. sus duplos, como se practíca en esta edicion, demostrando de una vez todos los casos. De aquí se evidencia, que Teon, ú otro poco versado en la Geometría vició esta demostracion.

PROP. IX. del LIB. V.

Damos una demostracion de ella mas clara de la que hasta ahora ha habido en los Elementos.

PROP. X. del LIB. V.

Fue indispensable dár otra demostracion, pues la de las ediciones Griegas, Latinas, y otras, no es legítima; porque las voces *mayor*, *la misma*, ó *igual*, y *menor*, hablando de cantidades, tienen un sentido totalmente diverso, que hablando de razones; como consta de las Definiciones V, y VII de este Libro: con cuyo auxîlio exâminarémos la demostracion de la Proposicion X, que dice así: "Tenga A á C mayor razon, que »B á C. Digo, que A será mayor que B; pues á no serlo, fuera »igual, ó menor; igual no lo es, porque entonces ambas A, y B »tendrian una misma razon á C; pero no la tienen: luego A »no será igual á B." La fuerza de este raciocinio se reduce á lo siguiente. Si A es á C, como B á C, tomadas qualesquiera equimultíplices de A, B, y qualquiera multíplice de C, si la multíplice de A fuese mayor que la de C, resultará en fuerza de la Definicion V de este Libro la multíplice de B mayor que la de C: pero por la hipótesis A tiene mayor razon á C, que B

B á C, resultarán en fuerza de la Definicion VII de este Libro, algunas equimultíplices de A, B, y alguna multíplice de C tales, que la multíplice de A será mayor que la de C, y la de B no será mayor. Es así que esta Proposicion repugna directamente á la anterior: luego A no es igual á B. Continúa la demostracion: "Tampoco A es menor que B, pues entonces A tendría »á C menor razon que B; lo qual es falso: luego A no será me»nor que B, &c." Aquí se dice, que A tendría á C menor razon que B, ó lo que es lo mismo, B tendría á C mayor razon que A; esto es en virtud de la Definicion VII de este Libro, que habrá algunas equimultíplices de B, A, y alguna multíplice de C tales, que la multíplice de B sea mayor que la de C, y la de A no sea mayor: pero se debia demostrar, que esto nunca podia suceder, si la razon de A á C fuera mayor que la razon de B á C; y así era forzoso demostrar, que en este caso la multíplice de A siempre excede á la de C, si la de B la excede; demostrado lo qual, sería manifiesto, que B no podia tener á C mayor razon que A; esto es, que A no podia tener á C menor razon que B: y esto de ninguna manera está demostrado en la demostracion de la Proposicion de que hablamos; siendo así, que si lo estuviera, se podría inferir inmediatamente de ella: sin su auxîlio no es facil lograrlo, como lo reconocerá qualquiera, que pruebe á demostrarla: luego la demostracion de la X no es legítima, y parece que lo que equivocó al que la substituyó en lugar de la de Eudoxô, ó Euclides, fue trasladar á las razones lo que es manifiesto de las cantidades; es á saber, que una no puede ser al mismo tiempo mayor, y menor que otra. Aquel Axîoma: "las can»tidades iguales á una misma son iguales entre sí", tan evidente aplicado á cantidades, no es el que usa Euclides para demostrar que las razones, que son iguales á una misma, son iguales entre sí: sino que esto lo demuestra expresamente en la Proposicion XI del Libro V. No es dudable, que la demostracion, que ponemos en el texto de esta X, es la misma de Eudoxô, ó Euclides; respecto que la conclusion de ella se demuestra breve, y directamente por la Definicion de la razon mayor, que es la VII del Libro V.

Dicha Proposicion se demuestra con el auxîlio de la X así. Ten-

Tenga A á C mayor razon que B á C; si se toman algunas cantidades equimultíplices de A, B, y otra multíplice de C, siendo la multíplice de B mayor que la de C; tambien será mayor que la misma multíplice de C la multíplice de A.

Sean, pues, D, E equimultíplices de A, B; y F multíplice de C, de manera que E multíplice de B sea mayor que F: será tambien D multíplice de A mayor que F.

Porque teniendo A á C mayor razon que B, será A por la X del Libro V mayor que B: luego D multíplice de A será mayor que E equimultíplice de B: es así que E es mayor que F: luego D será mucho mayor que F.

PROP. XIII. del LIB. V.

En las Versiones de Comandino, Briggs, y Gregory se dice al principio de la demostracion: "y la multíplice de C excede á la »multíplice de D; pero la multíplice de E no excede á la multíplice »de F." Estas palabras son traducidas á la letra del Texto Griego; pero el contexto del pasage pide manifiestamente, que se lean de este otro modo: "de manera, que la multíplice de C exceda á la »multíplice de D, y la multíplice de E no exceda á la multíplice »de F;" y así se halla restablecido este pasage en las primeras ediciones de la Version de los Elementos por Comandino, impresas en Oxford; pero en las posteriores, á lo menos en la de 1747, se ha conservado el error del Texto Griego.

A la Proposicion B. se añade un Corolario necesario para las XX, y XXI de este Libro, y tan util como ella misma.

PROP. XIV. del LIB. V.

Aquí me pareció añadir dos casos, cuya demostracion no se halla en el Griego; pues no es en todo semejante á la del primero.

PROP.

PROP. XVII. del LIB. V.

Alteramos el orden de su demostracion, dándole otro mas natural en pocas palabras; y lo mismo hacemos en la Proposicion XI.

PROP. XVIII. del LIB. V.

La demostracion no es de Euclides, ni legítima; pues supone, que dadas tres cantidades, dos á lo menos de un mismo género, exîste una quarta proporcional á ellas, antes de haberse demostrado nada vale la demostracion, que ahora se lee; pero aquello se admite sin demostracion; ni alcanzo, quál pueda darse sin mas socorro que el de las Proposiciones antecedentes: tan lexos está de reputarse por Axîoma, como quiere Clavio despues de las Definiciones del Libro V, siguiendo á otros Intérpretes. Euclides ciertamente no demuestra, ni aun cómo se puede hallar la quarta proporcional, hasta la XII del Libro VI; y segun su método jamás supone en la demostracion de las Proposiciones cosa alguna, que antes no haya demostrado, ó á lo menos, cuya posibilidad no sea por sí misma evidente; pues de una Proposicion incierta no se puede deducir ilacion cierta. Así, pues, en lugar de la demostracion que corre, y ciertamente fue substituida por Theon, ó alguno otro, en lugar de la de Euclides, como mas prolixa; colocamos la legítima: y como quiera que la Proposicion XVII, de quien es inversa la XVIII, se demuestre por las Proposiciones I, y II de este Libro, por eso en la demostracion que dimos de la XVIII, fue necesario traher la Proposicion V, y ambos casos de la VI del Libro V, que son inversas de la I, y II. De las Proposiciones V, y VI no se usa en ninguna otra de este Libro, qual lo tenemos en el dia, ni puede servir en los Elementos para otra, que para la XVIII; siendo este indicio cierto de que Euclides se valdria de ellas en su demostracion de la XVIII, y que la nuestra, que es como debe, inversa de la demostracion de la XVII, no se diferencia de la de Eudoxô, ó Euclides; pues para nada servirían la V, y VI, si no se usasen en las demostraciones del Libro V, como sucede con todas las demas, que tratan de las cantidades equimultíplices.

Ge-

Gerónimo Saccherio en su Obra intitulada, *Euclides ab omni nævo vindicatus*, impresa en Milan en 1733, reconoce esta imperfeccion en la demostracion de la XVIII; y para rectificarla, se esfuerza en la pág. 115 á demostrar la Proposicion siguiente.

"Sean quatro cantidades A, B, C, D, las dos primeras de un »mismo género, y semejantemente las segundas tambien de un »mismo género, bien sea el de las primeras, ú otro. Digo, que »la razon de la tercera C á la quarta D será igual, mayor, ó »menor que la razon de la primera A á la segunda B." Y despues de anteponer dos Proposiciones, como Lemas, prosigue así.

"Entre las cantidades posibles equimultíplices de la primera A, »y de la tercera C, y juntamente entre las posibles equimultíplices de la segunda B, y »de la quarta D, ó se hallan una qualquiera EF »multíplice de la primera »A, y otra IK multíplice de »la segunda B iguales entre »sí; y juntamente (en el »mismo caso) alguna GH multíplice de la tercera C igual á LM »multíplice de la quarta D: ó en ninguna parte se halla tal igual»dad. En el primer caso consta por lo ya demostrado, que A »será á B, como C á D: y en el segundo caso de no hallarse »nunca semejante igualdad de una, y otra parte á un mis»mo tiempo, ó se hallará á lo menos á alguna parte, como »por exemplo á la de la primera A (y de la segunda B), ó en »ninguna parte; si es lo primero: luego segun la definicion ante»rior, que dá Euclides de las proporciones mayor, y menor, A »tendrá á B mayor, ó menor proporcion que C á D; segun GH »multíplice de la tercera C fuere menor, ó mayor que LM mul»típlice de la quarta D. Si es lo segundo: luego por una parte, »v. g. de la A primera, y de la B segunda, podrá suceder, que »aquella multíplice de EF sea menor, que la otra multíplice de »IK, quando por la parte contraria aquella multíplice GH es »mayor que la otra multíplice LM: y entonces conforme á la »misma Definicion de Euclides la razon de la primera A á la se»gun-

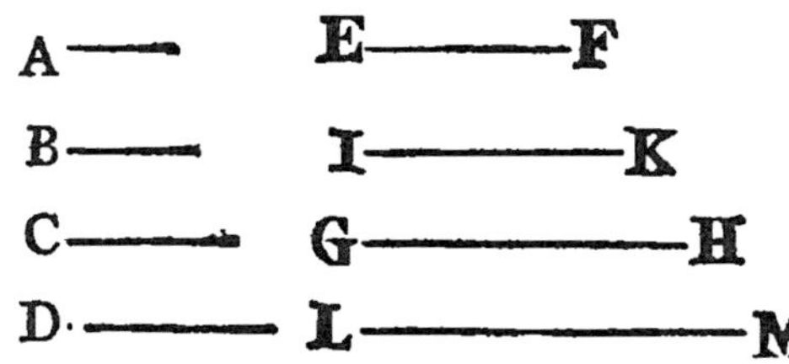

"gunda B será menor que la razon de la tercera C á la quarta D, "ó al contrario."

"Luego queda demostrado el Axîoma substituído" (Esto es la Proposicion dicha), &c.

De ninguna manera queda demostrado, pues lo que se dice que podría suceder en inumerables casos, nunca sucederá; y consiguientemente la demostracion es nula: porque si, v. gr. A fuese lado, y B diagonal de un quadrado; y C lado, y D diagonal de otro; nunca la multíplice de A podrá ser igual á la de B, ni alguna multíplice de C igual á alguna de D, como es patente; y á mas nunca podrá acontecer, que dada una multíplice de A mayor, ó menor que una de B, la multíplice de C sea inversamente menor, ó mayor que la multíplice de D: es á saber, tomando unas equimultíplices de A, C, y otras equimultíplices de B, D; porque A, B, C, D son proporcionales.

El mismo juicio, que de esta demostracion, se deberá formar de la que algunos dán de la Proposicion I del Libro VI; pues ambas estriban en un mismo fundamento no demostrado.

PROP. XIX. del LIB. V.

Añádesele un Corolario tan util muchas veces, como ella misma; el qual no se halla en el Texto Griego: y esto muestra claramente, que el Libro V ha sido adulterado por ignorantes; pues la conversion de razon de ningun modo pende de la XIX; y la demostracion de ella, que dán varios Intérpretes de Euclides, valiéndose de la XIX, no es legítima como observó justamente Clavio, quien dá la demostracion legítima, que ponemos en la Proposicion E: bien que la coloca, como Corolario de la XIX, que empieza así: "De aquí se infiere facilmente"; siendo así que de ningun modo se infiere.

PROP. XX, XXI, XXII, XXIII, y XXIV del LIB. V.

Las demostraciones de la XX, y XXI son mas breves que las que usa Euclides en otras mas fáciles, así del presente Libro, co-

como de los siguientes: por lo qual ha parecido exponerlas mas expresamente. La XXII, y XXIII se extienden, como debian, á qualquiera cantidades; y asimismo se puede extender la XXIV, como se nota en el Corolario, añadiendo otro segundo tan util como la Proposicion: tambien se añade la voz "qualesquiera" al fin de la Proposicion XXIII; la qual faltaba en el Texto Griego, y en las versiones.

En una obra del Sr. Felipe Naudeé publicada despues de su muerte en la Historia de la Real Academia de Berlin del año de 1745, pág. 50 se censura la Proposicion XXIII del Libro V de Euclides, como obscuramente enunciada, y demostrada por un rumbo extraviado: pero la enunciacion allí puesta no es de Euclides, sino de Tacquet; la qual, aunque no tan oportuna, es la misma que ahora se halla en los Elementos: pero nada tiene de obscura, aunque el Autor de dicho escrito dispone las proporcionales con perverso orden: lo qual obscurece mas la enunciacion: no siendo dudable, que Euclides la generalizó á qualesquiera cantidades, que tomadas de dos en dos fuesen proporcionales, sin limitarla á solo seis: como executa Naudeé, cuya enunciacion no es adaptable al caso general.

La demostracion de la Proposicion XXIII del Libro V, que se halla en la citada Obra, es totalmente inepta: porque si las cantidades proporcionales fuesen figuras planas, ó sólidas, no se podría concebir, que de ellas se formase rectángulo alguno (que el Autor llama ignorantemente producto); y si se dice, que en tal caso se han de tomar rectas proporcionales á las figuras, la demostracion saldría mas larga que la de Euclides: á mas, que aun quando la demostracion de Naudeé fuese justa, es visible, que no puede colocarse en el Libro V.

PROP. F, G, H, y K del LIB. V.

A el fin de este Libro añadimos dichas Proposiciones, por usarlas amenudo los Geómetras, así antiguos, como modernos: y sin ellas, á la verdad, no se podría en muchos casos usar de las razones compuestas para las demás.

El que deseáre vér sólidamente defendida la doctrina de las pro-

proporcionales contenida en este Libro, y plenísimamente satisfechas las dificultades, que contra ella acumulan Andres Tacquet, Alfonso Borrelli, y otros, puede consultar las Lecciones Matemáticas VII, y VIII del gran Barrow del año de 1666.

Concluída yá la enmienda del Libro V por fin de él asiento gustosísimo á la opinion del Cl. Barrow: es á saber "que nada hay »en toda la Obra de los Elementos inventado con mayor suti- »leza, establecido con mas solidez, ni tratado con mas exáctitud, »que la doctrina de las proporcionales": por cuyo juicio es de temer, que muchos Geómetras de hoy no quieran pasar, como ha sucedido á los demás desde el tiempo de Theon acá.

DEFINICIONES II. y V. del LIBRO VI.

LA segunda no parece de Euclides, sino de algun ignorante, pues en Euclides no se hace mencion alguna de las figuras recíprocas, ni en ningun otro Geómetra, que yo sepa: además está enunciada en términos obscuros; por lo qual la aclaramos mas; y nos parece, que en su lugar debiera colocarse la siguiente.

DEF. II.

"Dos cantidades proporcionales se dicen recíprocamente pro- »porcionales á otras dos, quando una de las primeras es á una »de las segundas, como la restante de las segundas á la restante »de las primeras".

La Definicion V introducida desde el tiempo de Theon en los Elementos, con grave perjuicio de los discípulos, la hemos suprimido con justo motivo por las razones, que se alegarán en las Notas á la Proposicion XXIII del Libro VI.

PROP. I. y II. del LIB. VI.

El Corolario añadido á la primera tiene frequentísimo uso, y la enunciacion de la segunda la generalizamos más.

PROP.

PROP. III. del LIB. VI.

Se ha añadido el caso segundo, que se halla en la Proposicion A, tan util como el primero; es á saber quando el ángulo externo del triángulo se divide en dos partes iguales por una recta: su demostracion es semejantísima á la del primer caso, y esta sería tal vez la causa, que movería á algun editor ignorante para omitir, así la demostracion, como el caso; y á la verdad Papo usa de ella sin demostracion, como una Proposicion Elemental en la Proposicion XXXIX del Libro VII de las Colecciones Matemáticas.

PROP. VII. del LIB. VI.

Añadimos el caso omitido, el qual ocurre no pocas veces en las demostraciones.

PROP. VIII. del LIB. VI.

Está patente, que alguno mudó la demostracion, que dió Euclides de esta Proposicion; pues su Autor despues de demostrar, que los triángulos son equiángulos entre sí, demuestra separadamente, que sus lados, que comprehenden ángulos iguales, son entre sí proporcionales, como si esto no quedase demostrado en la Proposicion IV de este Libro: redundancia que no se halla en la traduccion del Arabe, y ahora se ha omitido.

PROP. IX. del LIB. VI.

La demostracion de esta es para un caso particular, es á saber quando de la recta dada se ha de cortar la tercera parte; por lo qual no parece de Euclides: además que de quatro cantidades proporcionales concluye el Autor, que la tercera es equimultíplice de la quarta, como la primera de la segunda: y esto no se demuestra en parte alguna del Libro V, qual lo tenemos al presente: pero así estas, como otras cosas las tomó el editor de la confusa nocion de las proporcionales admitida en

el

el vulgo: así nos fue necesario dar la demostracion general, y legítima.

PROP. XVIII. del LIB. VI.

Su demostracion parece viciada, pues solo se demuestra la Proposicion en los quadriláteros, sin decir de qué manera se puede extender á las figuras rectilineas de cinco, ó mas lados. Además, en dos triángulos equiángulos entre sí se infiere, que el lado del uno es al lado homólogo del otro, como el otro lado del primero á su lado homólogo del otro triángulo; sin permutar las proporcionales contra la costumbre de Euclides, como se vé en la Proposicion siguiente XIX. Del mismo vicio participa la conclusion; pues no se demuestra, que los lados que comprehenden los ángulos de la una figura rectilinea, sean proporcionales á los lados que comprehenden los ángulos iguales de la otra: tambien se omitía permutar las proporcionales: por todo lo qual juzgué conveniente arreglar esta demostracion al método de Euclides; es á saber, del que se usa en la Proposicion XX de este Libro, y en las figuras quinqueláteras, para que se véa claramente como se puede extender á las figuras de muchos lados.

PROP. XXIII. del LIB. VI.

Nada es mas dificultoso en los Elementos de Geometría para la comprehension de los principiantes que la doctrina de la composicion de las razones, por haberla vuelto absurda, y nada geométrica Theon, substituyendo la Definicion V del Libro VI en lugar de la buena definicion de la razon compuesta, que dió Eudoxô, ó Euclides, despues de la Definicion de la razon triplicada en el Libro V, que es su propio lugar. La definicion de Theon es esta: una razon se dice componerse de razones, ὅταν αἱ τῶν λόγων πηλικότητες ἐφ' ἑαυτὰς πολλαπλασιασθεῖσαι ποιῶσί τινά; lo qual traduce así Comandino: "quando las cantidades de »las razones multiplicadas entre sí forman alguna razon." Wallis traduce la palabra, πηλικότητες, por esta "exponentes de »las razones"; y Gregory interpreta las últimas voces de la Defifinicion de esta manera: "forma la cantidad de aquella"; pero en qualquier sentido que se tomen las palabras "cantidades, »ó exponentes de las razones", y su "multiplicacion", la definicion será inutil, y nada geométrica. Pues no podrá haber multiplicacion, sino por números; pero la cantidad, ó exponente de la razon, segun interpretan Eutocio en sus Comentarios á la Proposicion IV del Libro II de Arquímedes de la Esfera, y del Cilindro, y los modernos, es el número que multiplicando el conseqüente produce el antecedente; ó lo que significa lo mismo, el número resultante de la division del antecedente por el conseqüente: pero hay muchas razones de tal naturaleza, que de la division del antecedente por el conseqüente no puede resultar número alguno; v. gr. la razon, que la diagonal del quadrado tiene á su lado; la que la circunferencia del círculo tiene á su diámetro, y otras semejantes: además que no se halla ni el menor vestigio de esta definicion en Euclides, Arquimedes, Apolonio, ni en los otros antiguos, que usan freqüentísimamente de la razon compuesta. En la Prop. XXIII del Lib. VI de los Elementos, donde primeramente se habla de la razon compuesta, y hubiera sido del caso mas que en ninguna otra parte dicha definicion, no hay ni rastro de ella, pero sí de la legítima, citada en estos propios términos: "es así que la razon de K á M está compuesta »de la razon de K á L, y de la de L á M." Todo lo qual convence de inutil, y absurda la definicion de Theon; no quedando duda, de que fue él quien la introduxo en los Elementos, pues se halla en sus Comentarios sobre la *Descripcion magna* de Ptolomeo, pag. 62: donde le dá una explicacion pueril, como que solo conviene á las razones, que se pueden representar por números; y de allí está tomada á la letra juntamente con dicha explicacion, y antepuesta á las Definiciones del Libro VI, como consta de la edicion de Hervagio. Zamberto, y Comandino la ponen en sus versiones latinas al pie de dichas Definiciones; pero Campano no la reconoce, ni tampoco al parecer los Códices Arabes, de que él se valió. Clavio sobre la Definicion V del Libro VI opina, y con fundamento, "que podía definirse la ra»zon compuesta, siguiendo el mismo método, que se observa pa»ra definir la razon duplicada, y triplicada; es á saber que al

»mo-

»modo que Euclides dice en la Definicion X del Libro V, que »dadas muchas cantidades proporcionales; la primera tiene á la »tercera duplicada proporcion de la que tiene á la segunda, y »la primera á la quarta triplicada proporcion de la que tiene á la »segunda; esto es compuesta de dos, ó tres proporciones iguales »intermedias, y lo mismo en adelante: así tambien si se ponen en »orden muchas cantidades de un mismo género no proporciona»les se dirá, que la primera tiene á la última proporcion com»puesta de todas las proporciones intermedias;—solo por estár »aquellas proporciones intermedias colocadas entre dos cantida»des extremas, á la manera que en la Definicion X del Libro V se »dice la proporcion de la primera á la tercera duplicada; solo »por haber interpuestas entre dos cantidades extremas dos pro»porciones iguales, de suerte que no hay otra diferencia entre »esta composicion de proporciones, y la duplicacion, triplica»cion, &c. explicada en el Libro V, sino que en la duplicacion, »y triplicacion, &c. de proporciones todas las proporciones in»termedias son iguales, no siendo necesario en la composicion »de proporciones, que las interpuestas sean iguales." Edmundo Scarburgh en su Euclides Ingles, págg. 238, y 266 afirma claramente ser supuesta la Definicion V del Libro VI, y que la verdadera se halla contenida en la Definicion X del Libro V de la razon duplicada, ó expresamente, ó subentendida, del modo que lo acaba de explicar Clavio en el pasage citado: pero estos, y otros modernos conservan al mismo tiempo dicha Definicion V del Libro VI, y la ilustran con prolixos Comentarios, quando debian mas bien excluirla de los Elementos.

A la verdad, cotejando la Definicion V del Libro VI con la Proposicion V del VIII aparece claramente ser supuesta dicha Definicion: pues en aquella Proposicion se demuestra, que el número plano, cuyos lados son C, D tiene al número plano, cuyos lados son E, Z (Véase la edicion de Hervagio, ó la de Gregory.) razon compuesta de las razones de los lados, esto es de las razones de C á E, y de D á Z; la qual conforme á la Definicion V del Libro VI, y á la explicacion de todos los Comentadores es la razon del producto de los antecedentes C, D al producto de la multiplicacion de los conseqüentes E, Z: luego la Proposicion, que

que es la Definicion V del Libro VI, es absolutamente la misma que la Proposicion V del Libro VIII; por consiguiente en uno, ú otro de dichos pasages debe borrarse; pues es absurdo poner en los Elementos una Proposicion como Definicion, y despues demostrarla: es así que no admite duda, que la Proposicion V del Libro VIII debe tener lugar en los Elementos; pues en ella se demuestra de los números planos lo que en la Proposicion XXIII del Libro VI de los paralelogramos equiángulos: luego la Definicion V del Libro VI no puede tener lugar en los Elementos; de donde se infiere con evidencia, que no la puso Euclides; sino Theon, ó algun otro poco inteligente en la Geometría.

No sé que ninguno haya demostrado hasta ahora el uso de la razon compuesta, ó el motivo por que se introduxo en la Geometría: siendo así, que todas las cosas, para que se usa, se pueden enunciar, y demostrar sin su auxîlio. El verdadero uso de la razon compuesta se cifra únicamente á evitar las perífrases, y poder enunciar, ó demostrar las Proposiciones mas brevemente, y tal vez uno, y otro: pongo por exemplo, si se hubiera de enunciar la Proposicion XXIII del Libro VI, sin mencionar la razon compuesta, se haría así: Si dos paralelogramos son equiángulos, y se toma una recta qualquiera á otra recta, como el lado del primero al lado del segundo; y la segunda á la tercera, como el otro lado del primero al otro del segundo, el paralelogramo primero será al segundo, como la primera recta á la tercera. La demostracion sería la misma que ahora: pero advirtiendo los antiguos, que la enunciacion se podia abreviar, imponiendo un nombre á la razon, que tiene la primera recta á la última, el qual al mismo tiempo significase las razones intermedias, esto es de la primera á la segunda, de la segunda á la tercera, &c. y así succesivamente si hubiese muchas rectas, llamaron esta razon de la primera á la última razon compuesta de las razones de la primera á la segunda, y de la segunda á la tercera; esto es en el presente caso de las razones, que son las mismas con las razones de los lados; y así enunciaron la Proposicion mas brevemente en estos términos: Si dos paralelogramos son equiángulos; tendrán entre sí la misma razon que la compuesta de las

ra-

razones, que son las mismas que las razones de los lados: enunciacion, que reducida á menos voces, conserva el propio sentido; y aun se podrá ceñir mas así: Los paralelogramos equiángulos tienen entre sí la misma razon, que la compuesta de las razones de los lados. Estas dos últimas enunciaciones, especialmente la primera, se acomodan á la demostracion, que aún exîste en el Texto Griego. Dicha Proposicion puede demostrarse mas brevemente; como lo practicó Francisco Candalla en esta forma: Sean equiángulos los paralelogramos ABCD, CEFG, y complétese el paralelogramo CDHG: siendo, pues, tres los paralelogramos AC, CH, CF, el primero AC tendrá, segun la Definicion de la razon compuesta, al tercero CF razon compuesta de la razon de AC á CH, y de la de CH á CF: es así que el paralelogramo AC es al CH, como la recta BC á la CG, y el paralelogramo CH al CF, como la recta DC á la CE: luego el paralelogramo AC tendrá al CF una razon compuesta de razones, que son las mismas que las razones de los lados. A esta demostracion conviene la enunciacion, que hoy tenemos, es á saber: Los paralelogramos equiángulos están entre sí en razon compuesta de las razones de sus lados; pues la leccion vulgar, "compuesta de los lados," es absurda. No obstante, conservamos en nuestra edicion la demostracion del original Griego, aunque mas prolixa que la de Candalla, porque en aquella, y no en esta se demuestra el modo de hallar por las razones dadas de los lados la razon compuesta de estas: esto es la razon de los paralelogramos; para que puedan los estudiantes en semejantes casos hallar la razon compuesta de dos, ó mas razones.

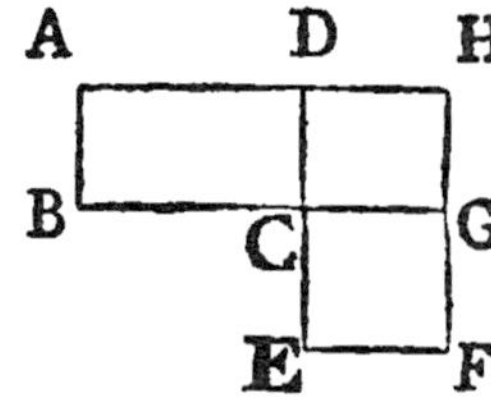

De lo dicho se colige una observacion, y es, que en qualesquiera cantidades de un mismo género A, B, C, D, &c. la razon compuesta de las razones de la primera á la segunda, de la segunda á la tercera, y así hasta la última, es solo un nombre, ó modo de hablar significativo de la razon, que la primera A tiene á la última D; y que al mismo tiempo explica la razon de todas las cantidades A á B, B á C, C á D, desde la primera hasta la últitima mútuamente entre sí, sean, ó no entre sí las mimas: al modo que en las cantidades continuo-proporcionales A, B, C, D, la razon duplicada de la primera á la segunda, no es mas que un nombre, ó modo de hablar significativo de la razon, que la primera A tiene á la tercera C, y que al mismo tiempo explica ser dos las razones de las cantidades desde la primera á la última; es á saber de la primera A á la segunda B, y de esta á la tercera, ó última C, las quales razones son entre sí las mismas: asimismo la razon triplicada de la primera á la segunda es meramente un nombre, ó modo de hablar significativo de la razon de la primera A á la quarta D; y al mismo tiempo de todas las razones de las cantidades, desde la primera hasta la última, es á saber de la primera A á la segunda B, de esta á la tercera C, y de esta á la quarta, ó última D, las quales razones son las mismas entre sí: y lo mismo se dirá semejantemente de otras razones multiplicadas. Evidénciase ser la verdadera explicacion de estas razones la dada por las definiciones de la razon duplicada, y triplicada, en que Euclides usa de la voz, λέγεται, se dice, llama, ó nombra: de la qual tambien sin duda usaría en la definicion de la razon compuesta, que Theon, ú otro quitó de los Elementos, pues la misma se conserva en la impropia definicion de la razon compuesta, que aún se halla en la Definicion V del Libro VI, y algunas veces en las citas de estas Definiciones; como en la demostracion de la Proposicion XIX del Libro VI: "la primera á la tercera ἔχειν λέγεται razon duplicada;" palabras, que Comandino, y otros traducen mal, "tiene" en lugar de "se dice que tiene:" otras veces se omite, como en la demostracion de la Proposicion XXIII del Libro XI: "la primera á la quarta tiene razon triplicada," en donde la voz ἔχει significa lo mismo, que las ἔχειν λέγεται, "se dice que tiene": tambien en la Proposicion XXIII del Libro VI, donde se lee: "es así que la razon K á M σύγκειται es compuesta de la razon de K á L, y de la de L á M," para mayor brevedad; siendo así, que debia decir συγκεῖσθαι λέγεται "se dice compuesta," como en la Definicion VI.

Con lo expuesto, y las Proposiciones añadidas al fin del Libro V se podrá entender, y explicar todo quanto se halla acerca de la razon compuesta en los Geómetras, así antiguos, como modernos.

PROP.

PROP. XXIV. del LIB. VI.

Parece que algun ignorante formó de dos demostraciones diversas de esta Proposicion, la que actualmente tenemos; es á saber de una que puede fundarse en la Proposicion II de este Libro, y de otra, que puede fundarse en la IV del mismo; pues despues de haber demostrado por la Proposicion II del presente, componiendo, y permutando, que son proporcionales los lados, que contienen un ángulo comun de los paralelogramos, pudo inmediatamente inferir, que son proporcionales los lados, que comprehenden ángulos iguales por medio de la Proposicion XXXIV del Libro I, y de la VII del V: pero descuidando esto, pasa á demostrar, que los triángulos, y paralelogramos son equiángulos entre sí, y por un largo rodeo infiere lo mismo, valiéndose de la Proposicion IV de este Libro, y de la XXII del V: es, pues, manifiesto no ser de Euclides esta demostracion tan mal hecha: por lo qual rechazado lo que tiene de superfluo, damos una mas sencilla con el auxîlio de la Proposicion IV, la misma que dan los Códices Arabes, por medio de la II de este Libro, y componiendo; bien que en ellas se olvida el permutar, y no se demuestra, que los paralelogramos sean equiángulos entre sí, como debia hacerse en favor de los principiantes.

PROP. XXV. del LIB. VI.

Es patente, que la demostracion, que de ella dió Euclides, ha sido viciada por algun editor mal Geómetra; pues despues de haber demostrado, "que la figura rectilinea ABC es á la KGH, »como el paralelograme BE al EF," bastaba añadir: "es así que »la figura rectilinea ABC es igual al paralelogramo BE: luego »la figura rectilinea KGH será igual al paralelogramo EF, con»viene á saber por la Proposicion XIV del Libro V:" sin interponer entre estas dos sentencias, como hace, lo siguiente: "por »consiguiente permutando, la figura rectilinea ABC será al para»lelogramo BE, como la figura rectilinea KGH al paralelogramo »EF:" juzgando, que no era tan facil de inferir en quatro proporcionales la igualdad de la segunda á la quarta por la igualdad de de la primera, y tercera; lo qual se demostró en la Proposicion XIV del Libro V; como inferir la igualdad de la tercera á la quarta de la igualdad de la primera á la segunda; cosa que no se demuestra en parte alguna de los Elementos, que hoy tenemos. Pero aun quando Euclides hubiera insertado en sus Elementos esta Proposicion: de quatro proporcionales la tercera será igual á la quarta, si la primera lo es á la segunda, como es verosimil lo hizo, no usaría de ella en el presente caso; pues, como ya diximos, se puede inferir directamente la misma conseqüencia, sin la redundante permutacion de proporcionales. Nos detenemos algo mas á demostrar esto, así porque subministra cierto indicio de haber sido viciado el texto de Euclides, pues el mismo error se halla en el original Griego, Proposicion XXIII, Libro XI, dos veces, otras dos en la II del XII; y en las Proposiciones V, XI, XII, y XVIII del mismo: en cuyos pasages del Libro XII, excepto el último, se omite con fundamento el permutar las proporcionales en la Version de Comandino de la edicion de Oxford; como para que los Geómetras eviten en semejante caso el uso de la permutacion; error en que caen repetidamente los modernos, y entre otros Comandino mismo en el Comentario á la Proposicion V del Libro III, pág. 6. b. de Papo Alexandrino; por estár algunos tan preocupados con la vulgar idea de las proporcionales, que apenas pueden llegar á formarse una exâcta.

Ademas de esto, aunque la figura rectilinea ABC, semejante á la qual se ha de construir otra, pueda ser de qualquier género, sin embargo los Códices Griegos hablan en la demostracion de triángulo en lugar de figura rectilinea en general; yerro, que se halla corregido en la edicion de la Version de Comandino, impresa en Oxford.

PROP. XXVII. del LIB. VI.

Al segundo caso precede la palabra ἄλλως, "otro," como si fuera otra la demostracion, puesta al parecer por algun Copista ignorante, y con razon omitida por Gregory. La figura de este caso debia expresarse con las mismas letras del alfabeto, que la del primero.

PROP.

PROP. XXVIII, y XXIX. del LIB. VI.

Estos Problemas, para el primero de los quales es necesaria la Proposicion XXVII, son entre todos los de los Elementos generalísimos, y utilísimos; y los antiguos se valían de ellos con mucha freqüencia en la solucion de otros Problemas; así hicieron muy mal Andrés Tacquet, y Claudio Dechales en omitirlos en sus ediciones de los Elementos: asegurando inconsideradamente, que no tenian uso alguno. Los casos de estos, quando sobre una recta dada se ha de aplicar un rectángulo igual á un quadrado dado, deficiente, ó excedente en un quadrado; y quando sobre una recta dada se ha de aplicar un rectángulo igual á otro dado, deficiente, ó excedente en un quadrado, los usan á cada paso los Geómetras; y así nos ha parecido enseñar en favor de los estudiantes sus construcciones, que son como se siguen.

I.º Sobre una recta dada aplicar un rectángulo igual á un quadrado dado, deficiente en un quadrado; con tal que el quadrado dado no sea mayor que el descrito sobre la mitad de la recta.

Sea la recta dada AB, y el quadrado, á que ha de ser igual el rectángulo que se ha de aplicar sobre AB, sea el descrito sobre la recta C, no mayor que el descrito sobre la mitad de AB.

Divídase AB en dos partes iguales en D; y si el quadrado de AD fuese igual al de la recta C, se tendrá lo que se pedia; y si no, AD será mayor que C, de una cantidad determinada: tírese DE perpendicular á AB, tómese DE igual á C, prolónguese ED hasta F, de manera que EF sea igual á AD, ó á DB; y con centro E, é intervalo EF descríbase un círculo, que encuentre á la recta AB en G: asimismo sobre GB descríbase el quadrado GBKH, complétese el rectángulo AGHL, y tírese EG. Hallándose, pues, AD dividida por medio en D, el rectángulo de AG, GB junto con el quadrado de DG, será igual ^a (al quadrado de DB, esto es al de EF, ó de EG, esto es) á los quadrados de ED, DG. Quítese el quadrado comun de DG, y resultará el rectángulo de AG, GB igual al quadrado de ED,

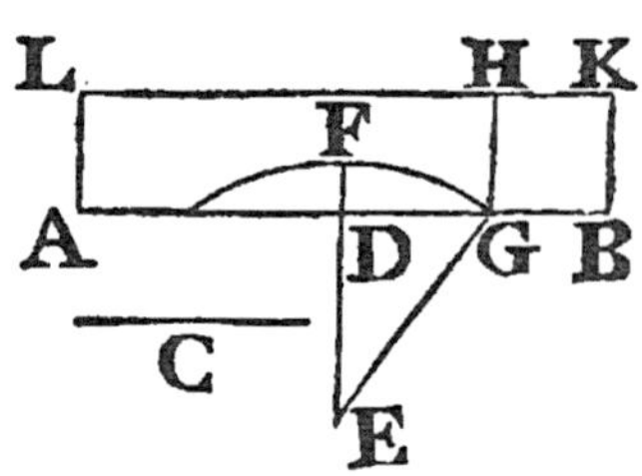

a 5. II.

es-

esto es de C: es así que el rectángulo de AG, y GB es el mismo rectángulo AH, por ser GH igual á GB: luego el rectángulo AH será igual al quadrado dado de la recta C. Por consiguiente sobre la recta dada AB se ha aplicado el rectángulo AH igual al quadrado dado de la recta C, deficiente en el quadrado GK. L. Q. D. H.

II.° Sobre una recta dada aplicar un rectángulo igual á un quadrado dado, excedente en un quadrado.

Sea AB la recta dada, y el quadrado dado el descrito sobre la recta C.

Divídase AB en dos partes iguales en D: tírese BE perpendicular á AB: tómese BE igual á la recta C, y tirada DE, con centro D, é intervalo DE descríbase un círculo que encuentre á AB prolongada en G: igualmente sobre BG descríbase el quadrado BGHK, y complétese el rectángulo AGHL. Hallándose, pues, AB dividida por medio en D, añadiéndole BG, resultará [a] el rectángulo del AG, GB junto con el quadrado de DB igual (al quadrado de DG, ó de DE, esto es) á los quadrados de EB, BD: quítese el quadrado comun de DB, y será el rectángulo de AG, GB igual al quadrado de BE, esto es al quadrado de la recta C: es así que el rectángulo de AG, GB es el mismo rectángulo AH, por ser GH igual á GB: luego el rectángulo AH será igual al quadrado de la recta C. Por consiguiente sobre la recta dada AB se ha aplicado el rectángulo AH igual al quadrado dado de C excedente en un quadrado GK. L. Q. D. H. a 6. II.

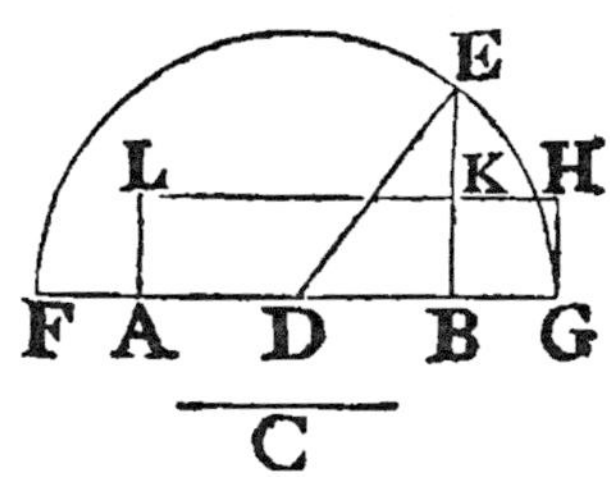

III.° Sobre una recta dada aplicar un rectángulo igual á otro dado, deficiente en un quadrado; con tal que el rectángulo dado no sea mayor que el quadrado descrito sobre la mitad de la recta.

Sea AB la recta dada; y el rectángulo dado el contenido por las rectas C, D no mayor que el quadrado descrito sobre la mitad de la recta AB: y háyase de aplicar sobre la recta AB un rectángulo igual al rectángulo dado de C, D, deficiente en un quadrado.

Tí-

Tírense AE, BF perpendiculares á AB, y ácia una misma parte; de las quales AE sea igual á C, y BF á la recta D. Divídase en dos partes iguales en G la recta EF, que junta los dos puntos E, F; y con centro G, é intervalo GE descríbase un círculo, que encontrará á la recta AE tambien en H; júntense H, F, tírese GK paralela á HF, y á AB tírese GL paralela á la recta AE.

Siendo, pues, el ángulo EHF en el semicírculo igual al ángulo recto EAB, serán paralelas AB, HF: y tambien lo son AH, BF: consiguientemente AH será igual á BF, y el rectángulo de EA, AH será igual al rectángulo de EA, BF, esto es al de C, D: y siendo EG, GF iguales, y AE, LG, BF paralelas

a 3. III. entre sí; AL, LB serán iguales [a]: tambien lo son EK, KH: pero el rectángulo de C, D no es mayor en una cantidad determinada que el quadrado de AL, mitad de AB: luego el rectángulo de EA, AH no será mayor que el quadrado de AL, esto es de KG: añádaseles el quadrado de KE, y no será ma-

b 6. II. yor el quadrado [b] de AK que los de EK, KG, esto es que el de EG: consiguientemente la recta AK, ó GL no será mayor que GE; y si GE fuere igual á GL, el círculo EHF tocará en L á la recta

* 36. III. AB, y el quadrado de AL será igual * al rectángulo de EA, AH, ó al rectángulo dado de C, D: y se tendrá lo que se pedía. Pero si EG, GL fuesen desiguales, EG será mayor; y por tanto el círculo EHF cortará á la recta AB: córtela en los puntos M, N; y sobre NB descríbase el quadrado NBOP, y complétese el rectángulo ANPQ. Siendo, pues, iguales [a] ML, LN, y habiéndose demostrado lo mismo de AL, LB, serán AM, NB iguales: luego el rectángulo de AN, NB será igual al de

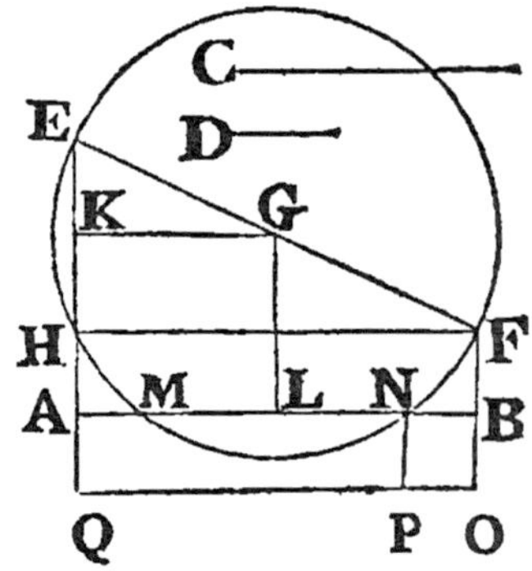

c Cor. 36. NA, AM, esto es al rectángulo [c] de EA, AH; ó al de C,

III. D: es así que el rectángulo de AN, NB es el mismo AP, por ser PN igual á NB: luego el rectángulo AP será igual al de C, D. Por consiguiente sobre la recta dada AB se ha apli-

ca-

cado el rectángulo AP igual al dado de C, D, deficiente en un quadrado BP. L. Q. D. H.

IV.º Sobre una recta dada aplicar un rectángulo igual á otro dado, excedente en un quadrado.

Sea AB la recta dada, y el rectángulo dado el contenido por las rectas C, D; y háyase de aplicar sobre dicha recta un rectángulo igual al rectángulo dado de C, D, excedente en un quadrado.

Tírense AE, BF perpendiculares á AB, y ácia partes contrarias; de las quales AE sea igual á C, y BF igual á la recta D: tírese EF, divídase por medio en G; y con centro G, é intervalo GE descríbase un círculo, que encontrará tambien á la recta AE en H; júntense H, y F; sobre la recta AB tírese GL paralela á AE, y encuentre el círculo en M, N á la recta AB prolongada: asimismo sobre BN descríbase el quadrado NBOP, y complétese el rectángulo ANPQ. Siendo, pues, el ángulo EHF en el semicírculo igual al ángulo recto EAB, serán AB, FH paralelas: luego AH, BF serán iguales; y el rectángulo de EH, AH igual al de EA, BF, esto es al rectángulo de C, D: y por ser iguales ML, LN, como tambien AL, LB, lo serán MA, BN: y por tanto el rectángulo de AN, NB, igual al de MA, AN, esto es al [a] de EA, AH, ó al de C, D: luego el rectángulo de AN, NB, esto es el rectángulo de AP, será igual al de C, D. Por consiguiente sobre la recta dada AB se ha aplicado el rectángulo AP igual al dado de C, D, excedente en un quadrado BP. L. Q. D. H.

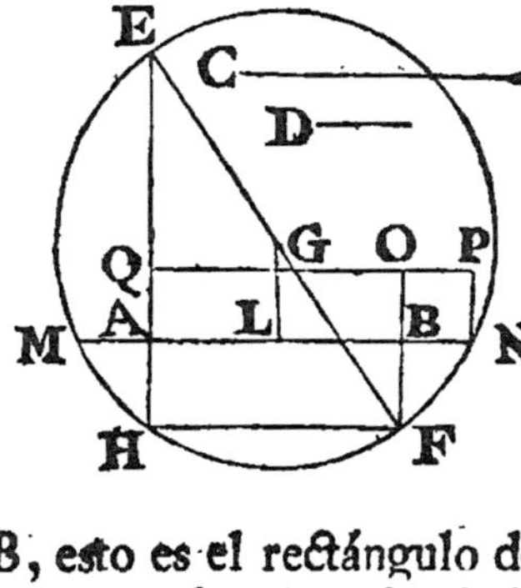

a 35. III.

El primero, que ha llegado á mi noticia haber dado estas construcciones de los Problemas III, y IV fue Villebrordo Snellio en su Obra intitulada Apollonius Batavus, y despues el ilustre Halley en el Escolio á la Proposicion XVIII del Libro VIII de las Cónicas de Apolonio restituidas por él.

El Problema III se enuncia de este otro modo: cortar la recta AB en un punto N, de manera que el rectángulo de los segmenmentos AN, NB sea igual á un espacio dado: ó lo que es lo mismo: dada la suma AB de los lados del rectángulo, y la magnitud de este, encontrar los lados.

El Problema IV viene á ser lo mismo que este: hallar en la recta dada AB, prolongada un punto N, tal que el rectángulo de AN, NB sea igual á un espacio dado: ó lo que es lo propio: dada la diferencia AB de los lados del rectángulo, y la magnitud de este, encontrar los lados.

PROP. XXXI. del LIB. VI.

En su demostracion está omitida dos veces la inversion de las proporcionales: ahora se suple, para que salga bien la conclusion, con el auxîlio de la Proposicion XXIV del Libro V, lo qual hizo antes Clavio.

PROP. XXXII. del LIB. VI.

La enunciacion de la Proposicion XXVI del Libro VI no es bastante general; porque no solamente dos paralelogramos semejantes, y semejantemente colocados, que tienen un ángulo comun, están baxo la misma diagonal; sino que tambien dos paralelogramos semejantes, y semejantemente colocados, de los quales uno tenga un ángulo verticalmente opuesto á un ángulo del otro, tendrán las diagonales en linea recta: parece, que fue otra, y directa la demostracion, á la qual servía la Proposicion XXXII, que tambien se puede demostrar de otra manera mas brevemente así.

PROP. XXXII. del LIB. VI.

Si dos triángulos, &c.

Sean dos triángulos GAF, HFC, que tengan los dos lados AG, GF proporcionales á los dos FH, HC, esto es AG á GF, como FH á HC; sea GA paralela á HF, y GF á HC: estará AF directamente á FC.

a 31. I. Tírese CK paralela [a] á FH, y encuentre en K á la recta GF pro-

prolongada. Siendo, pues, las dos AG, KC paralelas á FH, serán AG, KC paralelas [b] entre sí: consiguientemente los ángulos AGF, FKC serán iguales entre sí; por ser alternos: es así que AG es á GF como (FH á HC, esto es [c]) CK á KF; y comprehenden ángulos iguales: luego los triángulos AGF, CKF serán equiángulos [d] entre sí; y por tanto el ángulo AFG será igual al ángulo CFK: es así que GFK es una linea recta: luego AF [e] estará directamente á FC.

b 30. I.

c 34. I.

d 6. VI.

e 14. I.

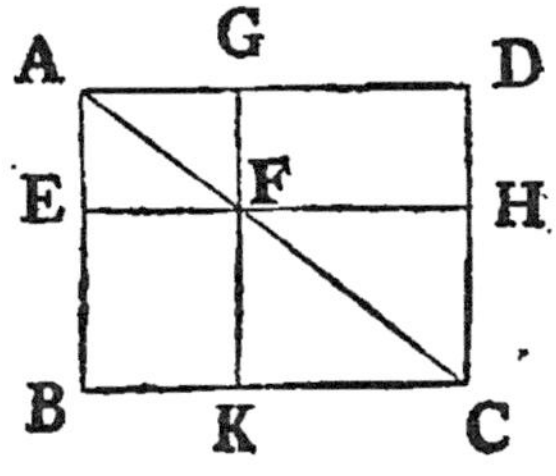

Las Proposiciones XXVI, y XXXII se demuestran así.

Si dos paralelogramos semejantes, y semejantemente colocados tuviesen un ángulo comun, ó ángulos verticalmente opuestos; sus diagonales estarán en linea recta.

I.º Tengan los paralelogramos ABCD, AEFG el ángulo comun BAD, y sean semejantes, y semejantemente colocados: estarán baxo la misma diagonal.

Prolónguense EF, GF hasta H, K; y tírense FA, FC. Siendo, pues, semejantes los paralelogramos ABCD, AEFG, será DA á AB, como GA á AE: consiguientemente la restante DG será á la restante EB, como GA á AE [a]: es así que DG es igual á FH, EB á HC, y AE á GF: luego FH será á HC, como AG á GF: pero FH, HC son paralelas á AG, GF; y los triángulos AGF, FHC están compuestos segun un ángulo, esto es tienen los vértices en un mismo punto F: luego AF, FC estarán directamente [b].

a Cor. 19. V.

b 32. VI.

II.º Sean los paralelogramos KFHC, GFEA semejantes, y semejantemente colocados; y tengan los ángulos KFH, EFG verticalmente opuestos: las diagonales AF, FC estarán directamente.

Porque siendo AG, GF paralelas á FH, HC, y AG á GF, como FH á HC, estarán AF, FC directamente [b].

PROP.

PROP. XXXIII. del LIB. VI.

Se omiten estas palabras, "que están en el centro", *hablando de los Sectores*, como adicion de algun ignorante.

En los Códices Griegos, y en la version latina falta en la demostracion de una, y otra parte la voz ἃ ἔτυχε "qualesquiera"; ahora se añade como indispensable: y en la demostracion de la segunda parte, donde se demuestra la igualdad del triángulo BGC al triángulo CGK, se debe omitir en el Texto Griego la voz ἄρα.

PROPP. B, y C del LIB. VI.

Las añadimos á este Libro, por usarlas freqüentemente los Geómetras.

DEFF. IX, y XI del LIB. XI.

LA semejanza de las figuras planas se define por la igualdad de los ángulos, y proporcionalidad de los lados, que contienen ángulos iguales; pues de cada una de estas cosas de por sí no se infiere, que las figuras sean semejantes, sino en caso de ser triángulos, en los quales pende una cosa de otra, esto es la proporcionalidad de los lados, que contienen ángulos iguales, de la igualdad de los mismos ángulos; y la igualdad de los ángulos, de la proporcionalidad de los lados, que los contienen. Por la misma razon son semejantes aquellas figuras sólidas, que tienen los ángulos sólidos respectivamente iguales, y se hallan contenidas por igual número de figuras planas semejantes: pues hay algunas figuras sólidas contenidas por figuras planas semejantes iguales, no solo en número, sino tambien en magnitud, que no son semejantes, ni iguales; como se evidencia en la demostración, que sigue á las Notas de la Definicion X: así fue necesario enmendar la definicion de las figuras semejantes, y anteponerle la del ángulo sólido. En lo qual, y en la Definicion X se reconoce claramente, quán depravados han sido estos Libros.

DEF.

DEF. X. del LIB. XI.

Constando antes de ella el sentido de la palabra "igual", resulta ser la Proposicion, que es Definicion X de este Libro, un Teorema, cuya verdad, ó falsedad se ha de demostrar, y no suponer; por consiguiente Theon, ú otro editor hizo fuera de propósito de una Proposicion, que debía demostrarse, esta Definicion de las figuras sólidas semejantes, é iguales. La semejanza de las figuras se ha de demostrar por la definicion de las figuras sólidas semejantes; y su igualdad por aquel Axîoma: "las cantidades, que mútuamente se ajustan, son iguales entre sí:" ó por la Proposicion A, ó por la IX, ó por la XIV del Libro V: con cuyo Axîoma, ó algunas de dichas Proposiciones llega á demostrarse últimamente la igualdad de todas las figuras. En los anteriores Libros no dió Euclides definicion alguna de las figuras iguales; y ciertamente no es suya la que exâminamos aquí: pues lo que se llama Definicion I del Libro III es en realidad un Teorema, en que se afirma, que son iguales aquellos círculos, cuyos radios lo son: lo qual aparece claramente por la definicion del círculo, y por tanto alguno la colocó impropiamente entre las Definiciones; sin advertir, que la igualdad de las figuras no se ha de definir, sino demostrar. Así aun quando se verificára, que las figuras sólidas contenidas por planos semejantes, é iguales en número, y magnitud, fuesen entre sí iguales, no por eso sería menos reprehensible el que de dicha Proposicion, que debía demostrarse, hizo una Definicion: ¿pues qué dirémos, si es falsa? ¿Habrémos acaso de confesar, que los Geómetras han vivido por espacio de 1300 años equivocados en una cosa elemental? sin duda que sí; y de aquí debemos aprender á humillarnos; y reconocer, quán sujetos estamos á equivocaciones por la limitacion de nuestra capacidad. Este será el modo de no caer en errores, aun en los principios de aquellas ciencias, que justamente se reputan por mas ciertas. Ahora, volviendo al asunto, es demostrable con varios exemplos la falsedad de dicha Proposicion en algunos casos: baste el siguiente.

Sea el quadrado ABCD, tírense las diagonales AC, BD, que se encuentren mútuamente en E; y sobre una de ellas BD cons-

trú-

trúyase en el plano del quadrado el triángulo isósceles BFD; del punto E tírese la recta EG perpendicular al plano ABCD, y tomado en ella qualquier punto G, tírense GA, GB, GC, GD, GF; siendo, pues, en los triángulos AEG, CEG respectivamente iguales AE, EG á CE, EG, y conteniendo ángulos rectos,
a 4. I. la base AG será igual [a] á la base GC: consiguientemente en los triángulos AGB, CGB, serán AG, GB iguales á CG, GB,
b 8. I. y la base AB á la base BC: luego el ángulo AGB [b] será igual al ángulo CGB, y el triángulo AGB igual [a] al triángulo CGB. Semejantemente se demostrará la igualdad del triángulo AGD al triángulo CGD. Prolónguese GE ácia las partes opuestas del plano ABCD, tómese qualquier punto de ella H, y tírense HA, HB, HC, HD, HF: se demostrará del mismo modo la igualdad del triángulo AHB al triángulo CHB, y del triángulo AHD al triángulo CHD: luego son dos sólidos, contenidos ambos por ocho triángulos, es á saber uno por quatro triángulos, cuyo vértice comun es G, y bases las rectas BA, AD, BF, FD, y por otros quatro triángulos, cuyo vértice comun es H, y bases las mismas rectas; y el otro sólido contenido por quatro triángulos, cuyo vértice comun es G, y bases las rectas BC, CD, BF, FD, y otros quatro, cuyo vértice comun es H, y bases las mismas rectas: es así que se ha demostrado la igualdad respectiva de los quatro triángulos AGB, AGD, AHB, AHD á los quatro triángulos CGB, CGD, CHB, CHD: y los otros quatro triángulos BFG, DGF, BHF, DHF son comunes á ambos sólidos: luego estos dos sólidos estarán contenidos por planos semejantes, é iguales en número, y magnitud: pero son manifiestamente desiguales; por estár el primero de ellos contenido en el otro: luego no siempre se verifica ser iguales los sólidos contenidos por planos semejantes, é iguales en número, y magnitud.

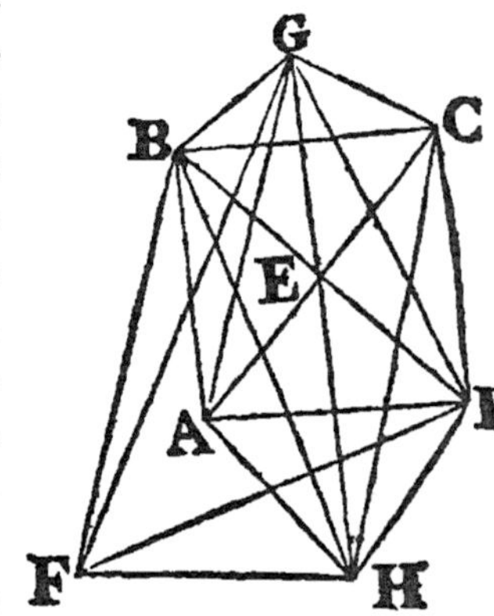

Cor. De aquí es, que dos ángulos sólidos desiguales pueden estár contenidos por un mismo número de ángulos planos iguales.

Por-

Porque el ángulo sólido G, contenido por los quatro ángulos planos AGB, AGD, FGB, FGD es totalmente desigual al ángulo sólido concurrente en el mismo punto, y contenido por los quatro ángulos planos CGB, CGD, FGB, FGD; porque el último ángulo sólido contiene al otro, y ambos se hallan contenidos por quatro ángulos planos respectivamente iguales entre sí, ó los mismos, como se demostró: y puede haber innumerables ángulos sólidos desiguales contenidos por ángulos planos respectivamente iguales. Tambien es claro, que de ningun modo son semejantes las figuras sólidas antes mencionadas, por no ser todos sus ángulos sólidos iguales entre sí.

Con el auxîlio de las tres siguientes Proposiciones se evidenciará, que puede haber infinidad de ángulos sólidos desiguales entre sí contenidos por los mismos ángulos planos puestos en un mismo orden.

PROP. I. PROBLEMA.

Dadas tres cantidades A, B, C hallar la quarta; de suerte, que la suma de dos qualesquiera sea mayor que la otra.

Sea D la quarta cantidad: luego será menor que la suma de A, B, C. No sea A menor que una, y otra de las B, C; y primeramente sea la suma de B, C no menor que A; y resultará la suma de B, C, y D mayor que A: y no siendo A menor que B, la suma de A, C, D será mayor que B. Semejantemente se demostrará ser la suma de A, B, D mayor que C: luego en caso que la suma de B, y C no sea menor que A, qualquiera cantidad D menor que la suma de A, B, C será la que se pedia.

Pero si la suma de B, y C fuese menor que A; requiriéndose, que la suma de B, C, D sea mayor que A, y quitándo de ellas la suma de B, C, será D mayor que el exceso de A sobre la suma de B, C. Tómese qualquiera cantidad D menor que la suma de A, B, C, y mayor que el exceso de A sobre la suma de B, C: luego la suma de B, C, D será mayor que A: y siendo esta mayor que una, y otra de las B, C, mucho mayor será la suma de A, y D: pero una, y otra de las B, C es mayor que la otra; y por construccion la suma de A, B, C es mayor que D. L. Q. D. H.

Cor. Si ademas de esto se requiriese, que la sumà de A, y B no sea menor que la de C, y D, deberá el exceso de la suma de A, y B sobre C no ser menor que D; estó es deberá D no ser mayor que este exceso.

PROP. II. PROBL.

Dadas quatro cantidades A, B, C, D, de las quales la suma de A, y B no sea menor que la de C, y D, y la suma de tres qualesquiera sea mayor que la quarta; hallar la quinta E, de suerte, que la suma de dos qualesquiera de las tres A, B, E sea mayor que la tercera, y tambien la suma de dos qualesquiera de las tres C, D, E sea mayor que la otra; no siendo A menor que B, ni C menor que D.

Primeramente no sea el exceso de C, D menor que el exceso de A, B: se podrá tomar E menor que la suma de C, D, y mayor que el exceso de las mismas; tómese, pues, y resultará E mayor que el exceso de A, B; consiguientemente la suma de B, y E será mayor que A: es así que A no es menor que B: luego la suma de A, y E será mayor que B: y por la hipótesis la suma de A, y B no es menor que la de C, y D; y la de C, y D es mayor que E: luego tambien la suma de A, y B será mayor que E.

Pero demos, que sea el exceso de A, B mayor que el exceso de C, D; y siendo por la hipótesis la suma de las tres B, C, D mayor que la quarta A, será la suma de C, y D mayor que el exceso de A, B: luego se podrá tomar E menor que la suma de C, y D, y mayor que el exceso de A, B: tómese, pues, y siendo E mayor que el exceso de A, B, será la suma de B, y E mayor que A: pero se demostrará, como en el caso anterior, que la suma de A, y E es mayor que B; y la de A, y B mayor que E: luego en ambos casos se ha demostrado, que la suma de dos qualesquiera de las A, B, E, será mayor que la otra.

Y por ser E en ambos casos mayor que el exceso de la suma de C, y D, será la suma de E, y D mayor que C: es así que por la hipótesis C no es menor que D: luego la suma de E, y C será mayor que D: pero la suma de C, y D es por construccion ma-

mayor que E: luego la suma de dos qualesquiera de las C, D, E será mayor que la otra. L. Q. D. H.

PROP. III. TEOREMA.

Con unos mismos quatro ángulos planos se pueden construir innumerables ángulos sólidos desiguales entre sí.

Tómense tres ángulos planos A, B, C, de los quales A no sea menor que uno, y otro de los B, C, y sea la suma de A, y B menor que dos rectos: por medio del Problema I, y de su Corolario hállese el quarto ángulo D; de suerte, que la suma de tres qualesquiera de los A, B, C, D sea mayor que el otro; y la suma de A, y B no menor que la de C, y D: valiéndose del Problema II hállese el quinto ángulo E, de suerte, que la suma de dos qualesquiera de los ángulos A, B, E sea mayor que el otro: co-

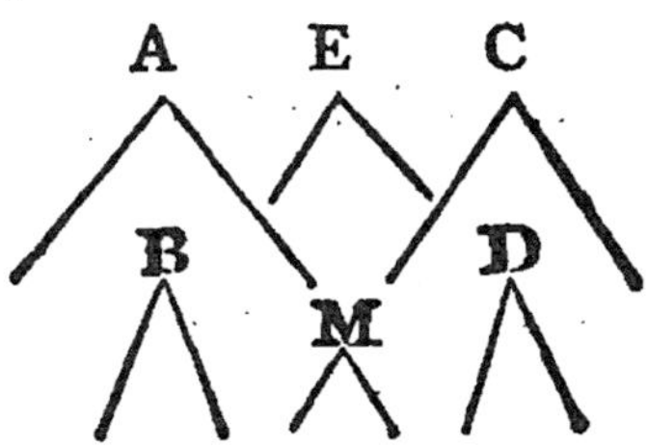

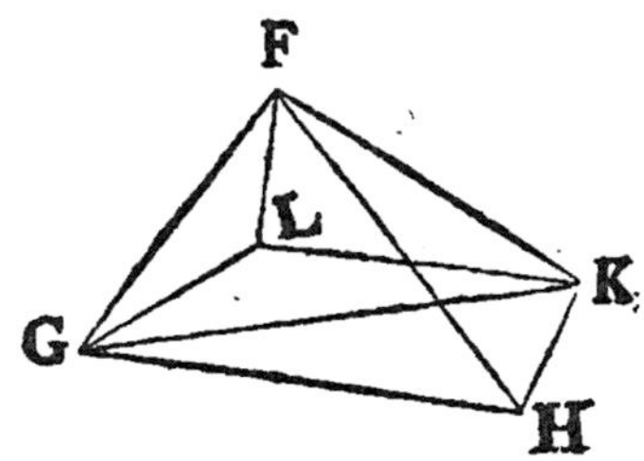

mo asimismo la suma de dos qualesquiera de los C, D, E mayor que el otro. Siendo, pues, la suma de A, y B menor que dos rectos, el duplo de dicha suma será menor que quatro rectos; pero la suma de A, y B es mayor que el ángulo E: consiguientemente el duplo de la suma de A, y B será mayor que la suma de los ángulos A, B, E; por tanto la suma de estos menor que quatro rectos: es así que la suma de dos qualesquiera de ellos es mayor que el otro: luego con el socorro de la Proposicion XXIII del Libro XI se podrá construir un ángulo sólido con tres ángulos planos iguales á A, B, E. Constrúyase, y sea el ángulo sólido F contenido por los ángulos planos, GFH, HFK, GFK respectivamente iguales á los ángulos A, B, E. No siendo, pues, la suma de los ángulos C, D mayor que la de los A, B; tampoco la

su-

suma de C, D, E será mayor que la de A, B, E: pero se ha demostrado, que la suma de A, B, E es menor que quatro rectos: consiguientemente la suma de C, D, E será menor que quatro rectos: es así que la suma de dos qualesquiera de ellos es mayor que el otro: luego de tres ángulos planos iguales á C, D, E, se podrá construir un ángulo sólido (XXIII del XI): pero en el punto

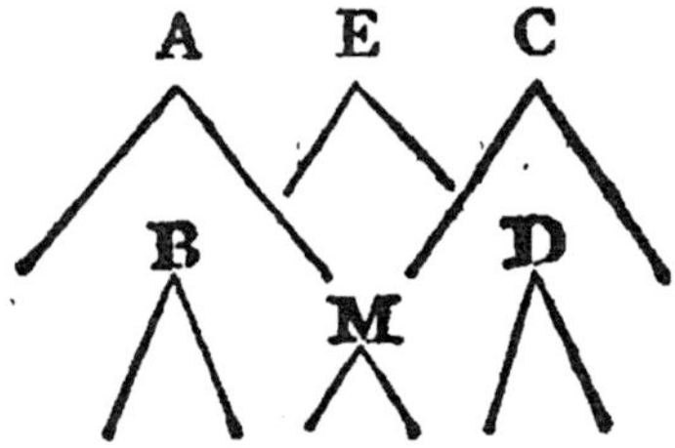

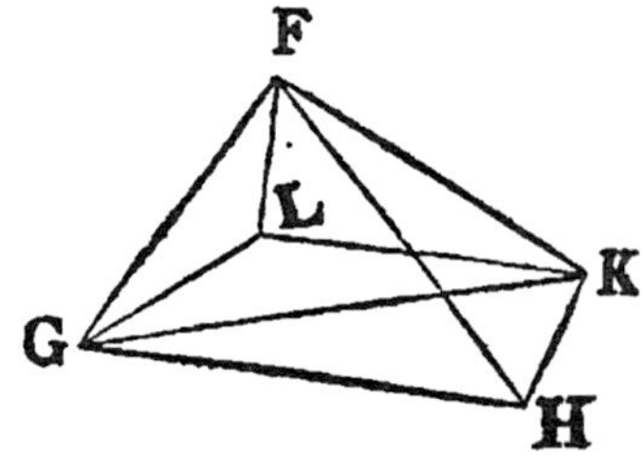

F de la recta FG se puede construir un ángulo sólido igual á dicho ángulo sólido, mediante la Proposicion XXVI del Libro XI; sea, pues, el ángulo GFK igual al E, uno de los tres ángulos planos, que contienen este ángulo sólido; y sean los otros dos KFL, GFL respectivamente iguales á los C, D: luego en el punto F se ha construido un ángulo sólido contenido por los quatro ángulos planos GFH, HFK, KFL, GFL respectivamente iguales á los A, B, C, D.

A mas, hállese otro ángulo M tal, que la suma de dos qualesquiera de los tres ángulos A, B, M sea mayor que el otro, como asimismo la suma de dos qualesquiera de los tres C, D, M mayor que el otro: y se demostrará (como en los precedentes) que la suma de los ángulos A, B, M será menor que quatro rectos, é igualmente la suma de los C, D, M menor que quatro rectos. Construyase, pues, (XXIII del XI) un ángulo sólido N, contenido

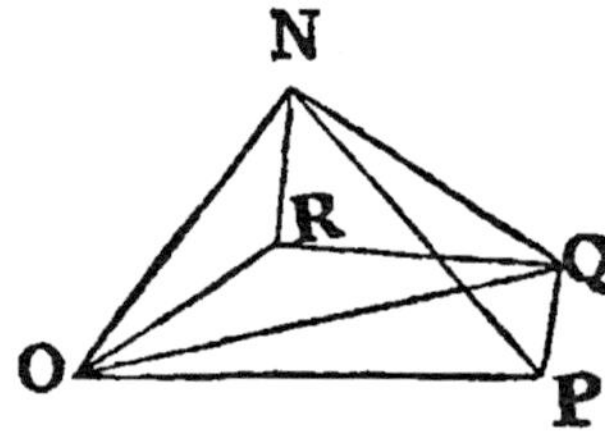

por los ángulos planos ONP, PNQ, ONQ respectivamente iguales á los A, B, M: y valiéndose de la Proposicion XXVI del Libro XI, constrúyase en el mismo punto N de la recta ON un ángulo sólido contenido por tres ángulos planos, uno de los quales sea el el ONQ igual al M: y los otros dos QNR, ONR respectivamente iguales á los C, D: luego en el punto N habrá un ángulo sólido contenido por los quatro ángulos planos ONP, PNQ, QNR, ONR respectivamente iguales á los A, B, C, D: pero es evidente, que los ángulos sólidos en F, N, contenidos por dichos quatro ángulos planos, no son entre sí iguales, ó no pueden ajustarse mútuamente, respecto de ser desiguales por construccion los ángulos GFK, ONQ, ó los ángulos E, M: por tanto las rectas GF, FK no podrán ajustarse á las rectas ON, NQ: luego tampoco se ajustarán mútuamente los ángulos sólidos: por consiguiente serán desiguales.

Y por quanto dados los tres ángulos A, B, C, se pueden hallar otros innumerables de las mismas circunstancias que el ángulo D; y á mas, dados los ángulos A, B, C, y D, ó uno de los innumerables ángulos dichos, se pueden hallar otros de las mismas circunstancias que los ángulos E, M; se podrá construir infinidad de otros ángulos sólidos contenidos por los mismos quatro ángulos planos, todos desiguales entre sí. L. Q. D. H.

Se engañaron, pues, Clavio, y otros Autores en afirmar, que son iguales entre sí los ángulos sólidos contenidos por un mismo número de ángulos planos entre sí iguales. Tambien es patente, que la Proposicion XXVI del Libro XI no está legítimamente demostrada; pues en ella se supone, y no se demuestra la igualdad de los ángulos sólidos contenidos por tres ángulos planos respectivamente iguales.

PROP. I. del LIB. XI.

Se omiten al fin, como adicion importuna, estas palabras: "Una linea recta no concurre con otra en mas de un punto, pues »de otra manera las dos rectas coincidirían una con otra:" lo qual debia demostrarse, y no suponerse.

PROP. II. del LIB. XI.

Parece mudada, y viciada; porque la segunda parte de la enunciacion, es á saber, "todo triángulo está en un plano," no ne-

necesita de demostracion, pues todas las figuras definidas en el Libro I de los Elementos, y entre ellas el triángulo, son figuras planas por hipótesis, esto es descritas en un plano; y puede muy bien una superficie convexâ terminarse por tres rectas: ni vale la demostracion para evidenciar, que pueden estár en un plano dos rectas, que mútuamente se cortan: se debe, pues, demostrar, que dos, ó mas rectas, que se encuentran mútuamente, están en un plano; y para esto mudamos la enunciacion, y demostracion, poniendo las que se hallan en el Texto.

PROP. III. del LIB. XI.

Cerca del fin se dice: "Luego DEB, DFB no son rectas: semejantemente demostrarémos, que ninguna otra linea tirada del punto D al B es recta;" lo qual omitimos; pues de que dos lineas encierren espacio, solo se infiere, que una de ellas no es recta: y la fuerza del argumento pende de esto: si no se supone ser una recta la comun seccion de los planos, dos rectas comprehenderian espacio; lo qual es absurdo: luego la comun seccion será una recta.

PROP. IV. del LIB. XI.

Omitimos las palabras: "y el triángulo AED igual al BEC;" por hallarse toda esta conclusion repetida freqüentemente en los Libros anteriores, y así no ser del caso repetirla aquí.

PROP. V. del LIB. XI.

Al fin se debe borrar en el Texto Griego, como adicion de algun ignorante, la voz ἐπιπέδῳ; y con razon se omite la palabra "plano" en la edicion de la Version de Comandino, hecha en Oxford.

PROP. VII. del LIB. XI.

Ha sido manifiestamente añadida por algun editor poco inteligente; pues en los Libros anteriores se supone, que las rectas ti-

tiradas de un punto á otro en qualquier plano están en él; y si no, serían nulas las demostraciones, en que se supone, que una recta encuentra á otra, lo que no sucedería; pongo por exemplo en la Proposicion XXX del Libro I, la recta GK no encontraría á la EF, si no estuviera GK en el mismo plano que las paralelas AB, CD, en el qual está tambien por hipótesis la recta EF. A mas, se demuestra esta VII con el auxîlio de la III precedente, en la qual se supone dos veces lo que en la VII se propone para demostrar; es á saber, que la recta tirada de un punto á otro en qualquier plano, está en él. Lo mismo se supone en la Proposicion VI precedente, pues la recta BD, que junta los puntos B, D en el plano inferior, se supone estár en él: no obstante damos lugar á la VII, mudando su demostracion por conservar el número de las Proposiciones; pues aunque no estuviera en los Elementos, es manifiesta por las Definiciones VII, y XXXV del Libro I.

PROP. VIII. del LIB. XI.

Cerca del fin se halla en los exemplares Griegos, y en las versiones de Comandino, y Gregory esta cláusula: "pero en el »plano, que pasa por BA, AD, está DC"; en cuyo lugar trahe muy bien la edicion de la version de Comandino en Oxford esta otra: "pero en el plano, que pasa por BD, DA, está DC"; y las palabras siguientes, que se leen en todas las ediciones: "por»que en el plano, que pasa por BD, DA, están AB, BD; pero en »el plano de AB, BD está DC", están corrompidas, ó insertas en el Texto: no habiendo necesidad de demostrar por estos rodeos, que la recta DC está en el mismo plano de las BD, DA; pues se infiere inmediatamente de la Proposicion VII precedente, que las rectas BD, DA están en el mismo plano de las paralelas AB, CD; de manera que omitiéndolas, únicamente se deben leer: "por hallarse todas tres en el plano en que están las »rectas paralelas AB, CD."

PROP. XV. del LIB. XI.

Despues de las palabras; "y siendo BA paralela á GH", se aña-

añaden, como manifiestamente omitidas, las siguientes: "por »ser las dos paralelas á DE, y no estár en el mismo plano que »ella."

PROP. XVI. del LIB. XI.

Al fin en lugar de estas palabras, "las que ni por una, ni por »otra parte concurren", se ha de leer, "las lineas rectas que es»tando en un mismo plano &c." pero citando esta Definicion en la Proposicion XXVII del Libro I, no fue necesario añadir las voces "en un mismo plano", porque todas las rectas de que se trata en los Libros anteriores están en el mismo plano; pero aquí es absolutamente necesario.

PROP. XX. del LIB. XI.

Al principio se halla; "si no, sea mayor BAC": siendo así que puede el ángulo BAC ser igual al otro de los restantes: se debe, pues, leer: "si no, sea el ángulo BAC no menor que uno, »y otro de los restantes, y mayor que el DAB."

Al fin se lee: "semejantemente demostrarémos"; quando no hay necesidad de tal cosa; porque no siendo el ángulo BAC menor que uno, y otro de los restantes, es claro, que la suma del BAC, y del otro será mayor que el restante.

PROP. XXII. del LIB. XI.

Está manifiestamente viciado lo que al principio se lee: "si no, »sean desiguales los ángulos B, E, H, y B mayor que qualquiera »de los otros dos E, H"; pues puede el ángulo B ser igual á uno de los otros; por lo qual debe leerse: "si no, sean desigua»les los ángulos B, E, H, y no sea el ángulo B menor que uno, »y otro de los E, H: luego la recta AC no será menor que una, »y otra de las DF, GK."

PROP. XXIII. del LIB. XI.

Abreviamos algo la demostracion, omitiendo en el tercer caso so todo lo demostrado antes en el primero, y usando la construccion de Campano, quien sin embargo no demuestra el caso segundo, y tercero: pero la construccion, y demostracion de este último la simplificamos mas que en el Texto Griego.

PROP. XXIV. del LIB. XI.

La voz "semejantes" es añadida á la enunciacion; pues los planos, que contienen los sólidos, cuya igualdad se ha de mostrar en la Proposicion XXV, deben ser semejantes, é iguales; para que se infiera de la Proposicion C del Libro XI la igualdad de los sólidos. En la edicion de Oxford se añade un Corolario á esta Proposicion, demostrando, que los paralelogramos de que en ella se trata, son semejantes; para que quede demostrada la igualdad de los sólidos en la Proposicion XXV, por la Definicion X del Libro XI.

PROP. XXV. y XXVI. del LIB. XI.

En la primera se suponen iguales entre sí las figuras sólidas contenidas por planos semejantes, é iguales en número, y magnitud: parece que Theon, ó algun otro, por evitar el fastidio de demostrar la igualdad de las figuras de que aquí se trata, puso la Definicion X de este Libro en vez de la demostracion: en lo qual obró con mucha ignorancia. Del mismo modo en la segunda se suponen iguales dos ángulos sólidos, si ambos están contenidos por tres ángulos planos respectivamente iguales entre sí: siendo muy de admirar, que ninguno de los intérpretes de Euclides, á lo menos de los que yo conozco, advirtiese, que faltaba algo en estas dos Proposiciones. Clavio en la Definicion XI del presente Libro afirma, "que es claro ser mútuamente »iguales los ángulos sólidos contenidos por ángulos planos igua- »les en número, y magnitud; porque si se conciben penetrarse »uno á otro, se ajustarían"; pero su asercion es infundada; y no siempre se verifica, fuera del caso en que los ángulos sólidos están contenidos por solos tres ángulos planos respectivamente iguales entre sí: y en este caso es lo mismo que afirmar, que dos

trián-

triángulos esféricos equiláteros entre sí, son tambien equiángulos, y se ajustan recíprocamente: lo qual de ninguna manera debe concederse sin demostracion. A la verdad Euclides no lo supuso de los triángulos rectilineos, pues en la Proposicion VIII del Libro I demostró, que los triángulos equiláteros entre sí son tambien equiángulos entre sí; de donde es manifiesta su igualdad por la Proposicion IV del mismo Libro: y Menelao en la Proposicion IV del Libro I de los Esféricos demuestra expresamente, que los triángulos esféricos equiláteros entre sí, son tambien equiláteros entre sí; y de ahí con facilidad se puede demostrar, que mútuamente se ajustan, con tal que sus lados estén dispuestos en el mismo orden, y posicion.

Para suplir estos defectos fue necesario insertar en este Libro las tres Proposiciones A, B, C, porque las XXV, XXVI, y XXVIII, y por consiguiente las otras ocho de este Libro, que penden de ellas, es á saber las XXVII, XXXI, XXXII, XXXIII, XXXIV, XXXVI, XXXVII, y XL estrivaban hasta entonces en un fundamento debil; como asimismo la Proposicion VIII, el Corolario de la XVII, y la Proposicion XVIII del Libro XII, que penden de la Definicion IX; pues se ha demostrado en las Notas á la Definicion X del presente Libro, que no siempre son entre sí iguales las figuras sólidas contenidas por planos semejantes, é iguales en número, y magnitud; ni tampoco los ángulos sólidos contenidos por el mismo número de ángulos planos iguales.

Obsérvese, que Andres Tacquet en su Euclides define los ángulos sólidos así: "son aquellos que puestos uno dentro de otro »mútuamente se ajustan." Esta Proposicion no es Definicion, sino Axîoma; pues se verifica de qualesquiera cantidades: pero el Autor puso esta definicion inutil para demostrar con ella la Proposicion XXXVI de este Libro, sin recurrir á la XXXV del mismo: sobre la qual demostracion véase la Nota á la Proposicion XXXVI.

PROP. XXVIII. del LIB. XI.

Debió demostrarse, y no suponerse, que las diagonales están en un plano. Clavio suplió este defecto.

PROP. XXIX. del LIB. XI.

Tiene tres casos: el primero, quando los dos paralelogramos opuestos á la base AB tienen un lado comun: el segundo, quando están mútuamente separados uno de otro: el tercero, quando tienen una parte comun; y solo para este sirve la demostracion, que hasta aquí tenemos. El primero se demuestra inmediatamente por la Proposicion XXVIII precedente, antepuesta sin duda á esta con este fin, pues á ninguna es util, sino á ella, y á la XL de este Libro, á que seguramente antecedería, á no haber usado de ella Euclides en la XXIX: pero algun ignorante borró de los Elementos este caso, y mutiló la demostracion de los demás, que trahe Euclides: nosotros la restituimos, y servirá para demostrarlos todos de una vez.

PROP. XXX. del LIB. XI.

No se demuestra, que los planos opuestos al sólido CP en nuestra figura, esto es al CO en la de Comandino, sean entre sí paralelos; lo que pareció añadir en favor de los principiantes.

PROP. XXXI. del LIB. XI.

Tiene dos casos: el uno quando las rectas insistentes son perpendiculares á las bases; y el otro quando no. El primero se subdivide en dos mas, es á saber quando las bases son paralelogramos equiángulos entre sí; y quando no son equiángulos. El editor del Texto Griego no menciona aquel, y mezcla su demostracion con la del otro caso; de manera que hubiera sido forzoso añadir un Corolario, que lo demostrase: por lo qual me pareció mas oportuno exponer separadamente dichos casos. Tambien abreviamos la demostracion, siguiendo el rumbo de Euclides en la Proposicion XIV del Libro VI: además de esto en la demostracion del caso, en que las rectas insistentes no son perpendiculares á las bases, no demuestra el editor, que los sólidos descritos en la construccion son paralelepípedos, no siendo de creer lo omitiese Euclides. Aquellas palabras, que están al al fin de la Proposicion: "cuyas insistentes no están en las mismas rectas", son añadidas por algun ignorante, pues pueden estarlo.

PROP. XXXII. del LIB. XI.

Omitió el editor la prevencion necesaria de que se aplicase el paralelogramo FH por el ángulo FGH igual al LCG; y así con razon la suplió Clavio.

A mas de esto, en la construccion se requiere, que se complete el paralelepípedo GK con la base FH, y la misma altura que el CD: pero como puede haber inumerables sólidos, que tengan una misma base, y altura, debe leerse: "complétese el paralelepípedo GK, cuya base sea FH; y FD una de las rectas insistentes." La misma correccion se deberá hacer en la Proposicion XXXIII.

PROP. D. del LIB. XI.

Es muy verosimil, que Euclides diese lugar á esta Proposicion en sus Elementos, quando trahe otra semejante de los paralelogramos equiángulos en la XXIII del VI.

PROP. XXXIV. del LIB. XI.

Se han de omitir enteramente, como hace Clavio, estas palabras, que se hallan tres veces en esta Proposicion: ὧν αἱ ἐφεστῶσαι οὐκ εἰσὶν ἐπὶ τῶν αὐτῶν εὐθειῶν, "cuyas insistentes no están en las mismas rectas"; ó bien se ha de leer en su lugar: "estén, ó no estén las rectas insistentes en las mismas rectas"; pues no hay razon para excluir ninguno de los dos casos.

Dos veces se hallan por error manifiesto estos vocablos, ὧν τὰ ὕψη, "cuyas alturas" en vez de ὧν αἱ ἐφεστῶσαι, "cuyas insistentes": pues la altura es siempre perpendicular á la base.

PROP. XXXV. del LIB. XI.

Se demuestra por un camino mas breve que el del Texto Griego, que son rectos los ángulos ABH, DEM: y del mismo modo do se demostrará serlo los ACH, DFM: pero omitimos la repeticion de la demostracion, que se halla en el original, siendo verosimil la añadiese algun editor, como se puede conjeturar de las palabras, "semejantemente demostrarémos"; de que nunca se suele usar, sino quando no se dá la demostracion, ó si se ha dado, se diferencia en algo de la precedente, como sucede en la XXVI de este Libro. Campano tampoco trahe esta repeticion.

Damos otra demostracion del Corolario, mediante la qual se demuestra la Proposicion XXXVI siguiente, sin necesidad de recurrir á la XXXV.

PROP. XXXVI. del LIB. XI.

Andres Tacquet demuestra en sus Elementos esta Proposicion, sin valerse de la XXXV: y es patente, que los sólidos, llamados equiángulos en la enunciacion de la Proposicion XXXVI, que hoy se halla en el Texto Griego, son aquellos, cuyos ángulos sólidos están contenidos por tres ángulos planos respectivamente iguales entre sí, y semejantemente colocados, como es manifiesto por la construccion; pero Tacquet supone, y no demuestra, que estos ángulos sólidos se ajusten mútuamente entre sí; pues supone dichos sólidos yá construidos, sin enseñar el modo de construirlos, como se practíca en el Texto Griego: pero con el auxîlio de la segunda demostracion del Corolario precedente se legitíma la demostracion, aun en la hipótesis, que trahe el Texto.

PROP. XXXVII. del LIB. XI.

Se supone, que las razones triplicadas de las razones que son unas mismas entre sí, son entre sí las mismas; como tambien que son las mismas las razones, cuyas razones triplicadas son entre sí las mismas; lo qual de ningun modo se ha de conceder sin demostracion; pues Euclides no supuso, sino que demostró la primera, y mas facil de estas Proposiciones en el caso de la razon duplicada en la Proposicion XXII del Libro VI. Así damos otra demostracion semejante á la que se halla en aquella Proposicion, como executó antes Clavio.

PROP.

PROP. XXXVIII. del LIB. XI.

Si de un punto de algun plano perpendicular á otro se hubiere de tirar una recta perpendicular á este plano, se hará tirando á la comun seccion de los planos una perpendicular desde el mismo punto, la qual será perpendicular al plano, en virtud de la Definicion IV de este Libro: pero en este caso sería fuera de propósito usar de la Proposicion XI de este Libro: pues Eucli-
*17.XII. des *, Apolonio, y otros Geómetras previenen se tire la perpendicular del punto al plano, é infieren, que caerá sobre la seccion comun de los planos: siendo esto lo mismo que si usasen de dicha construccion; é infiriesen, que la recta tirada era perpendicular al plano, pero alguno sin notar esto juzgó necesario añadir al presente Libro dicha Proposicion, que no tiene uso alguno.

PROP. XXXIX. del LIB. XI.

Las rectas, que dividen en dos partes iguales los planos opuestos del paralelepípedo, se suponen en un plano: lo qual debió demostrarse, como ahora se practíca.

LIBRO XII.

POr la Epístola de Arquímedes á Dositeo precedente á los Libros de la Esfera, y del Cilindro, que publicó restituida á su integridad conforme á la fé de los Manuscritos mi doctísimo Cólega Jacobo Moor Profesor de Lengua Griega, parece, segun dictamen que el mismo me ha comunicado, ser Eudoxô el Autor de las principales Proposiciones contenidas en este Libro.

PROP. II. del LIB. XII.

Al principio se encuentran estas cláusulas: " si no fuese así, »el quadrado de BD será al de FH, como el círculo ABCD á »algun espacio menor, ó mayor que el círculo EFGH"; y lo mismo se repite al fin, y en las Proposiciones V, XI, XII, XVIII de este Libro, de las quales se ha de observar, que para la demos-

mostracion del Teorema basta en estos, y semejantes casos, que una cosa sea posible, como sea clara, aun quando no se pueda hallar, ó manifestar geométricamente: así aquí se supone, que puede haber una quarta proporcional á tres cantidades, esto es á los dos quadrados de BD, FH, y al círculo ABCD: por ser claro, que hay algun quadrado igual al círculo ABCD, aunque no se pueda hallar geométricamente; pues exîste un quadrado quarto proporcional á las tres figuras rectilineas, esto es á los quadrados de BD, FH, y al quadrado igual al círculo ABCD; porque exîste una recta [a] quarta proporcional á las tres rectas, a 12. VI.
que son sus lados: y el espacio igual á este quadrado quarto proporcional es el que se expresa en esta Proposicion con la letra S. Lo mismo se entenderá en las demás Proposiciones citadas; siendo verosimil, que Euclides lo demostrase, y que algun editor lo haya borrado: pues el Lema añadido á esta Proposicion por algun ignorante nada conduce á explicar esto.

PROP. III. del LIB. XII.

En el Texto Griego, y en las Versiones hay las siguientes voces: "y dos lineas rectas que se tocan mútuamente BA, AC, &c." aquí se demuestra la igualdad de los ángulos BAC, KHL, por la Proposicion X del Libro XI: lo qual se hizo antes, demostrando ser el triángulo EAG semejante al triángulo KHL: así omitimos la repeticion, y demostramos, por la XXI del VI, ser semejantes los triángulos ABC, HKL.

PROP. IV. del LIB. XII.

Enseñamos algunas pocas cosas con mayor claridad, que en el Texto Griego.

PROP. V. del LIB. XII.

Cerca del fin está la expresion siguiente: ὡς ἔμπροσθεν ἐδείχθη, "como antes se demostró"; y despues al fin de la Proposicion XVIII de este Libro se vuelve á hallar: siendo así que en nin-

gu-

guna parte de estos Elementos se ha demostrado tal cosa, á no ser que para ella citen el Lema inutil anexo á la Proposicion II; y tal vez algun editor ignorante las omitió en un pasage, olvidándose de borrarlas en otro.

PROP. VI. del LIB. XII.

Damos una demostracion mas corta, y aun se puede reducir mas la que actualmente se halla en el Texto Griego, pues su Autor usa dos veces neciamente al fin de ella de la Proposicion XXII del Libro V, como si no se hubiera de entender de qualesquiera cantidades, sino solamente de tres, que tomadas dos á dos sean proporcionales á otras tantas.

COR. de la PROP. VIII. del LIB. XII.

Su demostracion está imperfecta; pues no se demuestran semejantes entre sí las pirámides, en que se dividen las que tienen bases polígonas: lo qual era indispensable, y se halla practicado en semejante caso en la Proposicion XII de este Libro. La demostracion entera es como se sigue.

Sean semejantes, y semejantemente colocadas las pirámides, cuyas bases son los polígonos ABCDE, FGHKL, y vértices los puntos M, N: tendrá la pirámide ABCDEM á la FGHKLN razon triplicada de la que el lado AB tiene al lado homólogo FG.

Divídanse los polígonos en los triángulos ABE, EBC, ECD,
a 20. VI. FGL, LGH, LHK, que serán respectivamente semejantes [a] entre sí. Siendo, pues, semejantes las pirámides, el triángulo EAM se-
b 11. Def. XI. rá semejante [b] al LFN, y el ABM al FGN: luego ME [c] será
c 4. VI. á EA, como NL á LF, y AE á EB, como FL á LG, por ser semejantes los triángulos EAB, LFG: luego por igualdad ME será á EB, como NL á LG: semejantemente se demostrará, que EB es á BM, como LG á GN: luego tambien por igualdad EM será á MB, como LN á NG: luego son proporcionales los lados de los triángulos EMB, LNG, y consiguientemente dichos
d 5. VI. triángulos son equiángulos [d], y semejantes entre sí: luego las pirámides, cuyas bases son los triángulos EAB, LFG, y vértices

M,

M, N, serán semejantes entre sí, por ser sus ángulos sólidos iguales [e], y estár contenidos por igual número de planos semejantes: por la misma razon la pirámide EBCM se demostrará semejante á la LGHN, y la ECDM á la LHKN; y siendo la pirámide EABM semejante á la LFGN, y teniendo las bases triangulares, la pirámide EABM, tendrá á la LFGN razon triplicada de la que EB tiene al lado homólogo LG: por la misma razon e B. XI.

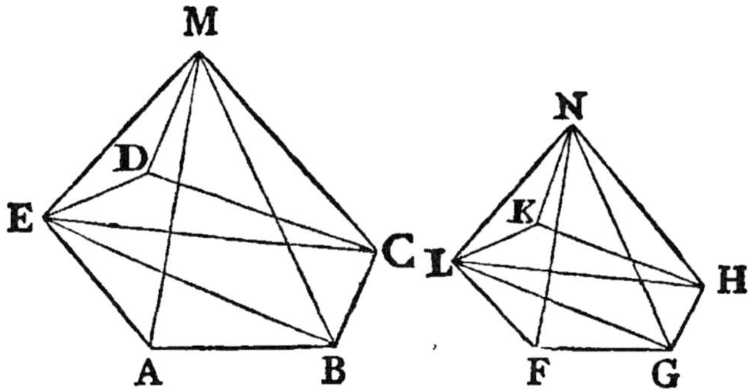

la pirámide EBCM tendrá á la LGHN razon triplicada de la que EB tiene á LG: luego la pirámide EABM será á la LFGN, como la EBCM á la LGHN: por la misma razon la pirámide EBCM será á la LGHN, como la pirámide ECDM á la LHKN; pero la suma de todos los antecedentes es á la de todos los conseqüentes, como uno de los antecedentes á su conseqüente: luego la pirámide EABM será á la LFGN, como toda la pirámide ABCDEM á toda la pirámide FGHKLN: es así que la EABM tiene á la LFGN razon triplicada de la que AB tiene á FG: luego la pirámide total tendrá á la pirámide total razon triplicada de la que AB tiene al lado homólogo FG. L. Q. D. D.

PROPP. XI. y XII. del LIB. XII.

En las figuras no se guarda el orden alfabético de las letras, segun el método de Euclides, que restablecemos; de donde es, que la primera parte de la Proposicion XII puede demostrarse con las mismas palabras que la primera parte de la XI. Omitimos,

mos, pues, la demostracion de aquella parte, y la tomamos de la Proposicion XI.

Las demostraciones de las Proposiciones X, y XI parecen de diferentes Autores: pues en la primera se demuestra, que la pirámide construida sobre un quadrado inscrito en un círculo es la mitad de la construida sobre el quadrado circunscrito, valiéndose de los prismas sobre una misma base; y en la otra se demuestra lo mismo mas brevemente, recurriendo á la Proposicion VI de este Libro.

PROP. XIII. del LIB. XII.

En esta se supone ser círculo la comun seccion del cilindro, y de un plano, que lo corta paralelamente á sus bases: y así nos pareció demostrarlo brevemente: de ahí se deduce con evidencia, que el plano divide al cilindro en otros dos. Lo mismo se subentenderá suplido en la Proposicion XIV. Añádese tambien la voz "qualesquiera," omitida al fin de la Proposicion XIIII.

PROP. XV. del LIB. XII.

"Y complétense los cilindros AX, EO:" así la enunciacion, como la exposicion de esta suponen ya construidos los cilindros igualmente que los conos: así será mejor leer: "y sean los conos ALC, ENG; y los cilindros AX, EO.

Falta el primer caso en la segunda parte de la demostracion; y tambien algo en el segundo de la misma, antes de las palabras "supuesta la misma construccion," que ahora se ha añadido.

PROP. XVII. del LIB. XII.

Aquellas palabras del Texto Griego en la enunciacion de esta, εἰς τὴν μείζονα σφαῖραν στερεὸν πολύεδρον ἐγγράψαι, μὴ ψαῦον τῆς ἐλάσσονος σφαίρας κατὰ τὴν ἐπιφάνειαν, las vierten así Comandino, y otros Intérpretes: "describir en la mayor un poliedro, que no toque la »superficie de la esfera menor," refiriendo las voces κατὰ τὴν ἐπιφάνειαν, á las inmediatas τῆς ἐλάσσονος σφαίρας. ; pero no debian traducir de este modo; pues el poliedro, no solamente toca

á

á la superficie de la esfera menor, sino que toca, y penetra toda la esfera menor; por tanto se han de referir á aquellas palabras, τὸ στερεὸν πολύεδρον, y traducir así: "describir en la esfera mayor un poliedro, cuya superficie no toque á la esfera menor;" conforme lo pide necesariamente el sentido de la Proposicion.

La demostracion está viciada, y mutilada; pues explica las cosas fáciles demasiado latamente, y dexa las menos obvias faltas de explicacion, como quando en la primera demostracion se afirma, que el quadrado de KB es mayor que el duplo del quadrado de BZ, y en la segunda, que el ángulo BZK es obtuso: cosas, que debian demostrarse: fuera de esto en aquella se dice, "tírese del punto K á la BD la perpendicular KΩ," debiéndose decir "tírese KV," la qual se debia demostrar perpendicular á BD: siendo manifiesto por las figuras de las ediciones de Hervagio, y Gregory, y por el mismo original, que el editor del Texto Griego hoy existente no advirtió, que la perpendicular tirada del punto K á la BD necesariamente caerá en el punto V, pues cae en el Ω, diverso de V en sus figuras; y dichos puntos se ponen en la demostracion como diferentes, pues se expresa con diversas letras V, Ω. Comandino parece que notó algo de esto, pues en su figura expresa un mismo, y solo punto con las letras V, Ω. Pero antes el sábio Juan Dee en los Comentarios, que puso baxo de esta Proposicion en la version Inglesa de los Elementos, hecha por Henrique Billingsley, é impresa en Londres en 1750, nota expresamente este error, y dá una demostracion proporcionada á la construccion, que se halla en el Texto Griego, con la qual evidencia, que la perpendicular tirada del punto K á la BD necesariamente cae en V.

Ademas de esto, de ninguna manera se demuestra, que los quadriláteros SOPT, TPRY, y el triángulo YRX no tocan á la esfera menor, lo qual era necesario; solo Clavio, que yo sepa, observó esto, y lo demostró en un Lema, que hemos antepuesto á dicha Proposicion algo mudado, y demostrado mas sucintamente.

En el Corolario se supuso descrito en otra esfera un poliedro semejante al descrito en la BCDE: pero no habiéndose dado la construccion para describir en otra esfera un poliedro,

juz-

juzgamos mas conveniente representar, y demostrar la semejanza de las pirámides de este poliedro á otras del mismo orden en el poliedro, que está dentro de la esfera BCDE.

De todo lo dicho hasta aquí se evidencia claramente, quán viciados, y mutilados han sido por editores ignorantes los Elementos del diligentísimo Geómetra Euclides. La opinion que algunos sabios tuvieron, de que la actual edicion Griega variaba poco de la verdadera Obra de Euclides, sin duda los preocupó, é hizo menos cuidadosos en su exâmen; de donde provino, que desde el tiempo de Theon acá no se hayan advertido ciertos errores, aun de los mas crasos. Así podemos esperar, que será acepto á los justos apreciadores de las cosas, y que saben discernir las legítimas demostraciones de las que no lo son, el trabajo, que hemos empleado en corregir, y limpiar estos Libros de todo error.

FIN.

ERRATAS.

Pág. 23. lin. 30. *es D la mayor*; léase: *no es DE la mayor.*

Pág. 66. Adviértase, que para la exâctitud de la figura debe la linea BM terminarse en el centro M del círculo, donde concurren las KM, LM, &c.